中等职业教育计算机动漫与游戏制作专业

图形图像处理

——Photoshop 动漫制作案例教程

Tuxing Tuxiang Chuli——Photoshop Dongman Zhizuo Anli Jiaocheng

孙项洁　主编

中国教育出版传媒集团
高等教育出版社·北京

内容简介

本书是“十二五”职业教育国家规划立项教材，依据教育部《中等职业学校计算机动漫与游戏制作专业教学标准》编写而成。

本书共8个单元，主要内容包括“Photoshop工作区设计”“利用选用制作卡通人物”“动漫设计中常用的图像绘制工具”“手绘作品中修饰工具的使用”“Photoshop中面板使用技巧”“Photoshop中图层使用技巧”“动漫设计中标题文字的表现”“动漫插画设计中滤镜的使用”。在讲解Photoshop软件使用方法的同时穿插经典动漫的分析，介绍很多与动漫制作相关的知识和经验，有利于读者在学习图形图像软件的过程中拓宽专业知识。

本书配套教学资源，请登录高等教育出版社Abook新形态教材网(http://abook.hep.com.cn)获取相关资源。详细使用方法见本书最后一页“郑重说明”下方的“学习卡账号”使用说明。

本书可作为计算机动漫与游戏制作及相关专业“图形图像处理”课程教材，也可作为中高级职业资格与就业培训用书。

图书在版编目(CIP)数据

图形图像处理：Photoshop动漫制作案例教程／孙项洁主编. --北京：高等教育出版社，2023.8
ISBN 978-7-04-057996-3

Ⅰ.①图… Ⅱ.①孙… Ⅲ.①图像处理软件-教材 Ⅳ.①TP391.413

中国版本图书馆CIP数据核字(2022)第019153号

策划编辑 俞丽莎 责任编辑 俞丽莎 封面设计 杨立新 版式设计 李彩丽
责任校对 张慧玉 刁丽丽 责任印制 高 峰

出版发行 高等教育出版社
社 址 北京市西城区德外大街4号
邮政编码 100120
印 刷 北京市艺辉印刷有限公司
开 本 889mm×1194mm 1/16
印 张 20
字 数 410千字
购书热线 010-58581118
咨询电话 400-810-0598
网 址 http://www.hep.edu.cn
http://www.hep.com.cn
网上订购 http://www.hepmall.com.cn
http://www.hepmall.com
http://www.hepmall.cn
版 次 2023年8月第1版
印 次 2023年8月第1次印刷
定 价 57.00元

物 料 号 57996-00

前 言 Preface

本书是“十二五”职业教育国家规划立项教材，依据教育部《中等职业学校计算机动漫与游戏制作专业教学标准》编写而成。

随着我国动画事业迅速发展，从事动画制作的专业人才远远不能满足我国市场的需求，培养适合市场需求的动漫人才是现在许多中高职学校的主要目标。

Adobe 公司推出的 Photoshop 软件不仅是当前功能最强大、使用最广泛的图形图像软件，也是现在流行的动漫绘制上色软件。在我国中职计算机动漫与游戏制作专业学生主要是运用 Photoshop 进行动画的线稿上色和绘制，而且 Photoshop 线稿上色和绘制动画容易出效果，使画面呈现出饱满、立体、均衡的感觉。因此在中职教学中老师和学生都喜欢运用 Photoshop 教学和训练，以达到课程要求。

本书内容编写坚持立德树人根本任务，注重落实德技并修的基本要求，深入挖掘岗位、课程特色的思政元素，融岗位、知识、技术和思政于一体，充分发挥课程育人的作用。本书在体系确定、结构设计、内容筛选、素材提供上，均以本课程教学标准为基础，结合了岗位需求、课程特点和学生特征，以“岗位需求、单元引领、任务驱动”为指导，注重理论和知识的培养同时加强实用技能的训练，提高学生在实际工作中分析问题和解决问题的能力。本书课程设置操作性比较强，增强了教材和教学方法的趣味性，给予学生更多动手的机会，激发学习的主动性。

本书按照 Photoshop CC 2017 的相关工具、菜单等基础知识为讲解主线并在书中插入动漫制作的必备知识，采用单元教学法，使本书按照由浅入深、循序渐进的方式安排学习内容，详细讲解 Photoshop 在动漫设计中的应用。

本书共分 8 个单元，每个单元分别安排 2~3 个任务，每个任务按照“任务分析”“任务准备”“任务实施”“任务拓展”“思考练习”“操作练习”和“活动评价”7 个模块组织教学内容，进一步加强学生将 Photoshop 中所学习的知识融会贯通，运用到实际的操作中。

本书建议总学时为 90 课时，具体课时分配如下表，教师在教学过程中可以根据具体的教学以及学生学习情况适当调整。

<table>
<tr><td colspan="4">单元 1　Photoshop 工作区（教学 4 课时，实训 4 课时）</td></tr>
<tr><td>1.1</td><td>初识 Photoshop CC 工作区</td><td>教学 2 课时</td><td rowspan="2">实训 4 课时</td></tr>
<tr><td>1.2</td><td>制作操控变形动画《舞》</td><td>教学 2 课时</td></tr>
<tr><td colspan="4">单元 2　利用选区制作卡通人物（教学 8 课时，实训 4 课时）</td></tr>
<tr><td>2.1</td><td>制作卡通人物——水果人</td><td>教学 2 课时</td><td rowspan="3">实训 4 课时</td></tr>
<tr><td>2.2</td><td>制作卡通人物——蛋糕先生</td><td>教学 2 课时</td></tr>
<tr><td>2.3</td><td>制作游戏场景——逃离火海</td><td>教学 4 课时</td></tr>
<tr><td colspan="4">单元 3　动漫设计中常用的图像绘制工具（教学 8 课时，实训 6 课时）</td></tr>
<tr><td>3.1</td><td>使用画笔工具——手绘相框</td><td>教学 2 课时</td><td rowspan="3">实训 6 课时</td></tr>
<tr><td>3.2</td><td>使用路径工具——绘制矢量女孩头像</td><td>教学 2 课时</td></tr>
<tr><td>3.3</td><td>使用渐变工具——绘制卡通火箭</td><td>教学 4 课时</td></tr>
<tr><td colspan="4">单元 4　手绘作品中修饰工具的使用（教学 6 课时，实训 4 课时）</td></tr>
<tr><td>4.1</td><td>使用色调工具——绘制融化效果</td><td>教学 2 课时</td><td rowspan="2">实训 4 课时</td></tr>
<tr><td>4.2</td><td>使用修饰工具——绘制玻璃盘</td><td>教学 4 课时</td></tr>
<tr><td colspan="4">单元 5　Photoshop 中面板使用技巧（教学 4 课时，实训 4 课时）</td></tr>
<tr><td>5.1</td><td>“画笔”面板的使用——愤怒的海胆</td><td>教学 2 课时</td><td rowspan="2">实训 4 课时</td></tr>
<tr><td>5.2</td><td>“路径”面板和形状工具的使用——快乐的青蛙</td><td>教学 2 课时</td></tr>
<tr><td colspan="4">单元 6　Photoshop 中图层使用技巧（教学 8 课时，实训 4 课时）</td></tr>
<tr><td>6.1</td><td>图层样式——制作火漆封章</td><td>教学 2 课时</td><td rowspan="3">实训 4 课时</td></tr>
<tr><td>6.2</td><td>图层混合模式——制作星空效果</td><td>教学 2 课时</td></tr>
<tr><td>6.3</td><td>调整图层——制作星球爆炸场景</td><td>教学 4 课时</td></tr>
<tr><td colspan="4">单元 7　动漫设计中标题文字的表现（教学 12 课时，实训 4 课时）</td></tr>
<tr><td>7.1</td><td>文字和笔刷——草地字效</td><td>教学 3 课时</td><td rowspan="3">实训 4 课时</td></tr>
<tr><td>7.2</td><td>文字和路径——发光字效</td><td>教学 3 课时</td></tr>
<tr><td>7.3</td><td>文字和通道——燃烧字效</td><td>教学 3 课时</td></tr>
<tr><td colspan="4">单元 8　动漫插画设计中滤镜的使用（教学 6 课时，实训 4 课时）</td></tr>
<tr><td>8.1</td><td>斑驳的墙</td><td>教学 2 课时</td><td rowspan="3">实训 4 课时</td></tr>
<tr><td>8.2</td><td>光球效果</td><td>教学 2 课时</td></tr>
<tr><td>8.3</td><td>制作科幻场景</td><td>教学 2 课时</td></tr>
</table>

作者在编写本书的过程中，使用的软件是 Photoshop CC 2017 中文版，操作系统为 Windows 10。

在编写本书的过程中，下列老师也参与了部分编写工作和提供部分素材：许劲松、蒋梦薇、陈晨、朱熙、许明彰。相关行业企业也对全书的案例提供了宝贵的参考意见，另外，还吸收到部分职业教育专家、相关教材编写者的研究成果，倾注了高等教育出版社各位编辑心血，在此一并表示诚挚的谢意。

本书配套教学资源，请登录高等教育出版社 Abook 新形态教材网（http://abook.hep.com.cn）获取相关资源。详细使用方法见本书最后一页“郑重声明”下方的“学习卡账号”使用说明。

由于编写时间仓促，作者水平有限，本书中难免有纰漏和不妥之处，在此恳请广大读者批评指正。联系方式：E-mail：zz_dzyj@pub.hep.cn。

孫贞潔

2023 年 3 月

目 录 Contents

Unit 1

单元 1 Photoshop 工作区

单元目标

通过本单元的学习，了解 Photoshop CC 的工作区布局以及如何在工作区中开始工作。

- 掌握 Photoshop CC 的工作区布局
- 了解动漫的基础知识
- 通过案例了解工作区导航及基本操作

单元内容	案例效果
1.1 初识 Photoshop CC 工作区	
1.2 制作操控变形动画《舞》	

1.1 初识 Photoshop CC 工作区

【任务分析】

了解 Photoshop CC 工作区布局及各种工具的使用方法，有助于在处理图像时做到“熟门熟路”。

【任务准备】

初步了解 Photoshop CC 工作区布局

图形用户界面是软件与用户进行交流的途径。工作区是可以使用排列在界面中的各种元素（面板、工具栏以及菜单等）创建和处理文档的地方。使用 Photoshop 的有摄影师、界面设计师、图像编辑师、插画师等领域的专业人员，因此经常使用的命令也会存在一定差异，只有使用符合自己工作习惯的工作区，才可以提高工作效率。在 Photoshop CC 中，可以根据不同需求，通过选择“窗口”→“工作区”命令自行设置工作区，如图 1-1-1 所示。

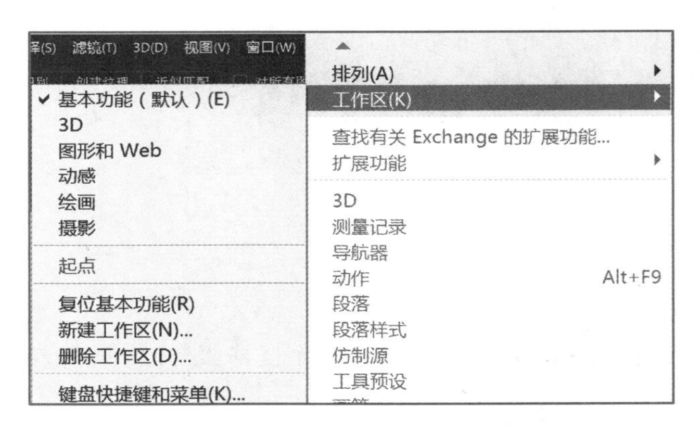

图 1-1-1 “窗口”→“工作区”命令

Photoshop 模拟了真实生活中各种工具的操作和效果，向用户提供了一个熟悉的工作环境。执行“开始”→“所有程序”→“Photoshop CC 2018”命令即可启动 Photoshop CC，启动界面如图 1-1-2 所示。

图 1-1-2 Photoshop CC 的启动界面

Photoshop CC 启动后首先显示的是“起点”工作区，如图 1-1-3 所示。通过 Photoshop 中的“起点”工作区，可以快速访问最近打开过的文档、库和预设。在工作区中间，通常显示最近打开过的文档列表。左侧“新建”和“打开”按钮是“文件”菜单中“新建”和“打开”命令的快捷方式。

小提示： 如果在启动 Photoshop CC 时不想显示“起点”工作区，只需选择“编辑”→“首选项”→“常规”命令，打开“首选项”对话框，在“常规”选项中取消勾选“没有打开的文档时显示‘开始’工作区”复选框即可。

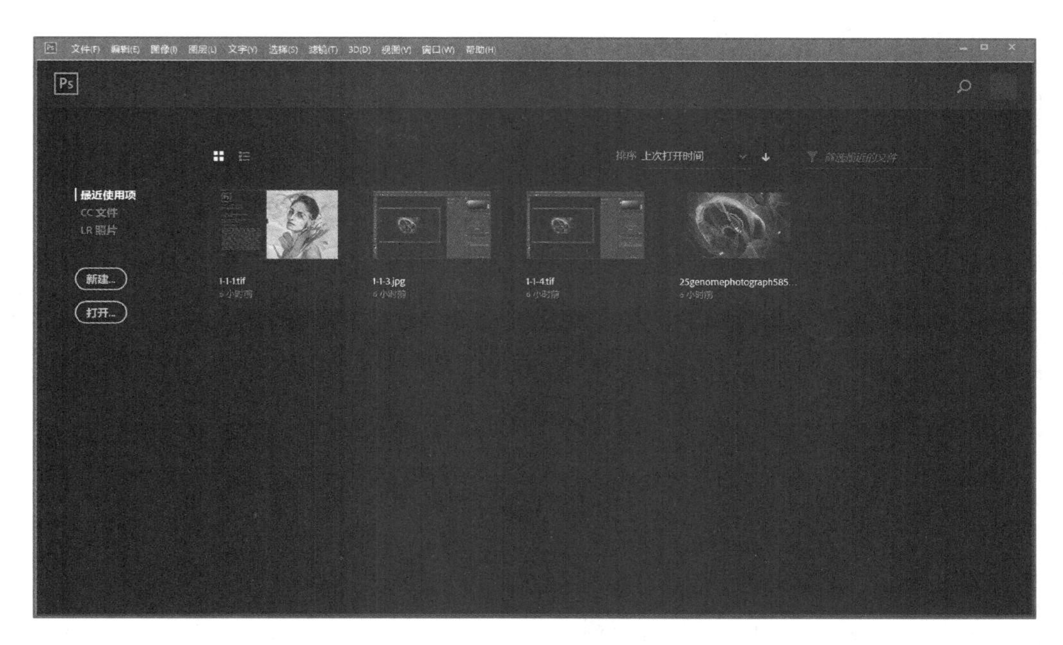

图 1-1-3　“起点”工作区

在“起点”工作区中打开一个已有的图像文档或者新建一个文档，打开 Photoshop CC 默认工作区（图 1-1-4）。Photoshop CC 默认工作区主要包括顶部的菜单栏和选项栏，左侧的工具箱以及右侧打开的面板组合。

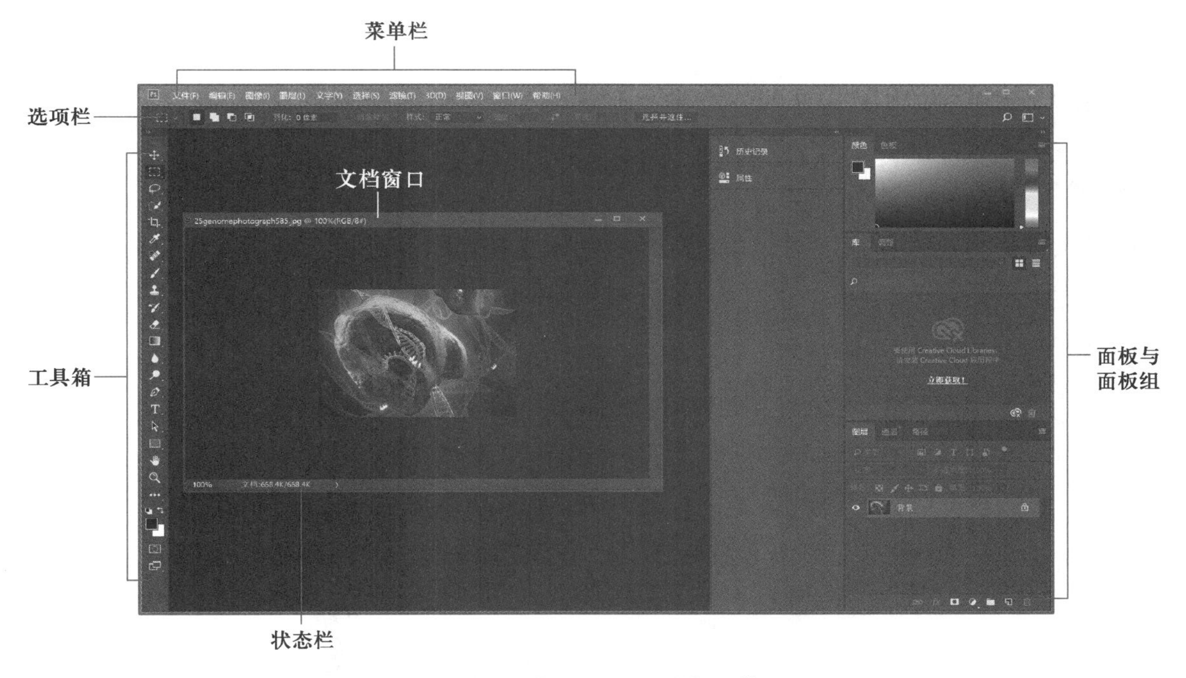

图 1-1-4　Photoshop CC 工作区

（1）菜单栏：Photoshop 中所有操作命令分门别类放在不同的菜单中，打开菜单可直接执行命令或打开对话框。

（2）选项栏：提供了当前所选工具的选项。大多数工具的选项都显示在选项栏中，并且会随所选工具的不同而变化。选项栏中的一些设置（例如，绘画模式和不透明度）对于许多工具都是通用的，但是有些设置则专用于某个工具（例如，“铅笔工具”的“自动抹除”选项）。可以将选项栏移动到工作区域中的任何位置，通常它停放在屏幕的顶部。

（3）“工具”面板：“工具”面板中存放着用于创建和编辑图像的各种工具。单击“工具”面板内的工具图标可选择相应的工具。工具图标右下方的小三角形表示存在隐藏工具。

（4）面板与面板组：面板组用于组织和管理面板，可存储或停放经常使用的面板，当面板放在面板组时，工作区域就会腾出更多的空间用于图像处理。面板可以以组的方式堆叠在一起，也可将面板折叠为图标。在默认工作区中面板折叠为图标。

（5）文档窗口：是编辑图像内容的区域，文档窗口上方是标题栏，显示图像的相关信息（文档名、显示比例、颜色模式、位深度等），下方是状态栏。可以将文档窗口设置为选项卡式窗口，并且在某些情况下可以进行分组和停放。

（6）状态栏：位于每个文档窗口的底部，可显示如当前图像的放大率和文档大小等信息。

辅助教学

初次运行 Photoshop 时，“工具”面板和主要面板以默认叠放的形式显示在工作区中，若要显示更多的面板，可以在“窗口”菜单中选择相应的面板。

要隐藏或显示所有面板，可按 Tab 键。要隐藏或显示所有面板，请同时按 Shift+Tab 键。

【任务实施】

1. 创建自定义工作区

我们可以根据自己的使用习惯，通过移动和编辑文档窗口和面板来创建并保存自定义工作区。

（1）选择“文档”→“打开”命令，弹出“打开”对话框，选择任意一个图像文档，单击“打开”按钮即可打开文档，如图 1-1-5 所示。

图 1-1-5 “打开”对话框

小提示： Photoshop 利用文档窗口来区分不同的文档，打开的每一个文档都有自己的文档窗口。打开多个文档时，文档窗口将以选项卡方式显示。

（2）选择打开的文档，并在其上方的标题栏单击鼠标右键，在弹出的菜单中选择“移动到新窗口”命令，文档窗口变成浮动式。

（3）选择面板组中的“图层”面板，按鼠标左键拖曳“图层”面板上的标签，将此面板独立成浮动面板。

小提示： 除了在“窗口”菜单中使用菜单命令关闭面板的方法外，在展开的面板标签上单击鼠标右键，在弹出的菜单中选择“关闭”命令也可关闭该面板，还可以执行“关闭选项卡组”命令关闭整个面板组。

（4）选择“窗口”→“工作区”→“新建工作区”命令，在“新建工作区”对话框中输入工作区的名称，如图 1-1-6 所示，可以新建工作区。选择“窗口”→“工作区”→“删除工作区”命令，可以从“删除工作区”对话框中删除不需要的工作区。

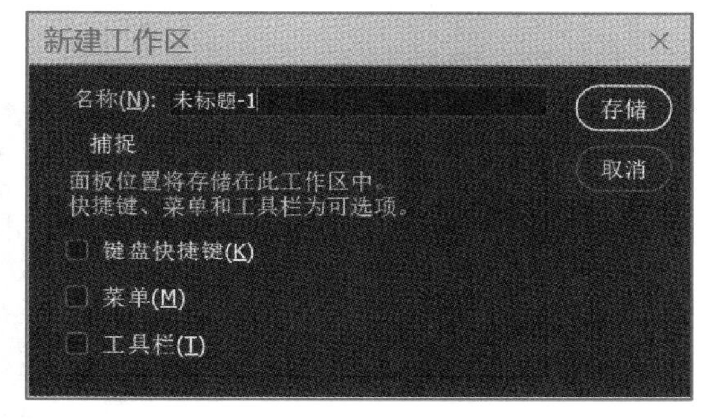

图 1-1-6 “新建工作区”对话框

2. 创建文档

选择“文件”→“新建文档”命令，打开“新建文档”对话框，如图 1-1-7 所示。“新建文档”对话框的上部是空白文档预设，预设空白文档有照片、打印、图稿和插图、Web、移动设备、胶片和视频。下部左侧是 Adobe Stock 提供的各种模板，下部右侧是预设详细信息，用户可修改预设设置。

空白文档预设是指具有预定义尺寸和设置的空白文档。使用预设可以让设计过程变得更加简单。例如，可以使用 iPad Pro 预设快速开始设计。“空白文档预设”可以预定义文档大小、颜色模式、单位、方向和分辨率等，如图 1-1-8 所示。图中主要参数解释如下：

- 宽度和高度：指定文档的大小。从下拉列表框中可选择长度单位，包括像素、英寸、厘米、毫米等。
- 方向：指定文档的页面方向，分为横向和纵向。
- 画板：如选择此选项会在创建文档时添加一个画板。
- 颜色模式：指定文档的颜色模式，分为“RGB 颜色”“CMYK”等。
- 分辨率：指定位图图像中细节的精细度，以“像素/英寸”或“像素/厘米”为单位。
- 背景内容：指定文档的背景颜色。

图 1-1-7 “新建文档”对话框

图 1-1-8 预设详细信息

在 Photoshop CC 中创建文档时，无须从空白图像开始，而是可以从 Adobe Stock 提供的各种模板中进行选择，如图 1-1-9 所示，这些模板包含资源和插图，我们可以在已有的模板基础上进行编辑。除了从 Adobe Stock 中选定预设模板外，还可以通过“新建文档”对话框搜索和下载其他类似的模板。在 Adobe Stock 的查找模板文本框中输入搜索字符串，或者单击“前往”按钮，即可浏览所有可用的模板。

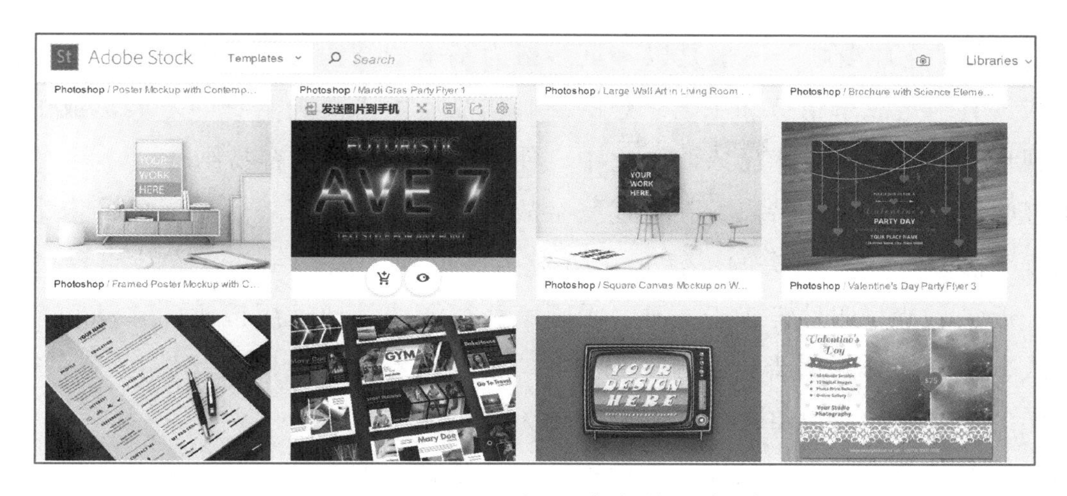

图 1-1-9 Adobe Stock 提供的各种模板

【任务拓展】

动漫设计的基础知识

1. 动漫的来源

“动漫”是动画和漫画的合称。随着现代多媒体技术的发展，动画（animation 或 anime）和漫画（comic 或 manga），特别是和故事性漫画之间联系日趋紧密，两者常被合称为“动漫”。“动漫”一词的出现和推广，源于 1998 年创刊的中国最早的专业动漫资讯杂志《动漫时代》(Animation & Lomic Time)，如图 1-1-10 所示，它是第一个使用“动漫”这一词语的公开发行刊物。随着动漫在社会上日趋流行，动漫读者群体的变更与市场竞争等多方面原因致使《动漫时代》于 2006 年 7 月休刊。与《动漫时代》同时创刊于 1997 年 7 月，经改版后正式创刊于 2002 年 6 月的《漫友》杂志，如图 1-1-11 所示，它是中国影响度较高的漫画杂志之一。该杂志也提出了“动漫”概念，是通过强调故事性和趣味点来打造具有娱乐性的动漫阅读载体。

图 1-1-10 《动漫时代》杂志

图 1-1-11 《漫友》杂志

“漫画”或“连环漫画”一般是以一页多格为基本的结构模式、以卡通式的绘画手法作为表现方式、有一定故事情节和主题思想的绘画作品。由于漫画本身的发展形成了现代故事漫画的表现形式，将影视艺术融入漫画之中，使得漫画与动画更容易结合。

漫画吸收了影视艺术的特点。在讲述复杂故事的时候，当要表现更强的冲击力和表现力时，蒙太奇手法以及各种镜头的灵活运用就成为必要的手段。一部现代故事漫画往往集远景、中景、近景、特写四种镜头于一身，漫画家往往能熟练地运用镜头的移动和各种蒙太奇剪接，对故事特定部分的情绪和氛围进行渲染。读者在看漫画时仿佛就是在看一部电影。正是有着这样的相似性，所以将动画和漫画合称为“动漫”。

美国和日本是动漫产业比较发达的国家，尤其是日本拥有完善的动漫产业链。动漫产业一般包括动画、漫画、游戏及相关的产业。日本动漫产业经过多年的发展，已经形成“漫画创作→图书出版发行→影视动画片生产→影视播放→音像制品发行→衍生产品开发和营销”一系列较为成熟和完善的动漫产业链。

美国动漫公司以迪士尼公司为首。其于 1989 年推出的《狮子王》获得了极大成功，这也标志着美国动画片又一次进入繁荣时期，一直持续至 2002 年，并推出了创造票房奇迹的、第一部全电脑制作的动画片《玩具总动员》以及几乎以假乱真的动画片《恐龙》，等等。

中国动漫起步较早，开始于 20 世纪五六十年代，创作出当年堪称一绝的水墨动画，以及后来的布塑动画。但遗憾的是国内未能对这一行业领域给予足够的重视，受制于市场环境、动漫人才等因素，技术长期停滞不前。2004 年，中国动漫终于迎来了产业的春天，同年 7 月首个“国家动漫游戏产业振兴基地”落户上海。2009 年春节期间，国产原创动画片《喜羊羊与灰太狼之牛气冲天》首映日票房就达 800 万元，首周末一举突破 3 000 万元。不仅刷新了国产动画电影的票房纪录，也远远超过了 2008 年美国动画电影《功夫熊猫》。

2. 漫画简介

漫画在英语中的表示有三个词，分别是 cartoon、caricature 和 comic。“cartoon”一词源自意大利文“cartone”，原意是“绘画速写用的厚纸”。它诞生于 1671 年，是三个表示“漫画”的单词中最早产生的一个。速写绘画往往是简练而夸张的，而漫画的特点就是既简练又夸张，“cartoon”的意义相当广泛，既可以表示带有讽刺、幽默意味的单幅漫画，也可以代表任何经过简化、夸张和变形之后的漫画形象，如果在前面加上“animated”一词，则表示动画。事实上，“cartoon”可以作为“animated cartoon”的简称并单独使用，也能表示动画，“cartoon”音译到中文便是“卡通”，这个词也同时可以代表动画和漫画。漫画艺术有三种表现形式：一种是在报纸杂志上十分常见的单幅或者四格漫画，以讽刺、幽默为主要目的，它是用一组在内容上相互关联的卡通画构成的整体来表达一个完整的主题思想和中心内容，代表作有德国漫画家卜劳恩的《父与子》系列（图 1-1-12）、我国台湾地区漫画家朱德庸的《绝对小孩》（图 1-1-13），等等；另一种是与动画结合非常紧密的故事漫画，又称“长篇漫画”，一般在专业的漫画杂志上连载或者结集成册出版，是卡通连环画的叙事特征进一步加强的产物，美国的《蝙蝠侠》《超人》（图 1-1-14）以及日本的《圣斗士》《七龙珠》等都属于剧情连环画的范畴；还有一种是今天已经比较少见但在 19 世纪至 20 世纪却兴盛一时的连环画。

图 1-1-12　德国漫画家卜劳恩的《父与子》系列

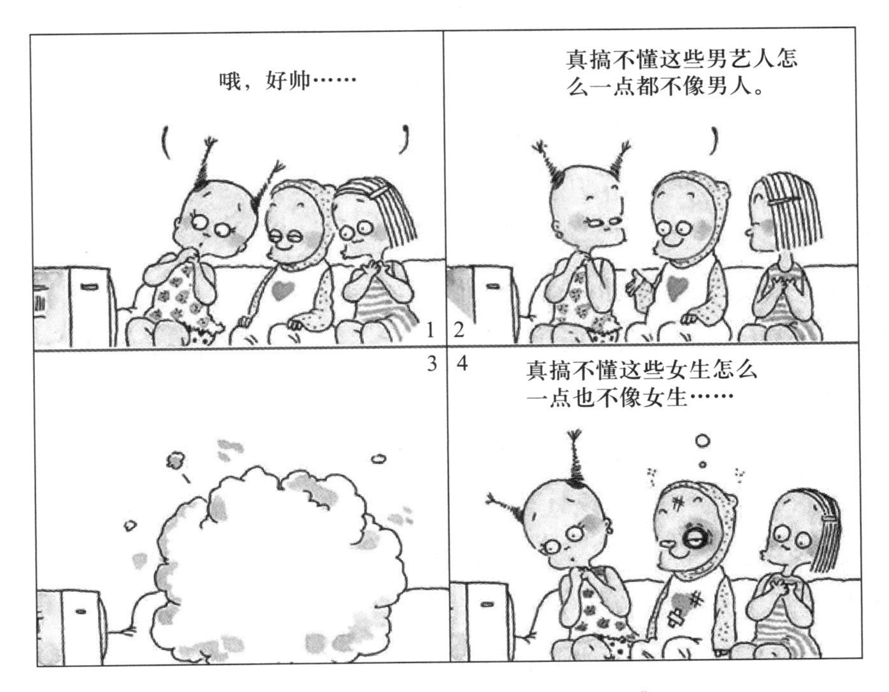

图 1-1-13　朱德庸的《绝对小孩》

图 1-1-14 美国的《蝙蝠侠》和《超人》

3. 动画简介

动画是一门以屏幕播放作为传播方式的艺术，是由许多帧静止的画面连续播放的过程。当每秒连续播放 24 帧以上的画面时，人眼睛便产生连续运动的错觉。动画表现出来的运动形态以动作的连贯性和时间、速度的节奏快慢为特性。根据动画的创作角度分类，动画可分为商业动画和实验动画。从制作技术和手段分类，动画可分为以手工绘制为主的传统动画和以计算机绘制为主的电脑动画。按动作的表现形式来区分，动画大致分为接近自然动作的“完善动画”（动画电视）和采用简化、夸张手法的“局限动画”（幻灯片动画）。如果从空间的视觉效果划分，又可分为二维动画（如日本的《七龙珠》《灌篮高手》等）和三维动画（如美国的《最终幻想》《玩具总动员》等）（图 1-1-15）。从播放效果划分，还可以分为顺序动画（连续动作）和交互式动画（反复动作）。从每秒播放的帧数划分，还有全动画/逐帧动画（24 帧/秒，迪士尼动画）和半动画（少于 24 帧/秒）等之分，以日本为代表的动画公司为了节省成本往往用半动画做电视片。

动画制作是一项非常烦琐的工作，分工极为细致。通常分为前期制作、中期制作、后期制作。前期制作又包括企划、作品设定等；中期制作包括分镜、原画、中间画、动画、上色、背景作画、摄影、配音、录音等；后期制作包括剪辑、特效、字幕、合成、试映等。随着计算机和数字技术的发展，动画片的制作方式发生了非常大的变化，电脑绘画技术已经广泛应用于漫画创作，特别是在动画创作的原画设计中。而 Photoshop 拥有强大的图像编辑处理功能以及丰富的画笔类型和图层等，已成为电脑动画原画绘制软件中的佼佼者。

图 1-1-15　二维动画《七龙珠》和三维动画《玩具总动员》

1.2　制作操控变形动画《舞》

【任务分析】

平面设计软件中的图像只是一个面，如果将其改变形状，可能会出现缺损、断裂的问题。Photoshop 的操控变形功能就解决了这个问题，用鼠标移动关节点，图像也随之变形。在本例中，将一个站立的模特改成跳跃的模特，人物动作幅度可以大一些。这个功能非常有趣，即使达不到天衣无缝的程度，也可以对改变的图像细节进行修复。

【任务准备】

1. 初识图层

图层是 Photoshop 的核心功能。我们可以把图层理解为在图像背景上叠加了多张透明的薄膜片，将这些绘制在透明薄膜片上的图像叠加在一起就完成了图像的合成，如图 1-2-1 所示。图层的叠放顺序可以确定视觉元素在图像平面内的深度和位置。Photoshop 对保存在图层上的各个图像可以分别进行编辑或移动。当图层有图像时，有图像的部分就不透明，没有图像的部分就会透明（灰白色格子表示透明）。可以在不影响图像中其他图层图像的情况下处理当前图层中的某一图像元素。透过图层的透明区域可以看到下面的图层，还可以通过更改图层的顺序和属性从而改变图像的合成效果。

“图层”面板是管理和操作图层的主要场所，在“图层”面板中可完成创建、删除及编辑图层等操作，图层的几乎所有操作都可以通过“图层”面板来完成（图层的详细内容见单元 6）。

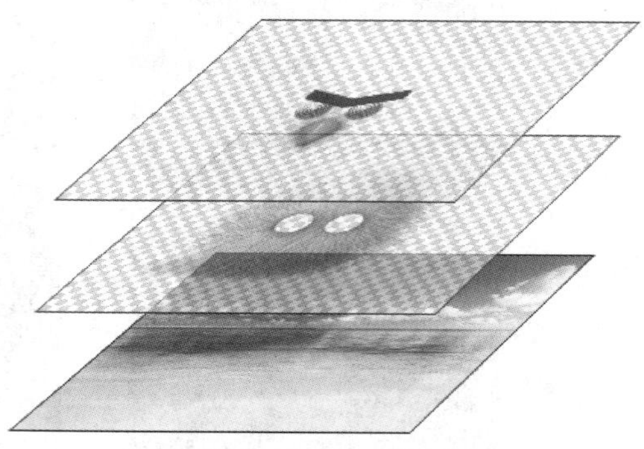

图 1-2-1　图像叠加在一起就完成了图像的合成

2. "时间轴" 面板

在 Photoshop 中，可编辑合成视频剪辑、图像和音频文件，以创建电影文件。在 Photoshop 中还可以编辑每个剪辑的时间长度、应用滤镜和效果、创建基于位置和不透明度等属性的动画。这些功能通过"时间轴"面板实现。选择菜单"窗口"→"时间轴"命令，打开"时间轴"面板，如图 1-2-2 所示。

图 1-2-2　"时间轴" 面板

单击"时间轴"面板上的下拉列表框，有两个选项："创建帧动画"和"创建视频时间轴"。选择"创建视频时间轴"命令，"时间轴"面板界面转变为如图 1-2-3 所示。Photoshop 新建的视频时间轴默认情况下包含两个默认轨道："图层"和"音轨"。轨道上视频剪辑的背景是蓝色，而静态的图像或文字的背景是紫色。

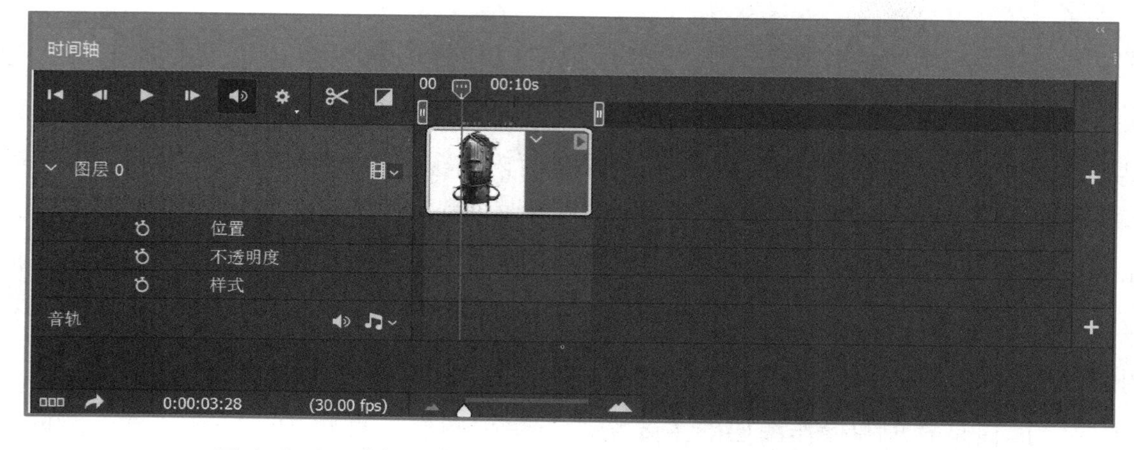

图 1-2-3　选择"创建视频时间轴"命令的"时间轴"面板

播放头：播放头在时间标尺上的位置决定了文档窗口中出现的内容，播放头沿时间轴上的时间标尺移动，逐步显示视频中的每一帧。

在播放头处拆分：可以将当前轨道的内容从播放头的位置拆分为两段。

选择过渡效果拖动以应用：给剪辑或两个相邻的剪辑之间添加渐隐效果，让剪辑之间的过渡更加平滑。

在“时间轴”面板上选择下拉列表框中的“创建帧动画”选项并单击此选项，“时间轴”面板界面转变为如图 1-2-4 所示。时间轴以帧模式出现，显示动画中每个帧的缩览图。使用面板底部的工具可浏览各个帧、设置循环选项、添加和删除帧以及预览动画等。单击面板菜单图标可查看其他用于编辑帧或时间轴持续时间以及用于配置面板外观的命令。

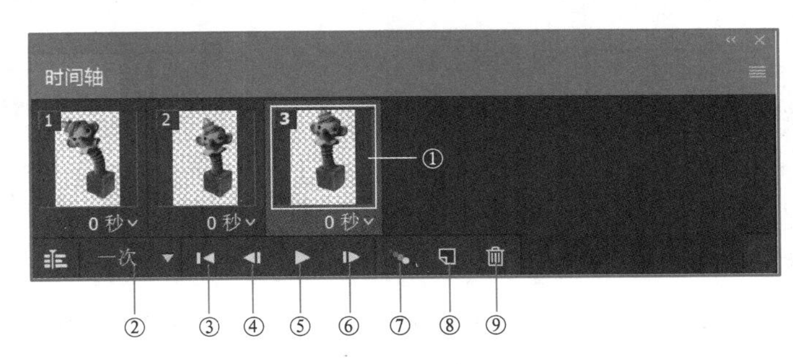

图 1-2-4 选择“创建帧动画”命令的“时间轴”面板

① 当前帧：当前选择的帧。

② 循环选项：设置导出 GIF 动画时的循环播放次数，可以选择“一次”“万次”“永远”或“其他”，选择“其他”时可以自定义循环播放次数。

③ 选择第一帧：自动回到第一帧。

④ 选择上一帧：选择当前帧的前一帧。

⑤ 播放动画：可播放动画，再次单击该按钮可暂停播放。

⑥ 选择下一帧：选择当前帧的下一帧。

⑦ 过渡动画帧：可在两个帧之间加入一系列帧，并让新帧实现均匀过渡的变化。

⑧ 复制所选帧：对所选的帧进行复制。

⑨ 删除所选帧：对所选的帧进行删除。

（1）编辑动画帧

在帧动画的“时间轴”面板中选择一个或多个帧，然后使用“图层”面板修改图像中影响该帧的图层，或者更改动画帧中某个对象的位置。在编辑过程中除了可以使用绘画工具进行编辑和绘制之外，还可以应用滤镜、蒙版、变换、图层样式和混合模式。

创建帧动画的第一步是添加帧。如果打开了一个图像，在“时间轴”面板上选择“创建帧动画”命令，则“时间轴”面板把图像显示为新动画的第一帧。单击“时间轴”面板下面的“复制所选帧”按钮，添加的每个帧都是上一帧的副本。然后使用“图层”面板对帧进行更改，在更改帧之前，必须将其选择为当前帧。当前帧的内容显示在图像文档窗口中。在“时间轴”面板中，选中的帧呈高光显示。

如要删除选定的帧，从“时间轴”面板菜单中选择“删除帧”命令，或单击“删除所选帧”按钮，然后在弹出的对话框中单击“是”按钮以确认删除操作，也可以将选定的帧拖动到“删除所选帧”图标上直接删除。

小提示：

要选择多个连续的帧，按住 Shift 键的同时单击第二个帧。第一个帧与第二个帧之间的所有帧都将被选中。要选择多个不连续的帧，按住 Ctrl 键的同时单击其他帧，可将这些帧选中。

要选择全部帧，从“时间轴”面板菜单中选择“选择全部帧”命令。

要在已选中的多帧中取消选择一个帧，按住 Ctrl 键并单击该帧即可。

（2）创建过渡动画帧

“过渡”也称为插值处理，即在两个关键帧画面之间插入过渡帧，均匀地改变关键帧之间的变化以创建动态、渐进变化效果，如渐现、渐隐或在帧之间移动物体等动作。创建的过渡帧可以分别对它们进行编辑。

① 首先要选择单一帧或多个连续帧。

- 如果选择单一帧，则应选取是否用上一帧或下一帧来过渡该帧。
- 如果选择两个连续帧，则在这两个帧之间添加新帧。
- 如果选择的帧多于两个，过渡操作将改变所选的第一帧和最后一帧之间的所有帧。
- 如果选择动画中的第一帧和最后一帧，则这些帧将被视为连续的，并且会将过渡帧添加到最后一帧之后（设置为多次循环动画时常用这种过渡方法）。

② 然后执行下列操作之一：

- 单击“时间轴”面板下方的“过渡动画帧”按钮。
- 从“时间轴”面板菜单中选择“过渡”命令，打开“过渡”对话框，如图 1-2-5 所示。

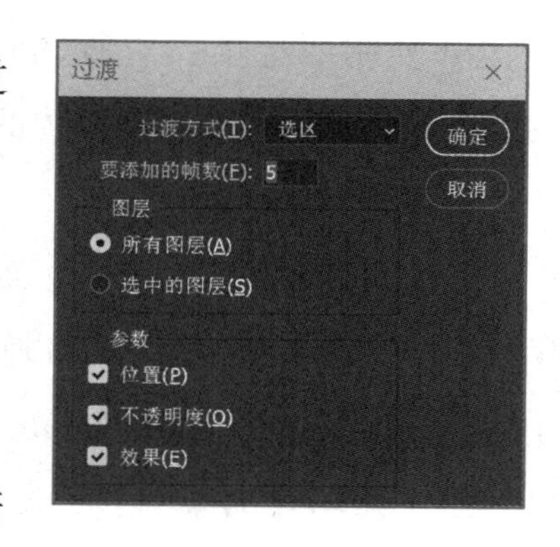

图 1-2-5 “过渡”对话框

“图层”栏是设置要在添加的帧中改变的图层：

- 所有图层：改变所选帧中的全部图层。
- 选中的图层：只改变所选帧中当前选中的图层。

“参数”栏是设置要改变的图层属性：

- 位置：在起始帧和结束帧之间均匀地改变图层内容在新帧中的位置。

- 不透明度：在起始帧和结束帧之间均匀地改变新帧的不透明度。
- 效果：均匀改变起始帧和结束帧之间的图层效果的参数设置。

【任务实施】

（1）打开单元 1 配套素材“操控变形 . png”文件。

小提示： 操控对象应该是抠取好图像的图层，具有较为复杂的外形，运动部分（如本例中人物的四肢）之间最好不要连接，并有一定的空隙。

（2）单击“图层”→“智能对象”→“转换为智能对象”命令，将该图层转换为智能对象，在该图层缩略图的右下方会出现一个智能对象小图标，如图 1-2-6 所示。

图 1-2-6　将该图层转换为智能对象

小提示： 为了便于进一步的修改，最好将普通图层设置为智能对象。这样就可以对它进行反复变形，而且不会出现因变形造成的画质损失现象，将来在需要对变形进行细调时，可以使用“操控变形”命令进行微调。除了图像图层之外，还可以对图层蒙版和矢量蒙版应用操控变形。

（3）单击“编辑”→“操控变形”命令，对其进行操控变形设置。此时图像上出现一种可视化网格，在图像上单击鼠标确定第一个点，这时鼠标指针变成一个图钉的形状，然后在人物的关节处单击鼠标定义变形点，如图 1-2-7 所示。在“图层”面板右侧会出现两个叠加小圆圈，这说明正在对这个图层应用操控变形。

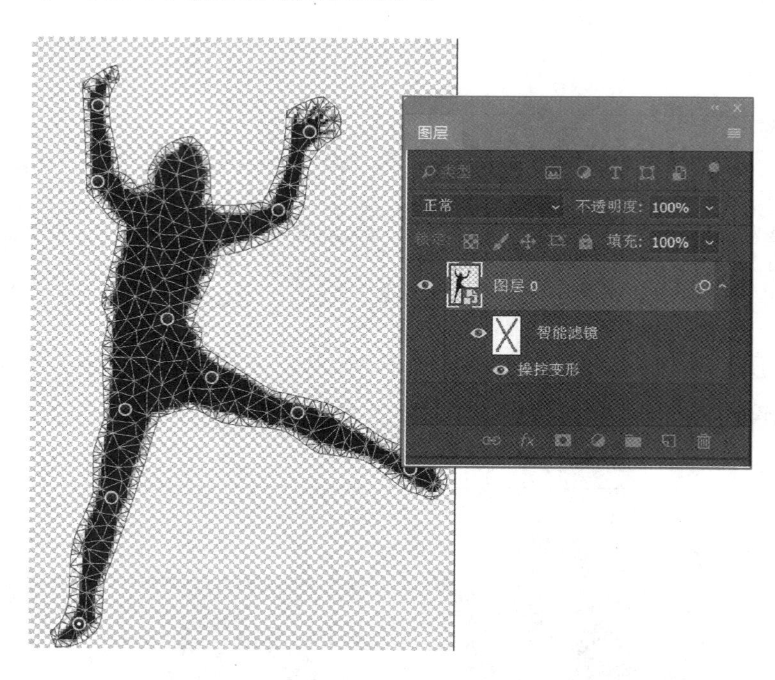

图 1-2-7　应用操控变形

小提示： 如果想改变分割的密度，可以使用工具选项栏上的“浓度”选项，对较高的密度进行细节的调整，对较低的密度快速摆出需要的姿态。如果不需要显示网格，则取消勾选工具选项栏上的“显示网格”复选框即可，或者单击“显示”→“网格”命令取消显示网格，还可以按快捷键< Ctrl>+<H>。

（4）本例中，在人物的双臂、双腿和腰部设置了几个图钉，在工具选项栏上选择确认后单击“提交操控变形”按钮■或者按回车键。

（5）单击“窗口”→“图层”命令，打开“图层”面板，在“图层”面板中选中“图层 0”图层，单击鼠标右键，在弹出的菜单中选择“复制图层”，在“复制图层”对话框中设置复制的图层名为“图层 1”，如图 1-2-8 所示。

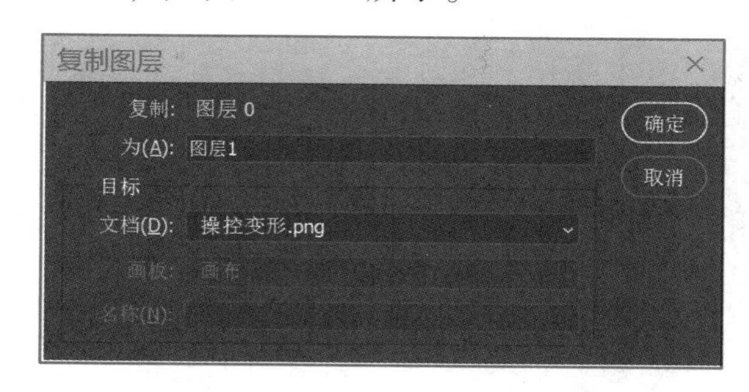

图 1-2-8　复制的图层名为“图层 1”

（6）在“图层”面板中选择“图层 1”图层，双击该图层的“智能滤镜”效果下的“操控变形”选项，在图像上显示操控编辑状态，在人物的关节处单击并移动变形点，改变人物的形态，如图 1-2-9 所示。

图 1-2-9　移动变形点改变人物的形态

小提示：当按下<Alt>键并将鼠标指针移至变形点上时，鼠标指针变成剪刀形状，此时单击变形点可将其删除。选中一个变形点，当按下<Alt>键并将鼠标指针移至变形点外部时，鼠标指针变成双箭头圆弧形，且变形点周围出现一个变换圈，可以使图形绕变形点旋转变形。

（7）在“图层”面板中选择“图层 1”图层，单击鼠标右键，在弹出的菜单中选择“复制图层”，设置复制的图层名为“图层 2”。

（8）在“图层”面板中关闭“图层 0”和“图层 1”图层左侧的眼睛图标，使图层不可见。再选择“图层 2”图层，并双击该图层的“智能滤镜”效果下的“操控变形”选项，编辑“图层 2”图层中的操控变形图像。单击“视图”→“显示”→“网格”命令取消显示网格。在人物的关节处单击并进行移动，在上一次的动作基础上再次改变人物的形态，如图 1-2-10 所示。

（9）在“图层”面板中关闭“图层 2”图层左侧的眼睛图标，使该图层不可见。再选择“图层 0”图层，打开图层左侧的眼睛图标，使该图层可见。

（10）单击“窗口”→“时间轴”命令，打开“时间轴”面板，在该面板中选择“创建帧动画”。将面板上第 1 帧的帧延迟时间参数设置为 0.1 秒，如图 1-2-11 所示。

图 1-2-10 再次改变人物的形态

图 1-2-11 打开“时间轴”面板

（11）单击“时间轴”面板下方的“复制所选帧”按钮。在“时间轴”面板上选择新创建的第 2 帧。在“图层”面板中关闭“图层 0”图层左侧的眼睛图标，使该图层不可见。再选择“图层 1”图层，打开该图层左侧的眼睛图标，使该图层可见，其他图层都不可见，如图 1-2-12 所示。

图 1-2-12　创建第 2 帧并使“图层 1”图层可见

（12）再次单击“复制所选帧”按钮，建立第 3 帧。在“时间轴”面板上选择第 3 帧。在“图层”面板中关闭“图层 1”图层左侧的眼睛图标，使该图层不可见。再选择“图层 2”图层，打开该图层左侧的眼睛图标，使该图层可见，其他图层都不可见，如图 1-2-13 所示。

（13）选择“时间轴”面板的第 1 帧。单击“时间轴”面板下方的“过渡动画帧”按钮，在弹出的“过渡”对话框中设置“过渡方式”为“下一帧”，“要添加的帧数”为“5”帧，其他设置不变，如图 1-2-14 所示。

（14）选择“时间轴”面板上的第 2 帧，单击“过渡动画帧”按钮，在弹出的“过渡”对话框中设置“过渡方式”为“下一帧”，“要添加的帧数”为“5”帧，其他设置不变。确定后“时间轴”面板显示的过渡帧如图 1-2-15 所示。

图 1-2-13 创建第 3 帧并使“图层 2”图层可见

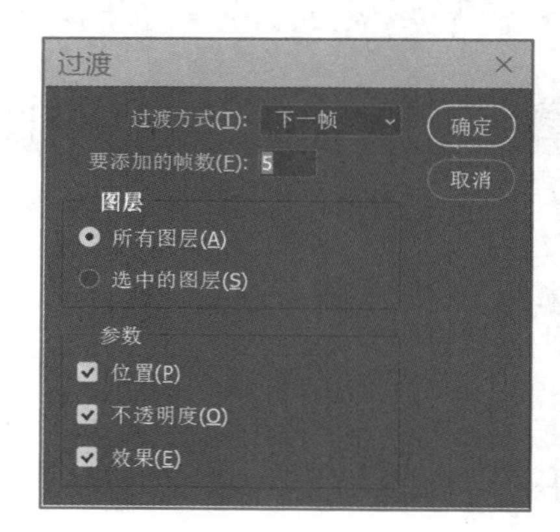

图 1-2-14 设置“过渡”对话框参数

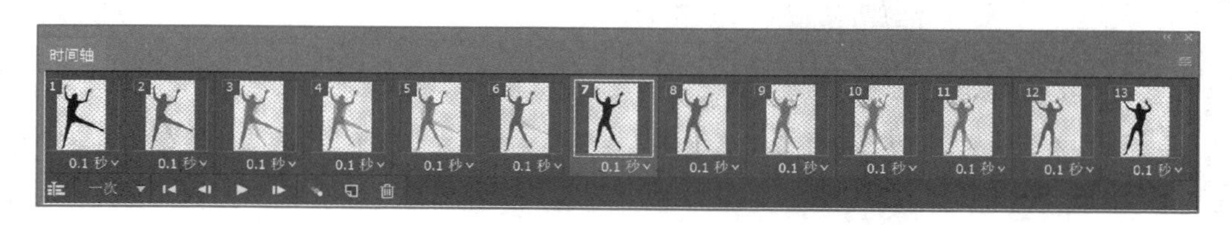

图 1-2-15 “时间轴”面板显示的过渡帧

（15）单击“文件”→“导出”→“存储为 Web 所用格式”命令。在“存储为 Web 所用格式”对话框中设置格式为“GIF”，“动画”的“循环选项”为“永远”，如图 1-2-16 所示。单击“存储”按钮，在弹出的“将优化结果存储为”对话框中设置文件名为“舞 . Gif”，格式设置为“仅限图像”，设置完毕后，单击“保存”按钮。

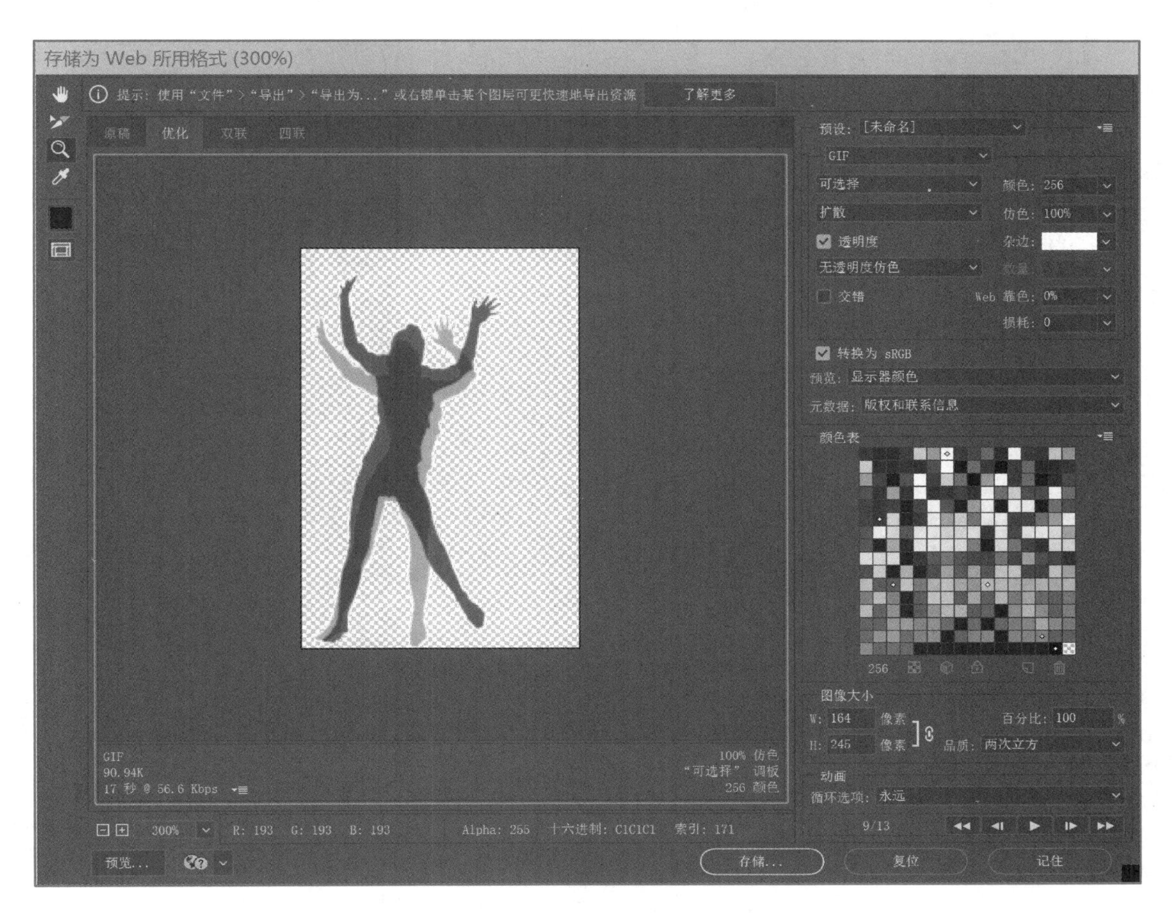

图 1-2-16　设置“存储为 Web 所用格式”对话框

小提示： 可在创建动画时使用“时间轴”面板中的控件播放动画，也可以在“存储为 Web 所用格式”对话框中预览动画。

【任务拓展】

1. “存储为 Web 所用格式”对话框

在 Photoshop 中，使用“存储为 Web 所用格式”命令，可将图像存储为 GIF、JPEG 或 PNG 文件。根据文件格式的不同，可以指定图像品质、背景透明度或杂边、颜色等属性；还可保留文件中添加的 Web 功能，如切片、链接和动画。单击“文件”→“导入”→“存储为 Web 所用格式”命令，打开如图 1-2-17 所示的对话框。单击该对话框顶部的“原稿”

“优化”“双联”或“四联”选项卡，可预览图像。如果图像中包含多个切片，则选择优化一个或多个切片。可以从“预设”下拉列表框中选择一个预设优化设置。各选项根据所选择的文件格式而有所不同。

图 1-2-17 “存储为 Web 所用格式”对话框

（1）在对话框中预览图像

单击图 1-2-17 中顶部的选项卡预览图像：

- “原稿”：显示没有优化的图像。
- “优化”：显示应用了当前优化设置的图像。
- “双联”：并排显示图像的两个版本。
- “四联”：并排显示图像的四个版本。

（2）在对话框中浏览

如果在“存储为 Web 所用格式”对话框中无法看到整个图像，可使用“抓手工具”来查看图像的其他部分区域，也可以使用对话框中的“缩放工具”来放大或缩小视图。

- 选择“抓手工具”（或按住空格键），然后在视图区域内拖动以平移图像。
- 选择“缩放工具”，并在视图内单击可进行放大；按住 Alt 键并在视图内单击可缩小画面。

• 输入放大率，或在图 1-2-17 所示对话框底部选取一个放大率。

（3）查看优化的图像信息和下载时间

“存储为 Web 所用格式”对话框会显示原稿图像和优化图像的信息。优化图像显示当前优化选项、优化文件的大小以及估计下载时间。

2. 支持的视频和图像格式

Photoshop CC 支持以下格式的视频文件和图像文件：

① 视频格式：MPEG-1（.mpg 或 .mpeg）、MPEG-4（.mp4 或 .m4v）、MOV、AVI。

小提示：如果计算机上已安装 MPEG-2 编码器，则支持 MPEG-2 格式。

② 图像格式：BMP、DICOM、JPEG、OpenEXR、PNG、PSD、Targa、TIFF。

小提示：如果已安装相应的增效工具，则支持 Cineon 和 JPEG 2000。

③ 颜色模式和位深度。视频图层可以包含下列颜色模式和位/通道（bpc）的文件：

• 灰度：8、16 或 32 位/通道

• RGB：8、16 或 32 位/通道

• CMYK：8 或 16 位/通道

• Lab：8 或 16 位/通道

思考练习

一、名词解释

1. 动漫　2. 动画　3. 图层

二、思考题

1. 在“时间轴”面板中如何创建关键帧？

2. 在“时间轴”面板中如何在两个关键帧之间创建过渡效果？

3. 如何将一个帧动画存储为 Web 格式的文档？

操作练习

<table>
<tr><td rowspan="2">
图 1-3-1　单元 1 练习题效果图</td><td>练习目标：利用操控变形功能以及帧动画制作一个 GIF 动画，效果如图 1-3-1 所示。</td></tr>
<tr><td>素材准备：单元 1\ 玩具娃娃 . png</td></tr>
</table>

单元评价

<table>
<tr><th>序号</th><th colspan="2">评价内容</th><th>自评</th></tr>
<tr><td>1</td><td rowspan="2">基础知识</td><td>了解 Photoshop 的工作区</td><td></td></tr>
<tr><td>2</td><td>了解动漫的基本概念</td><td></td></tr>
<tr><td>3</td><td rowspan="4">操作能力</td><td>创建自定义工作区</td><td></td></tr>
<tr><td>4</td><td>文档的打开与存储</td><td></td></tr>
<tr><td>5</td><td>创建新文档</td><td></td></tr>
<tr><td>6</td><td>操控变形功能的使用</td><td></td></tr>
</table>

说明：评价分为 4 个等级，可以使用“优”“良”“中”“差”或“A”“B”“C”“D”等级呈现评价结果。

Unit 2

单元 2 利用选区制作卡通人物

单元目标

本单元将通过三个任务的学习，使大家熟练掌握工具箱中各种选择工具的使用方法以及熟悉菜单中的各项命令，并且了解其工作原理。

- 熟练掌握工具箱中的规则选择工具和不规则选择工具。
- 了解各种选择工具选项栏中的选项设置及其意义。
- 掌握选择菜单中各项命令的应用。

单元内容	案例效果
2.1 制作卡通人物——水果人	
2.2 制作卡通人物——蛋糕先生	
2.3 制作游戏场景——逃离火海	

2.1 制作卡通人物——水果人

【任务分析】

创建选区是对图像进行编辑的一个基本步骤，只有在图像中选定了要修改的区域，才能只编辑修改选定的内容，而图像的其他部分不受影响。本任务就是运用各种选择工具把图像中的水果选出，制作成一个卡通人物。

【任务准备】

选区就是在图像上使用选择工具选出的任意区域。在 Photoshop 中可对选区进行移动、变形、应用滤镜效果等各种编辑。当用工具箱中的任何一种选择工具在图像上建立选区后，便会出现“行军蚁”运动虚线边框，这就是建立的选区。

1. 选择工具箱中的工具

单击工具箱中的某个工具。如果工具的右下角有一个小三角形标记，将鼠标指针置于按钮上，按住鼠标左键或单击右键，可查看隐藏的工具，然后单击要选择的工具，如图 2-1-1 所示。

2. 选择工具组

在编辑图像时，需要对图像中的某个区域进行修改，这时候就需要用到选择工具。使用哪种选择工具取决于选区的特点，如形状、颜色或一些特殊设计要求等。Photoshop 提供了三组选择工具，如图 2-1-2 所示。

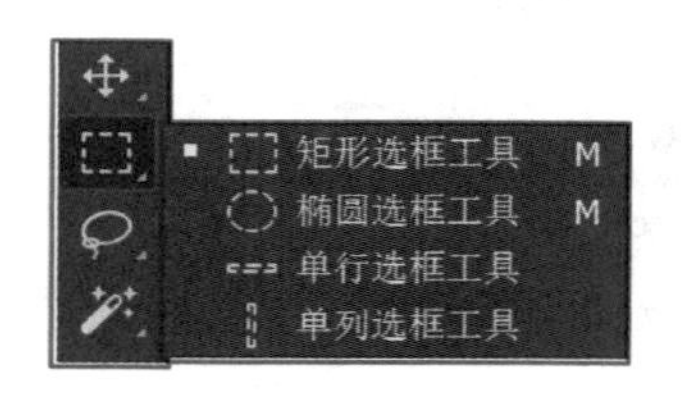

图 2-1-1　选择工具

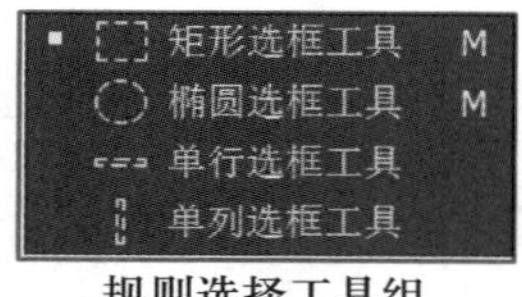

规则选择工具组

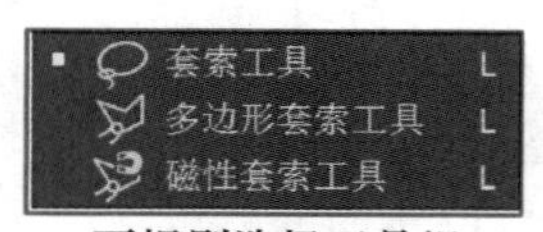

不规则选择工具组

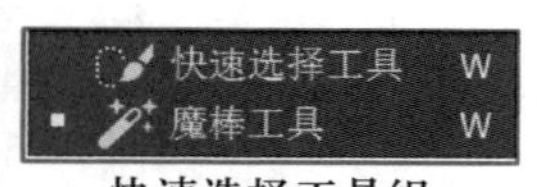

快速选择工具组

图 2-1-2　三种选择工具组

规则选择工具组即选框工具组，包括矩形选框工具、椭圆选框工具、单行选框工具、单列选框工具，适用于选取规则的几何形状的选区。

不规则选择工具组包括套索工具、多边形套索工具、磁性套索工具，适用于选取不规整的选区。

快速选择工具组包括快速选择工具和魔棒工具，适用于选择图像中颜色相近的选区。

小提示：当创建选区时，如果对选区的起点位置不满意，可以按住空格键，并按住鼠标拖曳，直到拖动选区至满意的位置为止。如果需要继续调整选区的边框，则松开空格键，但是要一直按住鼠标，用这个功能就不需要重新开始选择。若要取消选区，按 Ctrl+D 键即可。

3. 规则选择工具

（1）矩形选框工具：在图像上点按并拖动，可以创建矩形选区。当同时按住 Shift 键时，可创建正方形选区；当同时按住 Alt 键时，可创建以单击点为中心的矩形选区。

（2）椭圆选框工具：在图像上点按并拖动，可以创建椭圆形选区。当同时按住 Shift 键时，可创建圆形选区。当同时按住 Alt 键时，可创建以单击点为中心的椭圆形选区。

（3）单行选框工具：在要选择的区域旁边单击，可以创建一个横向贯穿图像工作窗口、高度为 1 像素的水平线形选区。

（4）单列选框工具：在要选择的区域旁边单击，可以创建一个纵向贯穿图像工作窗口、宽度为 1 像素的垂直线形选区。

【任务实施】

（1）单击“文件”→“新建”命令，打开“新建文档”对话框。设置宽度为“395 像素”、高度为“480 像素”、分辨率为“72 像素/英寸”、背景内容为“白色”、名称为“水果人”，如图 2-1-3 所示。

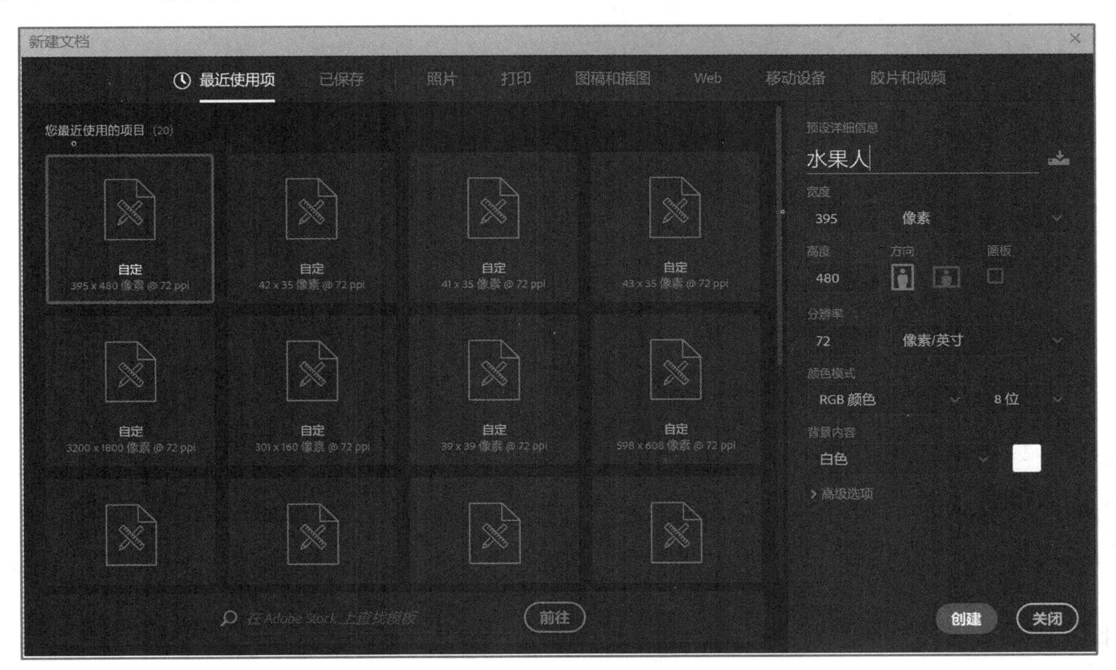

图 2-1-3 新建文件

（2）单击“文件”→“打开”命令，在打开的对话框中选择单元 2 素材“水果 .jpg”文件。

（3）首先制作水果人的头。选择工具箱中的矩形选框工具，在瓜的左上角按住鼠标左键并拖到瓜的右下角，创建一个矩形选区，如图 2-1-4 所示。

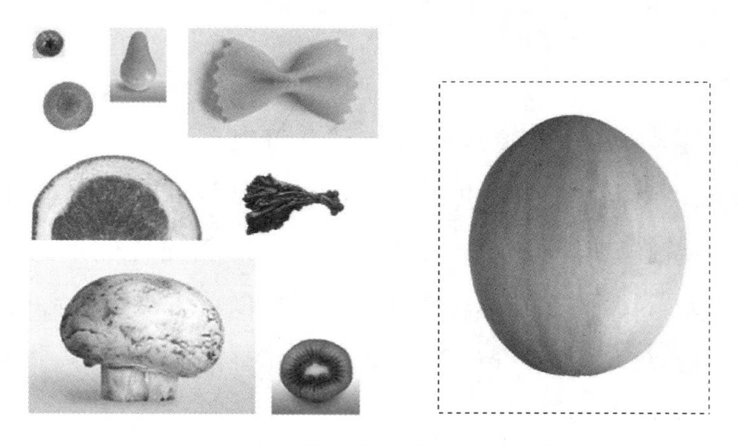

图 2-1-4　为图像中的瓜创建一个选择范围

（4）选择工具箱中的魔棒工具，在工具选项栏上单击“从选区减去”按钮，设定“容差”为 16 像素。鼠标移动到矩形选区的白色背景上，此时魔棒工具的光标旁出现一个减号。单击鼠标左键，从矩形选区中减去白色背景选区，只选择瓜的部分，如图 2-1-5 所示。

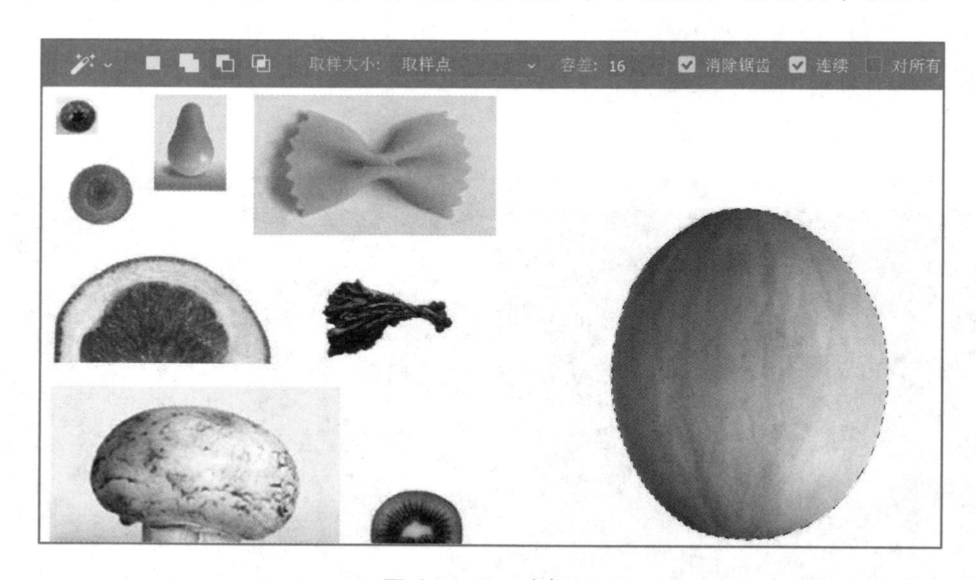

图 2-1-5　选择瓜

（5）选择工具箱中的移动工具，按鼠标左键并拖曳，将选择的瓜从“水果 .jpg”文件中移至新建的“水果人”文件中，并调整位置。此时，在“图层”面板中增加了“图层 1”。

小提示：为了方便选区在两个文档之间移动，可以将处于选项卡状态文档改变为浮动图像窗口。

（6）选择工具箱中矩形选框工具，同样在“水果.jpg”文件中为菠菜创建一个矩形选区，再选择工具箱中的魔棒工具，按Alt键同时单击矩形选区的白色背景，除去白色背景。选择工具箱中的移动工具，把选择的菠菜从“水果.jpg”文件中移动至“水果人”文件中的瓜上，把菠菜作为眉毛，调整位置如图2-1-6所示，在“图层”面板中增加了“图层2”。

图2-1-6 选中菠菜作为眉毛

（7）在“图层”面板中（如果“图层”面板未打开，可以按F7键打开“图层”面板）选择“图层2”图层，并单击鼠标右键，在弹出的菜单中选择“复制图层”命令。复制的图层命名为“图层2拷贝”图层。

（8）单击“编辑”→“变换”→“水平翻转”命令，把复制的眉毛做水平翻转，并用移动工具放置在右侧，如图2-1-7所示。

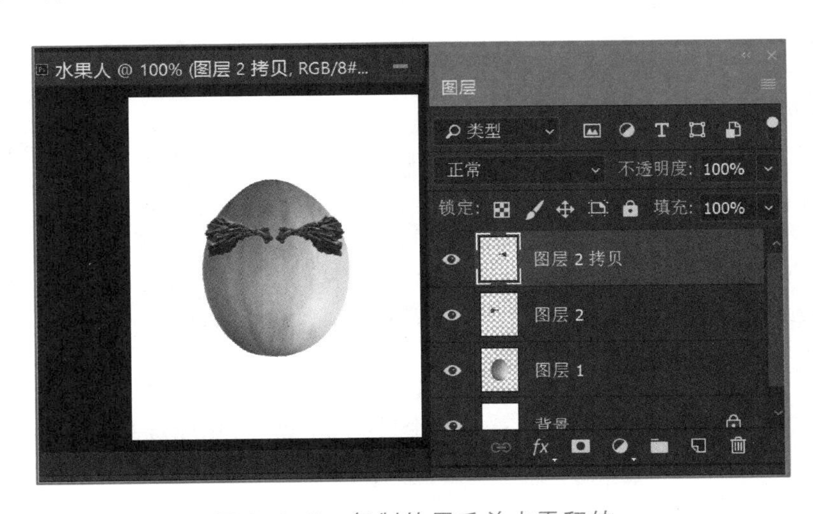

图2-1-7 复制的眉毛并水平翻转

（9）选择工具箱中的椭圆选框工具，在“水果.jpg”文件中将光标置于蓝莓上，按住Shift+Alt键的同时，以蓝莓为中心绘制一正圆形选区，大小接近蓝莓，如果选区没有完全包含蓝莓，可以使用方向键进行微调，直至选择框套在蓝莓上。

（10）选择工具箱中的移动工具，把蓝莓从“水果 .jpg”文件中移动至“水果人”文件中的眉毛下面作为眼睛，并调整位置。在“图层”面板中将新增加的“图层 3”置于“图层 2 拷贝”图层上方。

（11）在“图层”面板中选择“图层 3”图层，并单击鼠标右键，在弹出的菜单中选择“复制图层”命令。复制的图层命名为“图层 3 拷贝”图层。用移动工具移动复制的蓝莓至右侧，如图 2-1-8 所示。

图 2-1-8　制作眼睛

（12）选择工具箱中的磁性套索工具，在“水果 .jpg”文件中将光标置于半个切开的红色柚子上，单击鼠标并拖动，围绕柚子内部的果肉部分建立选区，作为卡通人物的耳朵，如图 2-1-9 所示。

图 2-1-9　选取内部红色部分作选区

（13）在“图层”面板上先选择“背景”图层，再选择工具箱中的移动工具，在“水果 .jpg”文件中把选中的柚子红色果肉部分拖曳至“水果人”文件中瓜的左侧下面，作为卡通人物的耳朵。

（14）单击“编辑”→“变换”→“逆时针转 90 度”命令，并用移动工具将耳朵放置在左侧，如图 2-1-10 所示。

（15）在“图层”面板中选择“图层 4”图层，并单击鼠标右键，在弹出的菜单中选择“复制图层”命令。复制的图层命名为“图层 4 拷贝”。

（16）单击“编辑”→“变换”→“水平翻转”命令，把复制的左耳做水平翻转，用移动工具移动至右侧位置。

（17）使用磁性套索工具在“水果 .jpg”文件中选择一个黄色的梨，如图 2-1-11 所示。在“图层”面板中选择“图层 1”图层，并用移动工具拖曳至水果人的中间位置，作为鼻子。在“图层”面板上置于“图层 1”图层上方，命名为“图层 5”。

图 2-1-10 制作耳朵

图 2-1-11 使用磁性套索工具选择梨形水果

（18）同上步骤，使用磁性套索工具在“水果 .jpg”文件中选择蘑菇，在“图层”面板中选择“图层 1”图层，并用移动工具拖曳选中的蘑菇至水果人的头上，作为厨师帽，如图 2-1-12 所示。图层命名为“图层 6”。

图 2-1-12 选择蘑菇作为厨师帽

（19）选择工具箱中的椭圆选框工具，在“水果 .jpg”文件中将光标置于猕猴桃上，拖曳鼠标拉出一个类似猕猴桃大小的椭圆形选区，如图 2-1-13 所示，并用移动工具拖曳至

“水果人”文件中，作为嘴巴。

（20）最后用磁性套索工具从“水果 .jpg”文件中选择蝴蝶结形状的图像，拖曳至“水果人”文件中，最后效果如图 2-1-14 所示。

图 2-1-13 选择猕猴桃

图 2-1-14 最后效果图

【任务拓展】

当选择了选择工具组中的任何一个工具之后，在 Photoshop 工作区菜单的下面就会自动显示当前所选取工具的选项栏，如图 2-1-15 所示。

图 2-1-15 工具选项栏

当前所选取的选择工具的图标出现在选项栏的最左端，它也是工具预设选取器，右侧是选区选项以及影响选区的设置选项。

（1）新选区：用选定的选择工具创建一个新的选区。

（2）添加到选区：把一个选区添加到已有的选区中。按住 Shift 键的同时使用选择工具也可以执行相同功能。

（3）从选区减去：从现有的选区中减去部分的选区。按住 Alt 键的同时使用选择工具也可以执行相同功能。

（4）与选区交叉：选取两个选区交叉的部分。按住 Shift+Alt 键的同时使用选择工具也可以执行相同功能。

（5）羽化：羽化是在选区边框内部和外部之间创建一个渐变的过渡，产生一种淡化模糊的效果。羽化的数值可以控制羽化边缘的宽度，赋值范围可以从 0 到 250 像素，数值越大，羽化范围越大；数值越小，羽化范围越小。

（6）消除锯齿：混合相邻的颜色，提供精细、平滑的过渡，防止选区呈锯齿状。要使用消除锯齿功能必须在使用工具前勾选“消除锯齿”复选框，否则，创建选区后不能再对其使用消除锯齿功能。

（7）样式：其作用是控制选区的形状和大小。当设置为“正常”时，选区的大小和形状不受控制。设置为“固定比例”时，所创建选区的宽度和高度受到比例约束，但大小不受约束，例如：设定“宽度”为2，“高度”为1，所创建的选区宽度总是选区高度的两倍。设置为“固定大小”时，在“宽度”和“高度”文本框里输入的值都是精确的值，只要在图像上单击鼠标，就可以创建一个和输入值一样的选区。

2.2 制作卡通人物——蛋糕先生

【任务分析】

使用工具箱中的不规则选择工具组，结合对应的菜单命令，制作一个称为“蛋糕先生”的卡通人物形象。

【任务准备】

1. 不规则选择工具

（1）套索工具：按住鼠标沿着不规则形状对象的边缘绘制，可以创建任意形状的选区。

小提示： 在绘制选区时，结束点一定要和起始点汇合，否则就会在起始点和结束点之间出现一条直线来封闭选区。

（2）多边形套索工具：可以创建由直线组成的选区。当按住Shift键时，就可以创建垂直线、水平线和45°斜线。

小提示： 如在使用多边形套索工具过程中，按下Alt键，这时多边形套索工具会切换成任意套索工具绘制选区。

（3）磁性套索工具：用该工具创建选区的原理是根据颜色属性对比进行选择，开始单击第一个颜色对比点，在移动过程中，还可以单击某个位置设立另一个颜色对比点，在选择的过程中，如果一个颜色对比点位置设定错误，可以按Delete键，依次删除颜色对比点，然后再重新设定颜色对比点。当开始点和结束点汇合时，磁性套索工具的光标边上会出现一个圆点，表示完成选择。

2. 磁性套索工具选项栏

当选择了磁性套索工具之后，就会出现如图 2-2-1 所示的磁性套索工具选项栏，磁性套索工具主要有三个选项：宽度、对比度和频率。

图 2-2-1 磁性套索工具选项栏

（1）宽度：确定磁性套索工具进行颜色测量的工作范围。以当前鼠标位置为原点，在指定宽度的范围内，如果测量出某种颜色变化，磁性套索便可自动吸附，作为选择区域的边缘。

（2）对比度：决定了对象和背景之间的色彩对比度，值越高，对比度范围就越小。例如对象颜色是红色，背景的颜色是白色，那么边对比度的值可以设置较高。如果对象的颜色是大红色，背景的颜色是深红色，都属于红色系，那么边对比度的值要设置低些。

（3）频率：指套索以什么频度设置锚点。输入 0 到 100 之间的数值。数值越高，锚点会越快地固定选区边框。

（4）使用绘图板压力以更改钢笔宽度：选中该按钮时，可增大光笔压力，将边缘宽度减小。

小提示：在边缘清晰的图像上，可以使用更大的宽度和更高的对比度，然后大致地跟踪边缘。在边缘较柔和的图像上，使用较小的宽度和较低的对比度，可以更加精确地跟踪边缘。

3. 快速选择工具

（1）快速选择工具：使用快速选择工具创建选区非常容易，只需要在图像上拖曳鼠标，该工具就会自动查找边缘，也可将区域添加到选区中后从选区中减去该区域。利用可调整的圆形画笔笔尖可以快速“绘制”选区，拖动时，选区会向外扩展并自动查找和跟随图像中定义的边缘。

（2）魔棒工具：根据颜色的相似性来选定区域，所以此工具适合选择纯色或者接近纯色的区域。使用时只要在图像上单击一次鼠标，即可选择一种颜色范围。

4. 魔棒工具选项栏

魔棒工具选项栏中“容差”选项的设置对选取颜色具有影响，如图 2-2-2 所示。

（1）容差：确定选定像素的相似点范围。它以像素为单位，取值范围为 0~255。如果输入的值较低，则选区所包含的像素就少，选区范围就小。如果值较高，则相反。

图 2-2-2 魔棒工具选项栏

（2）消除锯齿：创建较平滑边缘选区。

（3）连续：如果该复选框处于被选中状态，那么使用魔棒工具进行选择时，选区限定在相邻的像素上。如果未选中该复选框，那么将会选择整个图像中处于同一个容差范围内的所有像素。

（4）对所有图层取样：如果该复选框被选中，魔棒工具可以一次选择不同图层上的内容，前提是这些内容的颜色变化在魔棒工具的容差范围内；如果没有选中此复选框，则只能选中当前图层上的颜色变化。

小提示： 在选择对象形状复杂、背景颜色单纯的图像时，可使用魔棒工具先选择图像背景，然后再执行“选择”菜单中的“反选”命令，就可以轻松选择图像中的对象。

【任务实施】

（1）单击“文件”→“打开”命令，在“打开”对话框中选择素材文件“舞台背景.jpg”“黑蛋糕.jpg”“眼睛.jpg”“嘴.png”“身体.png”这 5 个文件，如图 2-2-3 所示。

（2）选择“黑蛋糕.jpg”文件窗口。选择工具箱中的磁性套索工具，在图像中单击选择起始点，沿着蛋糕的轮廓拖动鼠标，可以看到蛋糕的周围自动生成锚点，当鼠标回到起始点、光标变成小圆点时单击起始点，封闭选区，如图 2-2-4 所示。

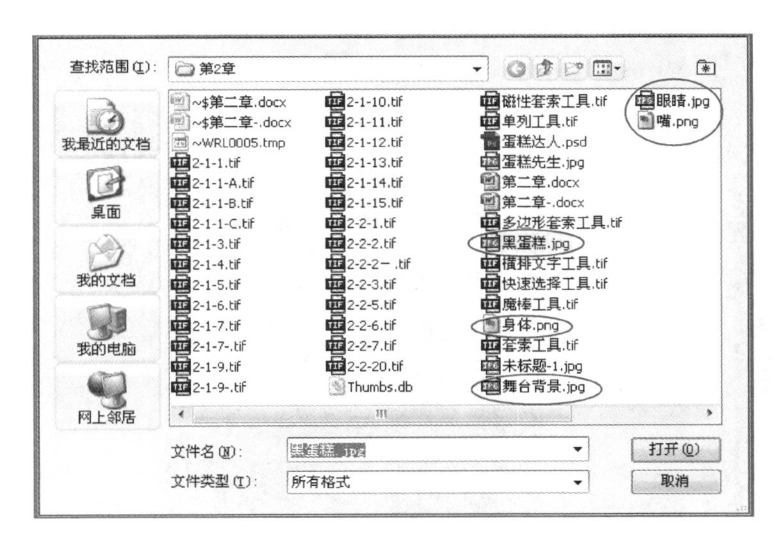

图 2-2-3 “打开”对话框

图 2-2-4 蛋糕的周围自动生成锚点

小提示： 在工具选项栏中“频率”设置得越大，生成的锚点越多，选择的区域越精确。

（3）选择工具箱中的移动工具，将蛋糕图像拖曳至“舞台背景 . jpg”文件中，单击“编辑”→“自由变换”命令，调整蛋糕的大小，如图 2-2-5 所示。

（4）选择“眼睛 . jpg”文件窗口。选择工具箱中的魔棒工具，单击眼睛图像中的白色背景，如图 2-2-6 所示。然后单击“选择”→“反选”命令，选中眼球。

图 2-2-5 用“自由变换”命令调整蛋糕大小

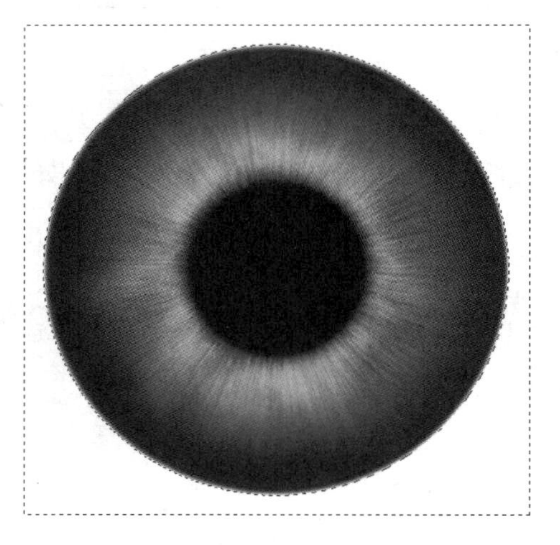
图 2-2-6 单击眼睛图像中的白色部分

小提示： 魔棒工具的特点是对颜色比较单一的图像能进行快速选取。此工具不适用于背景复杂且颜色杂乱的图像。魔棒工具选项栏上的容差值越大，选区也越大，反之，值越小，选区也越小，但是容差值太大不利于创建精确的选区。

（5）用移动工具把眼睛图像拖到“舞台背景 . jpg”文件中，单击“编辑”→“自由变换”命令，根据图像中蛋糕的大小调整眼睛的大小，并放置在蛋糕的左边，如图 2-2-7 所示。

（6）在“舞台背景 . jpg”文件中，按住 Alt 键的同时用移动工具拖动眼睛至右边，这时光标变成黑白两色的移动光标，对当前的眼睛图像进行复制，如图 2-2-8 所示。

图 2-2-7 调整眼睛的大小

图 2-2-8 复制眼睛

（7）选择“嘴 . png”文件窗口，选择图像中的嘴唇，用移动工具拖到舞台背景文件中的蛋糕上，并按 Ctrl+T 键调整嘴唇的大小和位置，如图 2-2-9 所示。

（8）选择“身体 . png”文件窗口，选择图像中的身体，用移动工具拖动至舞台背景文件中的蛋糕下层，并按 Ctrl+T 键调整身体的大小，最后的效果如图 2-2-10 所示。

图 2-2-9 调整嘴唇的大小和位置

图 2-2-10 蛋糕先生最后的效果图

【任务拓展】

动画片作为影视创作中一种独特的表现形式不同于真人电影，动画作品中的“角色”有别于其他真人影视作品中的“角色”，因为动画作品中的角色是虚构的，是通过动画角色设计者的主观想象设计、绘画、制作从无到有地创作出来的。

在各类型动画片创作过程中，角色造型设计是整个影片的前提和基础。角色造型设计是通过对角色外部形象的塑造来揭示其内在属性，表现出角色的性格、年龄、身份等抽象信息，包括动画角色的五官、脸型、发型、色彩、肢体比例、面部表情、姿态动作以及服装配饰等，如图 2-2-11 所示。由于动画角色不受实物的限制，其造型可以极度夸张，甚至可以

图 2-2-11 夸张的嘴部动作和脸部表情

将无形的、抽象的思维活动转换为视觉形象，无论是以人类、动物、植物、神怪或是其他物体的形象出现，都是被假定性赋予了生命的“生命体”，它们不仅会“动”，还具有不同的性格。

动画角色造型的风格决定了整部动画作品的风格，它对动画中故事情节的发展、场景风格等设计起到主导作用，动画角色的色彩和形象的确定，成为动画流程中其他工作的主要依据，让后面的分镜头场景设计、环境设计变得更为清晰、明了，从而避免重复性工作。动画角色造型的风格设计一般可以分为以下几种。

（1）漫画风格的动画角色设计

漫画是以独特的思维方式来图解现实世界。夸张和变形是漫画最基本的造型语言。在动画影片中，漫画风格更多地体现在平面化和装饰化的视觉效果上，造型简练、生动，色彩经过大量概括、夸张的处理，趋于平面化、单纯化的色彩形式。漫画风格忽略角色形体、结构甚至色彩的标准再现，而更注重蕴含在角色的内在性格和精神内涵中，在间接、幽默的符号化外表下传达愉悦感受。

美国早期动画角色以动物居多。幽默、滑稽，角色造型可爱，曲线被大量运用，造型圆润、飘逸，呈现出一种优美的滑稽感。如卡通人物米老鼠，它有着圆圆的头和耳朵以及圆滚滚的身子，形象亲切并表情丰富。动画片《猫和老鼠》从 1940 年问世以来，一直是全世界最受欢迎的卡通节目之一，动画角色造型以机灵老鼠和笨猫为原型。动画采用哑剧的形式，完全依靠角色的滑稽肢体动作而没有对白，如图 2-2-12 所示。

图 2-2-12　漫画风格的形象设计（来源：动画片《米老鼠》和《猫和老鼠》）

（2）拟人化风格的动画角色设计

拟人化造型是动画角色创作的基本方式之一。通过把人类的情感和性格类型化，以一种直观方式融合动物、植物特征或者赋予非生命物体以生命形式展现出来。在动画创作中，创作者把道德标准、社会观念和性格取向匹配到动画角色中，比如我们日常生活中常吃的植物，一旦成为动漫创作的对象，植物就不再是简单的植物，就加入了人性的特征，被冠以“宝宝”或者是“海盗”等名称。于 2002 年 10 月在美国上映的动画片《蔬菜宝贝历险记》，该动画片用会说话的蔬菜担任角色，通过对胡萝卜劳拉、芦笋阿奇博尔德、番茄鲍勃和黄瓜拉里以及其他一些角色不同的外貌设计，与人类的不同形象和性格进行了巧妙地对应，使整部影片乐趣无穷，如图 2-2-13 所示。

图 2-2-13　被冠以人性特征的蔬菜（来源：动画片《蔬菜宝贝历险记》）

20 世纪 80 年代中后期开始，随着电子信息技术的发展，三维动画成为新的风向标。创造的动画角色为了适应三维制作的特点，开始出现关节动物或者机器人造型，比如由皮克斯动画工作室和迪士尼制作的动画片《虫虫特工队》，该动画片中的蚂蚁（图 2-2-14）和首部全电脑制作的在主题、技术、处理等多方面均具有革命性意义的动画片《玩具总动员》。动画片中的玩具角色造型呈现出怪诞化意味，如图 2-2-15 所示。

图 2-2-14　关节动物角色造型（来源：动画片《虫虫特工队》）

（3）写实风格的动画角色设计

写实风格的动画角色造型设计不是对现实生活的简单复制与描摹。动画角色应接近生活，来源于生活。人物性格的真实性是塑造性格的根本，任意捏造的、理想化的性格角色会在观众与角色之间产生距离感。相对于角色拟人化、卡通化或抽象性而言，写实风格更接近我们习惯上的真实，是一种符合自然规律和人们日常心理、生理习惯的相对的真实风格。

图 2-2-15　怪诞化玩具角色造型（来源：动画片《玩具总动员》）

写实风格的动画角色造型在充分展开想象力的同时利用动画技术对形象的表现展现不同的审美价值。日本动画电影中人物和其他角色都采用传统的二维构图，无论背景是否采用 3D 技术，日本动画电影仍然坚持用相对简单的笔划勾勒角色形象，这种角色形象虽然和真实世界相差甚远，但创作人员一般通过出色的观察力赋予角色鲜明的活力，使得那些平面的人物角色看起来具有生命力，使得观众根本不会在乎其视觉上“立体”与否。创建了日本动画时代的宫崎骏，他所制作的动画追求一种唯美主义，不仅背景细腻、逼真，人物形象也标致、靓丽，形成了特色鲜明的唯美的模式化的写实造型，如 2001 年上映的《千与千寻》中的“千寻”和“小白”（图 2-2-16），1984 年上映的《风之谷》中的“娜乌西卡”（图 2-2-17），

图 2-2-16　“千寻”和“小白”（来源：动画片《千与千寻》）

图 2-2-17　“娜乌西卡”（来源：动画片《风之谷》）

2004年上映的《卡尔的移动城堡》中的“卡尔”（图2-2-18），等等，这些人物角色基本都是写实造型，往往是以生活中的人物为模板，关注服饰等细节。宫崎骏“描写简单的人和简单故事”的动画理念和创作风格影响了20世纪80年代以后的日本动画。

图2-2-18　“卡尔”等人物（来源：动画片《卡尔的移动城堡》）

美国的3D动画电影在追求“外观”真实性的同时，也顾及了角色塑造的趣味性。那些3D角色在细节无限追求“逼真”的同时，整体形象设计上又具有传神的夸张性，往往能将角色最突出的特点表现得淋漓尽致。例如，迪士尼2010年出品的3D动画电影《Tangled》（《长发公主》），该动画中的角色造型贴近20世纪50年代迪士尼经典动画造型，其中的主人公长发公主乐佩（Rapunzel）的头发设计华美而柔顺，但不是具有相片写实风格的头发，而是在电脑动画中加入手绘的风格，带给人们温馨、直观的感受，如图2-2-19所示。

图2-2-19　长发公主（来源：迪士尼3D动画电影《Tangled》）

2.3　制作游戏场景——逃离火海

【任务分析】

用工具箱中的各种选择工具和橡皮擦工具制作出漫天火海的游戏场景。

【任务准备】

“选择”菜单中的选择命令是对工具箱中选择工具的补充，该菜单还有一些重要命令需要掌握，以便在今后的图像处理工作中提高工作效率。下面介绍“选择”菜单中几个常用的命令。

1. “羽化”命令

羽化的原理是对选区内外衔接的部分进行虚化。羽化能起到渐变的作用，从而达到自然衔接的效果。“选择”菜单中的“羽化”命令和选择工具选项栏中的羽化选项所创建出的效果是相同的，都能起到柔化边缘的作用。两者的不同之处在于前者只影响当前选定的选区，而不会影响以后所创建的选区。而选择工具选项栏中的羽化选项设置会影响以后所创建的新选区。在选择“羽化”命令之前首先确定选择工具选项栏中的“羽化”设置为 0 像素，再单击“选择”→“修改”→“羽化”命令，打开如图 2-3-1 所示的“羽化选区”对话框。

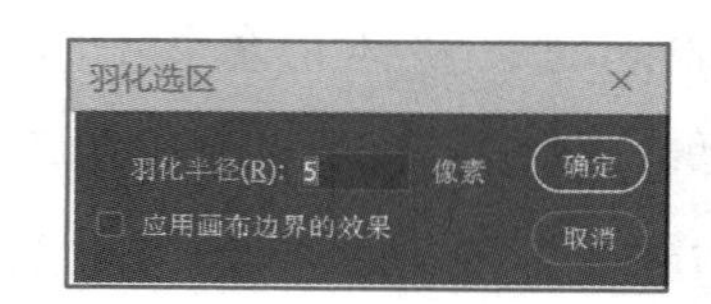

图 2-3-1 “羽化选区”对话框

小提示：如果选区小而羽化半径大，则小选区可能变得非常模糊，甚至看不到。所以当弹出“任何像素都不大于50%的选择，选区边将不可见”的提示信息时，解决的方法就是减小羽化半径或增大选区。

2. “色彩范围”命令

要选择现有选区或整个图像内指定的颜色或颜色子集（在已有的选区内选择的颜色），可以使用“色彩范围”命令。单击“选择”→“色彩范围”命令就可以打开“色彩范围”对话框，在该对话框的选区预览中，白色的部分是被选中的区域，如图 2-3-2 所示。

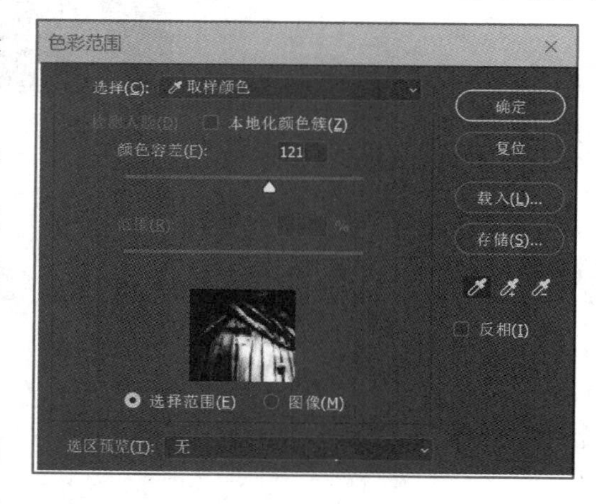

图 2-3-2 “色彩范围”对话框

（1）选择：从下拉列表框中选择一种颜色，并且自动选取该颜色的全部像素。一般都选用默认设置，即“取样颜色”，这样就可以使用吸管工具对图像选取颜色。更改吸管工具选项栏中的“取样大小”对选取颜色也是有影响的。

（2）颜色容差：使用滑块或输入一个数值来调整颜色范围。值越小，选中的颜色范围越小；值越大，选中的颜色范围越广。

（3）调整选区：要添加取样颜色，单击右下角的“添加到取样”按钮，并在预览区域或图像中单击选择要添加的颜色。若要移去取样颜色，单击“从取样中减去”按钮，并在预览区域或图像中单击排除的颜色。

（4）选区预览：从下拉列表框中选择一种在图像窗口中显示的蒙版模式。这样能够更好地确定图像中哪些区域被选取，并且可以根据当前图像的色调和色彩来选择相应的预览模式。若当前的图像颜色特别暗，则在选择选区预览时就选“白色杂边”，这样就可以让蒙版变得清晰。

3. “修改”命令

“选择”菜单中的“修改”命令由5个子命令组成，分别为“边界”“平滑”“扩展”“收缩”和“羽化”。除“羽化”命令外，其他4种命令均可改变选框和选区的尺寸。分别单击“选择”→“修改”命令下除“羽化”命令外的4种子命令，执行命令后的效果如图2-3-3所示。

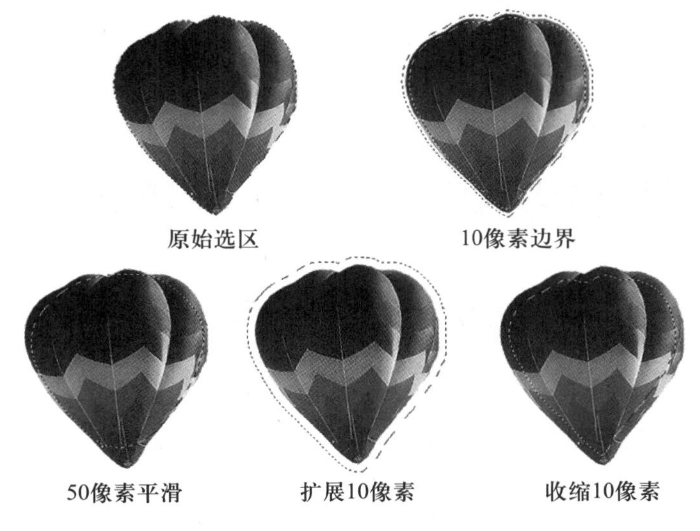

图2-3-3　4种“修改”命令

（1）边界：以当前选区为中心在外围建立一个边框选区。边框宽度的值为1～200像素。例如，设置边界值为10，则有5像素在选区内，有5像素在选区外。

（2）平滑：这个命令的作用是平滑选区中比较锐利的角，消除选框上的凸出部分和锯齿区域。

（3）扩展：该命令的作用是扩大当前选区。扩展量为1～100像素。此命令适用于光滑形状的选区，对有尖角的选区会把角切掉。

（4）收缩：该命令的作用是减小当前选区，收缩量为1～100像素。

（5）羽化：羽化的作用是模糊现有选区和选区周围像素之间的边缘。羽化的操作会丢失选区边缘的一些细节。

4. “变换选区”命令

选区产生后，单击“选择”→“变换选区”命令，只要在工作区上方的选项栏上改变各类选项的设置，就可以对图像中的选区进行缩放、旋转、扭曲、透视以及变形等操作，如图 2-3-4 所示。

图 2-3-4 “变换选区”命令选项栏

（1）缩放：改变选区的水平和垂直缩放的比例。当按下保持长宽比按钮或按住 Shift 键时，可以保持选区高度和宽度的缩放比例。

（2）旋转：设置选区旋转角度。对选区进行自由旋转时，把鼠标的光标移到选区 4 个顶角的外缘，当光标变成两端带箭头的圆弧图标时，即可旋转选区。

（3）斜切：设置选区的水平或垂直倾斜的角度。

当选择“在自由变换和变形模式之间的切换”按钮后，选项栏上的设置变为“变形”模式选项，如图 2-3-5 所示。在“变形”模式中可以设置选区的弯曲、水平及垂直扭曲，还可以对选区进行 15 种固定模式的变形。

图 2-3-5 “变形”模式选项栏

5. 载入选区和存储选区

（1）存储选区

存储选区是为了使创建的选区以后还能调取使用。可以单击“选择”→“存储选区”命令，把选区保存为 Alpha 通道。选择此命令后，会弹出“存储选区”对话框，如图 2-3-6 所示。

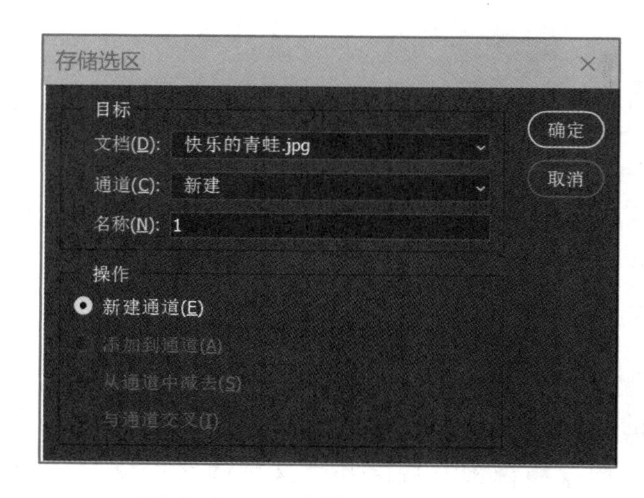

图 2-3-6 “存储选区”对话框

在“存储选区”对话框中可设置以下选项：

① 文档：选取现用文件作为来源。

② 通道：选取一个目标通道。默认情况下，选区存储在新通道中，可以将选区存储到选中图像的任意现有通道中，或存储到图层蒙版中（如果图像包含图层）。

③ 名称：为选区输入一个名称。

④ 操作：选择“操作”列表框中的任一选项，便可以指定在目标图像已包含选区的情况下如何合并选区。

- 新建通道：将当前选区存储在新通道中。
- 添加到通道：将当前选区添加到目标通道的选区中。
- 从通道中减去：从目标通道内的现有选区中减去当前选区。
- 与通道交叉：存储的选区是当前图像中的选区和通道中的选区相交叉的部分。

（2）载入选区

载入选区就是调用已存储的选区。单击“选择”→“载入选区”命令，出现“载入选区”对话框，如图 2-3-7 所示。

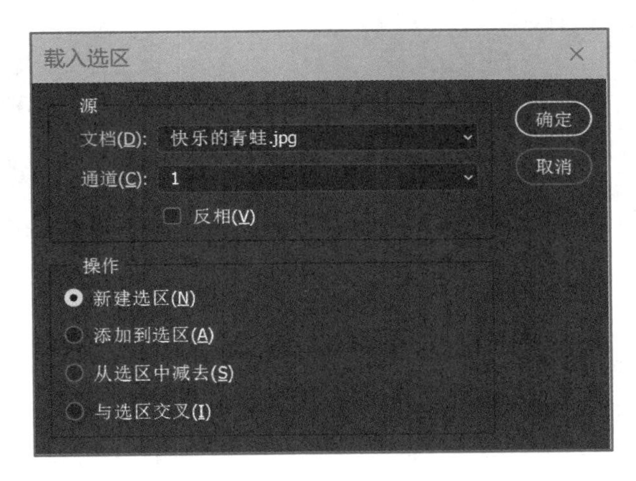

图 2-3-7 “载入选区”对话框

在“载入选区”对话框中指定“源”选项。

① 文档：选取包含要载入选区的文档。

② 通道：选取包含要载入选区的通道。

③ 反相：选择此选项后可以使非选定区域处于选中状态。

④ 操作：选择“操作”列表框中的任一选项，指定图像在已有选区的情况下如何合并选区。

- 新建选区：添加载入的选区。
- 添加到选区：将载入的选区添加到图像现有选区中。

- 从选区中减去：从图像现有选区中减去载入的选区。
- 与选区交叉：把通道中载入的选区和图像中的选区相交叉成为一个新的选区。

【任务实施】

（1）单击“文件”→“打开”命令，在“打开”对话框中选择文件“城堡.jpg”“火背景.jpg”“火焰.jpg”“跳跃的男人.jpg”“跳跃的人.jpg”这 5 个文件。

（2）选择“火背景.jpg”文件。选择工具箱中的移动工具，按住鼠标拖曳整张图像到“城堡.jpg”文件中，位于图像中间偏下位置，如图 2-3-8 所示。

（3）选择工具箱中的橡皮擦工具，在工具选项栏中打开“画笔预设”选取器，设置大小为 149 像素、硬度为 0%，如图 2-3-9 所示。

图 2-3-8 拖曳火背景图像到“城堡.jpg”文件中

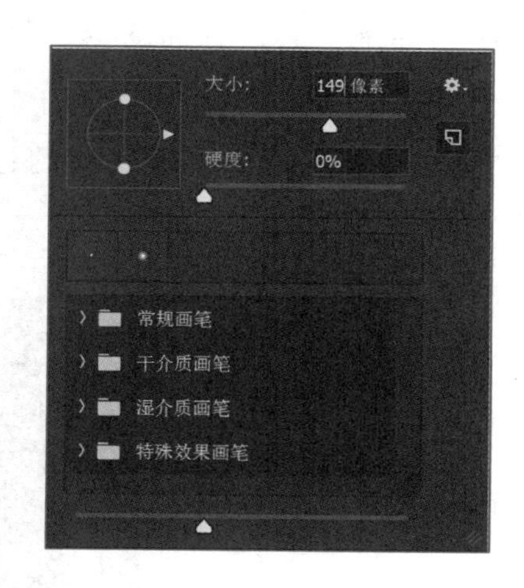

图 2-3-9 设置橡皮擦工具的笔刷

（4）擦除火焰中黑色的部分，按 F7 键，打开“图层”面板，把该图层的模式改为强光，不透明度设置为 61%，如图 2-3-10 所示。

（5）再次选择“火背景.jpg”文件。用移动工具点按鼠标拖曳整张图像到“城堡.jpg”图像文件中，得到“图层 2”，在“图层”面板中把“图层 2”的图层模式改为“叠加”（图 2-3-11），并在“图层”面板中将“图层 2”图层移至“图层 1”图层的下面。然后用橡皮擦工具擦除火焰中部分黑色图像，让火焰和背景融合。

（6）选择“火焰.jpg”文件。用移动工具点按鼠标拖曳整张图像到“城堡.jpg”文件中，如图 2-3-12 所示。

（7）单击“编辑”→“自由变换”命令，调整火焰的大小，使火焰布满整个地面，如图 2-3-13 所示，用橡皮擦工具擦除火焰边缘黑色部分，让火焰和背景融合。

（8）选择“跳跃的男人.jpg”文件。选择工具箱中的磁性套索工具，选择图像中的人物，并用移动工具把图像拖曳到“城堡.jpg”文件中。

图 2-3-10　擦除火焰中黑色的部分

图 2-3-11　把“图层 2”图层模式改为叠加模式

图 2-3-12 把火焰图像拖曳到城堡图像文件中

（9）单击“编辑”→“自由变换”命令，调整人物的大小，如图 2-3-14 所示。

图 2-3-13 调整火焰的大小

图 2-3-14 调整人物的大小

（10）把调整好的人放置在图像左侧，用橡皮擦工具擦除人物边缘生硬部分，例如鞋子和膝盖部分和城墙接触的位置，使人物融合于背景，如图 2-3-15 所示。

（11）选择“跳跃的人 . jpg”文件。选择工具箱中的矩形选框工具，选择图像左侧的人物，再选择工具箱中的魔棒工具，并在其选项栏上选择“从选区减去”按钮，设置容差为“32”，如图 2-3-16 所示。

（12）在选区中天空的位置单击鼠标，去除选区中天空部分。为了使人物的选区更加精确，可以多次单击除人物以外多余的部分，最后的选区如图 2-3-17 所示。

图 2-3-15 人物融合于背景

取样大小: 5 x 5 平均 容差: 32

图 2-3-16 设置魔棒工具选项栏

（13）接着用移动工具把第二个人物拖曳到“城堡.jpg”文件中，单击“编辑”→“自由变换”命令，调整大小，如图 2-3-18 所示。同样用橡皮擦工具擦除人物边缘的生硬部分。

图 2-3-17 选择图像中左侧的人物

图 2-3-18 添加第二个人物

（14）选择“跳跃的人.jpg”文件，用磁性套索工具选择图像中红色衣服的人物，如图 2-3-19 所示，选区建立后用移动工具点按鼠标拖曳至城堡图像中，用同上的方法调整大小，如图 2-3-20 所示。

（15）用橡皮擦工具擦除人物边缘的生硬部分，最后效果如图 2-3-21 所示。

图 2-3-19 选择图像中红色衣服的人物

图 2-3-20 添加第三个人物

图 2-3-21 最终效果图

【任务拓展】

1. 移动工具

移动工具可以移动选区、图层、参考线以及 3D 对象等。通过选择移动工具选项栏的相关选项，可以在图像中对齐选区或图层，也可分布图层，如图 2-3-22 所示。

图 2-3-22 移动工具选项栏

• 自动选择：此选项的下拉列表框中有两个选项：“组”和“图层”，默认状态下显示“图层”，勾选此选项后，在图像上单击鼠标，即可直接选中当前非透明图像所在图层。

• 显示变换控件：可以在选中对象的周围显示定界框，当选中两个以上对象时，选项栏上的各种对齐和分布选项就会激活。如果在框周围的定界点上单击，定界框也会随之变为变换框，此刻选项栏则变为改变区域的位置、大小、旋转角度以及倾斜度的选项，等同于“选择”菜单中“变换选区”命令。

• 自动对齐图层：当在一个图像文件中同时选择多个图层后，再单击选项栏上的“自动对齐图层”按钮或者单击“编辑”菜单中的“自动对齐图层”命令，就会弹出“自动对齐图层”对话框，如图 2-3-23 所示，设置可将包含重叠区域的多个图像缝合在一起，例如创建全景图。

图 2-3-23 “自动对齐图层”对话框

• 自动：Photoshop 将分析源图像并应用“透视”或“圆柱”投影（取决于哪一种投影能够生成更好的复合图像）。

• 透视：通过将源图像中的一幅图像（默认情况下为中间的图像）指定为参考图像来创建一致的复合图像，然后将变换其他图像（必要时可进行位置调整、伸展或斜切），以便匹配图层的重叠内容。

• 拼贴：对齐图层并匹配重叠内容，不更改图像中对象的形状（例如，圆形仍然为圆形）。

• 圆柱：通过在展开的圆柱上显示各个图像来减少在“透视”投影中会出现的“领结”扭曲。图层的重叠内容仍匹配。

• 球面：将图像与宽视角对齐（垂直和水平），指定某个源图像（默认情况下是中间图像）作为参考图像，并对其他图像执行球面变换，以便匹配重叠的内容。

• 调整位置：对齐图层并匹配重叠内容，但不会变换（伸展或斜切）任何源图层。

• 晕影去除：对导致图像边缘（尤其是角落）比图像中心暗的镜头缺陷进行补偿。

- 几何扭曲：补偿桶形、枕形或鱼眼失真。

2. 裁剪工具

（1）裁剪工具：可以裁切图像；可以用直观的方式在裁剪时拉直照片；还可以使用裁剪工具调整画布大小。选择裁剪工具后，裁剪边界显示在图像的边缘上。裁剪工具选项栏可以修复图像错误和增强功能，如图 2-3-24 所示。

图 2-3-24 裁剪工具选项栏

- 单击双箭头图标可通过互换宽度和高度值更改裁剪方向。
- 在“选择预设长宽比或裁剪尺寸”下拉列表框中选取“宽×高×分辨率”选项，在选项栏中会显示“设置裁剪图像的分辨率”文本框。单击“清除”按钮可清除选项栏中的宽度和高度值；如果设置了分辨率，也会清除其数值。
- 选择“拉直”图标，可以在裁剪时拉直照片。照片会被翻转和对齐以进行拉直，画布会自动调整大小以容纳旋转的像素。单击“拉直”图标，然后使用拉直工具绘制参考线以拉直照片。例如，沿着水平方向或某条边绘制一条线，以便沿着该线拉直图像。
- 图标用于设置剪裁工具的叠加选项。选择裁剪时显示叠加参考线的视图。可用的参考线包括三等分参考线、网格参考线和黄金比例参考线等。

（2）透视裁剪工具：可以在裁剪时变换图像的透视。当我们从一定角度而不是以平直视角拍摄对象时，会发生透视扭曲，例如从地面拍摄高楼的照片，楼房顶部的边缘会出现梯形透视扭曲的问题，这时使用透视裁剪工具围绕扭曲的对象绘制选框，将选框的边缘和对象的矩形边缘匹配，裁剪后可调整透视造成的边缘扭曲现象。

3. 使用橡皮擦工具组

橡皮擦工具可以将像素更改为背景色或透明。如果正在背景图层或已锁定透明度的图层中工作，像素将更改为背景色；否则，像素将被抹成透明。橡皮擦工具组主要包括橡皮擦工具、背景橡皮擦工具以及魔术橡皮擦工具。

（1）橡皮擦工具：当使用橡皮擦工具在图像中涂抹时，图像中的像素将更改为背景色，或者变为透明。可以通过橡皮擦工具选项栏（图 2-3-25）设置橡皮擦工具的笔触大小、不透明度以及流量等。

图 2-3-25 橡皮擦工具选项栏

- 模式：可以选择三种橡皮擦模式：“画笔”“铅笔”或“块”，不同的模式下擦除图像的笔痕会产生不同的效果。

• 不透明度：当模式为“画笔”或者“铅笔”时，可以通过指定不透明度来定义擦除强度。100%的不透明度将完全擦除像素，较低的不透明度将部分擦除像素。

• 流量：橡皮擦工具擦除图像像素的速度。

• 抹到历史记录：当勾选此复选框时会抹除图像的已存储状态或快照。

（2）背景橡皮擦工具：背景橡皮擦工具适合处理有明显边缘的对象，这些对象与周围的背景颜色或者亮度有明显区别，使用时在对象的边缘拖曳擦除，Photoshop 将会计算出应保留或删除哪些内容。通过在背景橡皮擦工具选项栏中指定不同的取样和容差选项，如图 2-3-26 所示，可以控制透明度的范围和边界的锐化程度。背景橡皮擦工具是一支中间带有十字准线的圆画笔，当鼠标在图像上点按并拖动时，Photoshop 会自动跟踪十字准线下的颜色，并删除圆圈内所有类似这种颜色的内容，使用者只需要沿着保留的对象边缘擦除即可。

图 2-3-26　背景橡皮擦工具选项栏

• 限制：有三种模式。选择“不连续”将抹除出现在画笔下任何位置的样本颜色；选择“连续”将抹除包含样本颜色并且相互连接的区域；选择“查找边缘”将抹除包含样本颜色的连接区域，可以防止主体逐渐淡入到背景中而变成半透明，同时更好地保留形状边缘的锐化程度。

• 容差：决定了十字准线下颜色的偏离程度，如果要删除的图像中背景与主体的亮度或颜色非常相近，则需要使用较低的容差设置。相反，如果背景与主体差异较大，则可以用高的容差设置，这样就可以快速清除背景。

• 保护前景色：选中此复选框后，可防止抹除与工具框中前景色匹配的区域。

• “取样：连续”：随着鼠标指针的移动连续采取色样，适合处理具有多种颜色的复杂背景。

• “取样：一次”：只抹除包含第一次单击的颜色区域，适合需要处理的背景颜色变化并不是很复杂的图像。

• “取样：背景色板”：只抹除包含当前背景色的区域。

（3）魔术橡皮擦工具：擦除在容差范围内具有相似颜色的所有像素。它以鼠标单击处的颜色为基准删除图像，被删除的区域变为透明，所以经常在合成图像时使用。用魔术橡皮擦工具在图层中单击时，该工具会将所有相似的像素更改为透明。魔术橡皮擦工具选项栏如图 2-3-27 所示。

图 2-3-27　魔术橡皮擦工具选项栏

• 消除锯齿：可使擦除区域的边缘平滑。

• 连续：勾选该复选框时，只擦除和取样颜色相邻的像素；如不勾选，则擦除图像中所有包含取样颜色的像素。

• 对所有图层取样：可以利用所有可见图层中的组合数据来采集抹除色样。

思考练习

一、名词解释

1. 选区　2. 羽化

二、选择题

1. 规则选择工具包括________。

A. 矩形选框工具、椭圆选框工具、单行选框工具、单列选框工具

B. 矩形选框工具、椭圆选框工具、套索工具、多边形套索工具

C. 矩形选框工具、魔棒工具、单行选框工具、单列选框工具

D. 魔棒工具、椭圆选框工具、套索工具、多边形套索工具

2. 不规则选择工具包括________。

A. 套索工具、多边形套索工具、魔棒工具

B. 套索工具、多边形套索工具、磁性套索工具

C. 套索工具、单列选框工具、单行选框工具

D. 椭圆选框工具、多边形套索工具、魔棒工具

3. 裁剪工具的作用是________。

A. 精确裁剪图像　　B. 创建选区

C. 改变图像分辨率　　D. 更改图像画布大小

4. 在“选择”菜单中和魔棒工具有相似功能的菜单命令是________命令。

A. 选取相似　　B. 色彩范围

C. 羽化　　D. 相似图层

三、思考题

1. 如何使用矩形选框工具由中心创建正方形选区？

2. 如何实现选择区域的相加、相减和相交？

3. 三种套索工具的用法有什么不同？

操作练习

<table>
<tr><td>
图 2-4-1　单元 2 练习题效果图</td><td>练习目标：利用 Photoshop 中的羽化功能，羽化一张小猪的图像，如图 2-4-1 所示。

素材准备：单元 2/小猪 .jpg，单元 2/相框 .jpg
效果文件：单元 2/小猪照片 .jpg</td></tr>
</table>

单元评价

序号	评价内容		自评
1	基础知识	掌握工具箱中的各种选择工具的用法	
2		了解各种选择工具选项栏中各选项的作用	
3	操作能力	掌握工具箱中规则选择工具和不规则选择工具的使用方法	
4		掌握“选择”菜单中常用命令的使用	
5		掌握选择工具选项栏中羽化功能和“选择”菜单中“羽化”命令的使用	
6		掌握“选择”菜单中“色彩范围”命令的使用	

说明：评价分为 4 个等级，可以使用“优”“良”“中”“差”或“A”“B”“C”“D”等级呈现评价结果。

Unit 3

单元 3 动漫设计中常用的图像绘制工具

单元目标

通过本单元的学习，熟练掌握绘画工具的属性和使用方法，利用各种绘画工具对图像进行艺术加工。

- 熟悉绘画工具的通用属性
- 熟悉画笔工具的使用方法
- 掌握前景色与背景色的设置方法
- 掌握画笔、铅笔、渐变工具、油漆桶的功能与用法

单元内容	案例效果
3.1 使用画笔工具——手绘相框	
3.2 使用路径工具——绘制矢量女孩头像	
3.3 使用渐变工具——绘制卡通火箭	

3.1 使用画笔工具——手绘相框

【任务分析】

漫画的特点就是线条简洁、色彩鲜艳以及创作的作品随意而生动。在传统的纸上画漫画使用的通常是铅笔、彩笔等绘图工具。为了给绘画者创造类似于现实状态下绘画的感觉，Photoshop 提供了多种用于绘制和编辑图像颜色的工具。画笔工具和铅笔工具与传统绘图工具的相似之处在于，它们都使用画笔描边来应用颜色。本单元将学习如何利用 Photoshop 中的画笔工具绘制线条。

【任务准备】

原画绘制是动漫设计造型的基础，所以熟练掌握工具箱中的绘画工具可以提升作品创作的工作效率，Photoshop 中绘画工具的作用是改变图像中像素的颜色。渐变工具、填充命令和油漆桶工具都可以将颜色应用于大块区域，而橡皮擦工具、模糊工具和涂抹工具等则是修改图像中的现有颜色。在 Photoshop 中，大多数绘画工具（铅笔、画笔、历史画笔）都拥有共同的属性，如画笔的大小、不透明度、模式等。

1. 画笔工具

画笔工具的作用是创建柔和线条。在默认状态下，笔画颜色均匀，但是可以通过画笔工具选项栏中的“颜色混合模式”“不透明度”“流量”等选项来调整该工具的属性，从而改变画笔的色彩特性，如图 3-1-1 所示。

图 3-1-1 画笔工具选项栏

（1）“画笔预设”选取器：是一种包含大小、形状、硬度等画笔选项的特殊面板，也可以把常用的具有特殊性质的画笔存储在画笔预设中，如图 3-1-2 所示。

图 3-1-2 中“大小”的作用是更改画笔笔尖的大小。“硬度”用于设置画笔工具的柔软度。如果“硬度”设置为“100%”时，画笔笔尖绘制的线条为最硬线条，如图 3-1-3 所示；如果“硬度”设置为“0%”时，绘制的线条为最软线条，如图 3-1-4 所示。

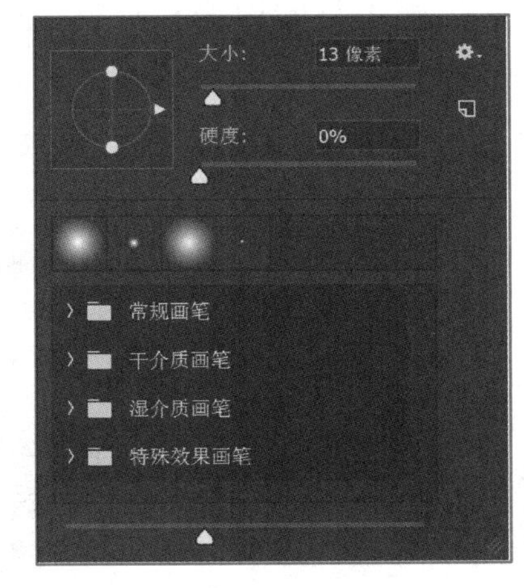

图 3-1-2 “画笔预设”选取器

图 3-1-3 硬度 100% 　　图 3-1-4 硬度 0%

（2）模式：用来设置将绘画的颜色与下面的现有像素混合的方法，可用于大多数的绘画和编辑工具。可用模式将根据当前选定工具的不同而变化。绘画模式与图层混合模式类似。

（3）不透明度：表示颜色的遮盖程度。不透明度值越高，所画出线条的透明度越低，范围为 0%~100%，用 100%的不透明度画出的线条，将完全遮盖下面的图像。

（4）流量：用来设置指针移动到某个区域上方时应用颜色的速率。在某个区域上方进行绘画时，如果一直按住鼠标左键，颜色量将根据流动速率增大，直至达到不透明度设置。

（5）启用喷枪样式的建立效果：单击此图标后画笔就好像是一个真实的喷枪在喷洒颜色。

（6）平滑：对画笔描边执行智能平滑。只需要在选项栏中输入平滑的值（0%~100%）。值为0%等同于 Photoshop 早期版本中的平滑。平滑的值越高，描边的智能平滑量就越大。描边平滑在多种模式下均可使用。单击“设置其他平滑选项”图标，可以启用以下一种或多种模式：

- 拉绳模式：仅在绳线拉紧时绘画。在平滑半径之内移动光标不会留下任何标记。
- 描边补齐：光标暂停描边时，线条的绘制继续进行，跟随光标补齐描边。
- 补齐描边末端：完成从上一个绘画位置到松开鼠标/触笔控件所在点的描边。
- 调整缩放：通过调整平滑，防止抖动描边。在放大文档时减小平滑，在缩小文档时增加平滑。

（7）始终对“大小”使用“压力”，在关闭时“画笔预设”控制压力：这个选项是针对绘图板的设置。使用此选项设置光笔压力可覆盖“画笔预设”中的不透明度和大小设置。

2. 铅笔工具

铅笔工具的用法和画笔工具类似，但铅笔工具只能画出硬朗的线条，而且没有流量和喷枪的设置。铅笔工具选项栏和画笔工具选项栏基本相同，只有“自动抹除”选项仅用于铅笔工具，如图 3-1-5 所示。

图 3-1-5 铅笔工具选项栏

小提示：铅笔工具的“自动抹除”选项可以把铅笔工具作为一块橡皮使用，选择这个复选框后铅笔工具如果在包含前景色的区域上绘制，这时背景色将替代前景色绘制在图像上，如果在一个含有除前景色之外的任意一种颜色的区域上绘制，这时则使用前景色作画。

3. 混合器画笔工具

混合器画笔工具可以模拟真实的绘画技术，如混合画布上的颜色、组合画笔上的颜色以及在描边过程中使用不同的绘画湿度。此画笔工具可以模拟逼真的硬毛刷，能够添加类似实际绘画中的纹理。通过设置混合器画笔工具选项栏（图 3-1-6）的画笔笔尖、湿度、载入量、描边的颜色混合比等设置决定了画笔的绘画效果，获得现实世界的绘画效果。

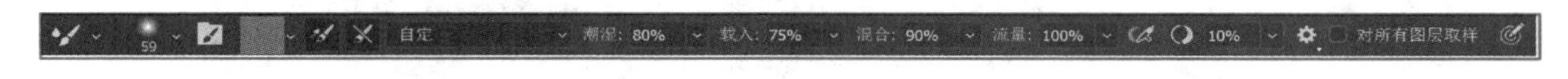

图 3-1-6 混合器画笔工具选项栏

4. 颜色替换工具

颜色替换工具能够将选定颜色绘制在现有的颜色上，从而改变现有颜色。颜色替换工具不适用于位图、索引颜色或多通道模式的图像。颜色替换工具选项栏如图 3-1-7 所示。

图 3-1-7 颜色替换工具选项栏

【任务实施】

（1）打开单元 3 素材“画框背景.jpg”“照片.jpg”文件，再选中“画框背景.jpg”文件。

（2）单击“窗口”→“图层”命令，打开“图层”面板，单击“图层”面板下方的“创建新图层”按钮，在“背景”图层上添加一个新图层（默认名称为“图层 1”），且处于选择状态，如图 3-1-8 所示。

（3）选择工具箱中的画笔工具，在画笔工具选项栏上单击“画笔预设”选取器，设置“大小”为“12 像素”，“硬度”为“100%”，如图 3-1-9 所示。

图 3-1-8 创建新图层

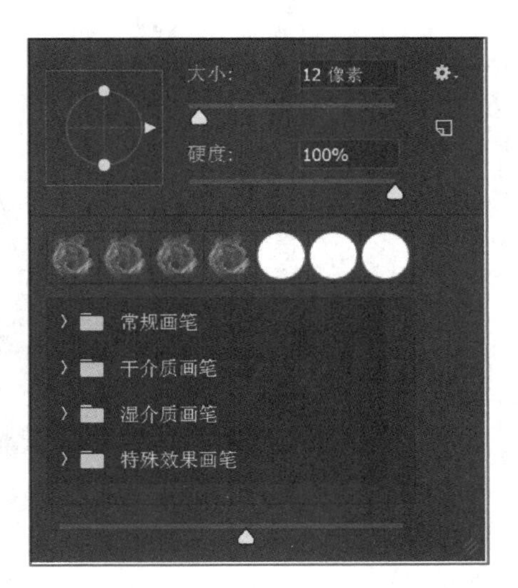

图 3-1-9 设置画笔

（4）选择工具箱中的“默认前景色与背景色”按钮，然后按住鼠标左键拖曳，在“画框背景 . jpg”文件中绘制出如图 3-1-10 所示的相框。

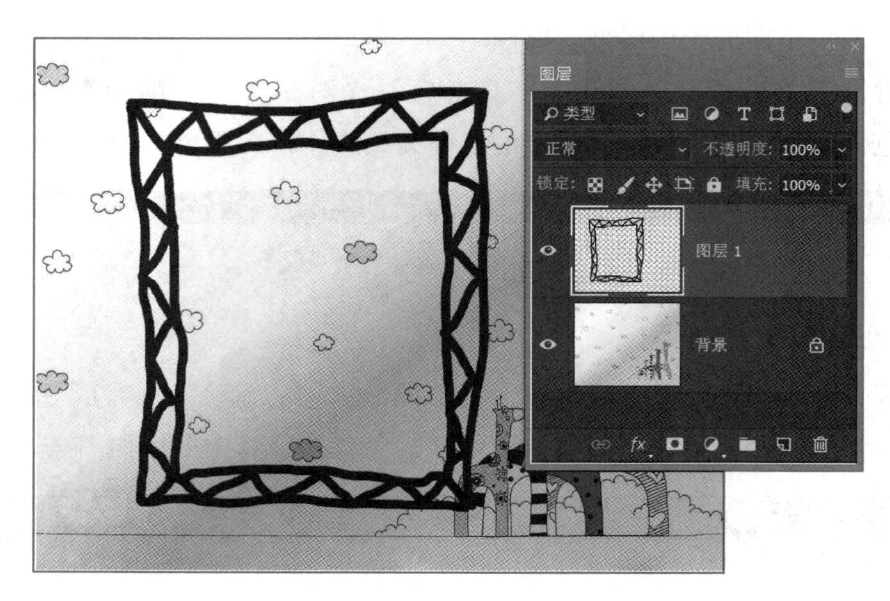

图 3-1-10　绘制相框

小提示：在绘制相框时线条边缘一定要闭合。

（5）选择工具箱中的魔棒工具，然后单击相框内部。单击“选择”→“反选”命令，选择除相框内部以外的区域建立选区，如图 3-1-11 所示。

图 3-1-11　建立选区

（6）在魔棒工具选项栏上单击“从选区减去”按钮，在相框的外面单击鼠标，使选区中只包含相框，如图 3-1-12 所示。

（7）单击“选择”→“修改”→“收缩”命令，打开“收缩选区”对话框，设置“收缩量”为“6 像素”，如图 3-1-13 所示，这样可消除相框的锯齿边缘。

图 3-1-12　选择相框

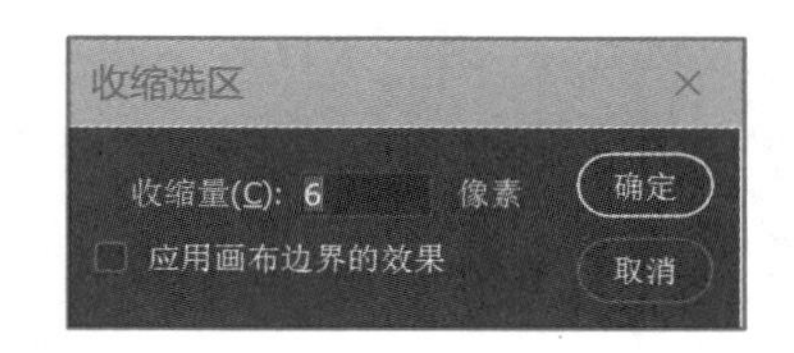

图 3-1-13　设置收缩参数

（8）保持选区，打开“图层”面板，选择“背景”图层。单击“图层”面板下方的“创建新图层”按钮，这时在“背景”图层上建立了一个新图层，默认名为“图层 2”。单击工具箱中的“设置前景色”按钮，在“拾色器（前景色）”对话框中设置前景色为橘红色（R:255，G:91，B:1），按 Ctrl+Delete 键用背景色（白色）填充选区，如图 3-1-14 所示。

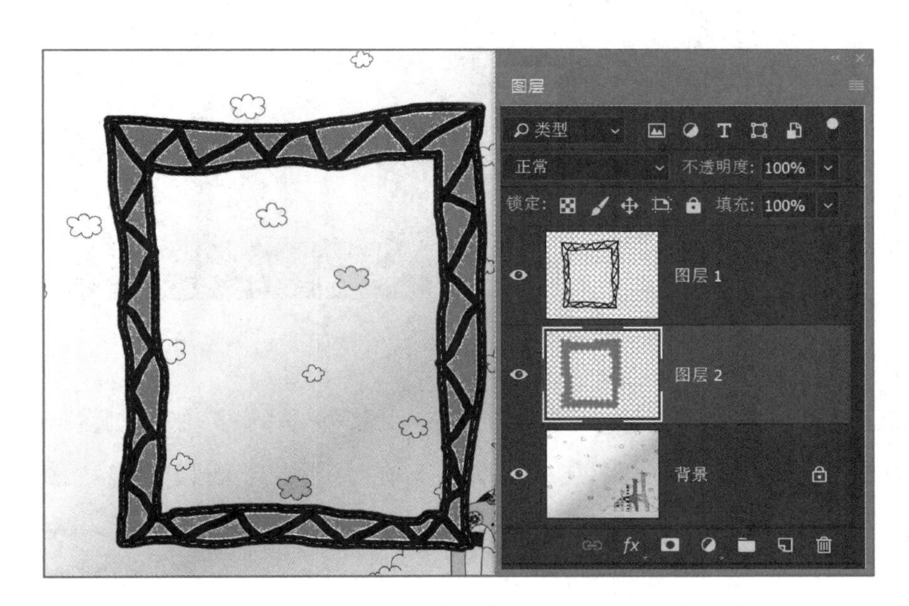

图 3-1-14　创建新图层并用背景色（白色）填充选区

（9）在“图层”面板中选择“图层 1”图层，再选择工具箱中的魔棒工具，然后在图像相框内部单击（注意：先要确定魔棒工具选项栏中的“新选区”图标处于激活状态），在相框内建立新选区。

（10）单击“选择”→“修改”→“扩展”命令，打开“扩展选区”对话框，设置“扩展量”为“6 像素”，如图 3-1-15 所示。

图 3-1-15 设置扩展量参数

（11）保持选区，在“图层”面板上选择“图层 2”图层。单击“图层”面板下方的“创建新图层”图标，在“图层 2”图层上新建一个图层，默认名为“图层 3”。按 Alt+Delete 键用前景色（黑色）填充，如图 3-1-16 所示。

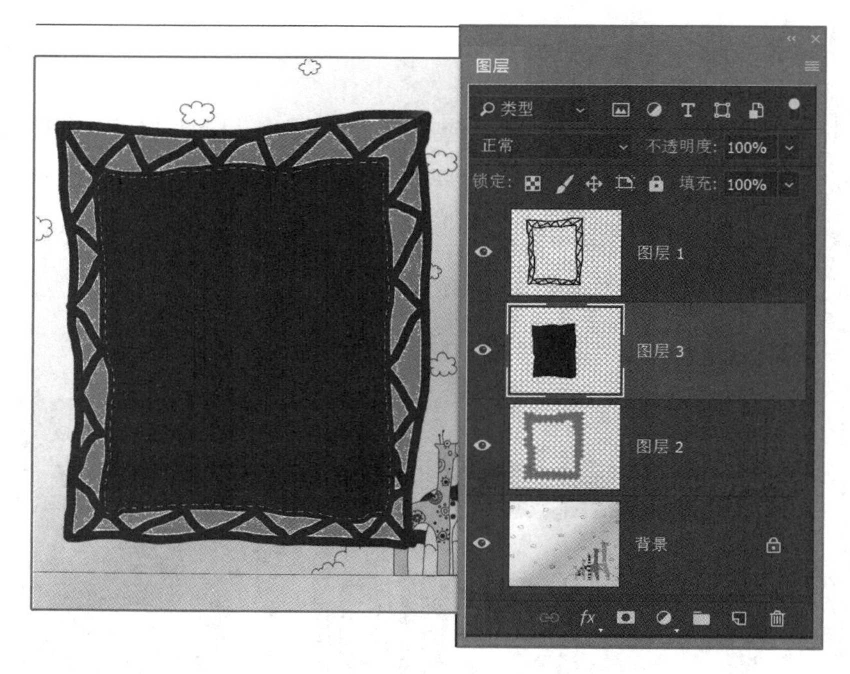

图 3-1-16 新建“图层 3”图层并用前景色黑色填充

（12）选中已打开的“照片 .jpg”文件。选择工具箱中的移动工具，按住鼠标左键并把图像拖曳至背景文件中，得到“图层 4”图层，在“图层”面板中将“图层 4”移至“图层 3”的上方，如图 3-1-17 所示。

（13）单击“编辑”→“自由变换”命令，这时在照片四周出现 4 个控制点，按住 Shift 键的同时拖曳其中一个控制点，调整图像大小。

（14）单击“图层”→“创建剪贴蒙版”命令，再使用移动工具调整照片在相框中的位置，效果如图 3-1-18 所示。最后可以根据自己的喜好，在相框边上用画笔工具加上一些装饰。

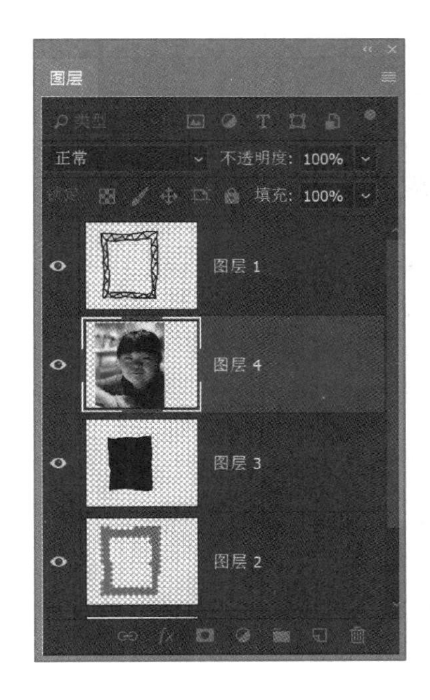

图 3-1-17　调整图像位置

图 3-1-18　创建剪贴蒙版后效果图

【任务拓展】

在 Photoshop 中选择颜色就犹如从颜料管中挤出颜料一样简单，只需要从 Photoshop 的“拾色器”对话框中选取一种颜色，或者直接从任意一幅打开的图像中汲取颜色。

1. 从图像中取样颜色

吸管工具的功能是采集色样以指定新的前景色或背景色。可以从现用图像窗口内的任何位置采集色样。要更改吸管的取样大小，可从吸管工具选项栏中的“取样大小”下拉列表框中选取一个选项，如图 3-1-19 和图 3-1-20 所示。

图 3-1-19　吸管工具选项栏

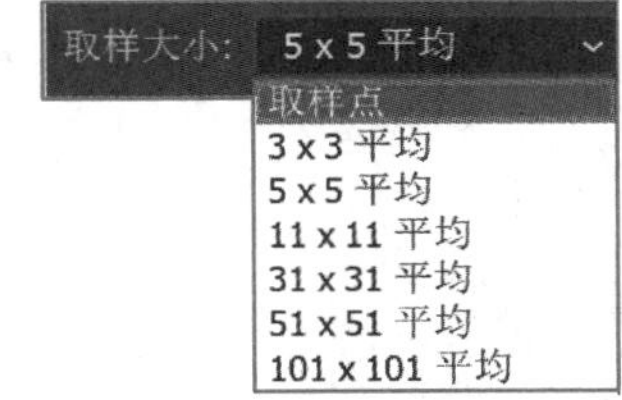

图 3-1-20　“取样大小”下拉列表框

（1）取样点：读取所单击的像素的精确值。

（2）3×3 平均或 5×5 平均：读取单击区域内指定数量像素的平均值。

在图像内单击鼠标，即可选择新的前景色。将指针放置在图像上，按住鼠标左键并在图像窗口内拖曳，前景色选择框中的颜色会随着鼠标指针的移动而动态地变化。松开鼠标左键，即可拾取新颜色。对背景色的选择，只要按住 Alt 键并在图像内单击即可。

小提示： 若要在使用绘画工具时临时使用吸管工具，可按住 Alt 键即可变为吸管工具，松开 Alt 键又会恢复为绘画工具。

颜色取样器工具：显示图像中的颜色值。当使用该工具在图像中单击鼠标取样时，会弹出“信息”面板，随着光标的移动，在“信息”面板上会显示当前鼠标取样颜色值、鼠标的位置等信息。

2. 工具箱中的前景色和背景色

工具箱底部有两个颜色选择框，分别代表前景色（上面）和背景色（下面），Photoshop 使用前景色来绘画、填充和描边，使用背景色来生成渐变填充和在图像已抹除的区域中填充。可以用吸管工具、“颜色”面板、“色板”面板或者拾色器指定新的前景色或背景色。默认状态下，前景色是黑色，背景色是白色，如图 3-1-21 所示。

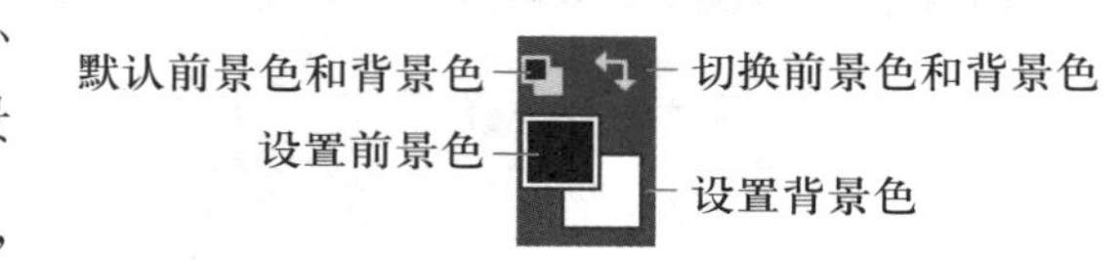

图 3-1-21 前景色和背景色

小提示： 单击工具箱中的“切换前景色和背景色”图标就可以反转前景色和背景色。若要恢复默认的前景色和背景色，单击工具箱中的“默认前景色和背景色”图标即可。

3. 使用拾色器选取颜色

绘画工具使用的都是前景色。若要更改前景色和背景色，单击工具箱中的颜色选择框，然后在拾色器中选取一种颜色即可，如图 3-1-22 所示。

图 3-1-22 拾色器

拾色器提供了基于四种模式的颜色定义：RGB 颜色、CMYK 颜色、HSB 颜色、Lab 颜色。

（1）RGB 颜色模式：RGB 颜色模式的基础是颜色由红（Red）、绿（Green）、蓝（Blue）三种波长产生，三种颜色叠加形成了其他的颜色。因为三种颜色都有 256 个亮度水平级，所以三种色彩叠加就形成 1 670 万种颜色，也就是真彩色，通过它们足以展现绚丽的世界。红、绿、蓝三色称为光的基色，主要应用于视频技术、计算机显示器和计算机绘图中。

（2）CMYK 颜色模式：当阳光照射到一个物体上时，这个物体将吸收一部分光线，并将剩下的光线进行反射，反射的光线就是我们所看见的物体颜色，这是一种减色颜色模式，同时也是与 RGB 颜色模式的根本不同之处。CMYK 颜色模式的四色是青色、洋红、黄色、黑色。青色是红色的互补色，通过从基色中减去红色的值，就得到青色；洋红是绿色的互补色，通过从基色中减去绿色的值，就得到洋红色；黄色是蓝色的互补色，通过从基色中减去蓝色的值，就得到黄色。减色的概念就是 CMYK 颜色模式的基础。在 CMYK 颜色模式下，每一种颜色都是以这四色的百分比来表示的。

（3）HSB 颜色模式：HSB 颜色模式表示颜色的三种属性，H 表示色相，S 表示饱和度，B 表示亮度。H 由红、橙、黄、绿、青、蓝、紫等颜色组成。S 和 B 的数值越接近 100%，其亮度和饱和度也越高。

（4）Lab 颜色模式：此模式既不依赖于光线，也不依赖于颜料，它是 CIE 组织确定的一个理论上包括人眼可以看见的所有颜色的颜色模式。Lab 颜色模式弥补了 RGB 和 CMYK 两种颜色模式的不足。但不是 R、G、B 通道。它的一个通道是亮度，即 L。另外两个是颜色通道，用 A 和 B 来表示。A 通道包括的颜色是从深绿色（低亮度值）到灰色（中亮度值）再到亮粉红色（高亮度值）；B 通道则是从亮蓝色（低亮度值）到灰色（中亮度值）再到黄色（高亮度值）。

4. 用“颜色”面板设置颜色

单击“窗口”→“颜色”命令，弹出如图 3-1-23 所示的“颜色”面板。“颜色”面板显示当前前景色和背景色的颜色值。“颜色”面板有以下三种设置颜色的方式：

① 通过移动滑块或直接输入数值来改变前景色或背景色。

② 利用不同的颜色模型来编辑前景色和背景色。

③ 从面板底部的四色曲线图的色谱中选取前景色或背景色。

5. 用“色板”面板设置颜色

“色板”面板的作用是存储需要经常使用的颜色。可以在“色板”面板中添加或删除颜色。单击“窗口”→“色板”命令，显示“色板”面板，如图 3-1-24 所示。在“色板”面板中选择颜色的方法是直接从预定义的颜色中选取。

需要向“色板”面板中添加一个新颜色时，可单击面板下方的“创建前景色的新色板”按钮或者把鼠标放在“色板”面板下面空白区域，当光标变成一个油漆桶形状时，单击鼠标并给新颜色命名，这样一个新色板就加入到面板中。如果要删除颜色，选择一个色板，按住鼠标拖曳至“色板”面板下面的“删除色板”按钮上即可，或者从右键快捷菜单中选择“删除色板”命令也可以实现。

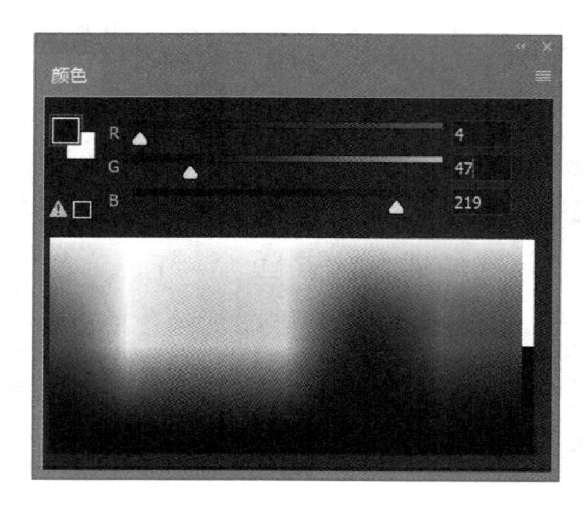

图 3-1-23 “颜色”面板

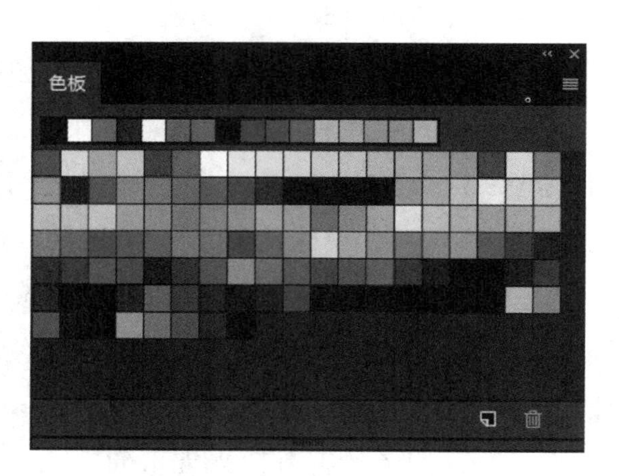

图 3-1-24 “色板”面板

小提示：在“色板”面板中按住 Ctrl 键，同时单击该颜色就可设置背景色。

3.2 使用路径工具——绘制矢量女孩头像

【任务分析】

用钢笔工具绘制动漫造型。在没有绘图板的情况下，用钢笔工具绘制的造型线条容易控制，但要求熟练掌握钢笔工具，这样才能随心所欲地控制各个锚点的方向线，灵活地调整曲线段，使人物造型更生动，线条更流畅。

【任务准备】

Photoshop 中除了徒手绘制线条外，还可以精确绘制图像轮廓、图形和创建复杂选区的利器就是路径工具。路径用于表示矢量对象，使用 Photoshop 的路径功能，可以绘制线条或者曲线，还可以对所绘制的曲线进行编辑、描边等。使用路径工具还可以制作各种形状，并对其进行编辑或者使其转换成选区。

1. 路径工具

路径工具（图 3-2-1）主要包括绘制路径的工具和编辑路径的工具。绘制路径工具有钢笔工具、自由钢笔工具、弯度钢笔工具。编辑路径的工具是添加锚点工

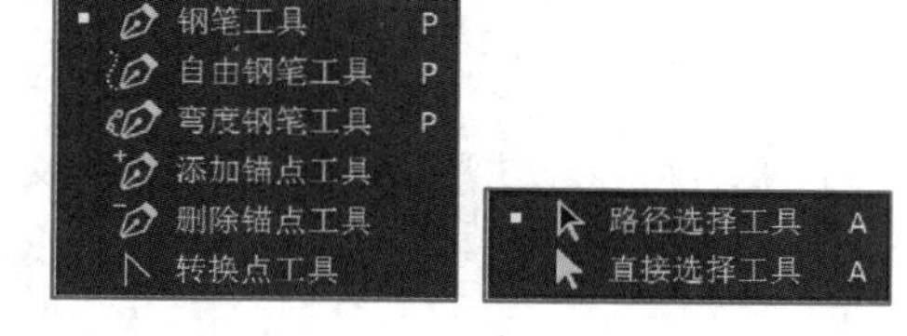

图 3-2-1 路径工具

具、删除锚点工具、转换点工具、路径选择工具和直接选择工具。

（1）钢笔工具：通过单击和拖动来创建直线和平滑流畅的曲线。组合使用钢笔工具和形状工具可以创建复杂的图形。

（2）自由钢笔工具：通过点按鼠标绘制一条自由形态的线条或形状。磁性钢笔是自由钢笔工具的选项。磁性钢笔和磁性套索工具有很多相同的特征。这个工具是基于颜色反差来定义边界的。

（3）弯度钢笔工具：以直观的方式绘制平滑曲线和直线段。使用这种直观的工具，可以在设计中创建自定义形状或精确定义路径。在执行该操作的时候，不需要切换工具就能创建、切换、编辑、添加或删除平滑点或角点。在绘制路径时单击鼠标一次（默认），则路径是曲线段，如果希望路径的下一段要绘制一个直线段，则要双击鼠标。

小提示： 使用 Shift+P 组合键可循环切换绘制路径的钢笔工具。使用钢笔工具绘图之前，可以先在“路径”面板中创建一个新路径，以便将工作路径自动存储为已命名的路径。

（4）添加锚点工具：给已有的路径添加锚点。此工具只有在指向某一段路径中间时才能起作用。当它指向某一锚点或方向线时，光标以直接选择工具的形式出现，此时只能对锚点或方向线的位置进行调整。使用添加锚点工具添加的路径锚点依据该段路径曲线的形状，自动生成两端的方向线，以保持原路径曲线的形状不变。

（5）删除锚点工具：从已有的路径中删除锚点。指向一个路径锚点并单击，即可从路径曲线中删除该锚点。当指向路径曲线中间时，光标以直接选择工具的形式出现，可以调节一段路径的弧度。

（6）转换点工具：可以实现折线点、曲线点、角点、连接点之间的相互转换。当单击曲线路径中的曲线点，该锚点便会变为折线点；而以该工具点按一个折线点并拖动时，可从中拖出两条对称的方向线，将折线点变为曲线点。以它拖动曲线点中的一个方向线端点，可以将曲线点变为角点；而将曲线点或角点的一个方向线拖回锚点本身，又可将其变为连接点。

（7）路径选择工具：选取路径并把路径作为一个整体移动。

（8）直接选择工具：可以随意调整锚点或方向线的位置与方向。如果指向一个锚点或方向线的端点并拖动鼠标，即可改变锚点的位置或曲线的形状；而该工具指向一段路径曲线，并拖动鼠标时，可使控制这段曲线的两条方向线长度发生变化，从而改变曲线的弧度。该工具也可以选择多个锚点。当按 Alt 键的同时使用该工具拖动图像中的一条路径时，则可复制当前的路径。

2. 路径的绘制

路径由一条或多条直线段或曲线段组成。锚点标记路径段的端点。在曲线段上，每个选中的锚点显示一条或两条方向线，方向线以方向柄结束。方向线和方向柄的位置决定曲线段的大小和形状，如图 3-2-2 所示。移动这些元素将改变路径中曲线的形状。

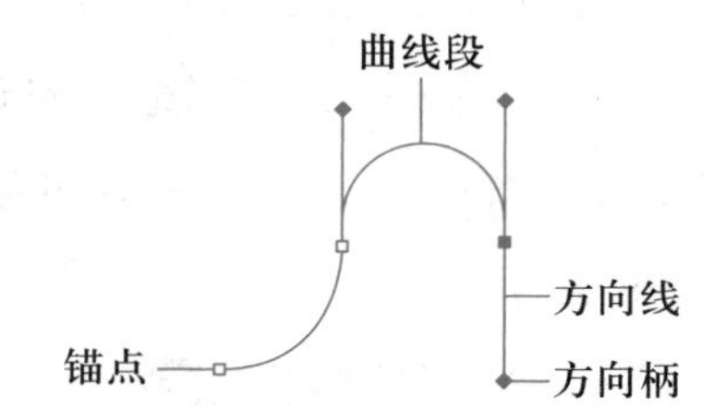

图 3-2-2 方向线和方向柄的位置决定曲线段的大小和形状

路径可以是闭合的，没有起点或终点（例如圈）；也可以是开放的，有明显的终点（例如波浪线）。路径可以分为直线路径和曲线路径。

（1）绘制直线路径

最简单的路径就是由两个锚点组成的一段直线路径。连接直线线段的锚点也称为角点。通过移动鼠标并单击，可以给直线路径添加另外的线段。按照如下步骤即可在图像上绘制一条直线路径。

① 在工具箱中选择钢笔工具，将钢笔指针定位在直线段的起点并单击，以定义第一个锚点。

② 离开一段距离后再次单击，第二个锚点出现，成功绘制一个直线线段。如果要继续建立一系列直线线段，继续单击并移动鼠标，为其他的线段设置锚点。最后一个锚点是实心方形，表示处于选中状态。当继续添加锚点时，前面定义的锚点会变成空心方形。

小提示： 当使用钢笔工具绘制直线时，在拖动鼠标的同时按住 Shift 键单击，则将该线段的角度限制为 45°的倍数。

（2）绘制曲线路径

一条曲线路径包含两个由一条曲线线段连接的锚点。方向柄决定该线段的位置和形状。平滑曲线由平滑点的锚点连接。锐化曲线路径由角点连接，如图 3-2-3 所示。

当在平滑点上移动方向线时，将同时调整平滑点两侧的曲线段。当在角点上移动方向线时，只调整与方向线同侧的曲线段，如图 3-2-4 所示。

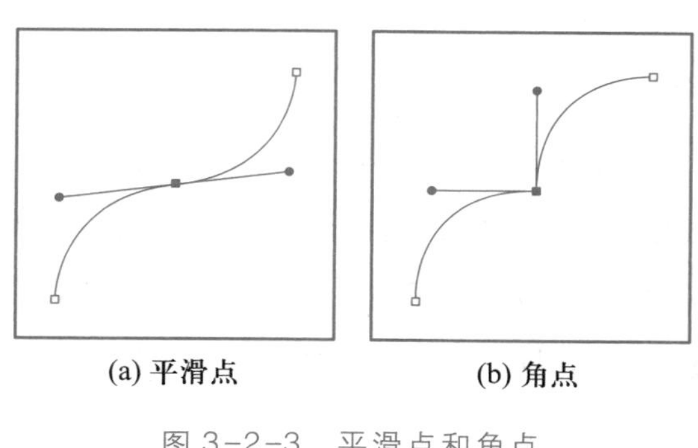

(a) 平滑点　(b) 角点

图 3-2-3 平滑点和角点

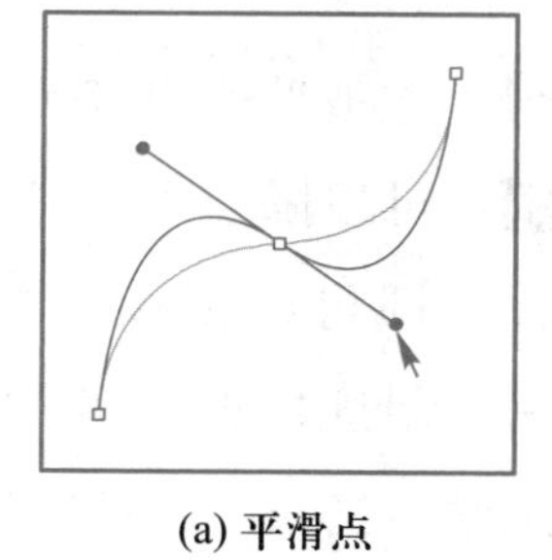

(a) 平滑点

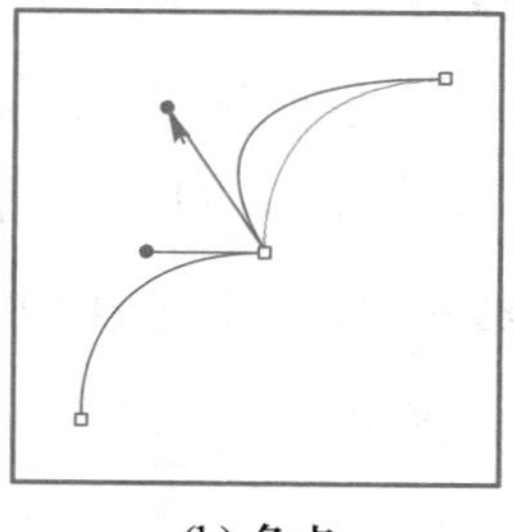

(b) 角点

图 3-2-4 调整平滑点和角点

按照如下步骤即可在图像上绘制一条曲线路径。

① 在工具箱中选择钢笔工具，将指针定位在曲线的起点，按住鼠标按钮并拖动，此时会出现第一个带有方向柄的锚点，如图 3-2-5 所示。确定第一个锚点的位置后，释放鼠标按钮。

② 把光标移动到下一个锚点，点按并拖动鼠标，一条带有另一个锚点和方向柄的曲线线段出现，不要松开鼠标按钮，同时把该方向柄朝着曲线希望延伸的大致方向的相反方向拖动，完成曲线线段，如图 3-2-6 所示。方向线的长度和斜率决定了曲线线段的形状。

图 3-2-5　第一个带有方向柄的锚点　　图 3-2-6　完成曲线线段

小提示： 使用尽可能少的锚点产生一条平滑的曲线。当按住 Alt 键的同时调整曲线的锚点会把该锚点转换为角点。

3. 钢笔工具选项栏

钢笔工具选项栏对即将绘制的路径相当重要，在绘制一条路径或一个形状前，应在其工具选项栏中指定建立一个新的形状图层或者一条新的工作路径，这个设置将影响编辑该形状的方式，如图 3-2-7 所示。

图 3-2-7　钢笔工具选项栏

（1）选择工具模式：选择不同的工具模式后其相应的选项栏设置也随之改变，钢笔工具的工具模式有以下三种。

① 形状：在“图层”面板中形状图层包含形状的颜色以及形状轮廓的矢量蒙版。形状轮廓是路径，它会以“形状路径”的形式出现在“路径”面板中。可以使用形状工具或钢笔工具来创建形状图层。

② 路径：在当前图层中绘制一个工作路径，可用它来创建选区或矢量蒙版，或者使用颜色填充和描边。

③ 像素：直接在图层中绘制，与绘画工具的功能类似。在此模式下绘制时，不会创建矢量图形。

（2）路径操作：从工具选项栏的“路径操作”下拉列表框中选择形状区域选项。

① 合并形状：将路径区域添加到重叠路径区域。

② 减去顶层形状：将路径区域从重叠路径区域中移出。

③ 与形状区域相交：将区域限制为所选路径区域和重叠路径区域的交叉区域。

④ 排除重叠形状：排除重叠区域。

（3）自动添加/删除：当选中此复选框时，把钢笔工具放在一条路径线段上时会自动添加锚点，或者把钢笔工具放在一个锚点上时会自动删除这个锚点。

（4）设置其他钢笔与路径选项：在创建路径时（例如使用钢笔工具），单击选项栏中的齿轮图标，可以指定路径线段的颜色和粗细。另外，指定在单击之间移动指针时是否需要预览路径线段（橡皮带效果）。

4. 编辑路径

（1）使用路径选择工具

通过路径选择工具可以选择一整条路径，包括路径上全部的线段和锚点。然后移动路径，把它重新放置到图像的任何一个位置。当按住 Alt 键的同时再使用选择工具拖放一条路径时将会复制这条路径，还可以通过该工具选项栏把一个路径层上的多条路径对齐或者组合，如图 3-2-8 所示。

图 3-2-8　路径选择工具选项栏

使用路径选择工具可以对齐和分布在单个路径中描述的路径组件。注意对齐和分布只能针对在同一路径层上的多条路径。使用路径选择工具，拖动选框以选择现有路径区域。或者按住 Shift 键并单击要对齐的路径，从选项栏的“路径对齐方式”下拉列表框中选择要对齐的方式即可，如图 3-2-9 所示。

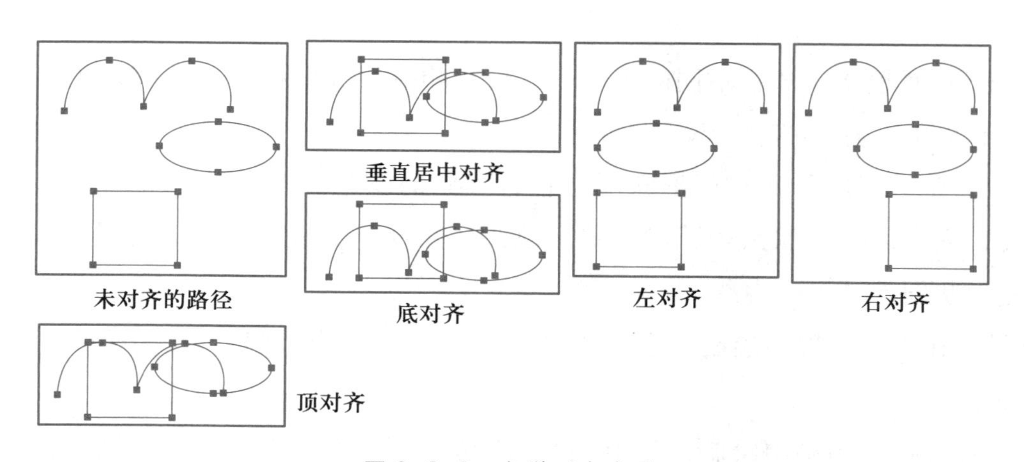

图 3-2-9　各种对齐方式

(2) 使用直接选择工具

直接选择工具用来选取或修改一条路径上的线段，或者选择一个锚点并改变它的位置。此工具是绘制完路径之后用来修正和重新调整路径的基本工具。

① 调整曲线段。

(a) 从工具箱中选择直接选择工具，选择要调整的曲线线段，出现该曲线线段的方向线。

(b) 点选该曲线线段并拖移对其进行调整，如图 3-2-10 所示。

(c) 如要调整所选锚点任意一侧线段的形状，可拖移此锚点或方向点，如图 3-2-11 所示。

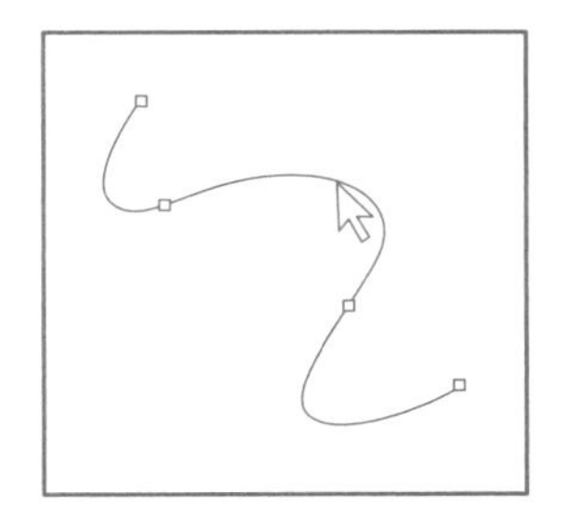
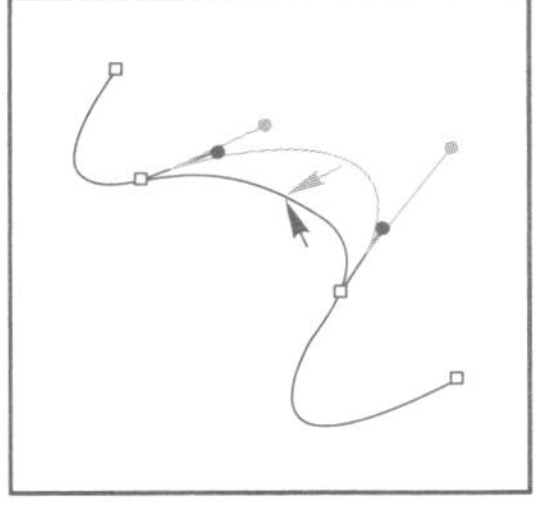

图 3-2-10　拖移曲线线段

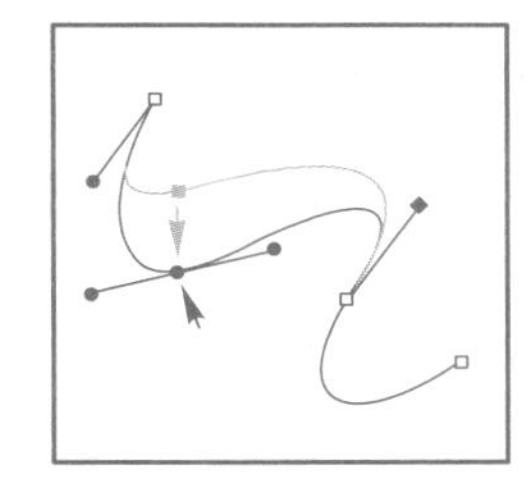
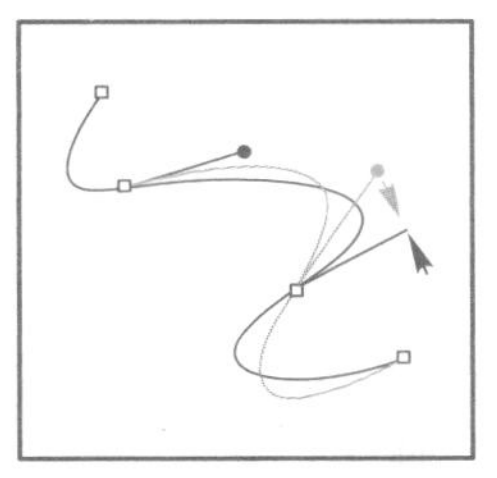

图 3-2-11　拖移锚点或方向点

② 删除曲线段。

(a) 选择直接选择工具，然后选择要删除的曲线段。

(b) 按 Backspace 或 Delete 键，删除所选线段，如图 3-2-12 所示。再次按 Backspace 或 Delete 键可删除其余的路径组件。

小提示： 在使用直接选择工具或路径选择工具时按 Ctrl 键，可以在两个工具之间切换，例如，在使用钢笔工具时按 Ctrl 键可以在直接选择工具之间切换。

(3) 使用转换点工具

转换点工具可以使路径的锚点在平滑点和角点之间进行转换。

① 要将平滑点转换成没有方向线的角点，单击要转换的平滑锚点即可，如图 3-2-13 所示。

② 将平滑点转换为带方向线的角点，首先要能够看到方向线，然后拖移方向点，使方向线断开，如图 3-2-14 所示。

③ 鼠标单击角点并拖动创建平滑点，向角点外拖移，使方向线出现，如图 3-2-15 所示。

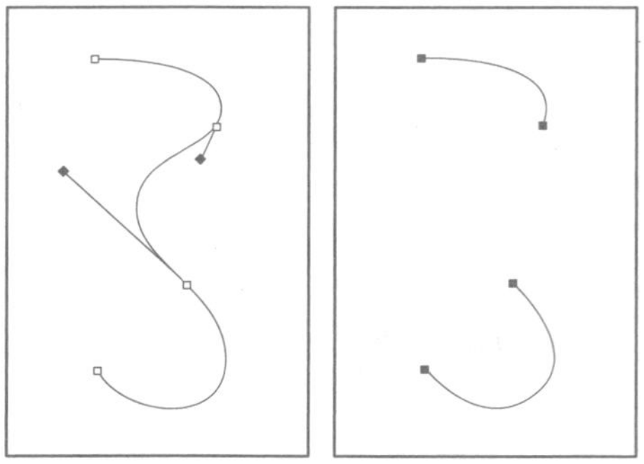

图 3-2-12 删除曲线段

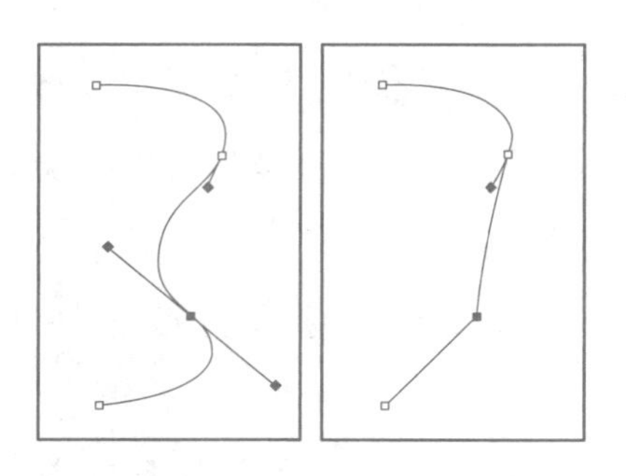

图 3-2-13 平滑点转换为角点

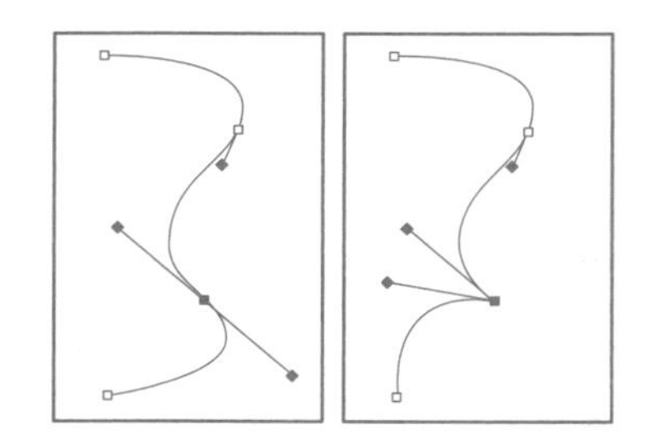

图 3-2-14 平滑点转换为带方向线的角点

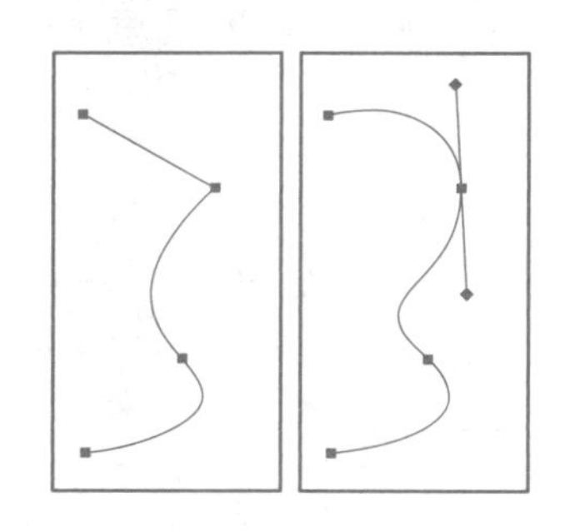

图 3-2-15 角点转换为平滑点

【任务实施】

（1）单击“文件”→“新建”命令，如图 3-2-16 所示，在“新建文档”对话框中设置宽度为 350 像素、高度为 550 像素、颜色模式为 RGB、背景内容为自定义，在“背景内容”右边的色块上单击鼠标，打开“拾色器（新建文档背景颜色）”对话框，如图 3-2-17 所示，设置颜色为（R:172，G:193，B:255）。新建一个背景为浅蓝色、标题为女孩的文件。

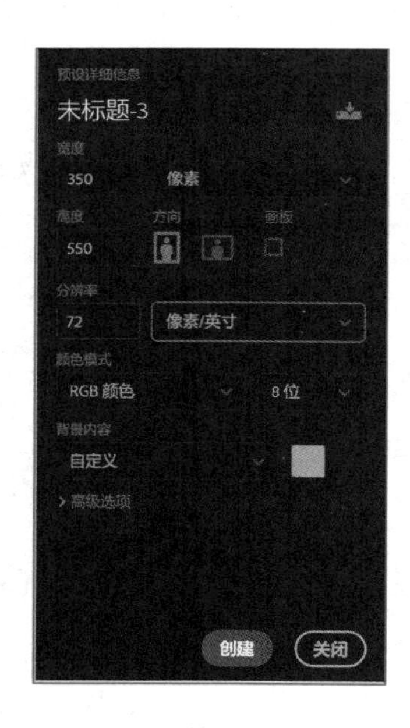

图 3-2-16 设置“新建”对话框

图 3-2-17 设置“拾色器（新建文档背景颜色）”对话框

（2）选择工具箱中的钢笔工具，在钢笔工具选项栏上选择工具模式为“路径”。

（3）在图像上绘制一个女孩的头发轮廓，如果对绘制的头发轮廓路径某些线段不满意，可以选择工具箱中的直接选择工具调整各个锚点或者路径中的线段，直到满意为止，如图 3-2-18 所示。

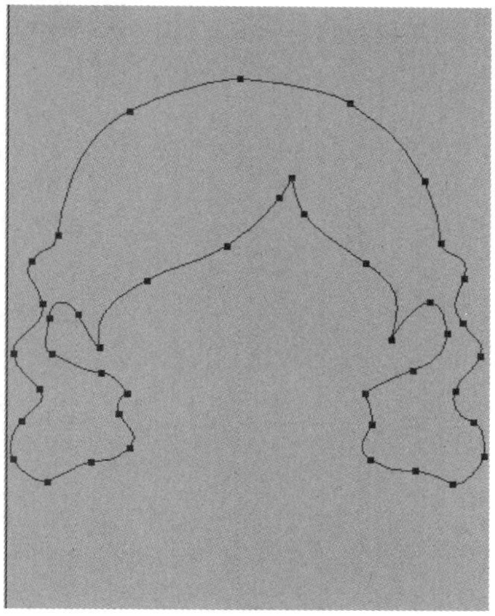

图 3-2-18　绘制女孩的头发轮廓

（4）单击“窗口”→“图层”命令，打开“图层”面板（按 F7 键），单击“图层”面板底部的“创建新图层”按钮，新建“图层 1”。

（5）单击工具箱中的背景色选择框，在弹出的拾色器中设置背景色为黑色（R:0，G:0，B:0）。

（6）单击“窗口”→“路径”命令，打开“路径”面板，选择刚才绘制的路径，并将此路径拖到面板底部的“创建新路径”按钮上，“工作路径”转变为“路径 1”。

（7）确定“图层”面板上已选择“图层 1”图层。在“路径”面板上选择“路径 1”，单击“路径”面板底部的“用前景色填充路径”按钮，将黑色的前景色填充到绘制的头发路径中，如图 3-2-19 所示。

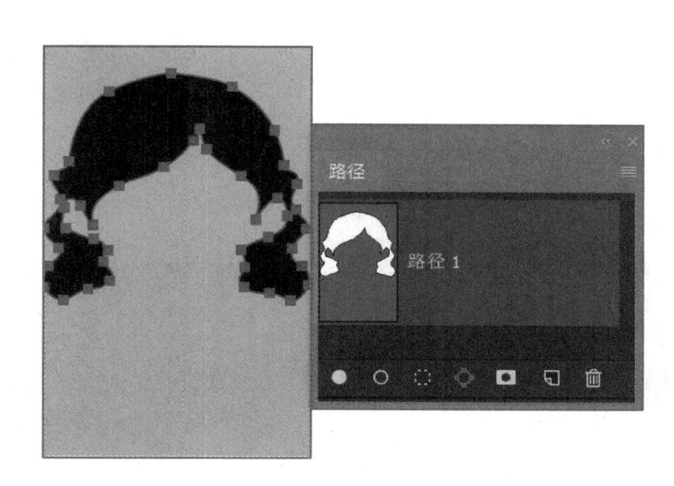

图 3-2-19　用黑色填充头发路径

（8）选择工具箱中的弯度钢笔工具，在工具选项栏上选择工具模式为“形状”，设置形状填充类型，在弹出的面板上单击“拾色器”图标，如图 3-2-20 所示，在“拾色器（填充颜色）”对话框中设置颜色为（R:255，G:206，B:154）。

（9）用弯度钢笔工具把脸部形状沿着头发勾勒出来。

（10）可以使用工具箱中的直接选择工具调整脸部路径轮廓，使该路径紧贴头发，不能露出背景色，如图 3-2-21 所示。

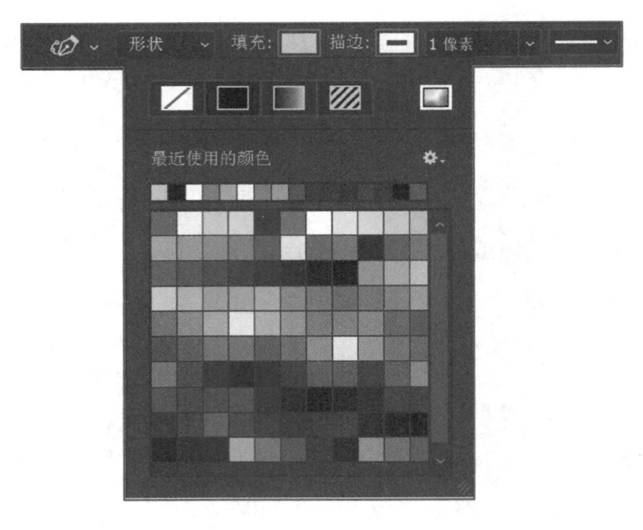

图 3-2-20 设置弯度钢笔工具

(11) 接着绘制眼睛。在工具选项栏上选择工具模式为“形状”，设置形状填充类型，在弹出的面板上单击“拾色器”图标，在“拾色器（填充颜色）”对话框中设置眼睛颜色为深褐色（R:64，G:1，B:1）。

图 3-2-21 绘制脸部轮廓

(12) 选择工具箱中的椭圆工具，按住 Shift 键的同时在脸上拖出一个正圆，从“图层”面板上可以看到有两个形状图层：一个是脸的形状（“形状 1”图层）；另一个是眼睛的形状（“椭圆 1”图层），如图 3-2-22 所示。

图 3-2-22 绘制眼睛

（13）选择眼睛的“椭圆 1”图层，在“图层”面板菜单中选择“复制图层”命令，打开“复制图层”对话框，如图 3-2-23 所示，单击“确定”按钮。

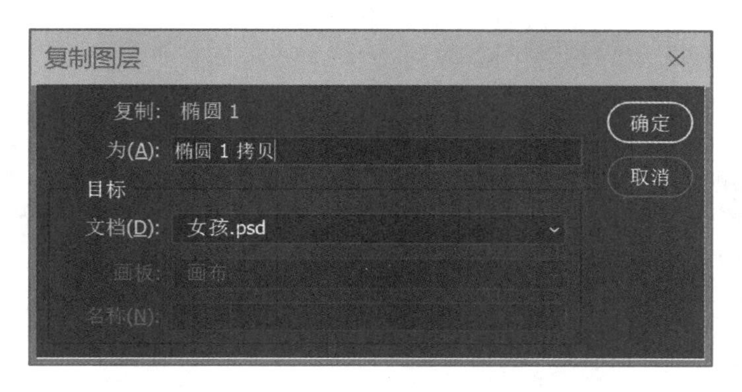

图 3-2-23　设置“复制图层”对话框

（14）使用移动工具同时按住 Shift 键，把复制的眼睛拖到右侧。

（15）在眼睛内部添加眼睛的反光。在工具选项栏上选择工具模式为“形状”，设置形状填充类型，在弹出的面板上单击“拾色器”图标，在“拾色器（填充颜色）”对话框中设置颜色为白色（R:255，G:255，B:255）。确认没有选中任何形状和路径（如果选择了形状可在“图层”面板的形状矢量蒙版上再次单击，取消形状选择）。

（16）选择工具箱中的椭圆工具，如图 3-2-24 所示，在一侧的眼睛里拖出一大一小的两个圆。

（17）参照步骤（13）、（14），复制眼睛内的反光，并移动到另一侧的眼睛内，如图 3-2-25 所示。

图 3-2-24　绘制眼睛内部的反光

图 3-2-25　给右侧的眼睛内添加反光

（18）用钢笔工具绘制嘴巴。在工具选项栏上选择工具模式为“形状”，设置形状填充类型，在弹出的面板上单击“拾色器”图标，在“拾色器（填充颜色）”对话框中设置颜色为红色（R:255，G:0，B:00）。用钢笔工具画三个锚点，其中，拖动中间锚点的方向线，使线段变为曲线，如图 3-2-26 所示。

（19）再用钢笔工具给小女孩添加一条围巾（颜色自定），最后效果如图 3-2-27 所示。

图 3-2-26 绘制嘴部

图 3-2-27 绘制围巾

【任务拓展】

动画线条的表现方式

动画依靠线条来勾画角色的形象特征、动作、转面、表情、口型等，用线夸张、简练、概括，便于后期制作规范和顺畅。随着计算机动画软件的运用，动画线条的质量要求并未降低。用线要求“准、挺、匀、活”。

动画需要具有精练、概括的表现能力。动画线条的准确表现和线条造型的直接性，是在传承了远古岩画陶器纹饰、线描书法等线的艺术基础上，结合动画艺术特点的要求并融合现代计算机技术的发展，通过动画角色形象、动作过程、曲线运动等体现出来。

线条的魅力在动画中被发挥得淋漓尽致。线在动画中的表现方式各种各样，但以“单线平涂”为主的动画片更突出线造型的功能。线的技法和风格要根据表现内容要求和创作者的艺术追求、审美趣味而采用相应的画法。如意大利出品的动画集《线条先生》在线的处理中独具特色，仅用纯线条表现，甚至连颜色都没有，画面中仅仅保留着纯净、刚健、干练的铅笔线条，给人“挺”和“准”的动画线条感受。由于是漫画故事，具有幽默感和哲理性，在表现手法上采用漫画式的线形，夸张变形，随意成趣，增强了整片的寓意和讽刺意味，展现出“线条艺术”的魅力，如图 3-2-28 所示。

图 3-2-28 意大利出品的动画集《线条先生》

中国的水墨动画更因其巧妙地将墨线的美感与动画有机结合，从而赋予了水墨画以新的生命，体现出中国画虚实的意境，在动画用线的方法上成为一大创举。水墨线条将传统的中国水墨画引入动画制作中，那种虚虚实实的意境和轻灵优雅的画面使动画片的艺术格调有了重大的突破。如 1961 年由上海电影制片厂制作的中国第一部水墨动画片《小蝌蚪找妈妈》，其中的小动物造型取自齐白石的画作。水墨动画的轮廓线时有时无，水墨在宣纸上自然渲染，浑然天成，如图 3-2-29 所示。

无纸动画的制作流程从前期到中期再到后期都是在计算机软件中完成，真正地实现了动画制作的无纸化操作。借用感应笔在数位板（或者称为绘图板、手绘板）上直接绘图来代替了纸上绘图，通过计算机软件转换为矢量图形，因此能够很容易地从纸上绘画过渡到数字动画，同时还可以大幅提高效率，易于修改，方便输出，进而得以实现动画制作的无纸化和矢量化，这些特性让动画制作快速并且降低成本。由美国迪士尼公司于 2009 年制作的经典动画长片电影《公主与青蛙》(The Princess Frog)，其中就采用了无纸动画制作技术。动画绘图师使用压力笔实现了手绘风格动画，如图 3-2-30 所示。

图 3-2-29 中国第一部水墨动画片《小蝌蚪找妈妈》

图 3-2-30 美国经典动画《公主与青蛙》

在很多数位板绘画作品中都是以“线面结合”为主要的表现形式，这种常用的表现手法，线条在其中起到“承上启下”的关键作用。在绘制过程中要注意线条的“抑扬顿挫”的造型变化，如线条要有长短、粗细和疏密变化等。充分利用压力笔的压力功能，表现线条之间的“出锋”和“入锋”关系，这样线条才富有节奏感。同时线条要依据对象形体结构的变化而变化，通过线条描述人物角色的性格、运动的形态。在 Photoshop 中用路径工具为对象进行描边操作过程时要遵循“短线原则”，在绘制前要根据对象的形态结构，对线条进行“拆分”，避免过长的线条给对象造成无力拖沓和缺乏线条的节奏感，如图 3-2-31 所示。

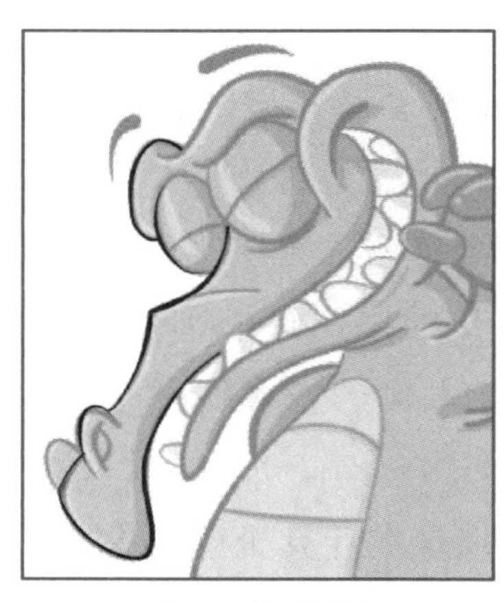

分段路径描边效果

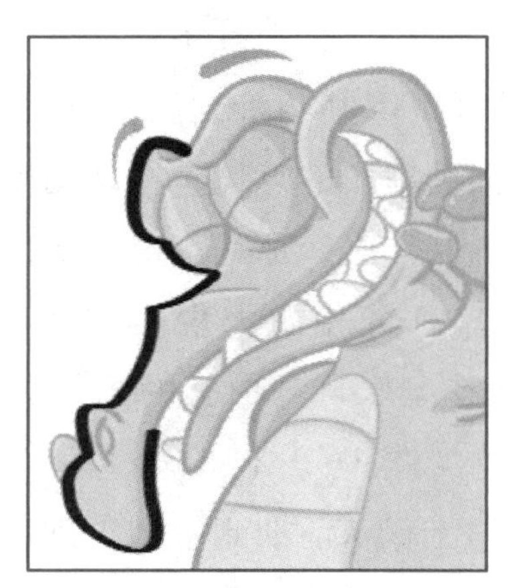

长路径描边效果

图 3-2-31　描边效果

3.3　使用渐变工具——绘制卡通火箭

【任务分析】

本案例学习如何用钢笔工具绘制卡通火箭轮廓，并用渐变工具填充。熟练掌握路径的控制和渐变工具的使用是绘制动漫造型的基础。

【任务准备】

利用渐变工具可以绘制具有颜色变化的色带形态。利用油漆桶工具可以填充特定颜色。

1. 渐变工具

渐变工具可以创建多种颜色间的渐变混合。如创建线性、径向、角度、对称和菱形的颜色混合效果。也可以从预设渐变填充中选取渐变或创建自己的渐变。渐变工具操作的起点（按下鼠标处）和终点（松开鼠标处）会影响渐变的外观。

小提示：渐变工具不能用于位图或索引颜色图像。如果要填充图像的一部分，就要选择填充的区域，否则，渐变填充将应用于整个当前图层。

2. 渐变工具选项栏

在渐变工具选项栏中可以设置不同的渐变类型，并且改变渐变混合颜色的模式，如图3-3-1所示，默认渐变是创建一个从前景色逐渐混合到背景色的填充。

图3-3-1 渐变工具选项栏

（1）渐变色板：点按渐变色板旁边的下拉三角按钮以选择预设渐变，单击这个色板可以打开“渐变编辑器”对话框，如图3-3-2所示。

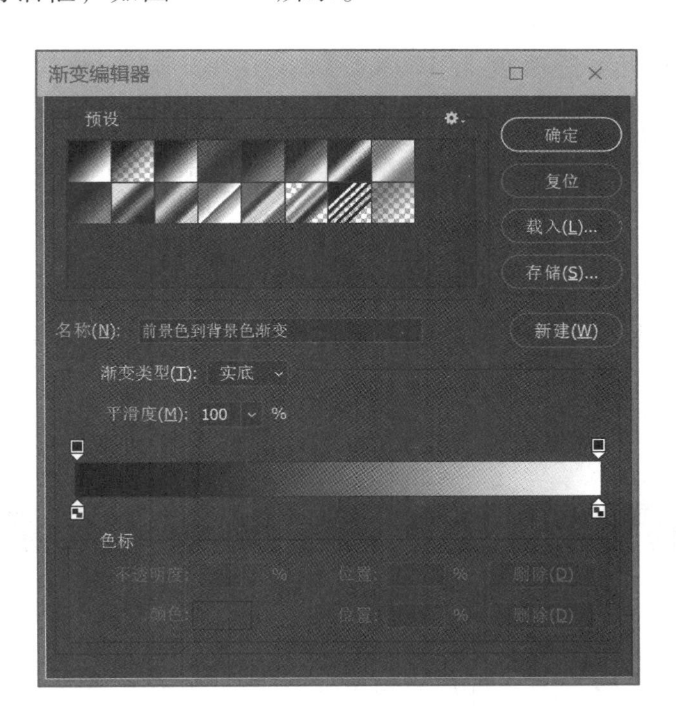

图3-3-2 “渐变编辑器”对话框

（2）渐变类型：在渐变工具选项栏渐变色板的右边是代表五种渐变类型的图标，自左向右分别是线性渐变、径向渐变、角度渐变、对称渐变和菱形渐变，选择任一种类型来指定所需要的渐变生成方向。

- 线性渐变：以直线从起点渐变到终点。

- 径向渐变：以圆形图案从起点渐变到终点。
- 角度渐变：围绕起点以逆时针扫描方式渐变。
- 对称渐变：在起点的两侧进行对称的线性渐变。
- 菱形渐变：以菱形方式从起点向外渐变。

（3）反向：反转渐变填充中的颜色顺序。

（4）仿色：用较小的带宽创建较平滑的混合。

（5）透明区域：对渐变填充使用透明蒙版。

3. 编辑渐变

单击工具选项栏上的渐变色板打开“渐变编辑器”对话框，如图 3-3-2 所示。渐变编辑器既可以编辑已有的渐变，也可以定义新的渐变并添加到预设列表上，还可以从渐变编辑器或预设管理器中保存和装入整个渐变面板。

要想给渐变添加一种颜色，在预览栏下面单击，一个新的颜色色标就会出现。如果要删除添加的一个颜色色标，只要按住该色标并移出对话框即可。要更改一个色标颜色只要选中要修改的色标然后单击“颜色”色样，打开“拾色器”对话框，从中选择一个颜色即可。

单击位于渐变条上方的不透明度色标，选中后不透明度色标下半部分的三角形会变黑，色标上半部分为黑色表明不透明度为 100%。如果在编辑器下面的“不透明度”后面输入 50%，不透明度色标的方形部分会变成灰色，表明颜色是半透明的，其对应的渐变条出现表示透明的方格。移动不透明度色标之间的菱形中点可以重新分布透明在渐变中的比例。

4. 油漆桶工具

油漆桶工具使用前景色填充色彩类似的连续区域。如果是图像颜色比较简单，通过油漆桶工具就可以完成。此工具只能选择前景色和图案填充，油漆桶工具不能用于位图模式的图像。

在工具箱中选择油漆桶工具，就会出现该工具的选项栏，如图 3-3-3 所示。

图 3-3-3 油漆桶工具选项栏

（1）容差：定义填充像素的颜色相似程度，取值范围为 0~255 像素。容差值越大，填充的范围越大。

（2）消除锯齿：平滑填充选区的边缘。

（3）连续的：仅填充所单击像素邻近的像素，如未选中则填充图像中的所有相似像素。

（4）所有图层：选中这个复选框将分析并填充所有可见图层中的颜色像素，如未选中则只对当前图层起作用。

5. 填充命令

填充命令是将颜色均匀地填充在当前的选区或者整幅图像之中，它和油漆桶工具的不同之处在于填充命令没有容差的限制而是完全覆盖的填充。单击“编辑”→“填充”命令，将打开“填充”对话框，如图3-3-4所示。

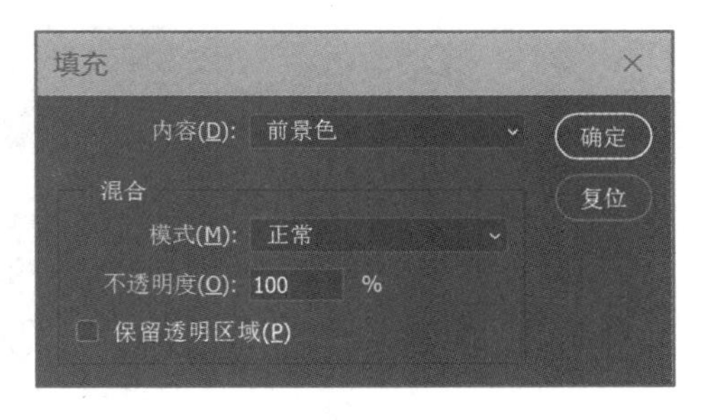

图 3-3-4 “填充”对话框

【任务实施】

（1）打开单元3素材“星空.jpg”文件。

（2）选择工具箱中的钢笔工具并在其工具选项栏上选择工具模式为“路径”，如图3-3-5所示，在图像中勾出火箭的头部。

图 3-3-5 勾出火箭的头部

（3）单击“窗口”→“图层”命令，打开“图层”面板，单击“图层”面板下方的“创建新图层”按钮，创建一个名为“图层1”图层，如图3-3-6所示。

（4）单击“窗口”→“路径”命令，打开“路径”面板。单击“路径”面板下方的“将路径作为选区载入”按钮，这时图像上出现一个选区。将工作路径拖到面板底部的“创建新路径”按钮上，创建“路径1”路径。

图 3-3-6 创建“图层 1”图层

小提示： 工作路径是临时路径，如果要保存路径，可以选择所绘制的路径，并将此路径拖到面板下方的“创建新路径”按钮上，这样可以把工作路径存储为永久路径。

（5）选择工具箱中的渐变工具，在工具栏上选择渐变类型为线性渐变，单击渐变色板，打开“渐变编辑器”对话框，如图 3-3-7 所示。在“预设”列表框中选择“从前景色到背景色渐变”，选择预览栏左边的色标，并单击“颜色”色样，打开“拾色器（色标颜色）”对话框，如图 3-3-8 所示，更改所选色标的颜色为深红色（R:178，G:29，B:0），然后单击“确定”按钮。以同样的方法选择预览栏右边的色标，更改颜色为橘黄色（R:255，G:139，B:2）。

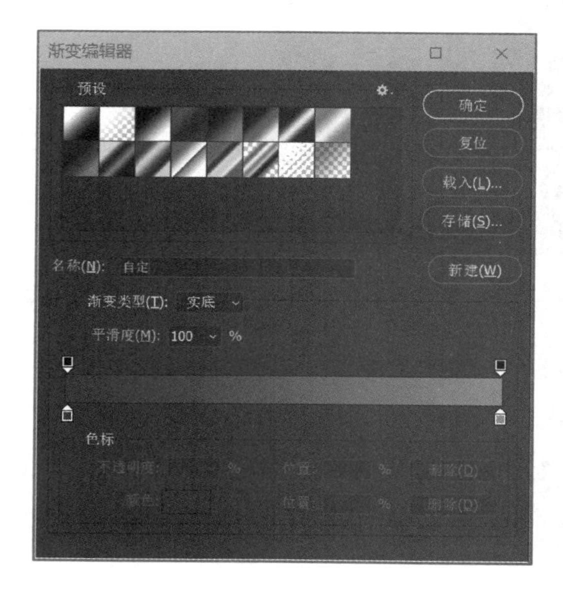

图 3-3-7 “渐变编辑器”对话框

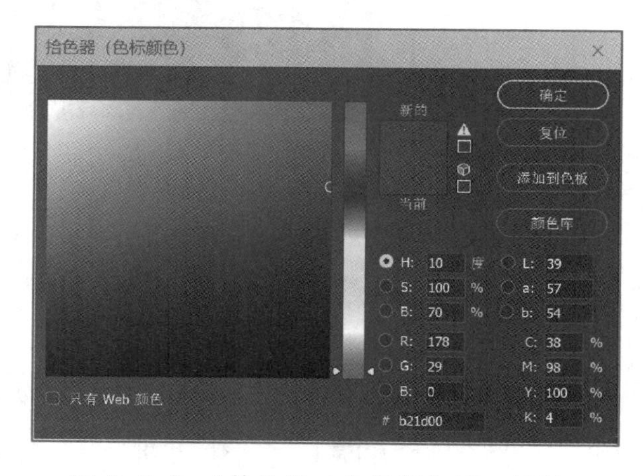

图 3-3-8 “拾色器（色标颜色）”对话框

(6) 在“图层”面板中选择“图层 1”图层，用渐变工具从左至右拖曳，给选区绘制出一个如图 3-3-9 所示的线性渐变。

图 3-3-9　给选区绘制渐变

(7) 打开“路径”面板，单击“路径”面板底部的“创建新路径”按钮，创建“路径 2”路径，选择工具箱中的钢笔工具并在其工具选项栏上选择工具模式为“路径”，绘制火箭头部的阴影部分，如图 3-3-10 所示，并用直接选择工具调整轮廓。

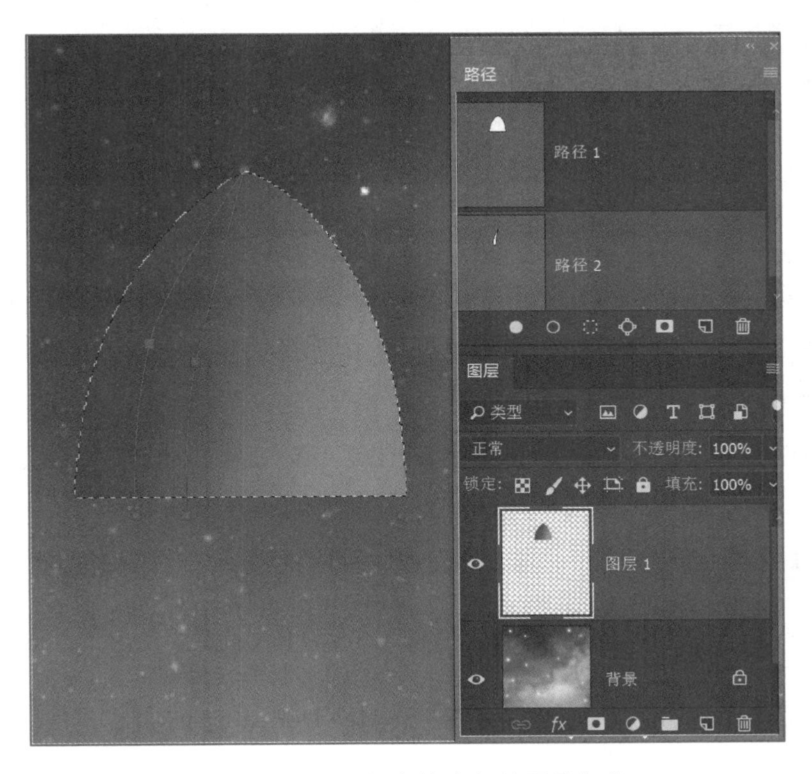

图 3-3-10　绘制火箭头部的阴影部分

（8）在“路径”面板中单击面板底部的“将路径作为选区载入”按钮，将路径转换为选区。

（9）单击“选择”→“修改”→“羽化”命令，打开“羽化选区”对话框，设置羽化半径为 6 像素，如图 3-3-11 所示。

图 3-3-11 设置羽化半径

（10）在“图层”面板下方单击“创建新图层”按钮，创建“图层 2”图层，图层模式设为“柔光”。在工具箱中设置前景色为黑色。选择工具箱中的油漆桶工具，以前景色填充选区，如图 3-3-12 所示。

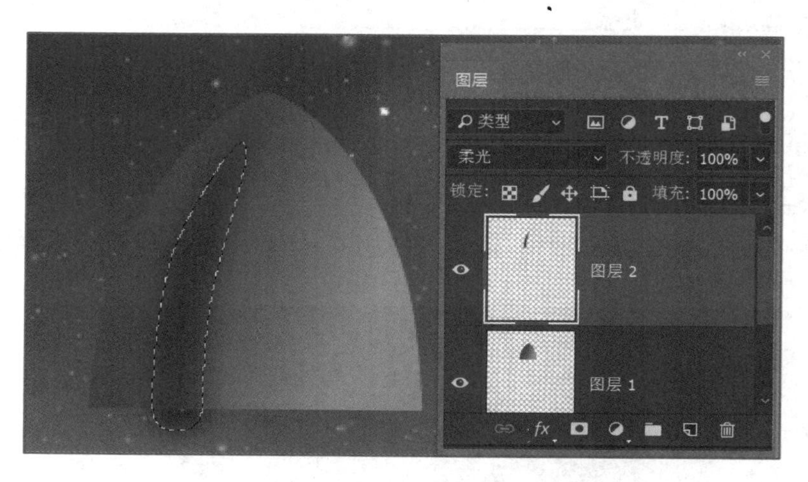

图 3-3-12 用黑色填充选区

（11）打开“路径”面板，单击“路径”面板底部的“创建新路径”按钮，创建“路径 3”路径。选择工具箱中的钢笔工具并在其工具选项栏上选择工具模式为“路径”，绘制火箭头部的高光部分，如图 3-3-13 所示。

（12）在“图层”面板下方单击“创建新图层”按钮，创建“图层 3”图层，图层模式设为“柔光”。

（13）单击“路径”面板下方的“将路径作为选区载入”按钮，将路径转换为选区。单击“选择”→“修改”→“羽化”命令，打开“羽化选区”对话框，设置羽化半径为 6 像素。

（14）在工具箱中设置前景色为白色。按 Alt+Delete 键，用白色填充，如图 3-3-14 所示。

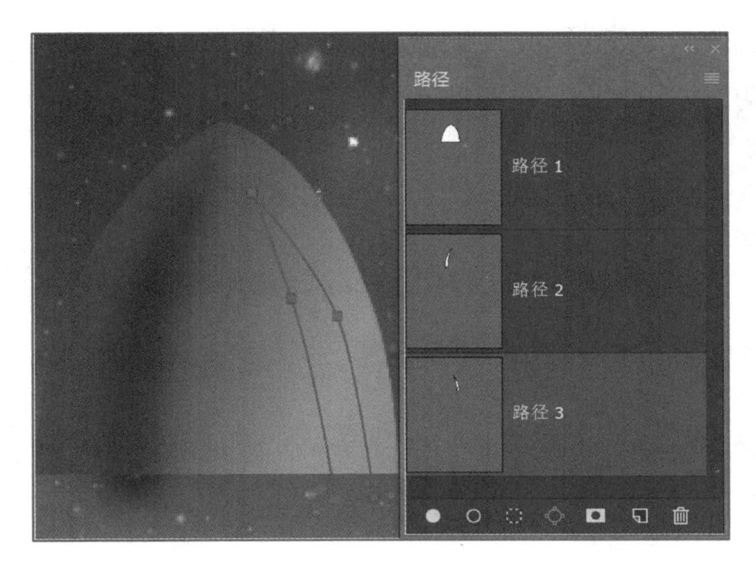

图 3-3-13 绘制火箭头部的高光部分

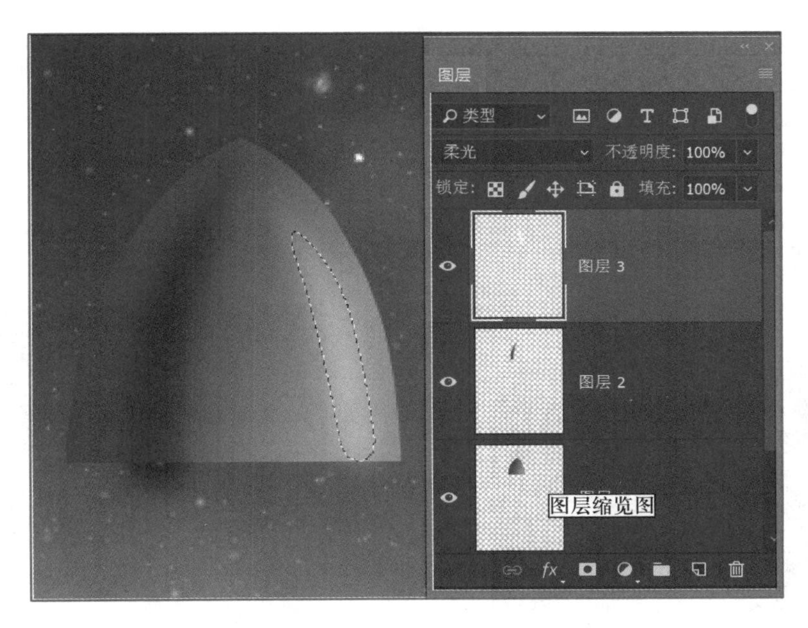

图 3-3-14 用白色填充选区

（15）选择工具箱中的矩形工具，在选项栏上选择工具模式为“路径”。用鼠标接着火箭的头部拖曳出火箭身体，如图 3-3-15 所示。在“路径”面板上自动创建工作路径，把工作路径拖曳到“路径”面板底部的“创建新路径”按钮上，创建“路径 4”路径。

（16）单击“路径”面板下方的“将路径作为选区载入”按钮，将路径转换为选区，如图 3-3-16 所示。

（17）在“图层”面板下方单击“创建新图层”按钮，在“图层 3”图层上创建一个名为“图层 4”图层。

（18）选择工具箱中的渐变工具，在工具栏上选择渐变类型为线性渐变，单击渐变色板，打开“渐变编辑器”对话框。在“预设”列表框中选择“黑，白渐变”。在预览栏中增

图 3-3-15 绘制火箭身体

图 3-3-16 将路径转换为选区

加色标，并调整色标，使渐变显示出金属的光泽，如图 3-3-17 所示。从左至右色标颜色为：第 1 个色标（R：108，G：108，B：108）；第 2 个色标（R：78，G：78，B：78）；第 3 个色标（R：255，G：255，B：255）；第 4 个色标（R：201，G：201，B：201）。

（19）用渐变工具在“图层 4”图层上从左至右拖曳鼠标，为图 3-3-18 所示的选区填充渐变。火箭身体的渐变阴影最好能和头部的阴影位置一致。

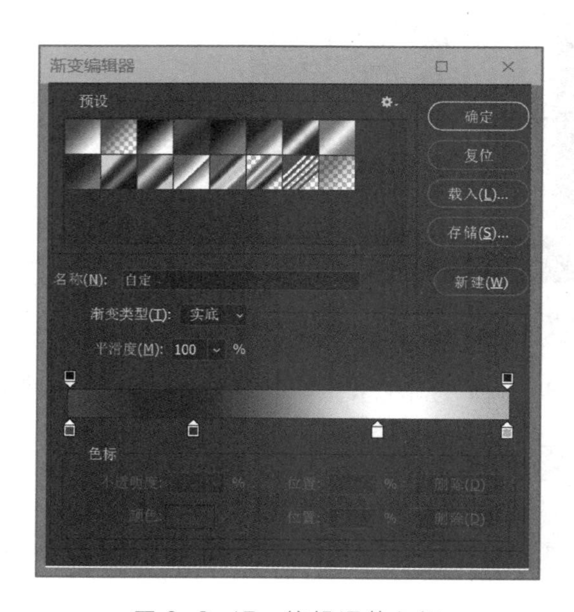

图 3-3-17 编辑调整色标

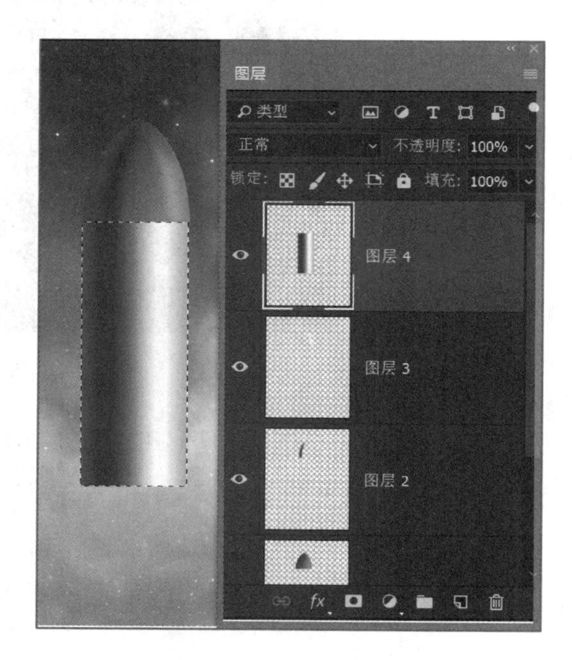

图 3-3-18 绘制火箭身体渐变

（20）选择工具箱中的椭圆工具，在选项栏中选择工具模式为“形状”“无颜色”，如图 3-3-19 所示。按住 Shift 键，在火箭身体上方拖出一个正圆形，作为火箭的窗口外檐部分，颜色自定，这时在“图层”面板上自动建立“形状 1”图层，如图 3-3-20 所示。

图 3-3-19　设置椭圆工具选项栏

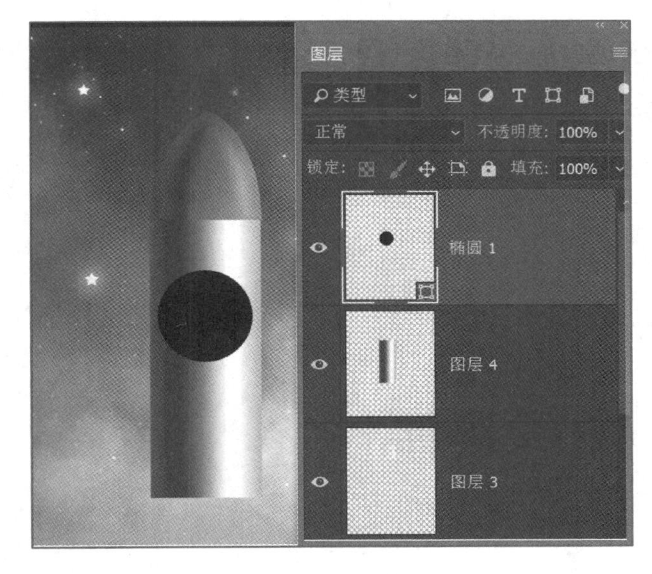

图 3-3-20　绘制火箭窗口

（21）在“图层”面板上选择“椭圆 1”图层，在该图层的名称旁双击鼠标左键，打开“图层样式”对话框，分别设置渐变叠加、斜面和浮雕、投影效果。

（22）在“图层样式”对话框左边样式中选择“渐变叠加”样式，设置渐变从黑色（R:0，G:0，B:0）到灰色（R:92，G:91，B:91）的线性渐变，角度为“0 度”，如图 3-3-21 所示。单击渐变色样可打开“渐变编辑器”，编辑渐变的色标颜色。

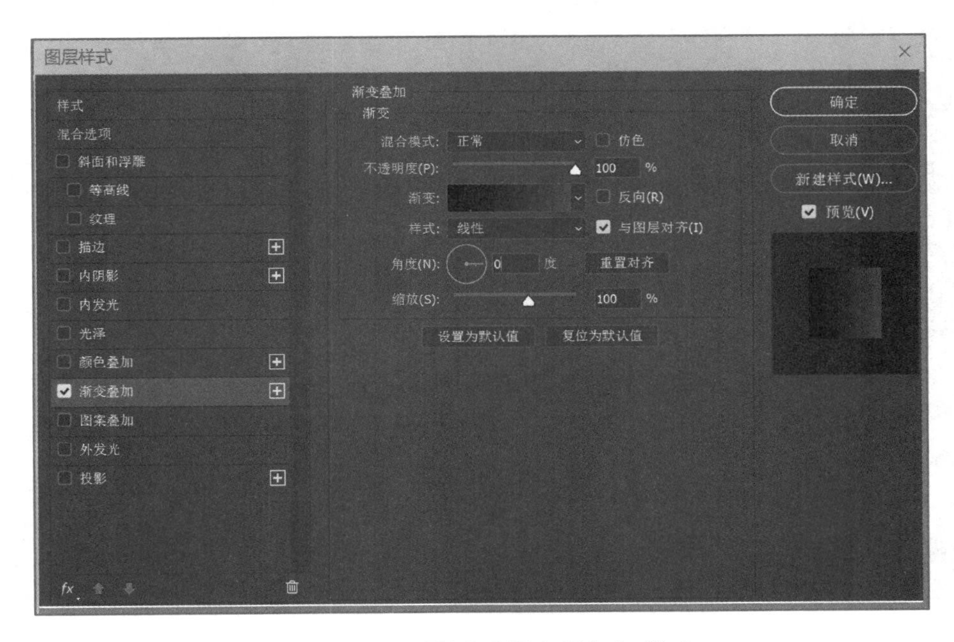

图 3-3-21　设置“渐变叠加”样式

（23）选择“图层样式”对话框左边样式中的“斜面和浮雕”样式，设置样式为“内斜面”，大小为“5 像素”，软化为“0 像素”，如图 3-3-22 所示。

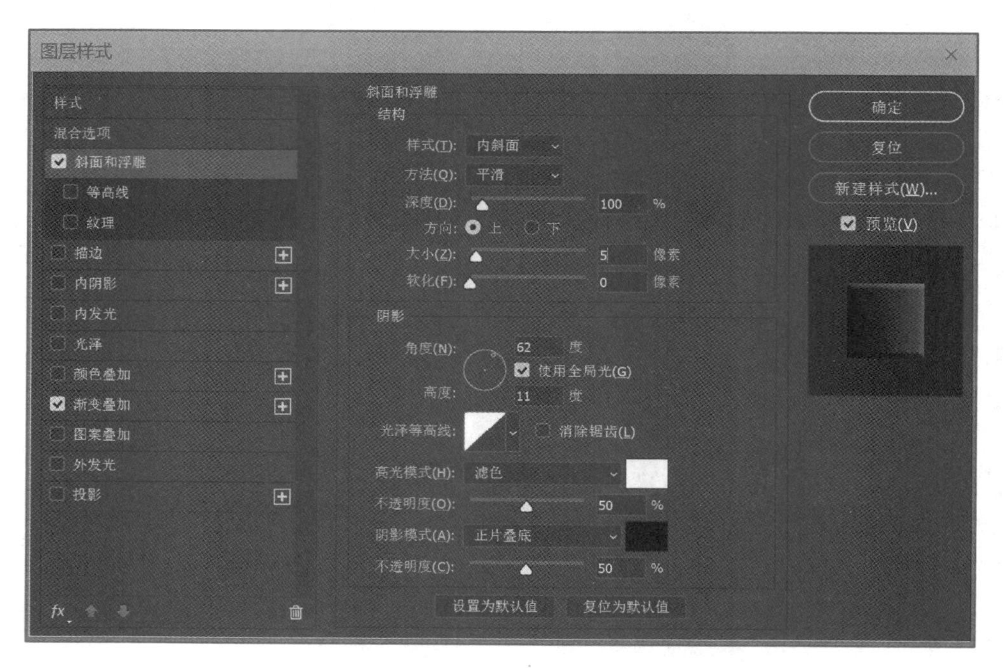

图 3-3-22 设置“斜面和浮雕”样式

（24）选择“图层样式”对话框左边样式中的“投影”样式，设置不透明度为“60%”，距离为“5 像素”，大小为“3 像素”，单击“确定”按钮，如图 3-3-23 所示。添加图层样式后的火箭窗口效果如图 3-3-24 所示。

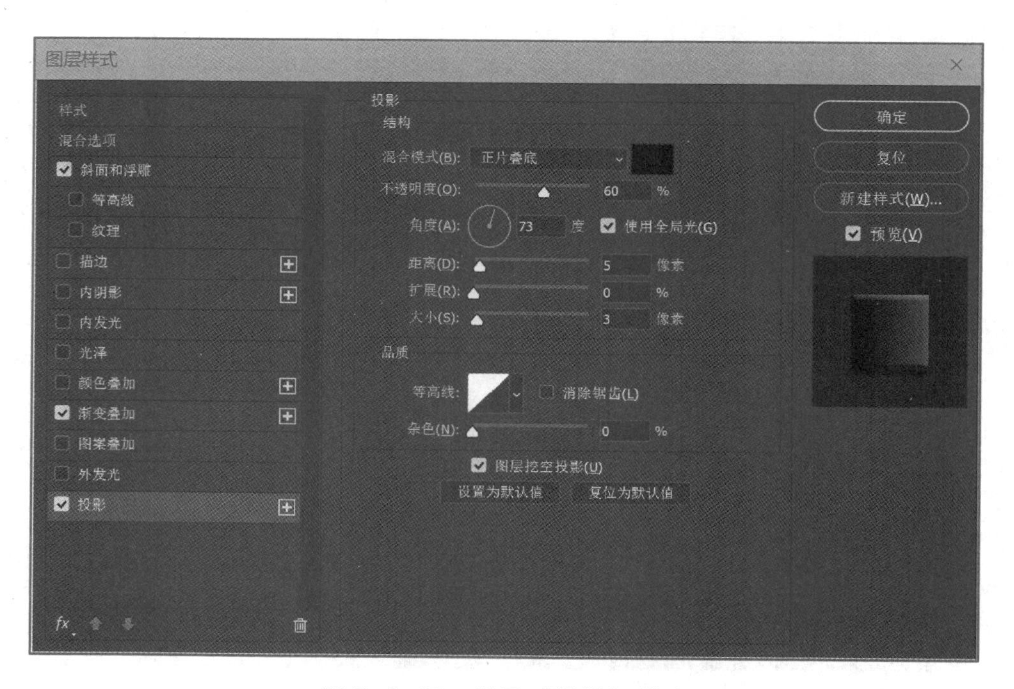

图 3-3-23 设置“投影”样式

图 3-3-24 添加图层样式后的火箭窗口

（25）打开单元 3 素材“按钮 . PNG”文件。用移动工具把水晶按钮拖曳至火箭窗口中（得到“图层 5”图层）作为窗口的玻璃。单击“编辑”→“自由变换”命令，调整水晶按钮的大小，如图 3-3-25 所示。

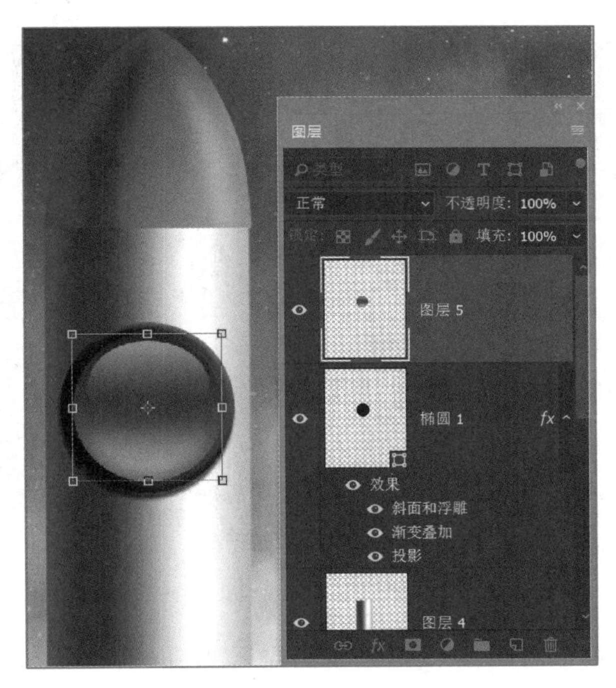

图 3-3-25 把水晶按钮拖曳至火箭窗口并调整大小

（26）在“图层”面板上选择“图层 5”图层，并该图层的名称旁双击鼠标左键，打开“图层样式”对话框，选择“图层样式”对话框左边样式中的“内阴影”样式，设置内阴影效果，不透明度为“69%”，角度为“90 度”，如图 3-3-26 所示。

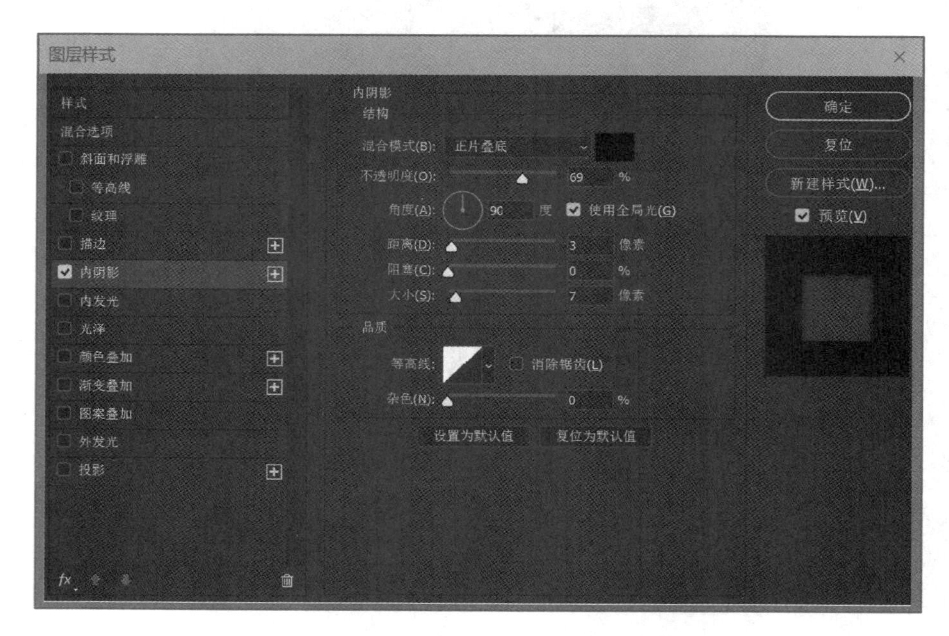

图 3-3-26　设置“内阴影”样式

（27）在打开“路径”面板，单击“路径”面板底部的“创建新路径”按钮，创建“路径 5”路径。选择工具箱中的钢笔工具，并在其工具选项栏上选择工具模式为“路径”，绘制火箭的左尾翼，如图 3-3-27 所示，并用直接选择工具调整轮廓。

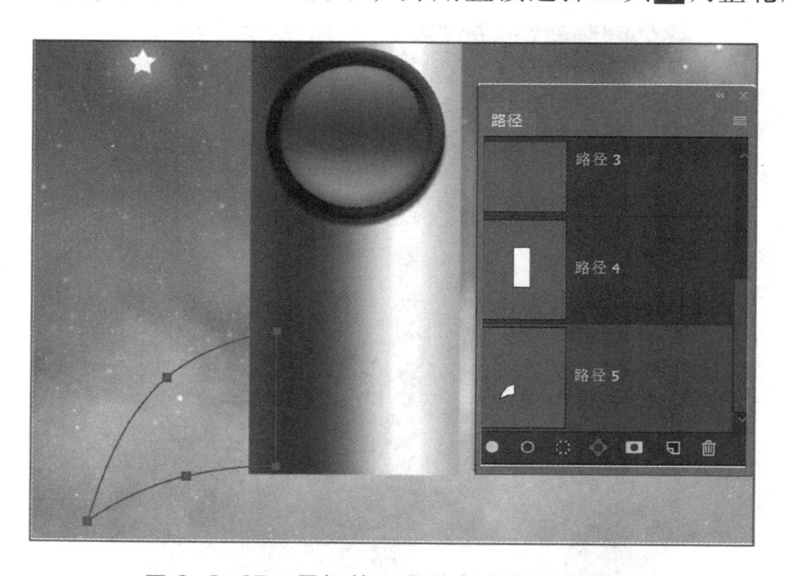

图 3-3-27　用钢笔工具绘制火箭的左尾翼

（28）在“图层”面板下方单击“创建新图层”按钮，在“图层 5”图层上创建“图层 6”图层。

（29）在“路径”面板中单击面板下方的“将路径作为选区载入”按钮，将路径转换为选区。按 Alt+Delete 键，用前景色填充（任何颜色都可以，如果图层内没有像素不能赋予图层样式），如图 3-3-28 所示。

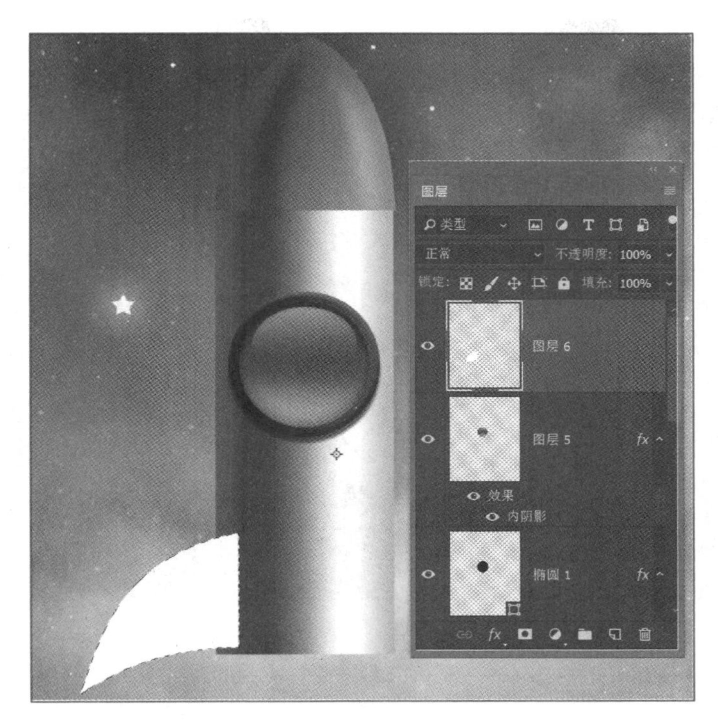

图 3-3-28　将路径转换为选区并填充

（30）在“图层”面板上选择“图层6”图层，并双击鼠标左键，打开“图层样式”对话框，选择“图层样式”对话框左边样式中的“渐变叠加”样式，设置渐变为深红色（R:178，G:29，B:0，左色标）至橘黄色（R:255，G:139，B:2，右色标）的线性渐变，角度为“180度”，如图3-3-29所示。

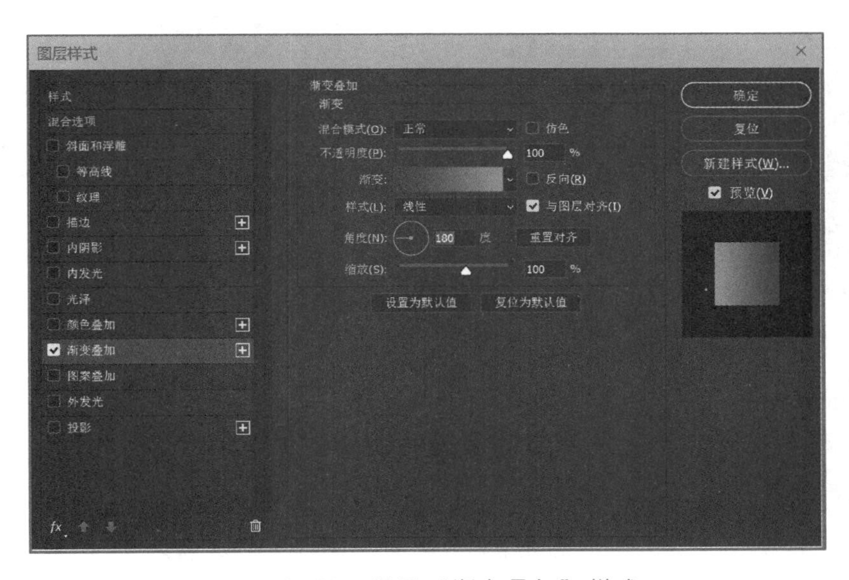

图 3-3-29　设置“渐变叠加”样式

（31）选择“图层样式”对话框左边样式中的“内阴影”样式，设置混合模式为“柔光”，颜色为白色，不透明度为“43%”，角度为“73度”，距离为“10像素”，大小为“6像素”，如图3-3-30所示。

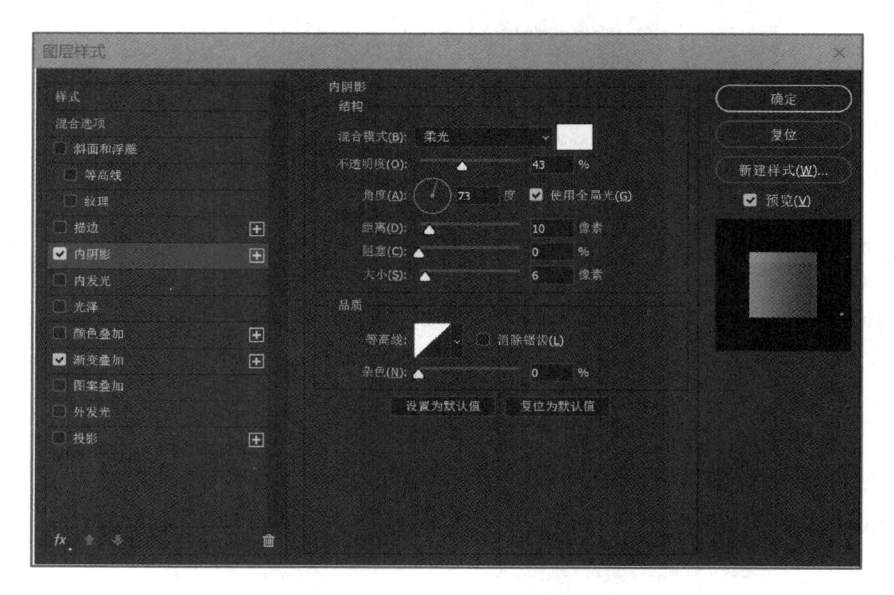

图 3-3-30 设置“内阴影”样式

（32）选择“图层 6”图层，单击鼠标右键，在弹出菜单中选择“复制图层”命令，新图层为“图层 6 拷贝”，如图 3-3-31 所示。

（33）单击“编辑”→“变换”→“水平翻转”命令，复制出右尾翼，并用移动工具放置到如图 3-3-32 所示位置。为了使两个尾翼渐变对称，双击打开“图层 6 拷贝”图层的“图层样式”对话框，修改“渐变叠加”样式，选择渐变为反向。

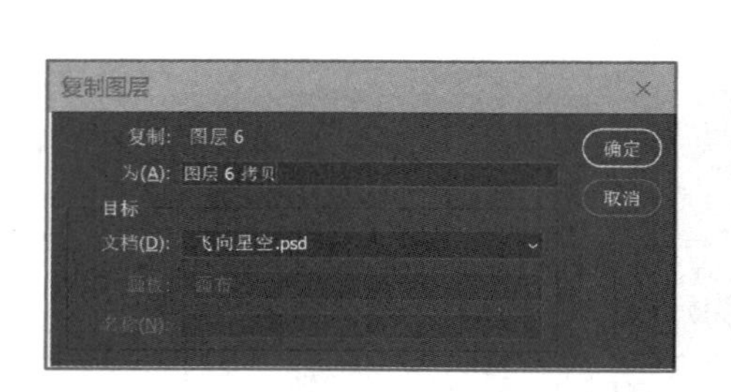

图 3-3-31 复制“图层 6”图层

图 3-3-32 复制右尾翼

（34）在“图层”面板上选择“背景”图层，选择工具箱中的圆角矩形工具，在选项栏中选择工具模式为“形状”，填充类型选择纯色，颜色为深灰色（R:54，G:54，B:54），描边类型为“无颜色”。在火箭尾部拖出一大一小两个圆角矩形，如图 3-3-33 所示，作为火箭的火焰喷射口。这时在“图层”面板的“背景”图层上分别新建“圆角矩形 1”“圆角矩形 2”图层。

（35）打开“路径”面板，单击“路径”面板底部的“创建新路径”按钮，创建“路径 6”路径。选择工具箱中的钢笔工具，并在其工具选项栏上选择工具模式为“路径”，绘制火箭底部喷出的火焰，类似一个心型，如图 3-3-34 所示，并用直接选择工具调整轮廓。

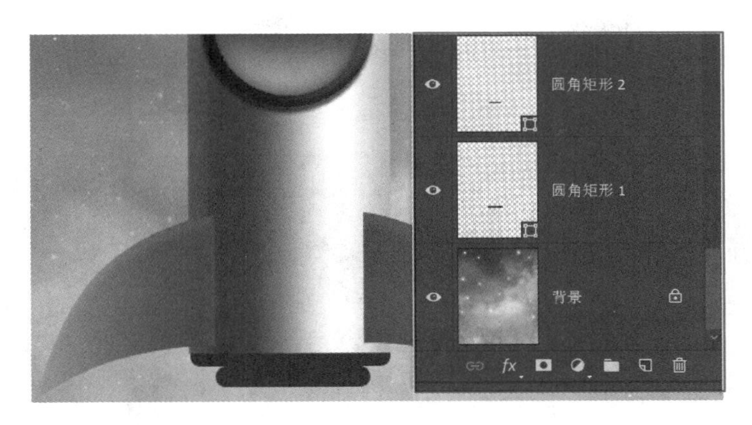

图 3-3-33 绘制火箭火焰喷射口

(36) 在“路径”面板中单击面板下方的“将路径作为选区载入”按钮，将路径转换为选区。单击“选择”→“修改”→“羽化”命令，打开“羽化选区”对话框，设置羽化半径为“6 像素”。

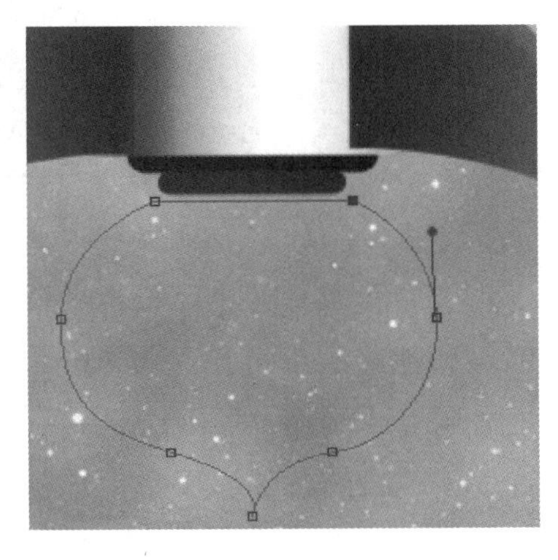

图 3-3-34 绘制火箭的火焰路径

(37) 在“图层”面板下方单击“创建新图层”按钮，在“圆角矩形 2”图层上创建“图层 7”图层。在工具箱中单击前景色，打开“拾色器（前景色）”对话框，设置前景色为红色（R:195，G:0，B:0）。按 Alt+Delete 键，用前景色填充，如图 3-3-35 所示，注意保持火焰选区。

(38) 单击“选择”→“变换选区”命令，把选区向内缩小，如图 3-3-36 所示。

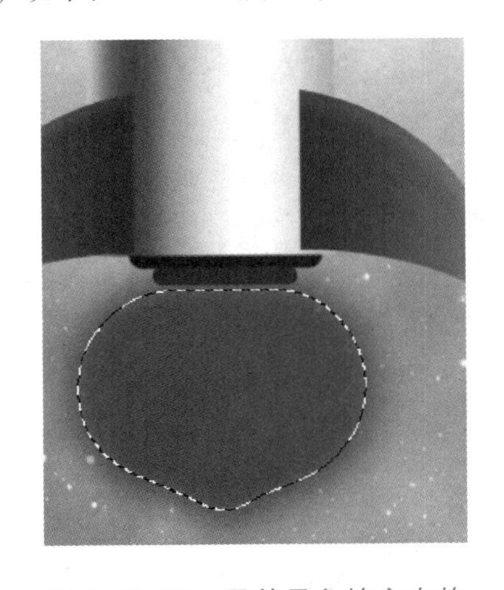

图 3-3-35 用前景色填充火焰

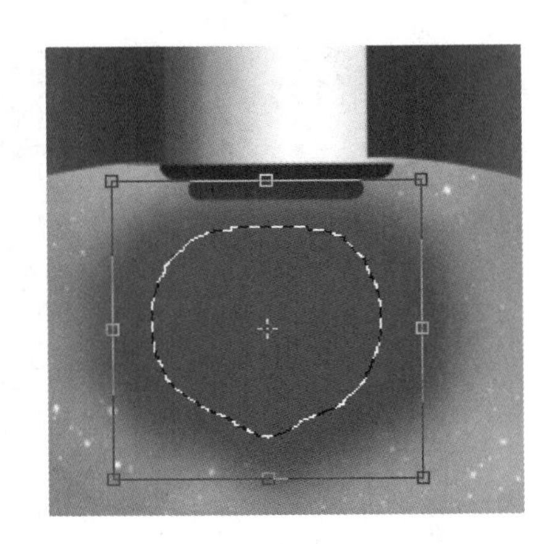

图 3-3-36 把选区向内缩小

(39) 在“图层”面板下方单击“创建新图层”按钮，在“图层 7”图层上创建“图层 8”图层。单击工具箱中的前景色，打开“拾色器（前景色）”对话框，设置前景色为白色，按 Alt+Delete 键，用前景色填充，制作出火焰的内焰部分。

（40）在“图层”面板上选择“图层 8”图层，双击鼠标打开“图层样式”对话框，设置外发光扩展为“12%”，大小为“3 像素”，如图 3-3-37 所示。

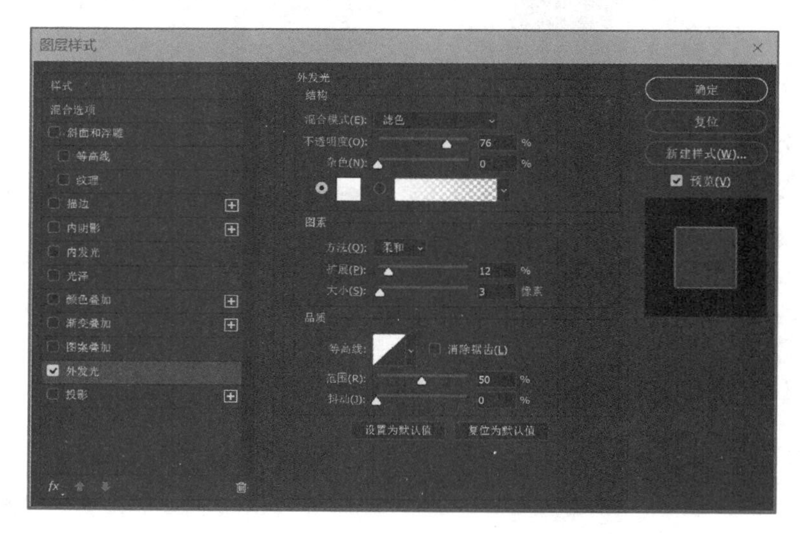

图 3-3-37 添加“外发光”图层样式

（41）在“图层”面板上关闭“背景”图层左侧的眼睛图标，使“背景”图层不可见，并确定其他图层都可见。按 Ctrl+Alt+Shift+E 键，盖印所有可见图层。这时在“图层”面板最上方建立“图层 9”图层。

（42）在“图层”面板上关闭除“背景”和“图层 9”图层左侧以外的其他图层，仅使“背景”和“图层 9”图层处于可见状态。

（43）选择“图层 9”图层，单击“编辑”→“自由变换”命令，旋转火箭，如图 3-3-38 所示。

图 3-3-38 旋转火箭

（44）最后的效果如图 3-3-39 所示。

图 3-3-39 飞向太空效果图

【任务拓展】

1. 历史记录画笔工具和历史记录艺术画笔工具

所谓历史记录是指图像处理历史状态的快照，无论何种操作，系统均会保存其状态。Photoshop 中的历史记录画笔和历史记录艺术画笔工具都属于恢复工具，它们需要配合历史记录面板使用。

（1）历史记录画笔工具：把图像的一部分恢复到以前的某个状态。历史记录画笔工具和“历史记录”面板相结合，可以用来恢复图像的区域。通过历史记录画笔工具选项栏设置不同的属性参数和不同的画笔样式，如图 3-3-40 所示。

图 3-3-40 历史记录画笔工具选项栏

（2）历史记录艺术画笔工具：使用指定历史记录状态或快照中的源数据，以风格化描边进行绘画。通过历史记录艺术画笔工具选项栏设置不同的属性参数和画笔样式，可以得到不同风格的笔触，如图 3-3-41 所示，从而使图像看起来像不同风格的绘画艺术作品。

图 3-3-41 历史记录艺术画笔工具选项栏

- 模式：确定其像素如何与图像中的下层像素进行混合。
- 样式：控制绘画描边的形状。

• 区域：通过输入的值来指定绘画描边所覆盖的区域。值越大，覆盖的区域就越大，描边的数量也就越多。

• 容差：限定可应用绘画描边的区域。低容差可用于在图像中任何地方绘制无数条描边。高容差将绘画描边限定在与源状态或快照中颜色明显不同的区域。

2. “历史记录”面板

“历史记录”面板将 Photoshop 中执行的命令按前后顺序依次记录下来，根据图像处理的需要，可以返回之前的任一步骤，重新对图片进行编辑修改。例如，如果对图像局部执行选择、粘贴等操作，操作过程中每一种状态都会单独记录。当选择其中某个状态时，图像将恢复为第一次应用该更改时的外观，然后可以从该状态开始工作。也可以使用“历史记录”面板来删除图像状态。在 Photoshop 中，还可以使用“历史记录”面板依据某个状态或快照创建文档。单击“窗口”→“历史记录”命令，打开“历史记录”面板，如图 3-3-42 所示。

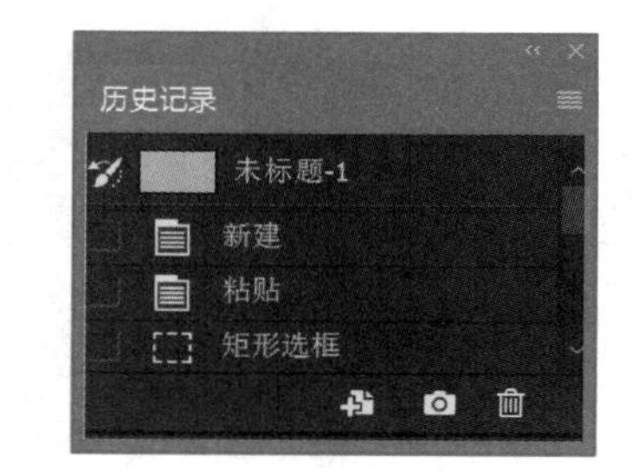

图 3-3-42 “历史记录”面板

> **小提示：** 默认情况下，“历史记录”面板将列出以前的 20 个状态。可以通过设置首选项来更改记录的状态数。较早的状态会被自动删除，以便为 Photoshop 释放出更多的内存。如果要在整个图像处理过程中保留某个特定的状态，可为该状态创建快照。

关闭并重新打开文档后，将从“历史记录”面板中清除上一个工作会话中的所有状态和快照。

默认情况下，面板顶部会显示文档初始状态的快照。状态将被添加到列表的底部。也就是说，最早的状态在列表的顶部，最新的状态在列表的底部。

默认情况下，当选择某个状态时，它下面的各个状态将呈灰色。这样，很容易就能看出从选定的状态继续工作将放弃哪些更改。

默认情况下，选择一个状态然后更改图像将会消除后面的所有状态。如果选择一个状态，然后更改图像，致使以后的状态被消除，可使用“还原”命令来还原上一步更改并恢复消除的状态。

默认情况下，删除一个状态将删除该状态及其后面的状态。如果选取了“允许非线性历史记录”选项，那么，删除一个状态的操作将只会删除该状态。

3. 图层样式简介

图层样式是 Photoshop 中一个用于制作各种效果的强大功能，利用图层样式，可以简单快捷地制作出各种立体投影、各种质感以及光影效果的图像特效。图层样式是应用于一个图层或图层组的一种或多种效果。普通图层、文本图层和形状图层在内的任何种类的图层都可以应用图层样式。可以应用 Photoshop 附带提供的某一种预设样式，也使用“图层样式”对话框来创建自定样式。

应用了“图层样式”的图层，“图层样式”图标或出现在“图层”面板中图层名称的右侧，如图 3-3-43 所示。

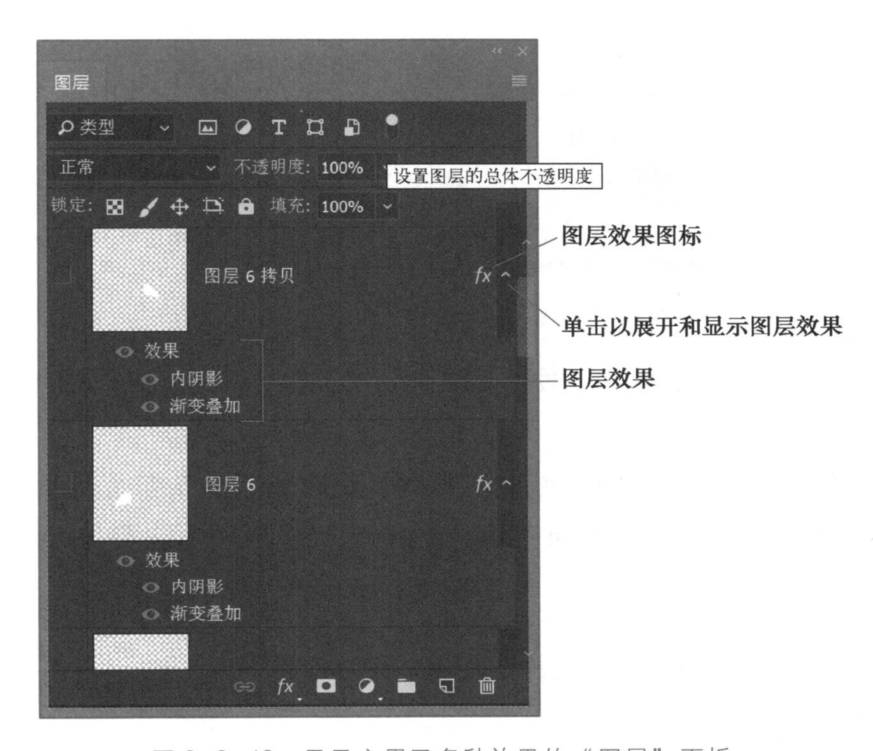

图 3-3-43 显示应用了多种效果的“图层”面板

可以有多种方式打开“图层样式”对话框。下面是一些最常用的方法。

方法 1：在要应用样式的图层上双击鼠标。

方法 2：选择“图层”面板底部的“*fx*”图标并单击。

方法 3：在应用样式的图层上单击鼠标右键，选择混合选项。

方法 4：单击“图层”→“斜面和浮雕”→“图层样式”命令，并选择要使用的样式，如图 3-3-44 所示。

图层样式被广泛地应用于各种效果制作中，其主要特点体现在以下几个方面：

（1）通过不同的图层样式选项设置，可快速简单地模拟出各种效果（如浮雕效果、发光效果等），这些效果如果利用传统的制作方法步骤会比较复杂，或者效果差强人意。

（2）图层样式可以被应用于各种普通的、矢量的和特殊属性的图层上，几乎不受图层类别的限制。

（3）图层样式具有可编辑性，当图层中应用了图层样式后，会随文件一起保存（PSD），并可以随时对图层样式中的各项选项参数进行修改。

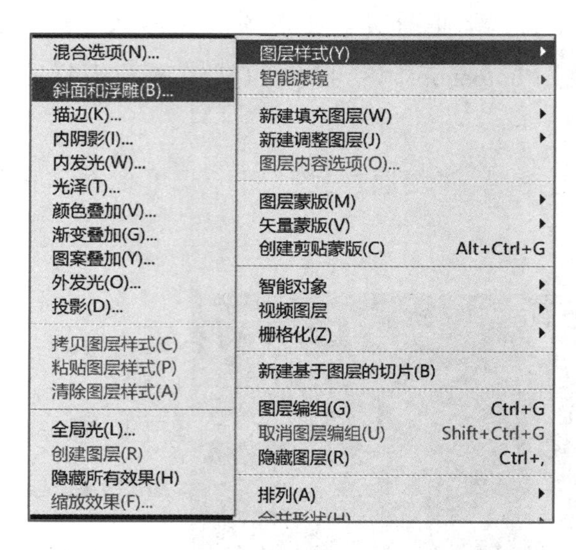

图 3-3-44 单击“图层”→“斜面和浮雕”→“图层样式”命令

（4）图层样式的选项非常丰富，通过不同选项及参数的搭配，可以创作出千变万化的图像效果。

（5）图层样式可以在图层间进行复制、移动，也可以存储为独立的文件，提高工作效率。图层样式的操作同样需要在应用过程中注意观察，积累经验，这样才能准确、迅速地判断出所要进行的具体操作和选项设置（图层样式具体介绍详见单元 6）。

思考练习

一、名词解释

1. 前景色　2. 背景色　3. 容差

二、选择题

1. 在下列选项中________可以设置前景色。

A. 拾色器　　B. 画笔预设

C. 工具箱　　D. “图层”面板

2. 拾色器提供了________种定义颜色的方法。

A. 1　　B. 6　　C. 5　　D. 4

3. 背景色和前景色的切换是在________进行。

A. 默认颜色图标　　B. “创建新图层”按钮

C. 切换颜色图标　　D. 工具选项栏

4. 把修改的图像一部分恢复到以前某个状态，可用工具箱中________。

A. 历史记录艺术画笔工具　　B. 颜色替换工具

C. 历史记录画笔工具　　D. 橡皮图章工具

三、思考题

1. 如何利用工具箱中的不同绘图工具绘制出不同效果的直线？

2. 如何理解画笔的不同直径、不同硬度、不同间距设定对绘制直线产生的影响？

3. 如何使画笔在绘制时呈现喷枪的状态？

操作练习

 图 3-4-1　单元 3 练习题效果图	练习目标：使用钢笔工具和渐变工具制作一本翻开的书，先制作出对称的主体页面，然后再做书本的厚度，最后制作一张动感的翻起页即可完成，如图 3-4-1 所示。
	效果文件：单元 3/打开的书 .jpg

单元评价

序号	评价内容		自评
1	基础知识	熟悉绘画工具的通用属性	
2		掌握画笔工具的设置方法及其特性	
3	操作能力	会设置前景色与背景色	
4		掌握画笔、铅笔、渐变工具以及油漆桶的功能与用法	
5		掌握颜色替换工具、历史画笔工具和历史艺术画笔工具的功能与用法	

说明：评价分为 4 个等级，可以使用“优”“良”“中”“差”或“A”“B”“C”“D”等级呈现评价结果。

Unit 4

单元 4 手绘作品中修饰工具的使用

单元目标

通过本单元手绘类动漫学习，熟练掌握涂抹工具、加深工具和减淡工具的属性和使用技巧，利用这些工具绘制出手绘风格的作品。

- 熟练使用涂抹工具、加深工具和减淡工具
- 掌握涂抹工具、加深工具和减淡工具属性的设置方法

单元内容	案例效果
4.1 使用色调工具——绘制融化效果	
4.2 使用修饰工具——绘制玻璃盘	

4.1 使用色调工具——绘制融化效果

【任务分析】

使用 Photoshop 的色调工具制作出液体溶解效果。只要熟悉了这种制作方法，再加入其他的元素，例如融化的文字或者一个物品等就能设计出一个有创意的融化效果。

【任务准备】

色调工具，其名称取自传统的摄影暗房术语，在暗房中经常使用减淡和加深的方法使照片变亮或者变暗，摄影师减弱光线以使照片中的某个区域变亮（减淡），或增加曝光度使照片中的区域变暗（加深）。Photoshop 用色调工具来模仿这些暗房的方法。色调工具包括减淡工具、加深工具和海绵工具，如图 4-1-1 所示。

图 4-1-1 色调工具

1. 减淡工具和加深工具

减淡工具：在图像特定区域进行涂抹，可以使图像色彩变亮，甚至可以改变颜色。

加深工具：在图像特定区域进行涂抹，可以使图像变暗。按 Alt 键可以在减淡工具和加深工具之间切换，这样就不必从工具箱中重新选择工具。

减淡工具和加深工具都是针对图像的光线进行处理，所以它们有共同的选项，如范围、曝光度等，以减淡工具选项栏为例，如图 4-1-2 所示。

图 4-1-2 减淡工具选项栏

（1）画笔预设：选取预设的画笔笔尖并设置画笔的各项参数。

（2）范围：指 Photoshop 应处理图像中的哪些灰度层次。

① 阴影：当选择此项时，工具的作用范围只限于更改图像中的暗部，当绘制的过程中遇到中间调时，应用的范围很少，当遇到图像中较亮的部分则基本不会改变。

② 中间调：主要影响图像的中间灰度层次，也就是 25%～75%的灰色区域，它对阴影或高光部分的改变不多。

③ 高光：主要影响图像中的最亮部分，并慢慢混合到图像的中间调部分。

（3）曝光度：为减淡工具或加深工具指定曝光，以控制图像变亮或变暗的程度。取值范围为 0%～100%。

（4）“保护色调”复选框：该选项可以防止颜色发生色相偏差。如图 4-1-3 所示，图 4-1-3（a）为原始图像，图 4-1-3（b）是没有勾选“保护色调”复选框时用减淡工具涂抹后的效果，图 4-1-3（c）是勾选“保护色调”复选框时用减淡工具涂抹后的效果，从图中可以看出该选项可以防止颜色发生色相偏差。

（5）“喷枪”按钮：单击“喷枪”按钮后画笔将作为喷枪使用。

2. 海绵工具

海绵工具可精确地更改区域的色彩饱和度。该工具通过使灰阶远离或靠近中间灰度来

(a) 原图　(b) 未勾选“保护色调”复选框效果　(c) 勾选“保护色调”复选框效果

图 4-1-3 “保护色调”复选框可以防止颜色发生色相偏差

增加或降低对比度。从其选项栏的“模式”下拉列表框中选择“加色”可以增强颜色的饱和度；选择“去色”可减弱颜色的饱和度，如图 4-1-4 所示。勾选“自然饱和度”复选框可以最小化完全饱和度或不饱和度进行调整。在一个区域上绘图次数越多，其颜色就越接近于灰色。

图 4-1-4 海绵工具选项栏

【任务实施】

（1）打开单元 4 素材文件“红唇 . jpg”。

（2）打开“图层”面板，在“图层”面板中选择“背景”图层，并双击此图层，在弹出的“新建图层”对话框中重命名为“图层 0”，如图 4-1-5 所示。

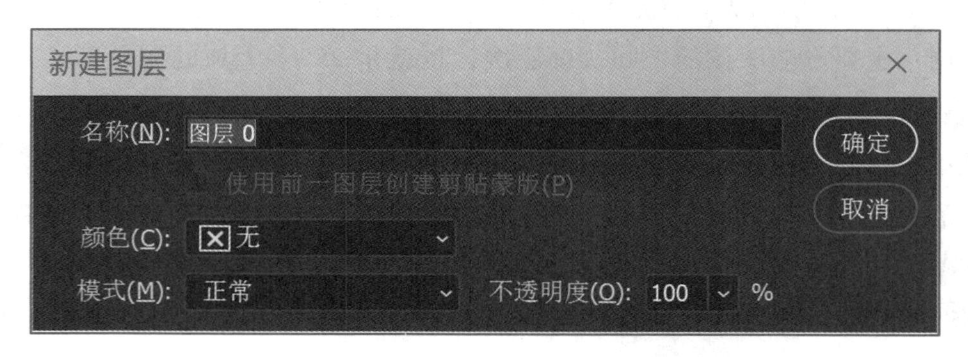

图 4-1-5 “新建图层”对话框

（3）选择工具箱中的吸管工具，在图像中嘴唇下方的区域单击，吸取图像中红唇的颜色（R:184，G:0，B:12）。

（4）打开“路径”面板，单击“路径”面板底部的“创建新路径”图标，创建“路径 1”路径。选择工具箱中钢笔工具，在工具选项栏中选择工具模式为路径。然后画出液体往下滴的路径形状，用直接选择工具调整轮廓，如图 4-1-6 所示。

图 4-1-6 绘制液体下滴形状

（5）在“图层”面板下方单击“创建新图层”图标，在“图层 0”图层的上面新建“图层 1”图层。

（6）打开“路径”面板，单击“路径”面板底部的“将路径作为选区载入”按钮。在图像上创建选区，如图 4-1-7 所示。按 Alt+Delete 键，用前景色填充，基本颜色定好后，观察图片中嘴唇的光源来自顶部的顶射光。接下来要根据光源绘制液体边缘的暗部及高光。

图 4-1-7 创建选区

（7）选择工具箱中加深工具，在工具选项栏上设置画笔笔刷大小为 7 像素，硬度为 0%，范围为中间调，曝光度为 50%，如图 4-1-8 所示。

（8）在滴下的液体边缘拖曳鼠标进行涂抹，绘制阴影部分，如图 4-1-9 所示。

（9）选择工具箱中减淡工具，在工具选项栏上设置画笔笔刷大小为 5 像素，硬度为 0%，范围为中间调，曝光度为 35%。

（10）在滴下的液体阴影上边缘拖曳鼠标进行涂抹，绘制亮部，如图 4-1-10 所示。

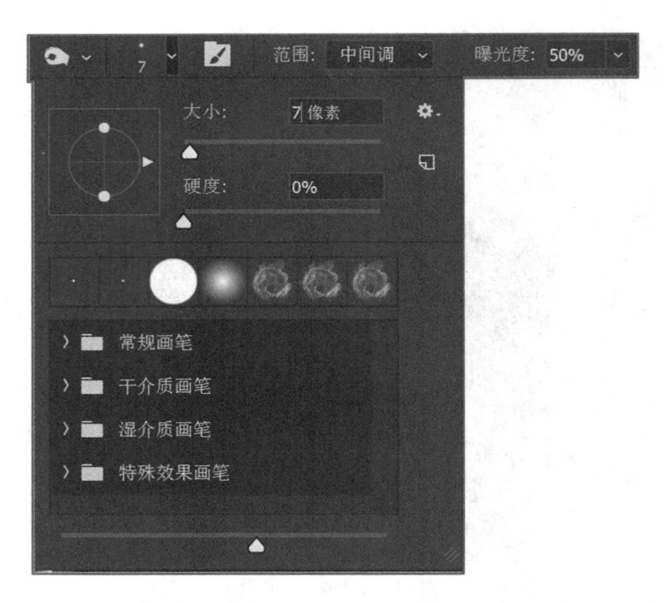

图 4-1-8　设置加深工具画笔笔刷大小

图 4-1-9　绘制阴影部分

图 4-1-10　绘制亮部

（11）在“图层”面板下方单击“创建新图层”按钮，新建“图层 2”图层。

（12）在工具箱中选择前景色，在打开的“拾色器（前景色）”对话框中设定前景色为白色。

（13）选择工具箱中的画笔工具，在其工具选项栏中设置画笔笔刷大小为 2 像素，硬度为 100%。在液体的亮部绘制高光部分，如图 4-1-11 所示。如果感觉绘制的笔触衔接过于生硬，可以选项工具箱中的涂抹工具，在两种颜色边缘轻抹，在其工具栏中设置大小为 5 像素，强度设置为 35%。

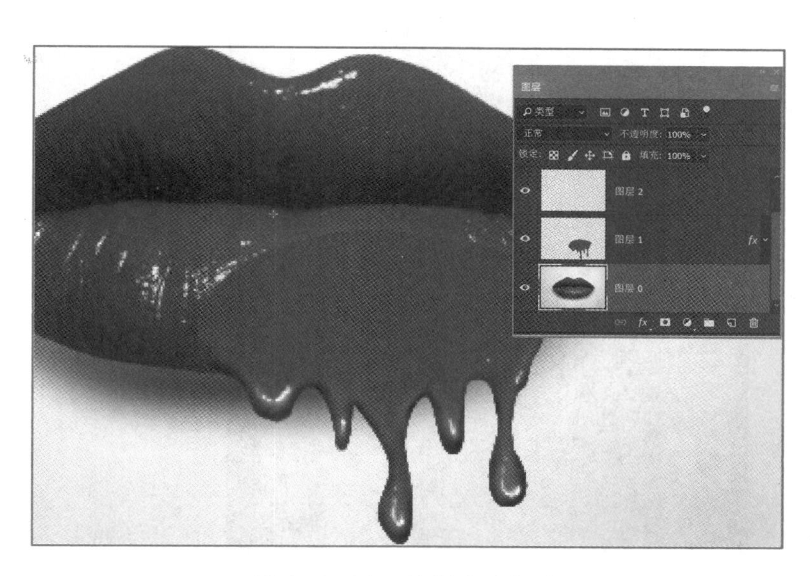

图 4-1-11 绘制高光部分

（14）在“图层”面板上选择“图层 1”图层，在该图层的名称上双击，打开“图层样式”对话框。在“图层样式”对话框左边样式中勾选“投影”复选框，设置投影角度为 17 度，距离为 1 像素，大小为 6 像素，如图 4-1-12 所示。

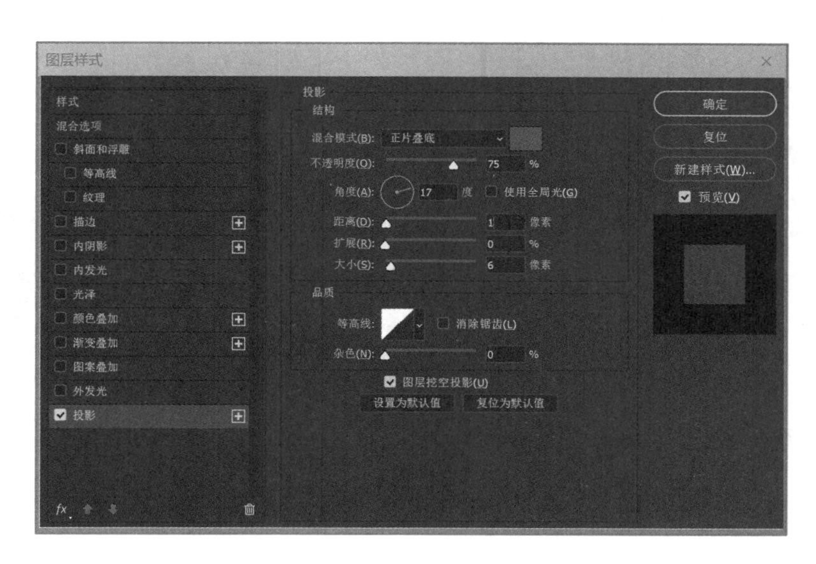

图 4-1-12 设置图层样式

（15）在“图层”面板中单击“图层 0”图层左边的眼睛图标，使该图层不可见。按 Shift+Ctrl+E 快捷键，合并其他可见图层。

（16）选择工具箱中的橡皮擦工具，在工具选项栏上设置画笔大小为 65 像素，硬度为 0%，如图 4-1-13 所示。

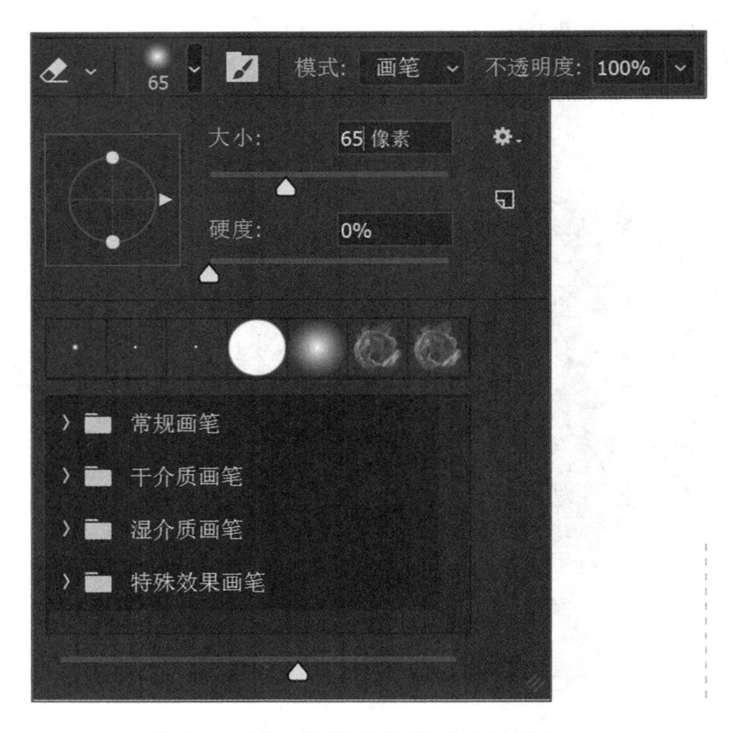

图 4-1-13 设置橡皮擦工具画笔大小

（17）擦除液体上半部分直至边缘（图 4-1-14）和红色的嘴唇融合。最后的效果如图 4-1-15 所示。

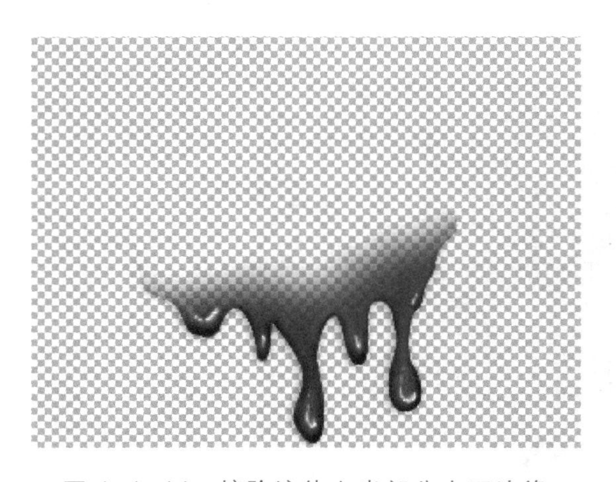

图 4-1-14 擦除液体上半部分直至边缘

图 4-1-15 最后的效果

【任务拓展】

动画镜头光线的应用

光线设计与运用是一部动画片的重要表现手段之一。如果一部动画片的光源运用能够达到预期的效果，就能充分表现导演与创作者的意图。并且可以充分展现故事的发展情节使其与观众的情感产生共鸣。

动画中的光源一般分为自然光和人造光。自然光包括阳光、月光、星光。人造光包括面光、线光、点光。它的投射方式有间接照明、半间接照明、直接照明和半直接照明。在进行对象绘制前要考虑对象是处于室外场景还是室内场景，要考虑光源位于哪一个角度比较适合剧情需要，还要确定光照的明度和色温。根据不同剧情、不同场景或不同时间设计不同的光效果，会使动画场景更加逼真。从采光的角度主要考虑的是光线照射到景物时再现的亮部、暗部和阴影的方向。

1. 顺光

顺光也称平光，是指光源和摄像机镜头基本在同一高度并和摄像机同向照明，采用这种光线的缺点是画面没有阴影，缺乏层次感和质感。但顺光也有优点，如亮度大，明亮、反差弱，色彩饱和度高等，如图 4-1-16 所示。

图 4-1-16　采用顺光画面明亮、反差弱，色彩饱和度高

（来源：日本动画《夏日友人帐》）

2. 侧光

侧光是指光从侧面照在物体上，镜头视角对着被照射物体的受光面和背光面之间，这时既可以看到物体的亮部也可以看到暗部。侧光是比较常用的用光方法，有利于表现物体的立体形状和空间深度。因此侧光方向的画面影调层次丰富，立体感和透视感强，如图 4-1-17 所示。

图 4-1-17 侧光方向的画面影调层次丰富

（来源：日本动画《哈尔的移动城堡》）

3. 逆光

逆光是物体处于光源与镜头视角之间的一种状况，这时光源直射在物体背后勾勒出物体的 轮廓，反差感强，使主体与背景分离，增强画面的透视感和唯美感，也可以制造出恐怖紧张的效果，如图 4-1-18 所示。

图 4-1-18 逆光在物体背后勾勒出物体的轮廓，反差感强

（来源：日本动画《猫的报恩》）

4. 顶光和底光

顶光类似正午的阳光从头顶照射在物体上，与顶光相对应的就是底光。通常顶光表现画面庄严神圣的气氛（图 4-1-19），这种灯光设置能够最大程度地遮盖人物角色面部的瑕疵和不足，而且强调脸部的骨感。

底光就是将主光源放置于主体的下方，由下而上在角色的面部产生阴影。从心理学的角度讲，底光产生怪诞、不安、恐怖、神秘 、邪恶的感觉。因为这种光线的方向同阳光的方向正好相反，所以底光经常应用于恐怖的场景和凶恶的角色形象上，如图 4-1-20 所示。

图 4-1-19 顶光表现出画面庄严神圣的气氛
（来源：日本动画《追逐繁星的孩子》）

图 4-1-20 底光经常应用于恐怖的场景
（来源：美国黏土定格动画《超能诺曼》）

4.2 使用修饰工具——绘制玻璃盘

【任务分析】

玻璃制品材质坚硬光滑，受环境投射和光线影响，反光较多，在手绘玻璃物体时应选择主要的反光来刻画。Photoshop 提供的减淡工具和加深工具比较适合绘制透明玻璃物体。通过此案例学习使用减淡工具表现出玻璃盘光线的亮度，用加深工具绘制玻璃盘的反射阴影。

【任务准备】

修饰工具组

修饰工具组包括模糊工具、锐化工具和涂抹工具，如图 4-2-1 所示。对图像进行模糊或者锐化处理的方法有多种，可以通过滤镜，也可以使用模糊工具和锐化工具。在选区比较大的情况下，使用“滤镜”菜单命令效果比较好，当选区比较小时，使用工具箱中的模糊工具和锐化工具比较适合。

图 4-2-1 修饰工具组

1. 模糊工具

模糊工具可以对图像的局部进行模糊处理，其原理是降低相邻像素之间的反差，从而混合颜色和柔化边缘，可以制作梦幻效果或者仿制大光圈的拍摄效果，如图 4-2-2 所示。模糊工具选项栏如图 4-2-3 所示。

(a) 原图

(b) 模糊处理后的照片

图 4-2-2 使用模糊工具

模式： 正常 强度： 50% 对所有图层取样

图 4-2-3 模糊工具选项栏

（1）模式：通过选择不同的模式制作出不同的模糊效果，包括正常、变暗、变亮、色相、饱和度、颜色和明度这 7 个模式。

（2）强度：强度设置决定了图像的模糊程度，数值越高，对图像的模糊就越重。

（3）对所有图层取样：选中该复选框时，可以对所有可见图层中的像素进行模糊处理。如不选，则该工具只使用当前图层中的像素。

2. 锐化工具

锐化工具和模糊工具的功能相反，它通过增大图像相邻像素间的反差，从而提高图像清晰度或聚焦程度，如图 4-2-4 所示。锐化工具选项栏（图 4-2-5）中的强度设置可以增强该效果的强度。该工具可以用于处理图像需要强调的部分，也可用于快速修补稍微散焦的照片。

(a) 原图　　　　(b) 锐化处理后的效果

图 4-2-4　锐化效果

图 4-2-5　锐化工具选项栏

3. 涂抹工具

涂抹工具可软化或涂抹图像中的颜色。在进行手绘时，经常用来模仿素描或者蜡笔画效果，使用该工具时，可拾取描边开始位置的颜色，并沿拖移的方向展开这种颜色。此工具选项栏如图 4-2-6 所示。

图 4-2-6　涂抹工具选项栏

（1）对所有图层取样：勾选此复选框可利用所有可见图层中的颜色进行涂抹。如果取消勾选该选项，则涂抹工具只使用当前图层中的颜色进行涂抹。

（2）手指绘画：把当前的前景色混合到被涂抹的区域内。如果取消勾选该选项，涂抹工具会使用每个描边的起点处指针所指的颜色进行涂抹。

小提示： 如果已勾选该复选框，涂抹图像时按住 Alt 键，可用普通涂抹工具方法涂抹图像。

【任务实施】

（1）选择菜单“文件”→“新建”命令，打开“新建文档”对话框，设置宽度为 640 像素，高度为 480 像素，颜色模式为 RGB 颜色，背景内容为白色，如图 4-2-7 所示。

（2）下面将盘子分三个部分进行绘制：盘口、盘身、盘底。选择菜单“窗口”→“图层”命令，打开“图层”面板。单击“图层”面板下方的“创建新图层”按钮，在“背景”图层上新建“图层 1”图层，重命名为“盘口”。

（3）选择工具箱中的椭圆选框工具，在图像上拖曳一个椭圆选区。设置前景色为深蓝灰色（R:76，G:91，B:122），按 Alt+Delete 键（或者选择工具箱中的油漆桶工具），填充前景色。以下需要填充的部分都用这种颜色，如图 4-2-8 所示。

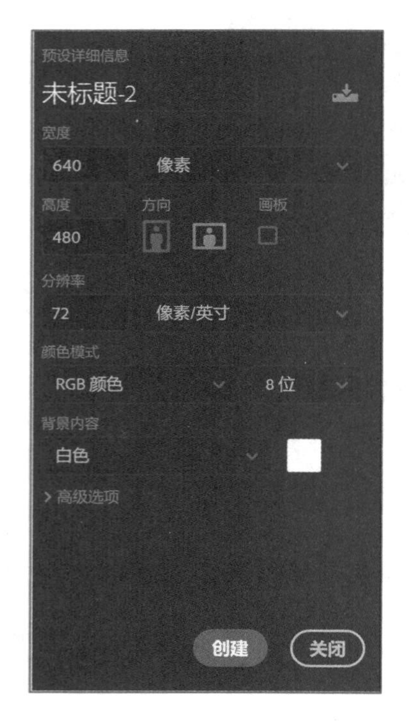

图 4-2-7　新建文档

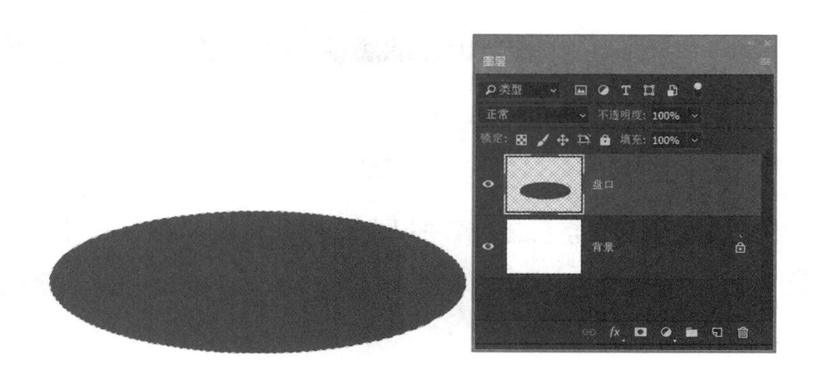

图 4-2-8　填充前景色

（4）选择菜单“选择”→“存储选区”命令，将选区存储起来（默认名称），如图 4-2-9 所示。

（5）选择菜单“选择”→“修改”→“收缩”命令，在“收缩选区”对话框中，设置收缩量为 8 像素，如图 4-2-10 所示。

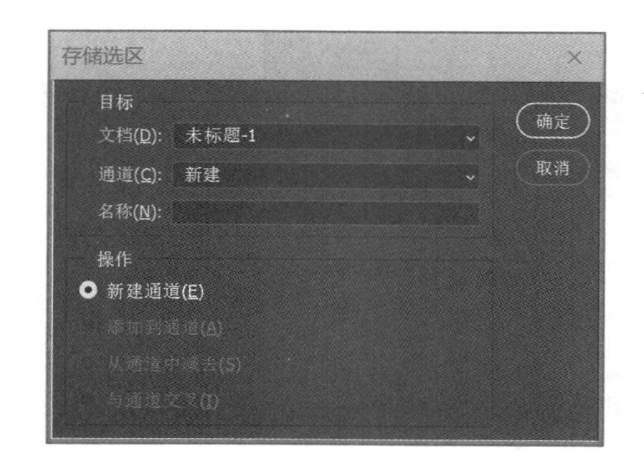

图 4-2-9　存储选区

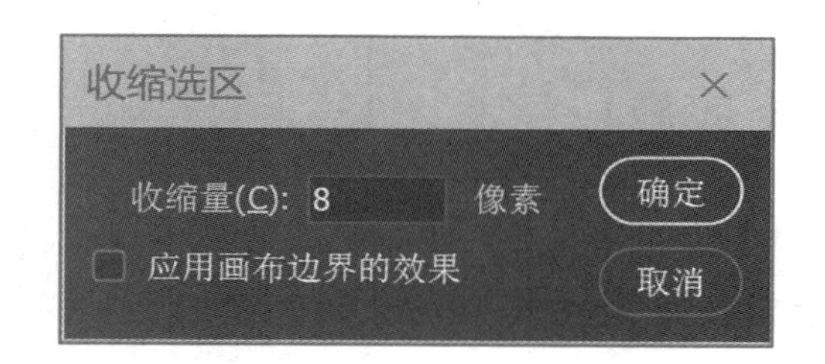

图 4-2-10　设置收缩量为 8 像素

（6）选择菜单“选择”→“变换选区”命令，用鼠标选择选区上部中间的锚点并向上拖动，拉大选区，增加盘子边缘的透视感，然后删除选区内的颜色，如图 4-2-11 所示。

图 4-2-11 增加盘子边缘的透视感

（7）选择菜单“选择”→“存储选区”命令，将选区存储起来（默认名称），取消选择。

（8）选择工具箱中减淡工具，在工具栏中设置笔尖大小为 9 像素，在盘口部分边缘进行涂抹，以提高亮度，如图 4-2-12 所示。

图 4-2-12 提高盘口部分边缘亮度

（9）选择工具箱中的加深工具，在工具栏中设置笔尖大小为 7 像素，加深盘子的两边和中间部分，增加盘口边缘的厚度。

（10）选择工具箱中的画笔工具，在选项栏中设置画笔大小为 3 像素，设置工具箱中的前景色为白色，绘制白色的高光部分，如图 4-2-13 所示。

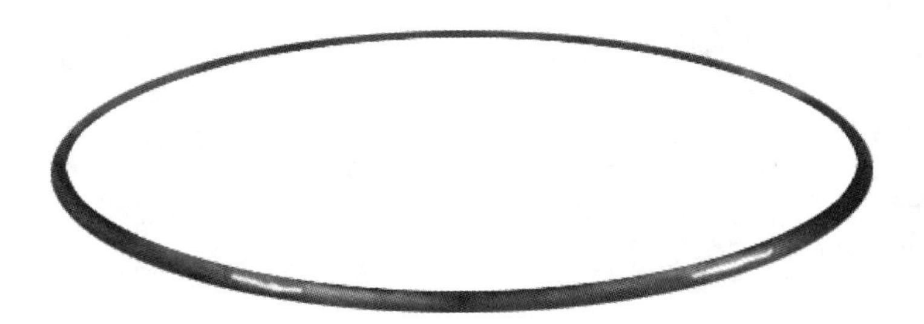

图 4-2-13 绘制白色的高光部分

（11）选择工具箱中的涂抹工具，设置画笔大小为 7 像素，涂抹盘口亮部和暗部的结合处，使高光自然过渡，如图 4-2-14 所示。手绘的过程是对鼠标掌握能力的考验，也是对素描功底的考验，有绘图笔更佳。

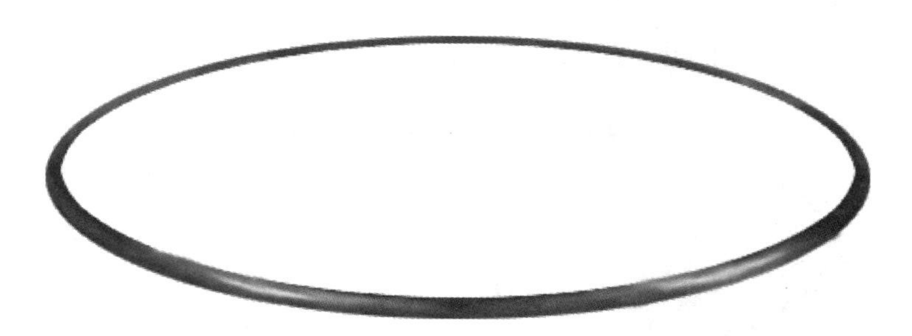

图 4-2-14 高光自然的融合

(12) 选择“背景”图层。单击“图层”面板下方的“创建新图层”按钮，在“盘口”图层下面新建一图层，并重命名为“盘身”，如图 4-2-15 所示。

(13) 选择菜单“选择”→“载入选区”命令，在“载入选区”对话框的“通道”下拉列表框中选择“Alpha 1”（盘口外围的选区），如图 4-2-16 所示。

(14) 在工具箱中设置前景色为蓝灰色（R:76，G:91，B:122）。选择菜单“编辑”→“填充”命令，在“填充”对话框中设置“内容”为“前景色”，不透明度为 12%，如图 4-2-17 所示，按 Ctrl+D 键取消选择。

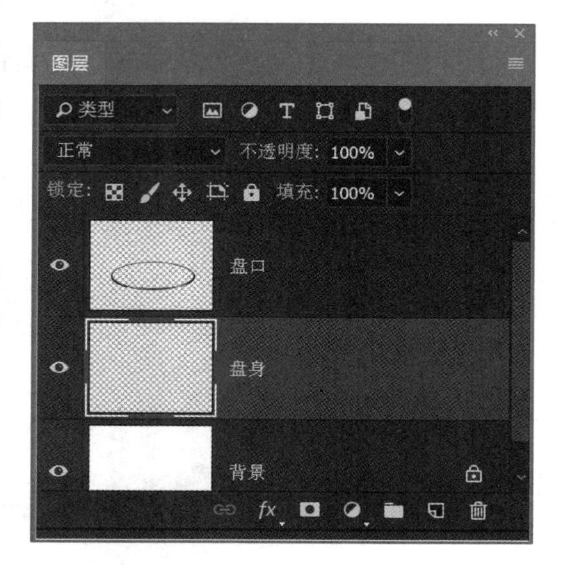

图 4-2-15 新建“盘身”图层

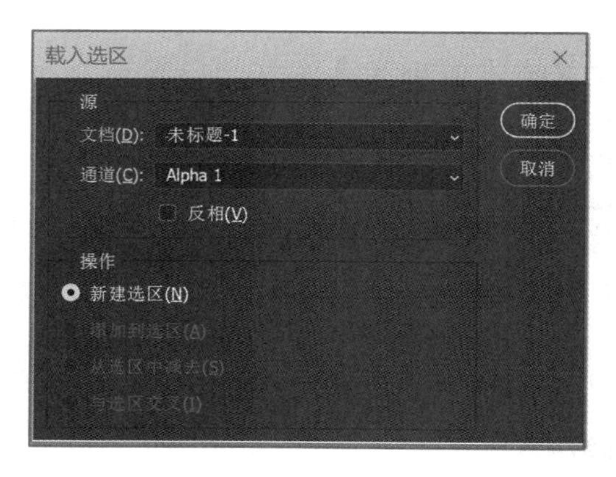

图 4-2-16 载入选区

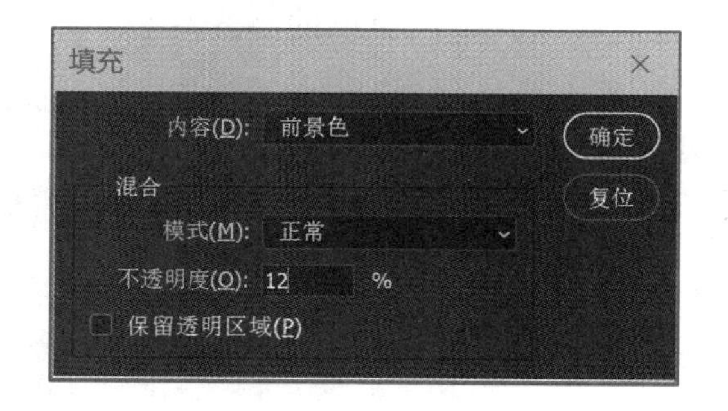

图 4-2-17 设置“填充”对话框

(15) 在“图层”面板上选择“盘身”图层，再单击“图层”面板下方的“创建新图层”按钮，在“盘身”图层上方新建一图层，命名为“盘底”。用椭圆选框工具绘制一个小的椭圆选区作为盘底，如图 4-2-18 所示。

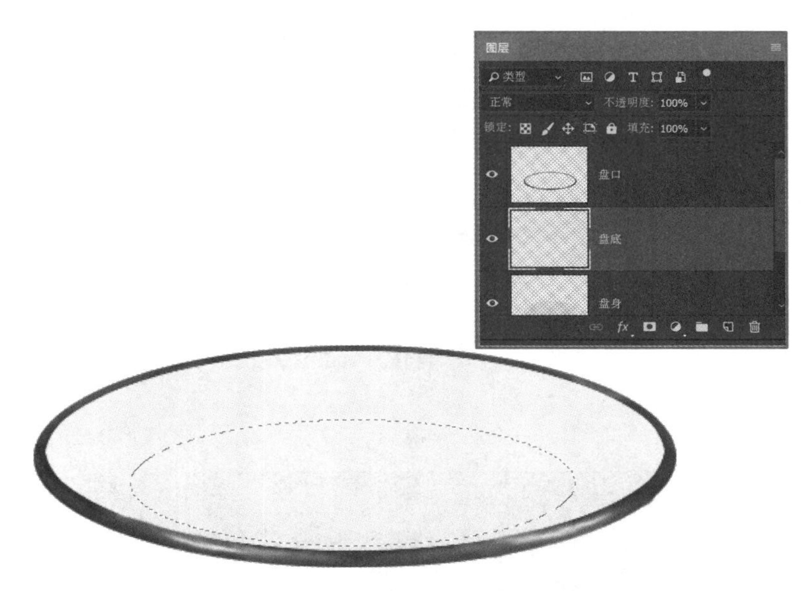

图 4-2-18 在盘中拖出一个小椭圆选区

（16）选择工具箱中的油漆桶工具，在选区中单击鼠标，填充前景色（R:76，G:91，B:122）。

（17）选择菜单“选择”→“修改”→“收缩”命令，在“收缩选区”对话框中设置收缩量为 2 像素，将选区向下移动一个像素后按 Delete 键，删除选区内颜色。

（18）选择工具箱中的橡皮擦工具，在工具选项栏中设置不透明度为 50%，将盘底圆环局部擦淡。在“图层”面板中将“盘底”图层的不透明度设置为 25%，如图 4-2-19 所示。

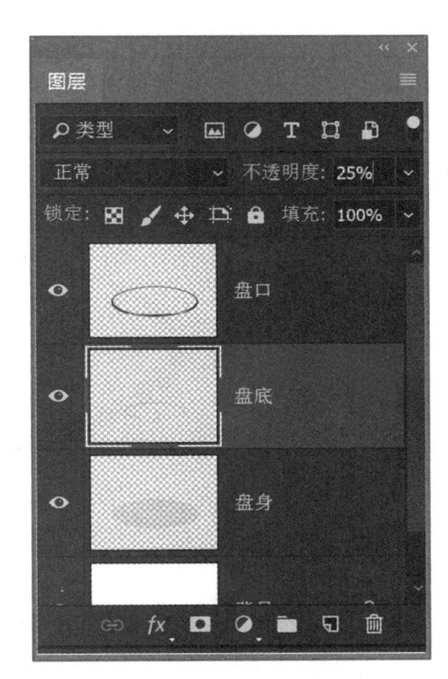

图 4-2-19 “盘底”图层的不透明度为 25%

（19）在“图层”面板上选择“盘身”图层，选择工具箱中的减淡工具，在工具选项栏中设置范围为中间调，曝光度为 100%，选择“启用喷枪样式建立的效果”图标，如图 4-2-20 所示，要注意减淡工具画笔大小可以根据盘子的需要调整。画出盘底的高光，由于盘身的颜色很浅，对比度低，在图像上高光的具体形状隐约可见。

范围: 中间调 曝光度: 100% 保护色调

图 4-2-20 设置减淡工具

（20）下面绘制盘子的阴影部分。选择“图层”面板的“背景”图层，单击下方的“创建新图层”图标，在“背景”图层上方新建一个图层，命名为“阴影”。在工具箱中选择椭圆选框工具，绘制一个比盘子稍大的椭圆作为阴影的选区，如图 4-2-21 所示。

图 4-2-21 阴影选区

（21）选择菜单“选择”→“修改”→“羽化”命令，在“羽化选区”对话框（图 4-2-22）中设定羽化半径为 6 像素。

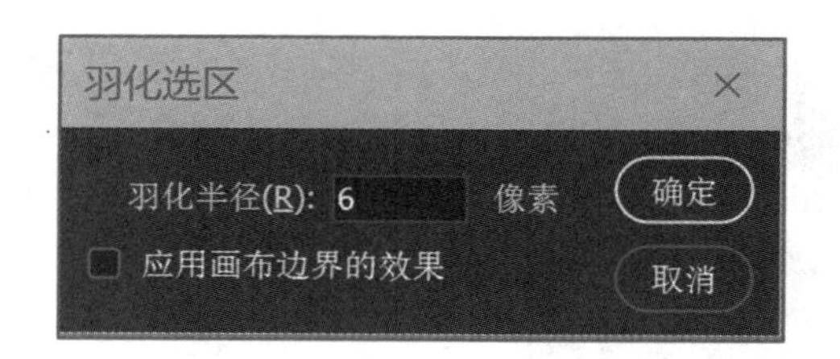

图 4-2-22 设置“羽化选区”对话框

（22）选择菜单“选择”→“变换选区”命令，将选区稍微向右下方旋转，并将选区拉长一些，如图 4-2-23 所示。

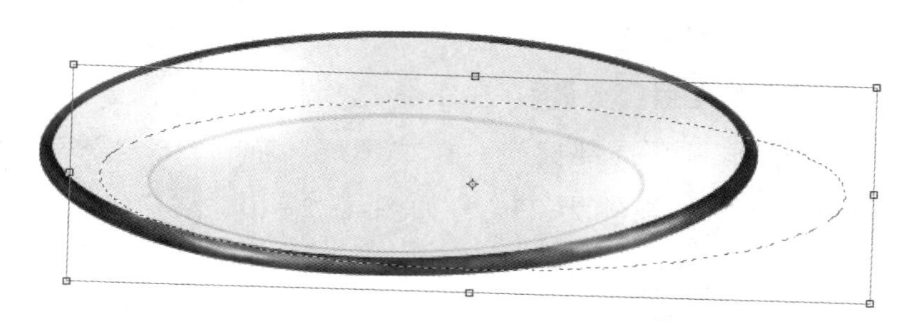

图 4-2-23 变换选区

（23）设置前景色为深灰色（R:76，G:91，B:122），按 Alt+Delete 键以前景色填充选区，如图 4-2-24 所示，注意不要取消选区。

图 4-2-24 绘制阴影

（24）选择菜单“图像”→“调整”→“亮度/对比度”命令，打开“亮度/对比度”对话框，把亮度值降低到-100，如图4-2-25所示。

图4-2-25 “亮度/对比度”对话框

（25）在“图层”面板中选择“阴影”图层，单击下方的“创建新图层”按钮，在“阴影”图层上方新建“图层1”图层，设定前景色为白色，按Alt+Delete键填充选区，如图4-2-26所示。

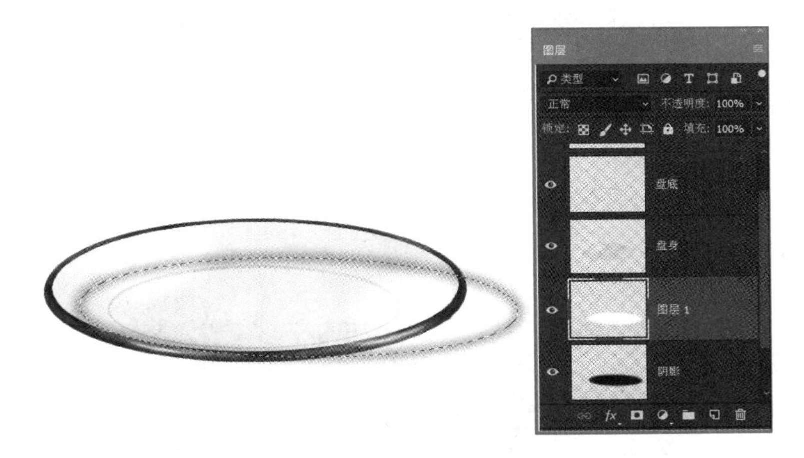

图4-2-26 填充白色

（26）选择菜单“选择”→“变换选区”命令，将选区收缩并向上微移，然后按Delete键删除，如图4-2-27所示，得到阴影的高光部分，取消选择，在“图层”面板中降低“阴影”图层的不透明度为14%。

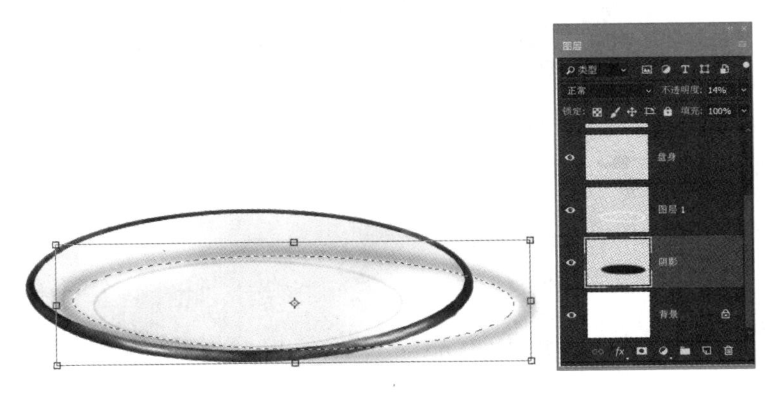

图4-2-27 制作阴影的高光

（27）在“图层”面板中选择“阴影”图层。单击下方的“创建新图层”按钮，在“阴影”图层上新建“图层 2”图层。

（28）选择菜单“选择”→“载入选区”命令，在“载入选区”对话框的“通道”下拉列表框中选择“Alpha 1”，设置如图 4-2-28 所示，单击“确定”按钮。

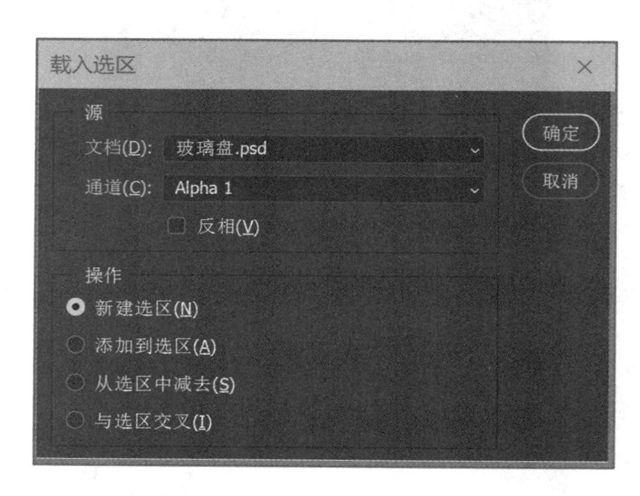

图 4-2-28 调出 Alpha 1 选区

（29）再次选择菜单“选择”→“载入选区”命令，在“载入选区”对话框的“通道”下拉列表框中选择“Alpha 2”，在“操作”选项组中选择“从选区中减去”，如图 4-2-29 所示，单击“确定”按钮。

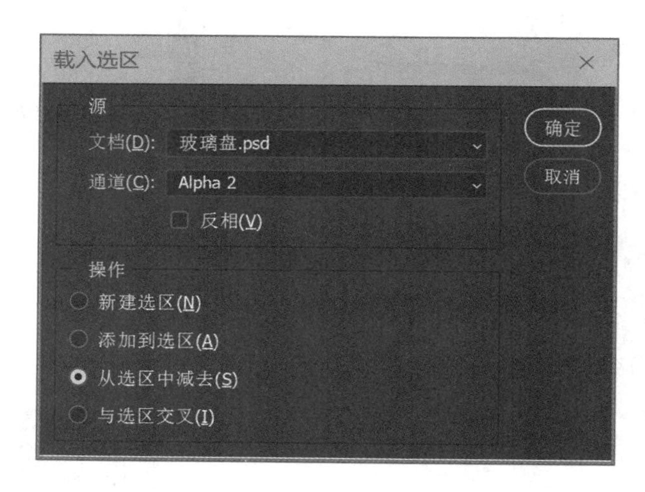

图 4-2-29 再次载入选区

（30）确定“图层”面板中已选择“图层 2”图层。设置前景色为深灰色（R:76，G:91，B:122）。

（31）选择菜单“选择”→“变换选区”命令，调整选区如图 4-2-30 所示，按回车键确定。

（32）选择菜单“编辑”→“填充”命令，在“填充”对话框中设置“内容”为“前景色”，不透明度为 20%，如图 4-2-31 所示，按回车键确定。

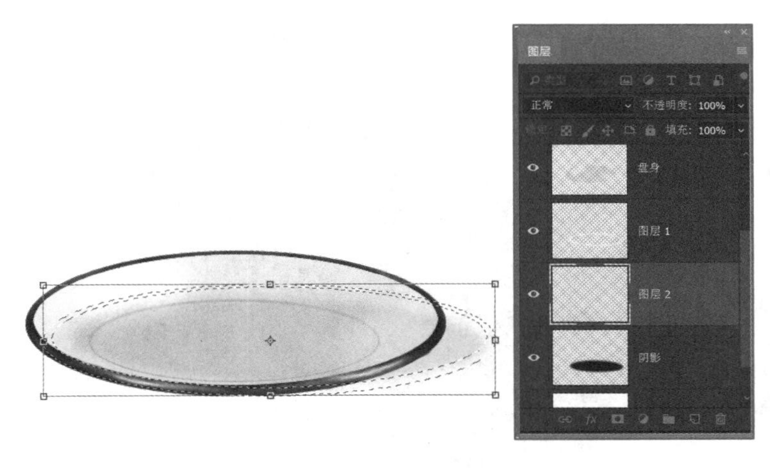

图 4-2-30 调整选区

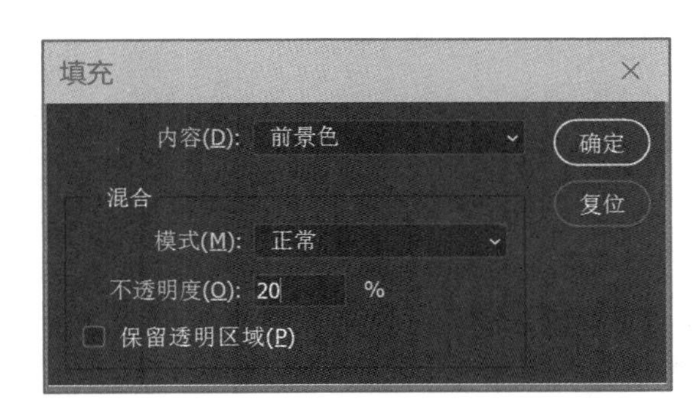

图 4-2-31 “填充”对话框

（33）按 Ctrl+D 键取消选择，选择工具箱中的橡皮擦工具，在工具选项栏中将不透明度设为 50%。拖曳鼠标，擦除“图层 2”图层图像中的部分，玻璃盘绘制完成，如图 4-2-32 所示。

图 4-2-32 玻璃盘绘制完成

（34）最后打开单元 4 素材“葡萄 . PNG”文件，选取葡萄后用工具箱中的移动工具，把葡萄拖放到玻璃盘文件中，按 Ctrl+T 快捷键，把葡萄顺时针旋转，放在绘制好的盘子里。最后的效果如图 4-2-33 所示。

图 4-2-33 最后的效果图

【任务拓展】

1. 数位手绘卡通漫画制作过程简介

数位绘画艺术是指利用计算机数字化设备进行艺术创作的活动，数位绘画是数位科技与艺术相结合的产物。数位绘画艺术和传统绘画艺术一样，都属于视觉艺术的范畴。数位绘画与传统绘画的本质不同在于传统绘画是物质媒介性，而数位绘画是非物质媒介性。传统绘画的独特性也在于其物质性，不同画种的个性在于所采用的物质媒介的不同，数位绘画的独特性在于其非物质性，在于它摆脱了物质的羁绊而获得的自由度。

由于数位绘画的高效率和低成本，现在国内外大多数的动漫设计已从全手工绘画转向数位绘画。

在进行数位手绘漫画时，首先将根据剧情设计的手绘原图草稿通过扫描仪输入计算机，然后勾勒轮廓并上色进行漫画的后期处理和加工。如果是直接在计算机上绘制，那么最好使用数位板进行绘制（图 4-2-34），这样绘制的线条才能流畅自然，并能结合运用绘图软件的各项功能和强大的笔刷来绘制各种丰富的作品。

以 Photoshop 为例，手绘原稿扫描至计算机中，在 Photoshop 软件中调整原画的明暗对比度，并且提取线条，在“图层”面板创建的新透明图层中将提取的线条选区用黑色填充。这样素描线稿就从背景中分离出来了，如图 4-2-35 所示。或者使用“图层”面板的正片叠底模式来实现透明化，可以得到素描稿切割出来的效果。然后使用套索工具选定范围，进行分层上色。但要注意上色时应在新图层上进行，并把它们移到轮廓线图层的下方就可以了。

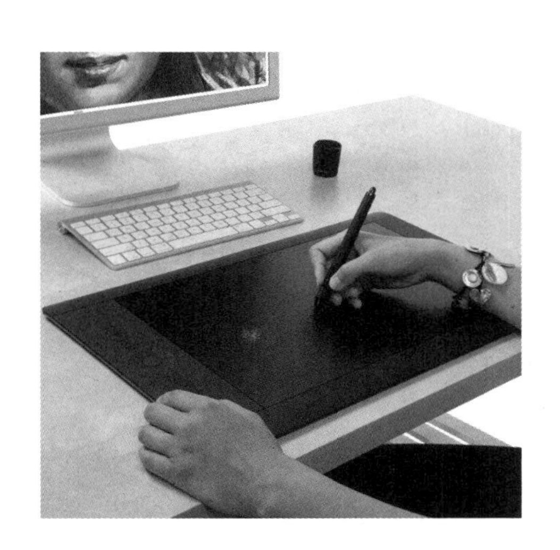

图 4-2-34 用数位板进行绘制

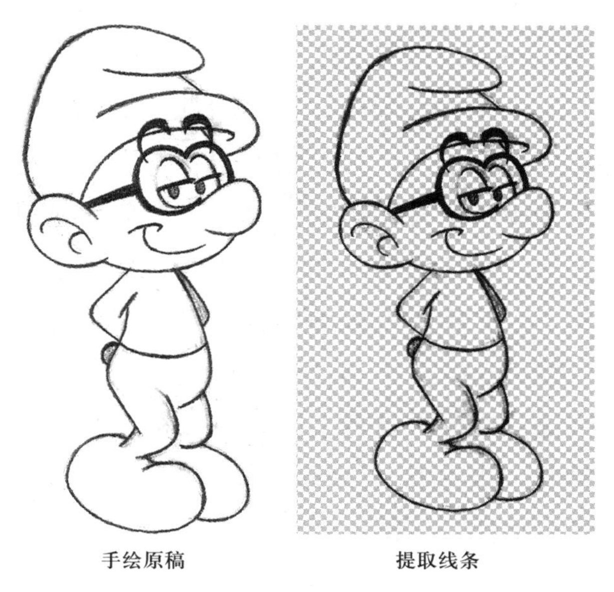

图 4-2-35 从背景中分离

2. 手绘卡通漫画常用软件

(1) Corel Painter

Corel Painter 以其特有的仿天然绘画技术，将传统的绘画方法和计算机设计完美地结合起来，形成独特的绘画和造型效果。除了强大的自然绘画功能外，Corel Painter 在视频编辑、特技制作和二维动画方面，也有突出的表现，对于专业设计师，出版社美编、摄影师、动画及多媒体制作人员和一般电脑美术爱好者，Corel Painter 都是一个非常理想的图像编辑和绘画工具，如图 4-2-36 所示。

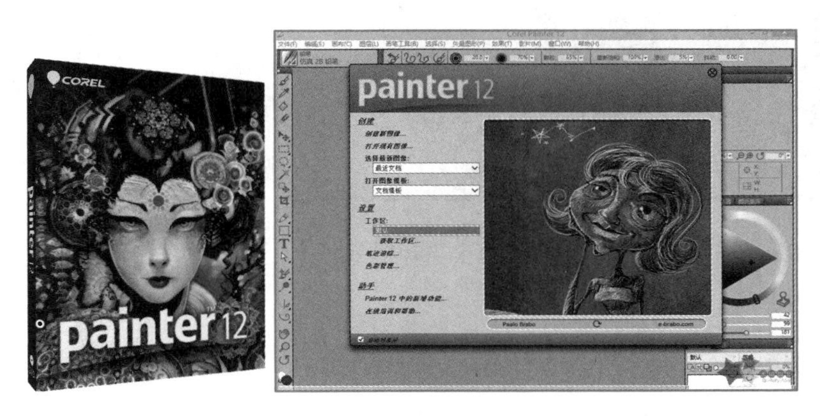

图 4-2-36 Corel Painter 软件及界面

与 Photoshop 相似，Corel Painter 也是基于栅格图像的处理软件，Corel Painter 拥有上百种绘画工具，其中的多种笔刷提供了重新定义样式、墨水流量、压感以及纸张的穿透能力，Corel Painter 将数字绘画提高到一个新的高度。

（2）Comic Studio

Comic Studio 简称 CS，如图 4-2-37 所示，是日本 Celsys 公司出品的基于矢量技术的专业漫画创作软件。Comic Studio 软件可以自由选择各种类型的专用笔。其特有的矢量技术可以对笔线进行自动整形，对已画好的线条可进行变粗或变细处理，而且线条的曲度可以根据需要自由修改。该软件结合了大量日本漫画师的工作特点，具备许多漫画绘画的专业技法和专业工具；可以根据漫画的特点在软件上直接打草稿，然后再进行各个部位的改动；还有各种增加画面效果的“集中线”。Comic Studio 被业界誉为漫画设计行业的代表软件。

图 4-2-37 Comic Studio 软件

（3）Autodesk SketchBook Pro

Autodesk SketchBook Pro 专业版是新一代的绘图软件，该软件界面新颖动人、功能强大，仿手绘效果逼真，笔刷工具分为铅笔、毛笔、马克笔、制图笔、水彩笔、油画笔、喷枪等，可自定义界面，功能设计人性化，是备受绘画设计人员青睐的软件，如图 4-2-38 所示。

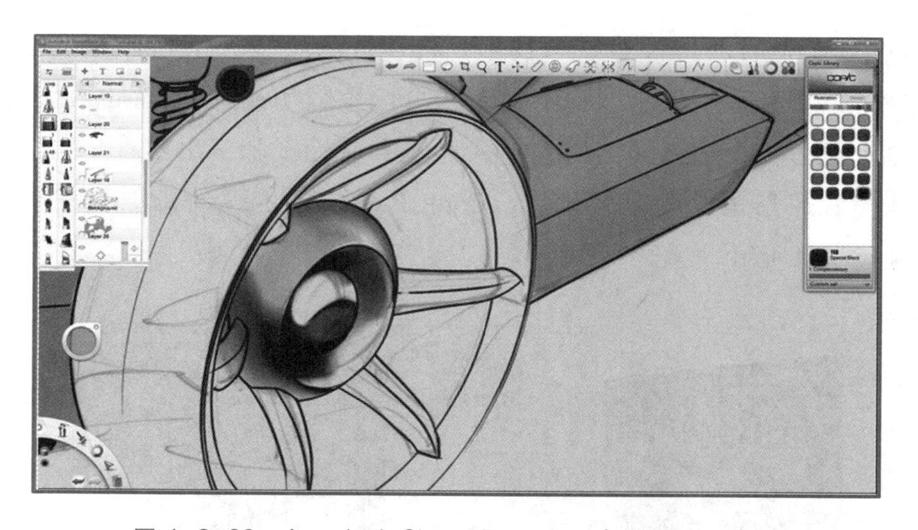

图 4-2-38 Autodesk SketchBook Pro 专业版绘图软件

（4）ArtRage

ArtRage 是一款小巧的自然绘画软件，支持 Windows 和 MacOS X，支持大多数绘图板操作，其简易的操作界面即使新手也很容易掌握，如图 4-2-39 所示。软件附带的笔触类型和风格也很丰富。ArtRage 模仿自然画笔的功能非常强大，作为专业的油画绘制软件，ArtRage 可以充分发挥想象力，绘制具有个性的油画作品。

图 4-2-39 ArtRage 绘画软件

（5）Adobe Illustrator

Adobe Illustrator 是一种矢量插画的软件，广泛应用于印刷出版、专业插画、多媒体图像处理和互联网页面的制作等方面。Adobe Illustrator 绘制的矢量图形最大特征在于贝塞尔曲线的使用，操作简单，功能强大，如图 4-2-40 所示。

图 4-2-40 Adobe Illustrator 矢量插画软件

（6）CorelDRAW

CorelDRAW 是 Corel 公司出品的矢量绘图软件，它为设计师提供了矢量动画、页面设计、网站制作、位图编辑和网页动画等多种功能。它包含两个绘图应用程序：一个用于矢量图及页面设计；另一个用于图像编辑。这套绘图软件组合可以使设计者创作出多种富于动感的特殊效果及点阵图像，更为专业设计师及绘图爱好者提供简报、彩页、手册、产品包装、标识、网页等。该软件提供的智慧型绘图工具以及新的动态向导可以充分降低使用者的操控难度，可以更精确地创建物体的尺寸和位置，减少点击步骤，节省设计时间。

思考练习

一、选择题

1. 橡皮擦工具可以选择________模式。

   A. 画笔、喷枪　　B. 画笔、铅笔、块

   C. 画笔、块　　D. 画笔、喷枪、块

2. 用下面______工具可以修饰人像脸部瑕疵。

   A. 矩形框选　　B. 红眼

   C. 修复画笔　　D. 图案图章

二、思考题

1. 模糊工具和锐化工具的主要区别在何处？在应用上会产生何种不同的效果？
2. 如何使涂抹工具可以用前景色绘图？
3. 对一幅背景和对象颜色差别很大的图像，用哪种橡皮擦工具最合适？

操作练习

<table>
<tr><td rowspan="2">
图 4-3-1　单元 4 练习题效果图</td><td>练习目标：绘制鸡蛋，效果如图 4-3-1 所示，这是进行手绘绘画的基本练习，需要熟练掌握减淡工具、加深工具以及涂抹工具的使用方法。绘制鸡蛋的基本步骤是先用形状工具绘制一个肉色的椭圆，然后用加深工具涂抹绘制鸡蛋的阴影部分，用减淡工具绘制鸡蛋的亮部。</td></tr>
<tr><td>效果文件：单元 4/鸡蛋 .jpg</td></tr>
</table>

单元评价

序号	评价内容		自评
1	基础知识	熟悉修饰工具组的通用属性	
2		熟悉色调工具组的通用属性	
3	操作能力	熟练掌握修饰工具组中各种工具对图像的使用方法	
4		熟练掌握色调工具组中各种工具对图像的使用方法	

说明：评价分为4个等级，可以使用“优”“良”“中”“差”或“A”“B”“C”“D”等级呈现评价结果。

Unit 5

单元 5 Photoshop 中面板使用技巧

单元目标

利用 Photoshop 的面板可以有效地管理画笔、路径、样式等，本单元将学习如何充分运用面板提高动漫创作的效率和质量。

- 熟练掌握“画笔”面板设置方法
- 熟练掌握“路径”面板的使用方法
- 掌握形状工具的使用方法

单元内容	案例效果
5.1 “画笔”面板的使用——愤怒的海胆	
5.2 “路径”面板和形状工具的使用——快乐的青蛙	

5.1 “画笔”面板的使用——愤怒的海胆

【任务分析】

通过更改画笔的笔刷形状、散布、颜色、传递等参数，绘制出海胆身上硬刺效果。制作中配合使用加深工具和减淡工具增强海胆造型明暗效果，增加画面的立体感。

【任务准备】

“画笔设置”面板的使用

Photoshop 中的画笔工具是动漫创作的重要工具，不同风格的动漫插画作品所使用的画笔的笔尖形态也有所不同，有时在同一个造型中就要使用扁笔、细笔、尖笔等类型。画笔的笔尖形态都可通过“画笔设置”面板实现。

“画笔设置”面板允许修改现有画笔并设计新的自定义画笔。“画笔设置”面板包含一些可用于确定如何向图像应用颜料的画笔笔尖选项。面板底部的画笔描边预览可以显示当前使用画笔选项时绘画描边的外观。选择菜单“窗口”→“画笔设置”命令，或者选择绘画工具、橡皮擦工具、色调工具等可以设置画笔的工具，并单击工具选项栏左侧的“切换画笔设置面板”图标，即可打开“画笔设置”面板。在默认情况下，“画笔设置”面板位于“画笔”面板组窗口内，如图 5-1-1 所示。

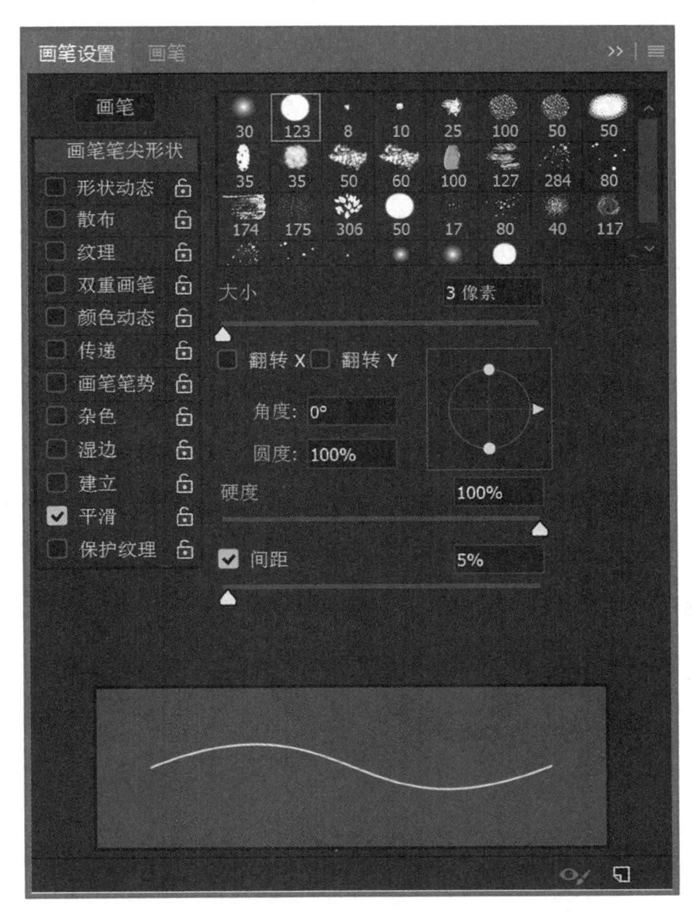

图 5-1-1 “画笔设置”面板

（1）画笔笔尖形状

在“画笔设置”面板中，选择画笔笔尖形状，或单击“画笔预设”以选取现有预设。

Photoshop 中已含有多个定制的画笔笔尖形状样式，对于标准画笔笔尖，可设置“画笔设置”面板中的以下选项：

① 大小：控制画笔大小。以像素为单位的值，数值越大，笔尖越大，如图 5-1-2 所示。

(a) 笔尖大小3像素

(b) 笔尖大小15像素

图 5-1-2　画笔笔尖

② 翻转 X：改变画笔笔尖在其 X 轴上的方向，如图 5-1-3 所示。

(a) 默认位置的画笔笔尖

(b) 选中“翻转 X”时

图 5-1-3　将画笔笔尖在其 X 轴上翻转

③ 翻转 Y：改变画笔笔尖在其 Y 轴上的方向，如图 5-1-4 所示。

(a) 默认位置的画笔笔尖

(b) 选中“翻转 Y”时

图 5-1-4　将画笔笔尖在其 Y 轴上翻转

④ 角度：设定椭圆画笔或样本画笔的长轴从水平方向旋转的角度。可以通过直接输入度数或在预览框中拖移水平轴来调整角度。

⑤ 圆度：指定画笔短轴和长轴之间的比率。可以通过直接输入百分比数值或在预览框中拖移黑点来调整圆度。调整圆度以压缩画笔笔尖形状，100%表示圆形画笔，0%表示直线形画笔，如图 5-1-5 所示。介于两者之间的值表示椭圆画笔。

图 5-1-5　调整圆度以压缩画笔笔尖形状

⑥ 硬度：控制画笔硬度中心的大小。输入数字，或者使用滑块输入画笔直径的百分比值，如图 5-1-6 所示。注意不能更改样本画笔的硬度。

⑦ 间距：控制描边中两个画笔笔迹之间的距离。输入数字（1%～1000%）或使用滑块输入画笔直径的百分值可以更改间距，增大间距可使画笔急速改变，如图 5-1-7 所示。当取消选择此选项时，光标移动的速度将决定画笔笔迹的间距。

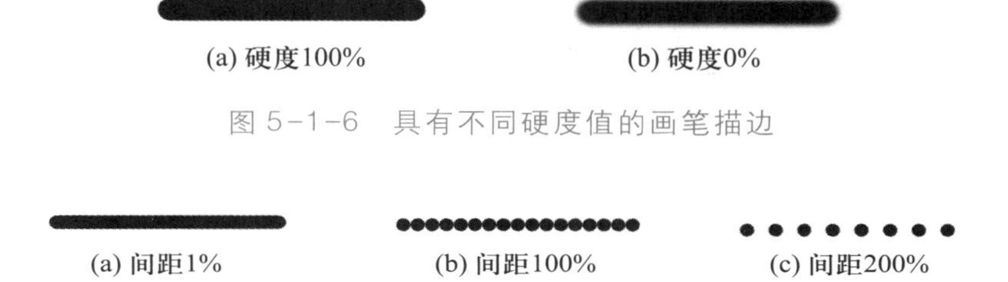

(a) 硬度100%　　(b) 硬度0%

图 5-1-6　具有不同硬度值的画笔描边

(a) 间距1%　　(b) 间距100%　　(c) 间距200%

图 5-1-7　增大间距可使画笔急速改变

（2）形状动态

形状动态根据大小抖动、最小直径、角度抖动、圆度抖动等（图 5-1-8）来决定整个画笔笔迹的形状变化，如图 5-1-9 所示。

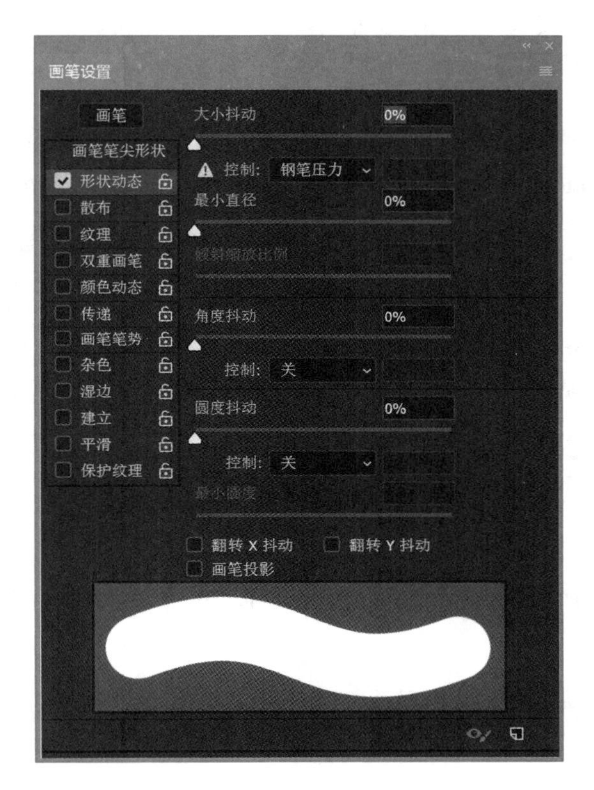

图 5-1-8　形状动态参数设置

(a) 无形状动态的画笔笔尖

(b) 有形状动态的画笔笔尖

图 5-1-9　画笔形状动态

① 大小抖动和控制：指定描边中画笔笔迹大小的改变方式。通过输入数字或使用滑块输入值来指定抖动的百分比。要控制画笔笔迹的大小变化，从“控制”弹出式菜单中选取一个选项。“关”选项表明对画笔无控制；“渐隐”选项指输入一个值来指定渐变效果要使用的步数；“钢笔压力”“钢笔斜度”“光笔轮”“旋转”选项则是基于绘笔（压感笔）、图形输入板的属性来变化效果。

② 最小直径：指定当启用“大小抖动”或“控制”时，画笔笔迹可以缩放的最小百分比。可通过输入数字或使用滑块来输入画笔笔尖直径的百分比值。

③ 角度抖动和控制：指定绘图中画笔笔迹角度的改变方式。

④ 圆度抖动和控制：指定画笔笔迹的圆度在绘图中的改变方式。

（3）散布

散布可确定画笔中笔迹的数量，以及笔尖痕迹随机的概率、方向、点数和点数抖动和位置，如图 5-1-10 所示。

① 散布和控制：指定画笔笔迹在描边中的分布方式。当选择“两轴”时，画笔笔迹按径向分布。当取消选择“两轴”时，画笔笔迹垂直于描边路径分布。如要指定散布的最大百分比，则输入一个值。若要指定希望如何控制画笔笔迹的散布变化，从“控制”弹出式菜单中选取一个选项。

② 数量：指定在每个间距间隔应用的画笔笔迹数量。

③ 数量抖动和控制：指定画笔笔迹的数量如何针对各种间距间隔而变化。如要指定在每个间距间隔处涂抹的画笔笔迹的最大百分比，则输入一个值。若要指定控制画笔笔迹的数量变化，则从“控制”弹出式菜单中选取一个选项。

（4）纹理

纹理是利用图案合并到画笔中，在用画笔绘画时看起来像在带纹理的画布上绘制的一样，如图 5-1-11 所示。

单击图案样本，然后从弹出式菜单中选择图案，设置下面的一个或多个选项即可，如图 5-1-12 所示。

(a) 无散布

(b) 有散布

图 5-1-10 散布

(a) 非纹理化画笔

(b) 纹理化画笔

图 5-1-11 纹理

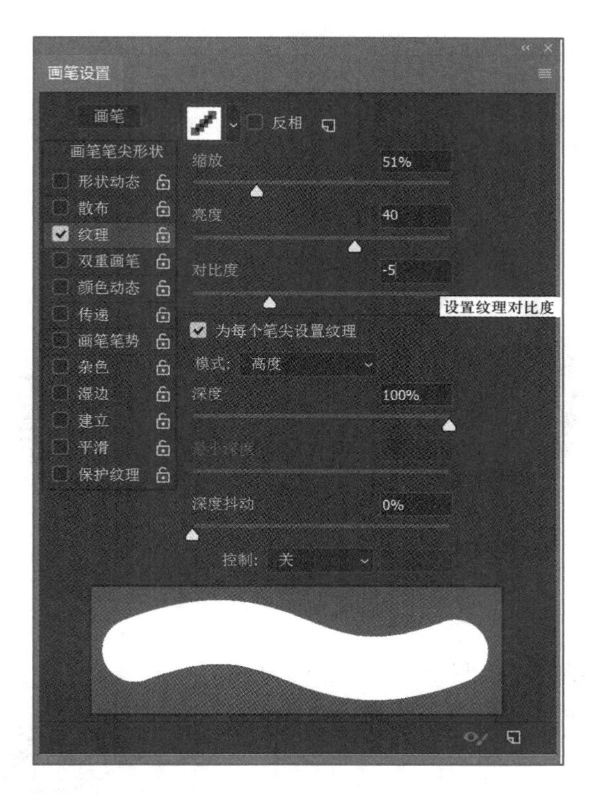

图 5-1-12　设置画笔纹理参数

① 反相：基于图案中的色调反转纹理中的亮点和暗点。当选择“反相”时，图案中的最亮区域是纹理中的暗点，因此接收最少的油彩；图案中的最暗区域是纹理中的亮点，因此接收最多的油彩。当取消选择“反相”时，图案中的最亮区域接收最多的油彩；图案中的最暗区域接收最少的油彩。

② 缩放：指定图案的缩放比例。输入数字，或者使用滑块来输入图案大小的百分比值。

③ 为每个笔尖设置纹理：将选定的纹理单独应用于画笔描边中的每个画笔笔迹，而不是作为整体应用于画笔描边（画笔描边由拖动画笔时连续应用的许多画笔笔迹构成。）。注意：必须选择此选项，才能使“深度”选项有效。

④ 模式：指定用于组合画笔和图案的混合模式。

⑤ 深度：指定油彩渗入纹理中的深度。输入数值或者使用滑块来输入值。如果是100%，则纹理中的暗点不接收任何油彩。如果是0%，则纹理中的所有点都接收相同数量的油彩，从而隐藏图案。

⑥ 最小深度：指定将“深度控制”设置为“渐隐”“钢笔压力”“钢笔斜度”或“光笔轮”，并且设置选中“为每个笔尖设置纹理”时油彩可渗入的最小深度。

⑦ 深度抖动和控制：指定当选中“为每个笔尖设置纹理”时深度的改变方式。若要指定如何控制画笔笔迹的深度变化，从“控制”弹出式菜单中选取一个选项。

（5）双重画笔

双重画笔使用两个笔尖创建画笔笔迹（图 5-1-13）。在“画笔设置”面板的“画笔笔尖形状”部分设置主要笔尖的选项。从“画笔设置”面板的“双重画笔”部分中选择另一个画笔笔尖，然后设置以下选项，如图 5-1-14 所示。

(a) 单画笔

(b) 双重画笔

图 5-1-13　使用两个笔尖创建画笔笔迹

① 模式：选择从主要笔尖和双重笔尖组合画笔笔迹时要使用的混合模式。

② 大小：控制双笔尖的大小。以像素为单位输入值，或者单击“使用取样大小”来使用画笔笔尖的原始直径（只有当画笔笔尖形状是通过采集图像中的像素样本创建时，“使用取样大小”选项才可用。）。

③ 间距：控制描边中双笔尖画笔笔迹之间的距离。输入数字或使用滑块输入笔尖直径的百分比可更改笔迹间距。

④ 散布：指定描边中双笔尖画笔笔迹的分布方式。当选中“两轴”时，双笔尖画笔笔迹按径向分布。当取消选择“两轴”时，双笔尖画笔笔迹垂直于描边路径分布。

⑤ 数量：指定在每个间距间隔应用的双笔尖画笔笔迹的数量。

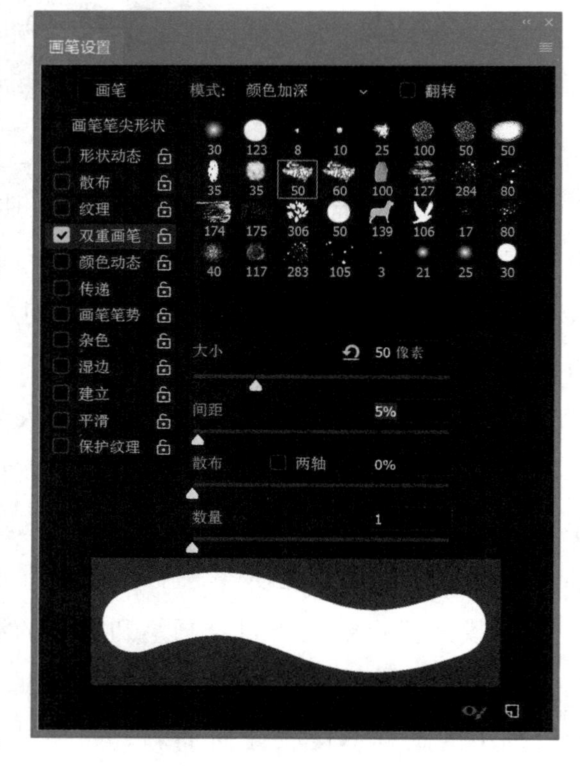

图 5-1-14　“双重画笔”选项

（6）颜色动态

颜色动态选项根据前景色和背景色、色相、饱和度、亮度以及纯度来决定画笔在绘画路径中颜色的变化，如图 5-1-15 所示。

① 应用每笔尖：指定为描边中每个不同的笔尖图章更改颜色。如果取消选中，则在每个描边开始时即进行动态更改。

(a) 无颜色动态的画笔描边

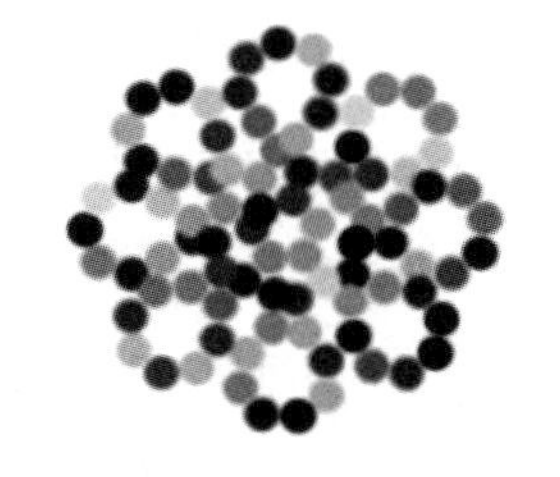

(b) 有颜色动态的画笔描边

图 5-1-15　颜色动态

② 前景/背景抖动和控制：指定前景色和背景色之间的油彩变化方式。要指定控制画笔笔迹的颜色变化，从“控制”弹出式菜单中选取一个选项。

③ 色相抖动：指定描边中油彩色相可以改变的百分比。较低的值在改变色相的同时保持接近前景色的色相，较高的值可以增大色相之间的差异。

④ 饱和度抖动：指定描边中油彩饱和度可以改变的百分比。较低的值在改变饱和度的同时保持接近前景色的饱和度，较高的值可以增大饱和度级别之间的差异。

⑤ 亮度抖动：指定描边中油彩亮度可以改变的百分比。较低的值在改变亮度的同时保持接近前景色的亮度，较高的值可以增大亮度级别之间的差异。

⑥ 纯度：增大或减小颜色的饱和度。如果数值为 -100%，则颜色完全去色；如果该值为 100%，则颜色完全饱和。

（7）传递

传递画笔选项可以确定油彩在描边路径中的改变方式。根据不透明度和流速来调整画笔在绘图过程中颜色的变化，如图 5-1-16 所示。

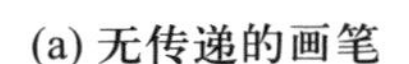

(a) 无传递的画笔

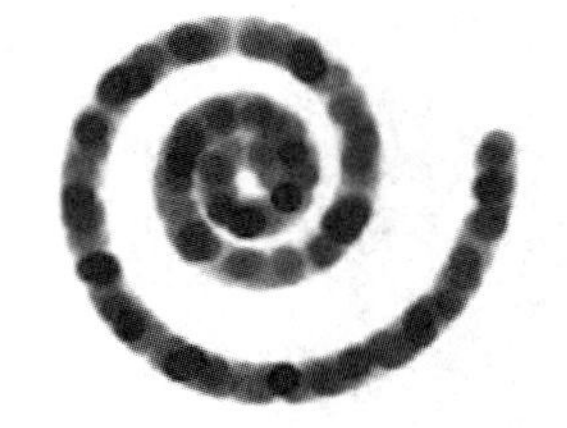

(b) 有传递的画笔

图 5-1-16　传递

（8）画笔其他选项

① 杂色：在笔尖的外边缘添加杂色，产生一种磨边效果。当应用于柔画笔笔尖（包含灰度值的画笔笔尖）时，此选项最有效。

② 湿边：颜色在画笔的边缘聚积，产生一种水彩风格。

③ 喷枪：模拟绘画中喷枪效果，通过喷射来逐渐积聚颜色。“画笔”面板中的“喷枪”选项与选项栏中的“喷枪”选项相对应。

④ 平滑：在画笔描边中生成更平滑的曲线。当使用光笔进行快速绘画时，此选项最有效；但是它在描边渲染中可能会导致轻微的滞后。

⑤ 保护纹理：将相同图案和缩放比例应用于具有纹理的所有画笔预设。选择此选项后，在使用多个纹理画笔笔尖绘画时，可以模拟出一致的画布纹理。

【任务实施】

（1）选择菜单“新建”→“文件”命令，打开“新建”对话框。设置宽度为 1 024 像素，高度为 768 像素，颜色模式为 RGB 颜色，背景内容为白色，如图 5-1-17 所示。

（2）选择工具箱中画笔工具，在工具选项栏上打开“画笔预设选取器”，选择“圆曲线低硬毛刷百分比”笔刷，如图 5-1-18 所示。

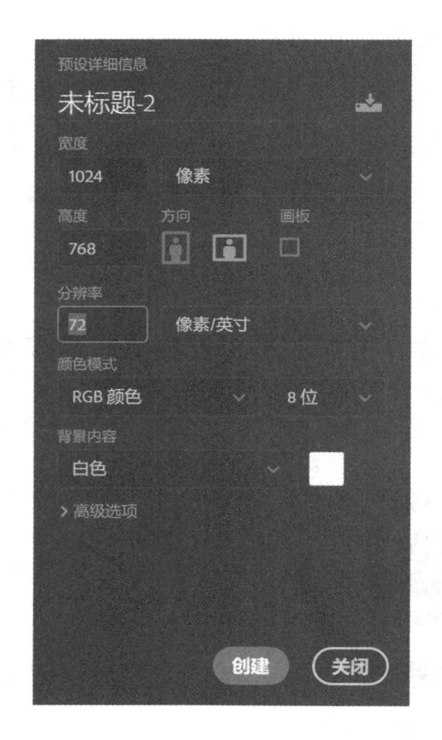

图 5-1-17　设置新建对话框

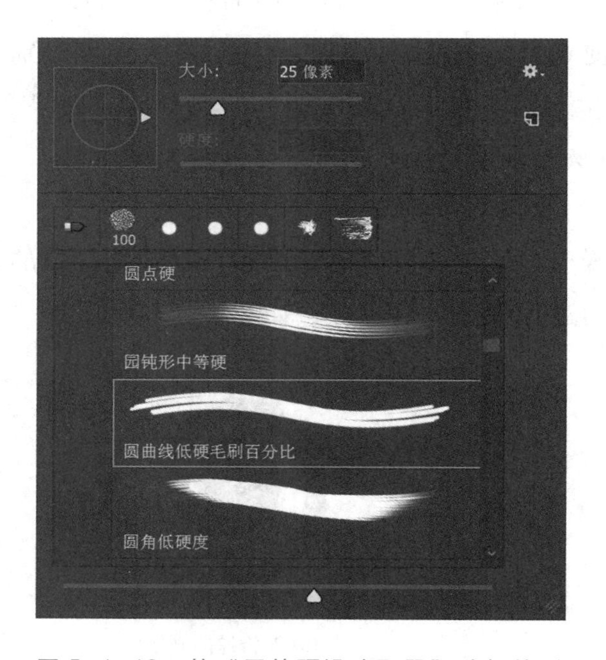

图 5-1-18　从“画笔预设选取器”选择笔刷

小提示： 如果预设中没有这种画笔，选择“画笔预设选取器”或者“画笔”面板中下拉菜单中的“旧版画笔”，即可调出旧版画笔预设。

（3）在选项栏上单击“切换画笔设置面板”图标，打开“画笔设置”面板，先选择左边画笔笔尖形状，设置大小为 60 像素；形状为平点；硬毛刷为 46%；长度为 190%；粗细为 1%；硬度为 24%；角度为 0°；间距为 2%，如图 5-1-19 所示。

（4）选择“画笔设置”面板左边的“散布”复选框，选择并设置两轴为 242%，数量为 2，数量抖动为 100%，如图 5-1-20 所示。

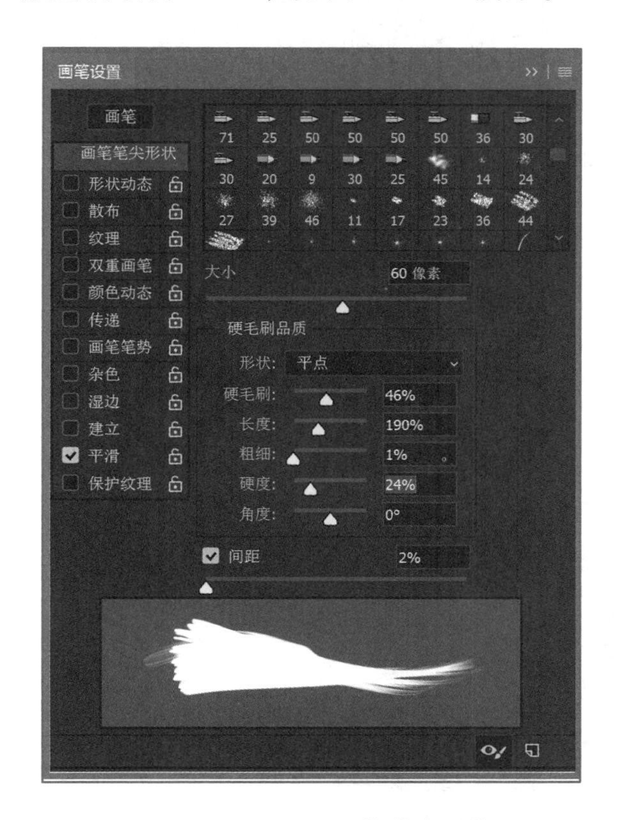

图 5-1-19 设置画笔笔尖形状

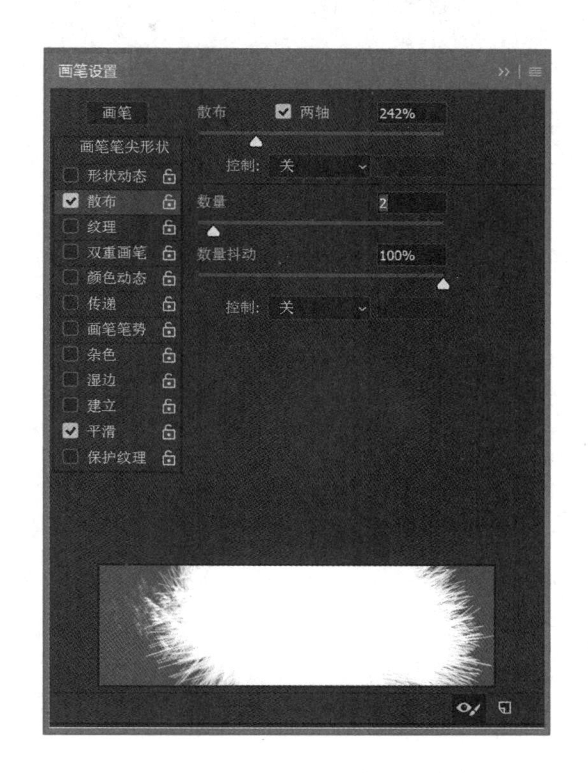

图 5-1-20 设置“散布”参数

（5）选择“画笔设置”面板左边的“颜色动态”复选框，设置前景/背景抖动为 100%，选择“应用每笔尖”复选框，如图 5-1-21 所示。

（6）选择“画笔设置”面板左边的“传递”复选框，设置不透明度抖动为 100%，流量抖动控制为钢笔压力，如图 5-1-22 所示。设置完毕后关闭“画笔设置”面板。

（7）选择工具箱中的前景色，在“拾色器”（前景色）对话框中设置前景色为米色（R：254，G：219，B：184），再选择工具箱中的背景色，设置背景色为褐色（R：156，G：72，B：1）。

（8）按 F7 键，打开“图层”面板，单击“图层”面板下方的“创建新图层”图标，在“背景”图层上创建“图层 1”图层。在图像上点按鼠标，绘制出一个圆形刺毛球，如图 5-1-23 所示。

（9）选择工具箱中的椭圆工具，在工具选项栏中选择工具模式为“形状”，形状填充类型为纯色，设置形状描边类型为无颜色，如图 5-1-24 所示。

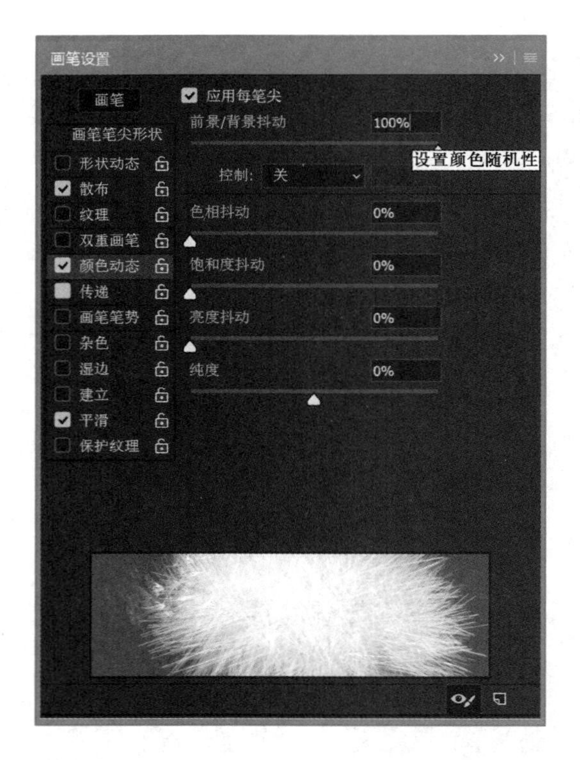

图 5-1-21 设置“颜色动态”参数

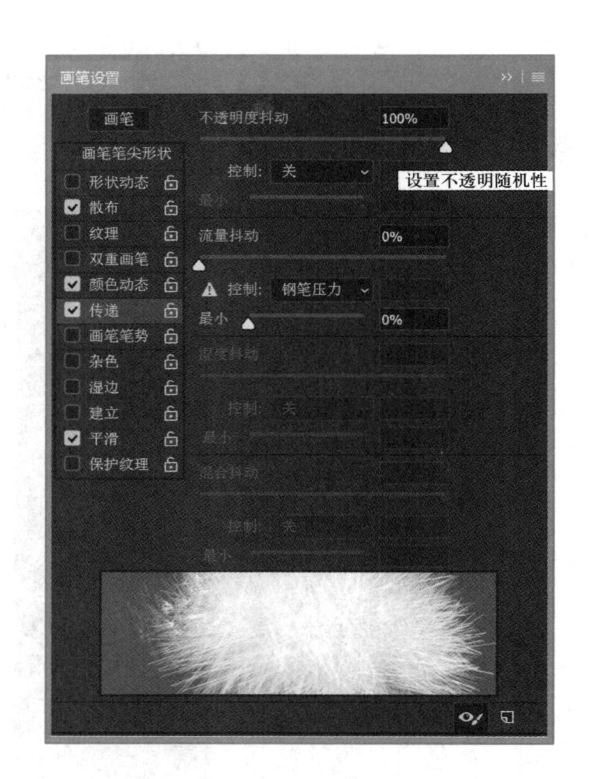

图 5-1-22 设置“传递”参数

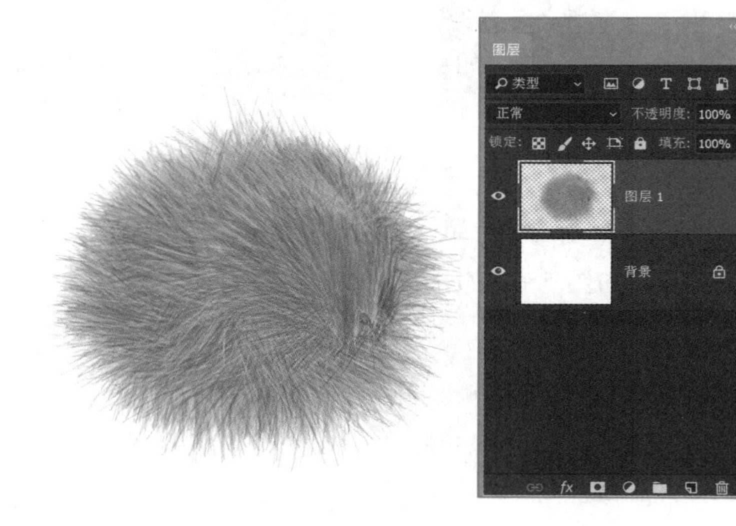

图 5-1-23 绘制出一个圆形刺毛球

图 5-1-24 设置椭圆工具选项栏

（10）按 Shift 键的同时在图像的毛球上拖曳鼠标，在左侧拖出一个正圆作为眼睛。再选择工具箱中的移动工具，按 Alt 键的同时选择并拖曳绘制好的左眼睛至右侧，复制形状。在“图层”面板的“图层 1”图层上建立了“椭圆 1”和“椭圆 1 拷贝”图层，如图 5-1-25 所示。

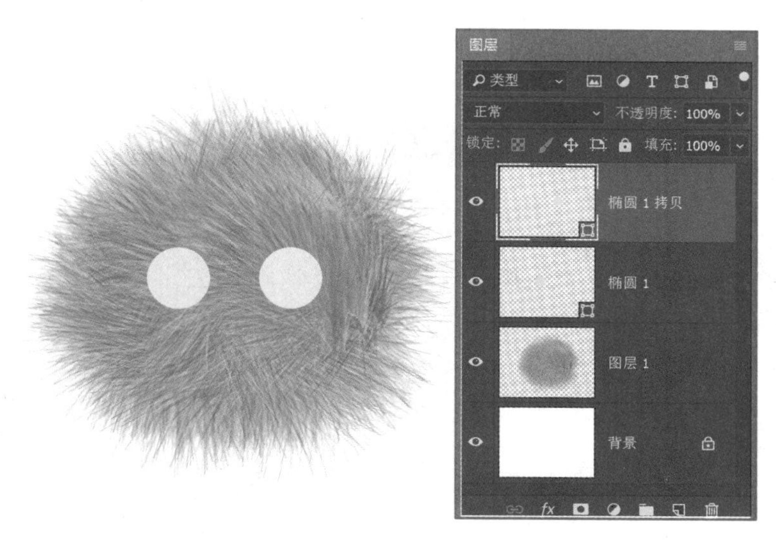

图 5-1-25 绘制眼睛

（11）按 Shift 键的同时在“图层”面板上同时选择“椭圆 1”和“椭圆 1 拷贝”图层，选择菜单“窗口”→“样式”命令，在打开的“样式”预设面板中选择条纹的锥形样式，如图 5-1-26 所示，将条纹的锥形样式赋予两个眼睛。

（12）在“图层”面板上选择“图层 1”图层，选择工具箱中的锐化工具，在工具选项栏中设置笔刷大小为 164 像素，硬度为 0%，如图 5-1-27 所示，在图像中刺毛上拖曳鼠标进行锐化处理。

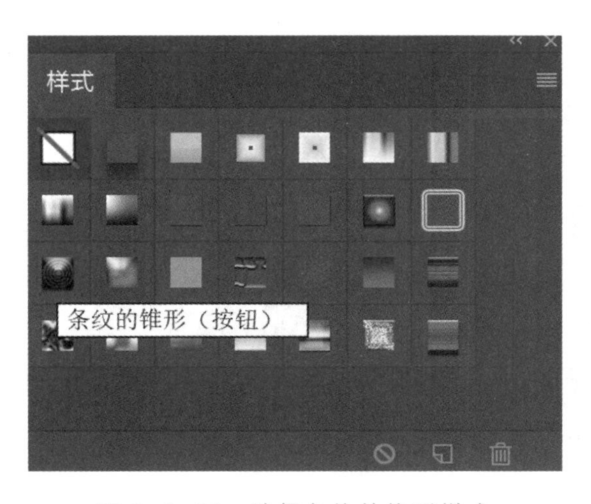

图 5-1-26 选择条纹的锥形样式

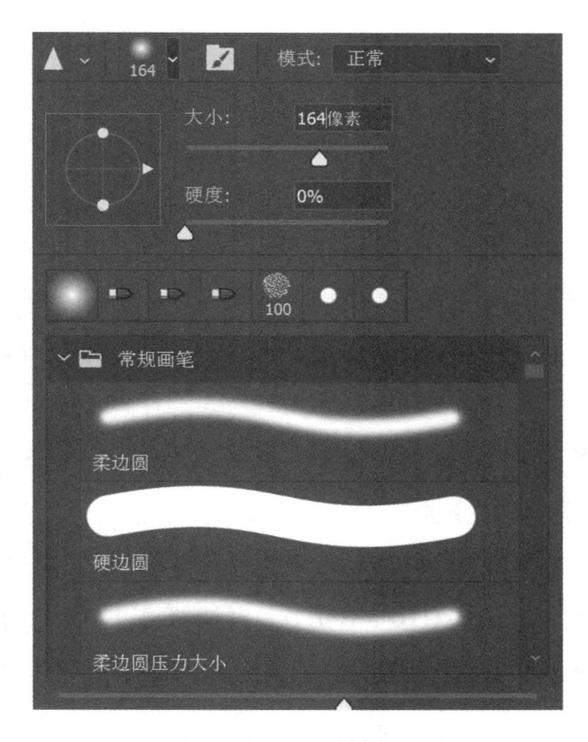

图 5-1-27 设置锐化工具

（13）在工具箱中选择加深工具，在工具选项栏中进行设置，画笔大小为 35 像素，曝光度为 26%，如图 5-1-28 所示。

图 5-1-28 设置加深工具

（14）对图像中眼眶拖曳鼠标，加深眼眶，使眼睛陷进去，增加立体感，如图 5-1-29 所示（画笔大小可以根据涂抹的部位及时修改像素灵活应用。）。

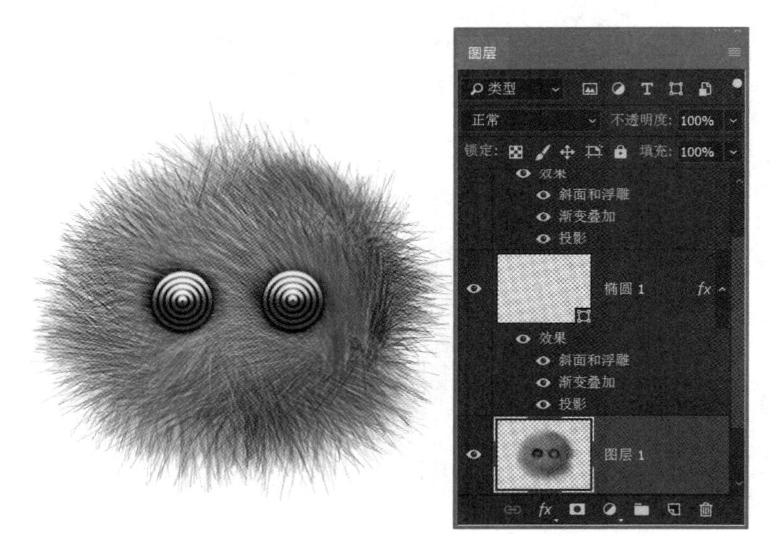

图 5-1-29 用加深工具进行加深处理

（15）在工具箱中选择减淡工具，在工具选项栏中进行设置，画笔大小为 149 像素，曝光度为 50%。在图像中为对象进行减淡处理作为高光区域，如图 5-1-30 所示。

（16）选择“图层”面板上的“椭圆 1 拷贝”图层，再单击面板下方的“创建新图层”图标，在“椭圆 1 拷贝”图层上新建“图层 2”图层。

（17）选择工具箱中的钢笔工具，在工具选项栏上选择工具模式为路径，在图像眼睛的上部绘制出一个“V”形的路径，如图 5-1-31 所示（可以用直接选择工具调整画好的路径。）。

（18）选择工具箱中的前景色，设置前景色为黑色（R:0，G:0，B:0），再选择工具箱中的铅笔工具，在工具选项栏上打开“画笔预设”选取器，选择画笔笔刷为“平钝形短硬”笔刷，笔刷大小为 40 像素，如图 5-1-32 所示。

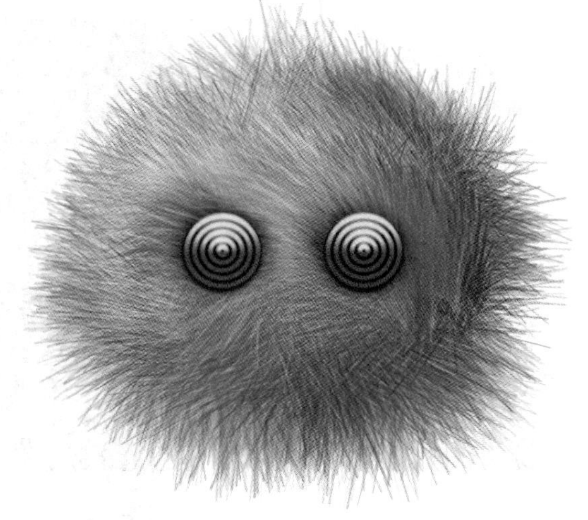

图 5-1-30 进行减淡处理

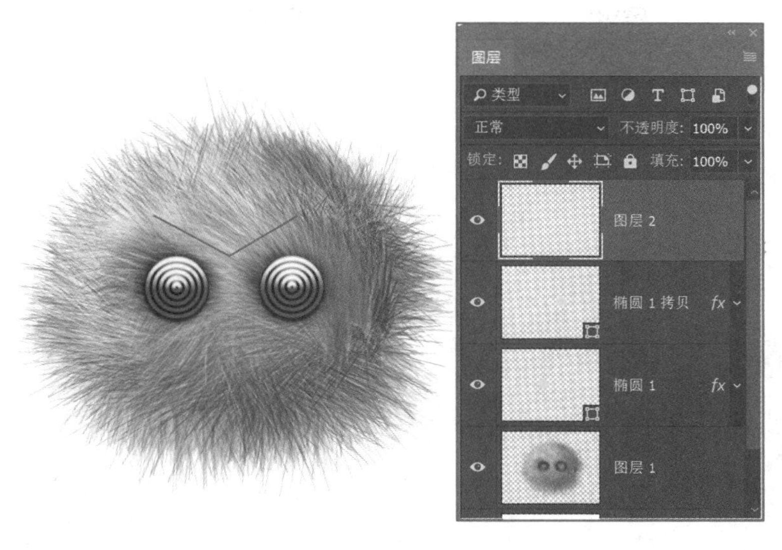

图 5-1-31　图像眼睛的上部绘制出一个“V”形的路径

（19）在选项栏上单击“切换画笔设置面板”图标，打开“画笔设置”面板，先选择左边画笔笔尖形状，设置形状为圆钝形，如图 5-1-33 所示。

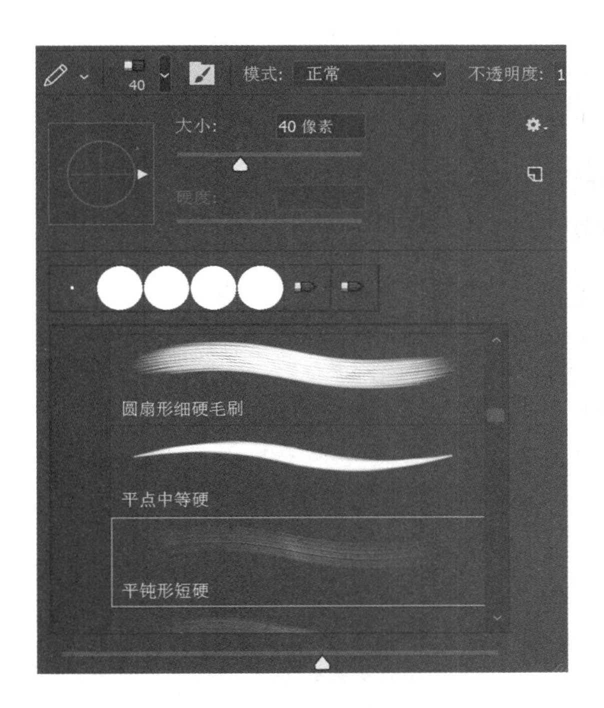

图 5-1-32　选择“平钝形短硬”笔刷

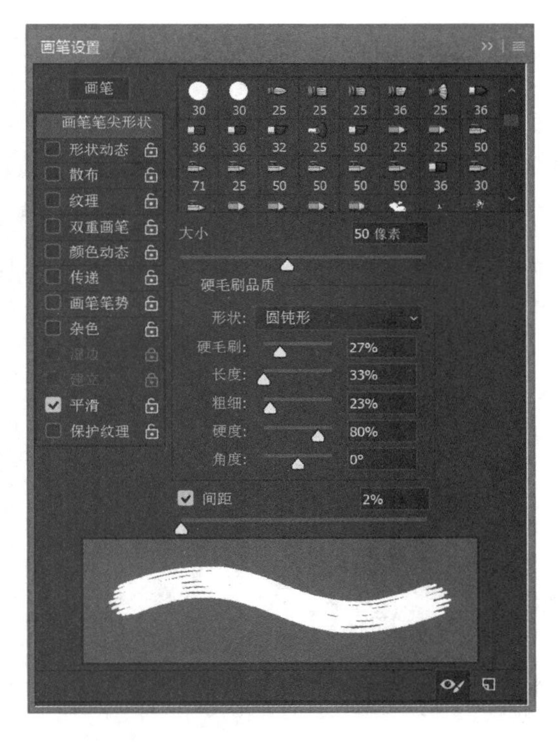

图 5-1-33　设置形状为圆钝形

（20）选择菜单“窗口”→“路径”命令，打开“路径”面板，这时在“路径”面板上建立了一个工作路径，选择面板下方的“用画笔描边路径”图标，在图像上绘制出一条眉毛，如图 5-1-34 所示。

（21）选择工具箱中的前景色，设置前景色为橘色（R:201，G:104，B:0）。

（22）选择工具箱中的钢笔工具，在工具选项栏中选择工具模式为形状，设置样式为无。在眼睛的下方绘制出如图 5-1-35 所示的菱形作为嘴。在“图层”面板上自动建立为“形状 1”图层。

图 5-1-34　绘制眉毛

图 5-1-35　绘制嘴的形状

（23）在“图层”面板上选择“形状 1”图层，并按鼠标右键在弹出菜单中选择“栅格化图层”命令。

（24）选择工具箱中加深工具，在工具选项栏上打开“画笔预设”选取器，选择画笔笔刷为常规笔刷集中的“柔边圆”笔刷，大小为 20 像素，曝光度为 26%，如图 5-1-36 所示。在嘴的边缘涂抹加深，作为阴影部分，如图 5-1-37 所示。

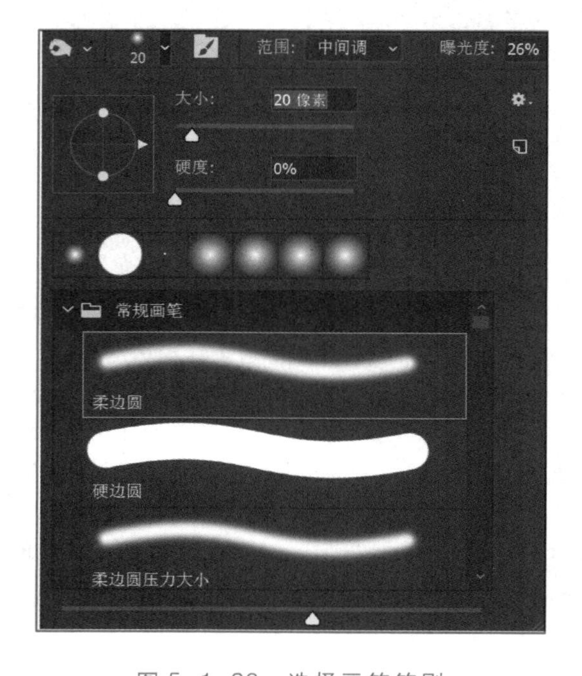

图 5-1-36　选择画笔笔刷

图 5-1-37　绘制嘴的阴影部分

（25）再选择工具箱中的减淡工具，在工具选项栏中自定义画笔大小，曝光度为25%。在嘴的顶部涂抹减淡该区域，提亮嘴部的亮度。

（26）设置工具箱中的前景色为白色（R:255，G:255，B:255）。选择工具箱中的铅笔工具，在铅笔工具选项栏上设置大小为2像素。在图像上嘴部提亮的区域绘制高光，如图5-1-38所示。

（27）选择工具箱中的涂抹工具，在嘴的高光部分拖曳鼠标涂抹，使高光融合。并在嘴部左右两侧尖角部分涂抹，修整嘴部边缘形状，如图5-1-39所示。

图5-1-38　绘制嘴的高光

图5-1-39　修整嘴部边缘形状

小提示：在涂抹图像过程中，对高光部分区域，建议使用的画笔大小像素不易过大，并且降低涂抹的强度。

（28）选择“图层”面板上“形状1”图层，并双击鼠标。在“图层样式”对话框中选择“投影”复选框，并设置角度为90°；距离为5像素；大小为24像素，如图5-1-40所示。

（29）在“图层样式”对话框中选择“外发光”复选框，并设置发光颜色为褐色（R:155，G:81，B:3），扩展为0%；大小为65像素，如图5-1-41所示。

（30）在“图层”面板上选择“背景”图层。单击“图层”面板下方的“创建新图层”图标，在“背景”图层上创建“图层3”图层。

（31）在工具箱中设置前景色为深灰色（R:131，G:131，B:131）。

（32）按Ctrl键的同时单击“图层1”图层的头部的图层缩览图，创建一个包含“图层1”图层内容的选区，如图5-1-42所示。

（33）选择菜单“选择”→“变换选区”命令，将选区拉扁拉长，如图5-1-43所示。

（34）在“图层”面板上确定选择“图层3”图层。选择菜单“编辑”→“填充”命令，在“填充”对话框中设置内容为前景色，如图5-1-44所示。

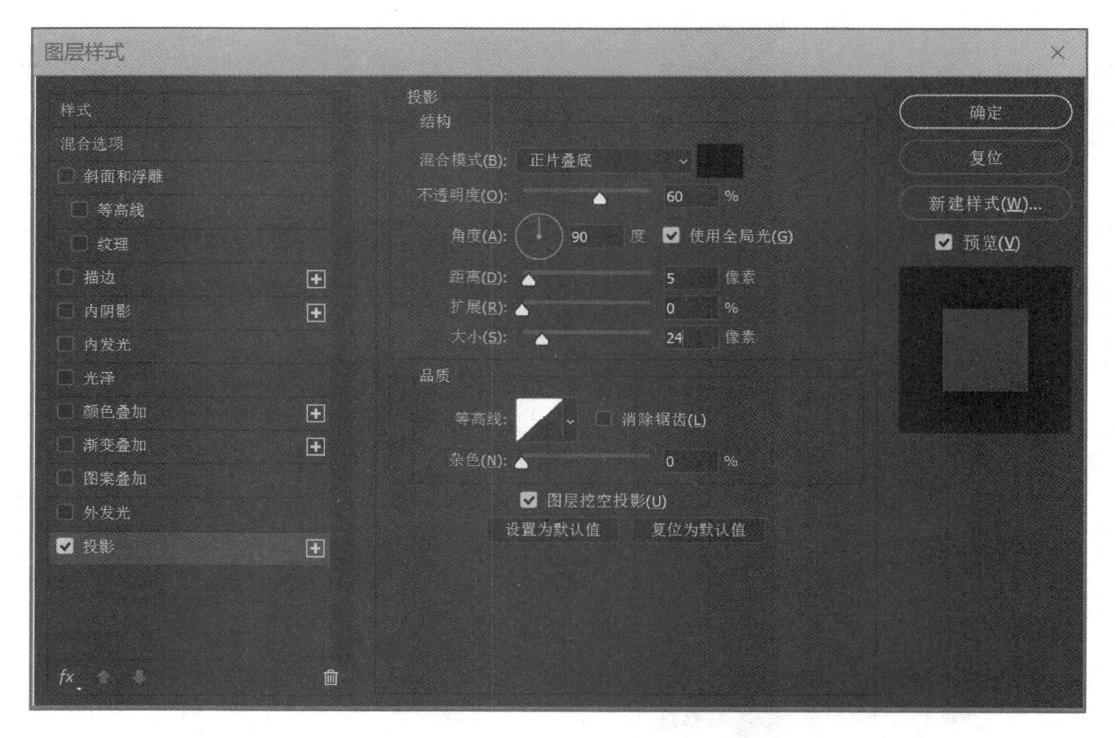

图 5-1-40 设置“投影”参数

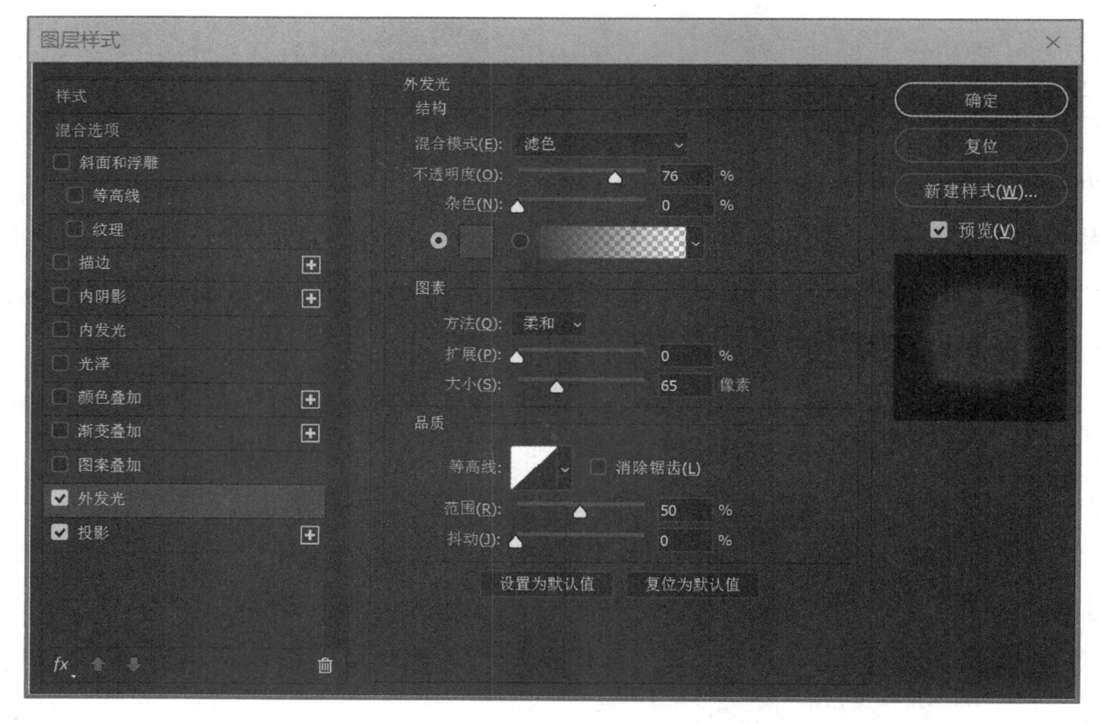

图 5-1-41 设置“外发光”参数

图 5-1-42 创建一个包含“图层 1”图层内容的选区

图 5-1-43 变换选区

（35）在“图层”面板中关闭“背景”图层旁的眼睛图标，使背景不可见。选择菜单“图层”→“合并可见图层”命令，将可见图层中的内容全部合并为一个图层。

（36）选择菜单“文件”→“打开”命令，选择并打开“海滩 .jpg”文件。选择工具箱中的移动工具，将海滩图像拖曳至毛球文件中，位于“背景”图层的上面。

（37）用移动工具调整海胆的位置和大小，最后的效果如图 5-1-45 所示。

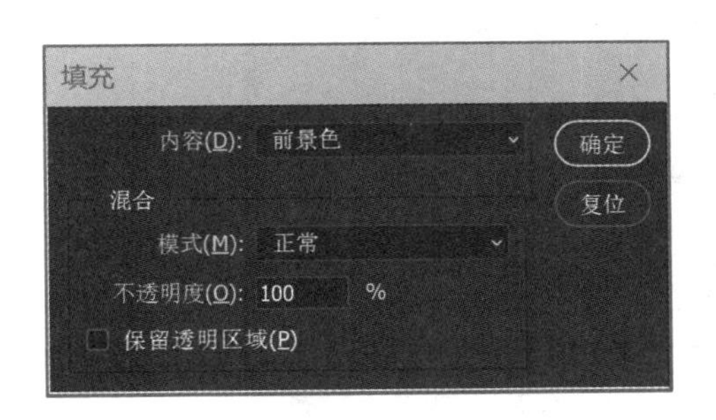

图 5-1-44 设置“填充”对话框

图 5-1-45 最后效果图

【任务拓展】

1. 从图像创建画笔笔尖

（1）使用工具箱中的任意选择工具，选择要用作自定画笔的图像区域。画笔形状的大小最大可达 2 500×2 500 像素。

小提示： 绘画时，无法调整样本画笔的硬度。若要创建具有锐利边缘的画笔，将“羽化”设置为 0 像素，要创建具有柔化边缘的画笔，可增大“羽化”设置。

（2）选择菜单“编辑”→“定义画笔预设”命令，在弹出的对话框中设置自定义画笔的名称后确定。

（3）在工具箱中选择画笔工具后，在其选项栏的画笔预设选取器中找到自定义画笔后就可以在图像上进行绘制了。

小提示：如果选择彩色图像，则画笔笔尖图像会转换成灰度图像。对此图像应用的任何图层蒙版不会影响画笔笔尖的定义。

2. 第三方笔刷及其相关应用

在 Photoshop 中打开“画笔”面板时，会发现其预先内置的可供绘制的笔刷类型并不是很多，只有基础的类型。所以有经验的数位绘画师会在各种 Photoshop 资源网站和论坛中搜寻各种笔刷效果并下载各种类型绘画笔刷，不断完善和充实自己的“笔刷库”，在数位绘画的过程中根据实际绘画作品的风格随时“载入”不同笔刷，将绘画笔触风格的模拟真正用到了实处，这样不仅提高了作品的艺术效果，而且提升了工作效率，如图 5-1-46 所示。

图 5-1-46　网站提供的笔刷效果

虽然在 Photoshop 中可以保存任意数量的笔刷，但每一个笔刷都会占用一定内存，所以在“笔刷”面板中导入的笔刷越多，面板加载的速度就会越慢，对寻找需要的笔刷也就越困难。所以要对外部笔刷文件夹进行恰当重命名并编组，然后在一个具体的作品中只载入需要的预设笔刷。

3. 导入画笔和画笔

（1）选择菜单“窗口”→“画笔”命令，在“画笔”面板中，从弹出菜单中选择“获取更多画笔”命令，如图 5-1-47 所示。或者右键单击“画笔”面板中列出的画笔，然后从上下文菜单中选择获取更多画笔。

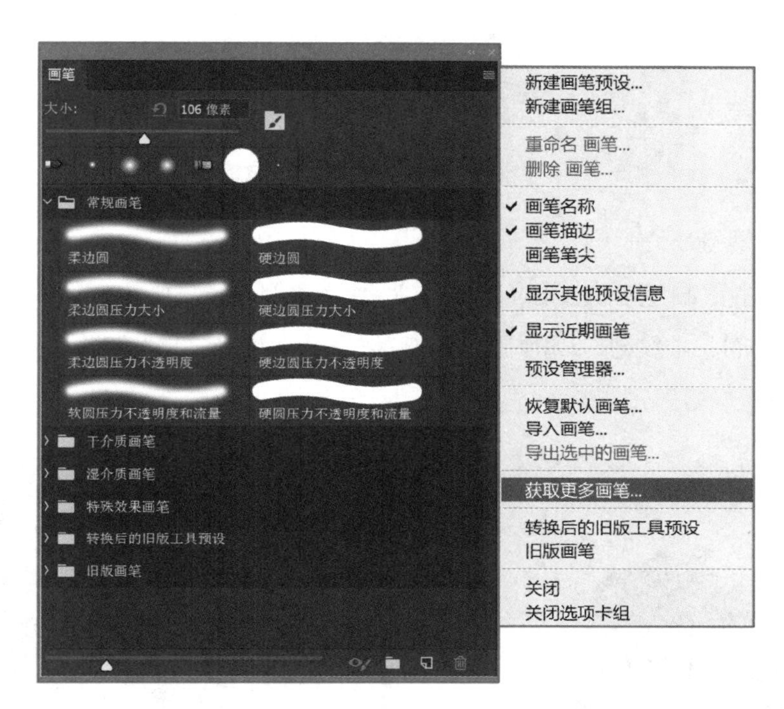

图 5-1-47 “获取更多画笔”命令

（2）下载一个画笔包。例如，下载 Kyle 的“MEGAPACK”。

（3）在 Photoshop 处于运行状态时，双击下载的 ABR 文件。或者将下载的后缀名是 *. abr 的文件复制到 Photoshop 中的 brushes 文件夹中，接着在 Photoshop 中打开“画笔”面板，然后在面板下拉菜单中选择“导入画笔”命令，从弹出的“载入”对话框中选择所需要的画笔。

4. 笔刷的类型

Photoshop 的画笔笔刷效果可以使我们用自己喜欢的方式和主题来完成艺术作品。各类笔刷绘制的方法和效果也各有千秋，从绘制的方式来看，主要分为两种。

（1）“点画”式笔刷

“点画”式笔刷是在绘画中做到一笔即成，绘制的图像是一个相对独立的图像，例如各种喷溅效果（墨迹、血迹）和自然中的烟雾、火苗等笔刷效果。这种笔刷针对性很强，对创建画面效果起到了重要作用，如图 5-1-48 所示。

图 5-1-48　各种喷溅、烟雾和火苗笔刷效果

（2）“涂抹”式笔刷

“涂抹”式笔刷注重画笔在绘画的过程中笔触之间的相互关系，这类画笔在“画笔”面板中已经设置了“散布”“纹理”和“双重画笔”等参数，如图 5-1-49 所示，非常有利于各种背景效果的绘制。

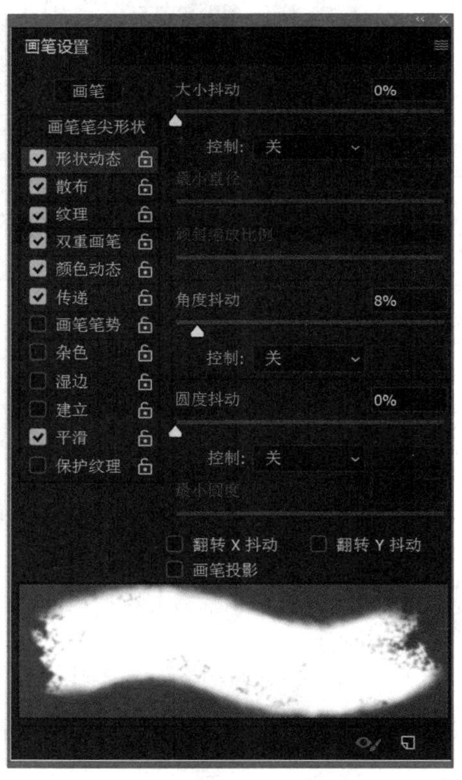

图 5-1-49　已经设置了“散布”“纹理”和“双重画笔”等参数的笔刷

在“涂抹”式笔刷中，有一些是模拟真实绘画中的笔触效果类的笔刷，这类笔刷的绘制方式也是“涂抹”式的画法，笔触层叠，如水彩、毛笔、马克笔等，如图 5-1-50 所示。这类笔刷在数位绘画中起到非常重要的作用。

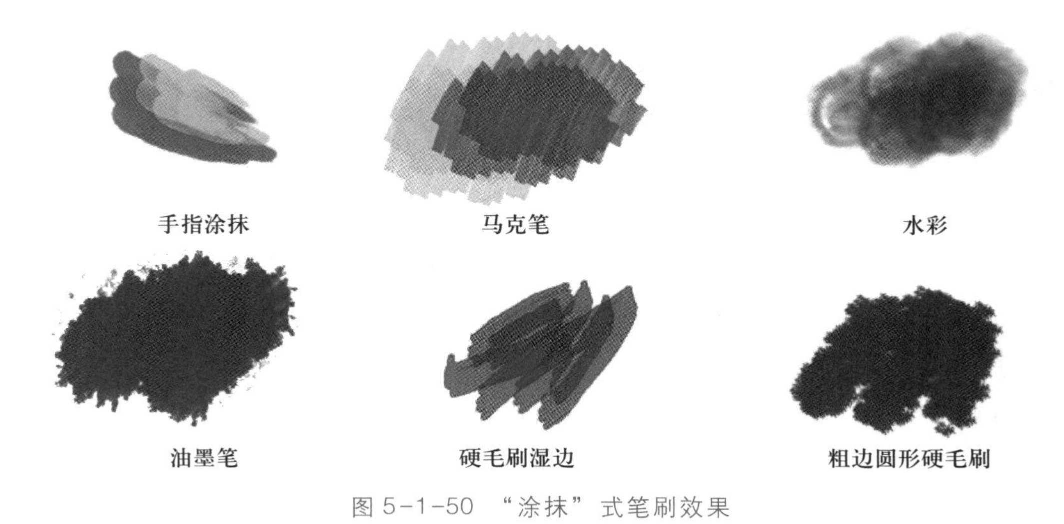

图 5-1-50 “涂抹”式笔刷效果

5.2 “路径”面板和形状工具的使用——快乐的青蛙

【任务分析】

使用钢笔工具、形状工具及渐变工具绘制一只卡通青蛙，通过学习熟悉“路径”面板以及该面板上各个图标的作用。

【任务准备】

“路径”面板是所有路径操作的总控制中心。所有的路径都被存储到面板中，以便将来能够被编辑或转换成一个选区。“路径”面板列出了每条存储的路径、工作路径（临时工作路径）和形状路径（只有在选中形状图层时才出现），以及这些路径的缩览图像。

单击“窗口”→“路径”命令，弹出如图 5-2-1 所示的“路径”面板。要选择路径，单击“路径”面板中相应的路径名；如要取消选择路径，单击“路径”面板中的空白区域或按 Esc 键；要更改路径的上下顺序，在“路径”面板中先选择该路径，再拖曳鼠标上下移动该路径，当所需位置上出现黑色的实线时，释放鼠标即可。

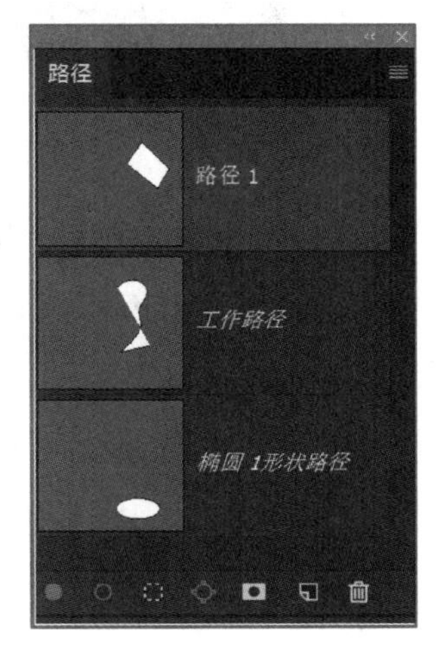

图 5-2-1 “路径”面板

1. 在“路径”面板中创建新路径

创建新路径的一种方法是单击“路径”面板底部的“创建新路

径”图标，弹出“新建路径”对话框，以默认名称如“路径 1”保存。另外一种方法是在没有选择工作路径的状态下，从“路径”面板菜单中选取“新建路径”命令或者按 Alt 键的同时单击面板底部的“创建新路径”图标。在弹出的“新建路径”对话框中输入路径的名称，如图 5-2-2 所示。

2. 删除路径

在“路径”面板中删除路径的方法有三种，但要执行这三种方法，必须先在“路径”面板上选择将要删除的路径名称。然后执行下列操作之一：

（1）将路径拖移到“路径”面板底部的“删除当前路径”图标上。

（2）从“路径”面板菜单中选取“删除路径”命令。

（3）直接按 Delete 键。

3. 建立选区

Photoshop 中的任何闭合路径都可以转换为选区。可以从当前的选区中添加或减去闭合路径，也可以将闭合路径与当前选区结合。从“路径”面板的下拉菜单中选择“建立选区”命令，打开“建立选区”对话框，如图 5-2-3 所示，该对话框可以实现将路径转换成一个选区，还可以设置新选区的特征，以及它与图像上活动选区之间的关系。另外一种将路径转换成新选区的方法是单击“路径”面板底部的“将路径作为选区载入”图标。

图 5-2-2 “新建路径”对话框

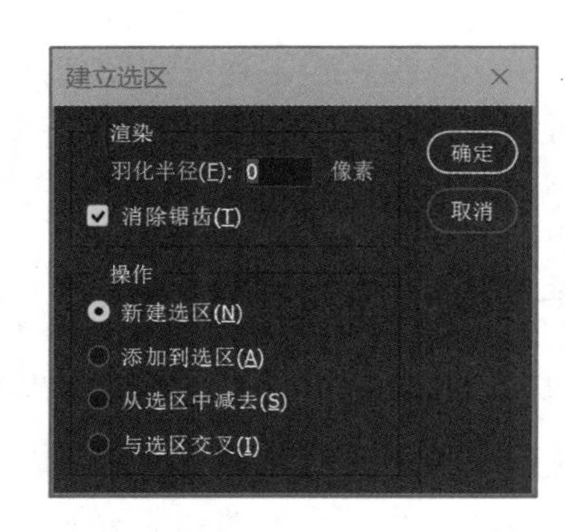

图 5-2-3 “建立选区”对话框

（1）羽化半径：以像素为单位为选区边缘指定一个羽化的值。

（2）消除锯齿：在选区中的像素与周围像素之间创建精细的过渡。

（3）新建选区：从路径中建立一个选区。

（4）添加到选区：将路径定义的区域添加到原选区中。

（5）从选区中减去：从当前选区中删除路径定义的区域。

（6）与选区交叉：选择路径和原选区的共有区域建立一个选区。如果路径和选区没有重叠，则不选择任何内容。

小提示： 按住Ctrl键并单击“路径”面板中的路径缩览，可快速将路径转换成一个新选区。

4. 从选区生成工作路径

使用工具箱中的选择工具创建的任何选区都可以生成路径。只要从“路径”面板的下拉菜单中选择“建立工作路径”命令，打开“建立工作路径”对话框，如图5-2-4所示，其中“容差”决定了“建立工作路径”命令对选区形状微小变化的敏感程度。容差值的范围为0.5~10像素。容差值越高，用于绘制路径的锚点越少，路径也越平滑，如图5-2-5所示。还可以单击“路径”面板底部的“从选区生成工作路径”图标，直接把一个选区转换为路径，路径使用当前的容差设置，而不打开“建立工作路径”对话框。

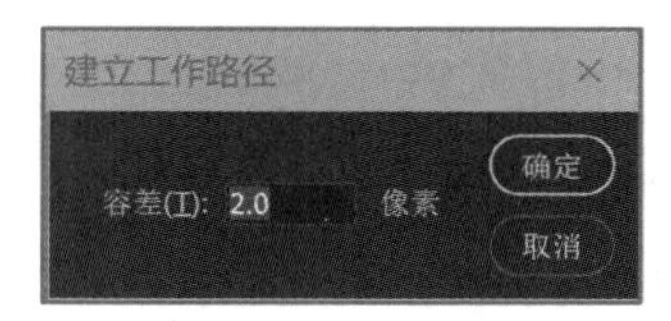

图5-2-4 “建立工作路径”对话框

选择区域

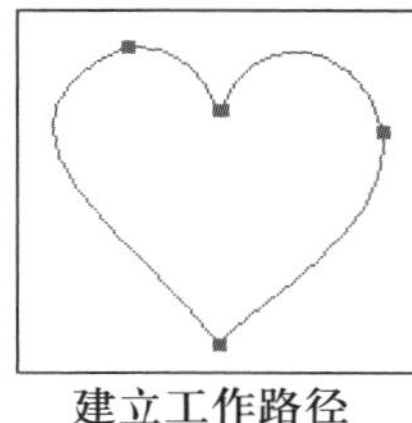

建立工作路径
容差：10像素

建立工作路径
容差：0.5像素

图5-2-5 容差值对路径的影响

5. 填充路径

使用钢笔工具创建的路径可以通过“填充路径”命令实现用指定的颜色、图案进行填充。当绘制了一条路径后，可以在“路径”面板的下拉菜单中选择“填充路径”命令，打开“填充路径”对话框进行设置，如图5-2-6所示。单击“路径”面板底部的“用前景色填充路径”图标，也可以用前景色填充该路径。

（1）内容：选取填充内容，如前景色、背景色、图案等。

（2）模式：提供了“清除”模式，使用此模式可抹除为透明，但是必须在背景以外的图层中工作才能使用该选项。

（3）不透明度：百分比越低，填充越透明。100%填充表示完全不透明。

（4）保留透明区域：仅限于填充包含像素的图层区域。

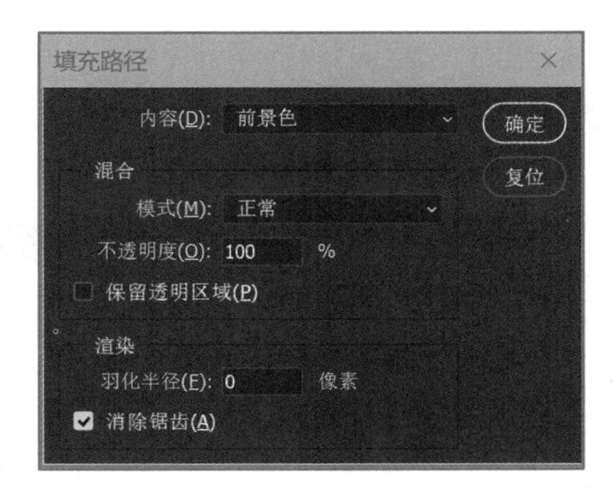

图5-2-6 “填充路径”对话框

（5）羽化半径：定义羽化边缘在选区边框内外的伸展距离。

（6）消除锯齿：通过部分填充选区的边缘像素，在选区中的像素和周围像素之间创建精细的过渡效果。

6. 描边路径

“描边路径”命令可以实现用一个具有指定颜色和宽度的线条绘制路径的边框。此命令可以沿路径以当前绘画工具的设置创建描边。

首先在“路径”面板中选择要描边的路径，然后选择要用于描边路径的绘画或编辑工具，设置工具选项，并从选项栏中指定画笔的大小（注意：在打开“描边路径”对话框之前，必须指定工具的设置）。再从“路径”面板下拉菜单中选取“描边路径”命令，弹出如图 5-2-7 所示的“描边路径”对话框。如果所选路径是路径组件，此命令将变为“描边子路径”。也可以通过单击“路径”面板底部的“用画笔描边路径”图标，直接使用一个具有指定颜色和宽度的线条绘制路径的边框。

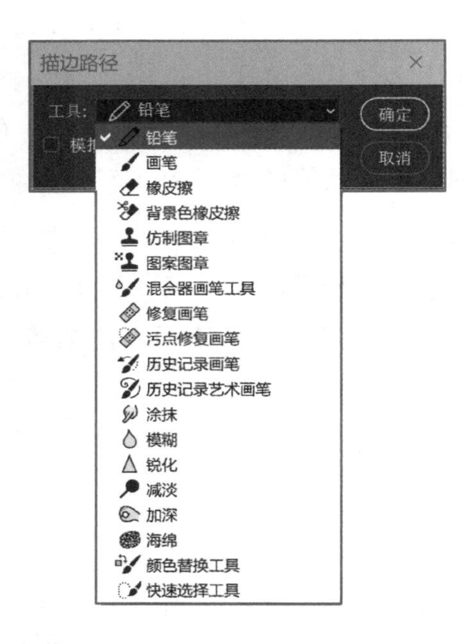

图 5-2-7 “描边路径”对话框

【任务实施】

（1）单击“新建”→“文件”命令，打开新建文件对话框。设置宽度为 452 像素，高度为 523 像素。颜色模式为 RGB 颜色，背景内容为白色，如图 5-2-8 所示。

（2）打开“图层”面板，单击该面板下面的“创建新图层”图标，新建“图层 1”图层。选择工具箱中的椭圆选框工具，在图像中建立一个如图 5-2-9 所示的椭圆选区。

（3）单击“选择”→“变换选区”命令，将选区按如图 5-2-10所示旋转。

（4）选择工具箱中的套索工具，在其工具选项栏中单击“从选区减去”图标，从图像椭圆选区左侧挖去一小块选区，如图 5-2-11 所示。

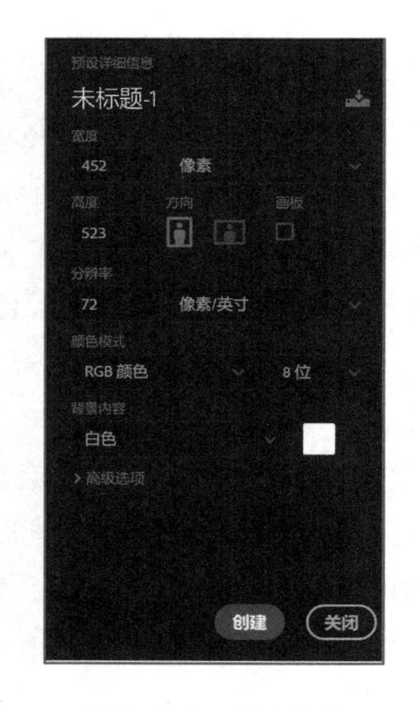

图 5-2-8 新建文件

图 5-2-9 建立椭圆选区

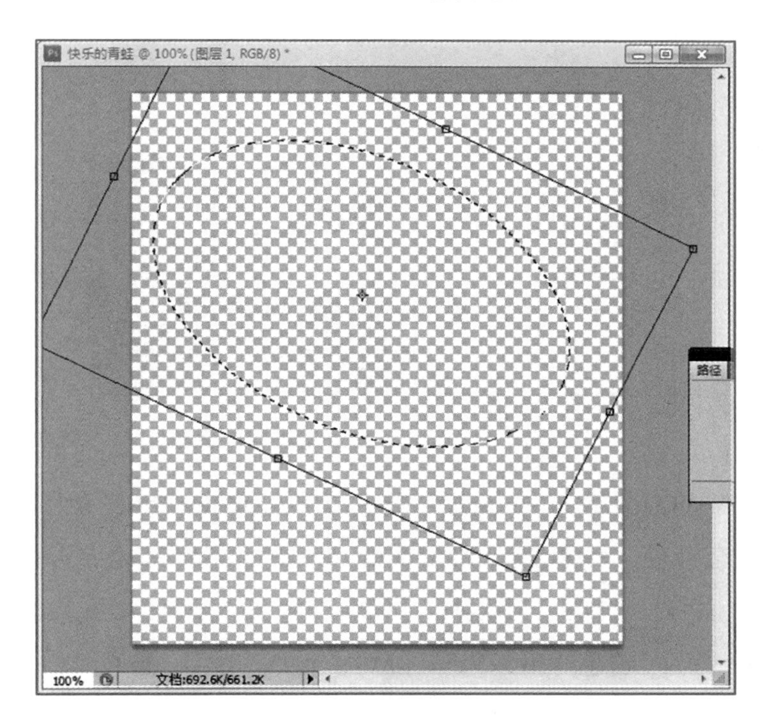

图 5-2-10 旋转选区

图 5-2-11 从图像椭圆选区左侧挖去一小块选区

（5）单击“窗口”→“路径”命令，打开“路径”面板，单击面板下方从“选区生成工作路径”图标。将图像上的选区转换为一个闭合的工作路径，如图 5-2-12 所示。点按鼠标把工作路径拖曳到“路径”面板下方的“创建新路径”图标上，将工作路径存储为“路径 1”路径（在以下步骤中为了便于修改，建议把绘制的工作路径都存储为普通路径）。

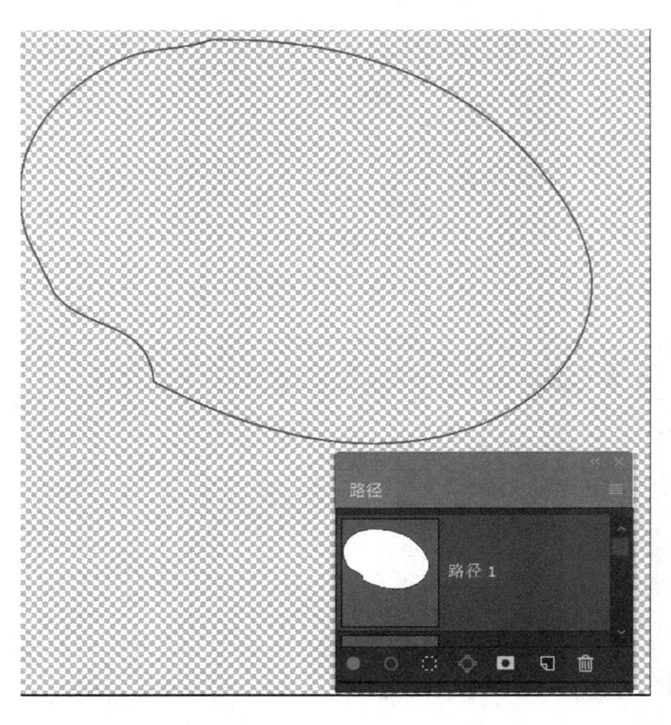

图 5-2-12　从选区生成工作路径

（6）选择工具箱中的前景色，并更改为绿色（R:40，G:156，B:71），单击“路径”面板下方的“前景色填充路径”图标，如图 5-2-13 所示，此路径为青蛙的脸部。

（7）在“图层”面板中双击“图层 1”图层，打开“图层样式”对话框，选择“内阴影”复选框，设置颜色为深绿色（R:29，G:119，B:52），不透明度为 75%，角度为-56%，距离为 47 像素，大小为 100 像素，等高线为半圆，如图 5-2-14 所示。

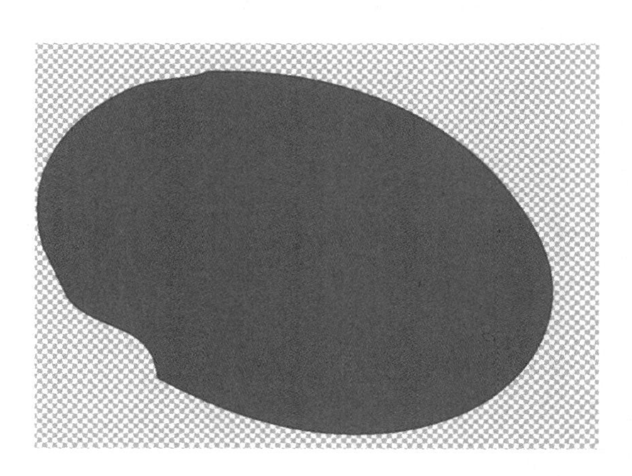

图 5-2-13　用前景色填充路径

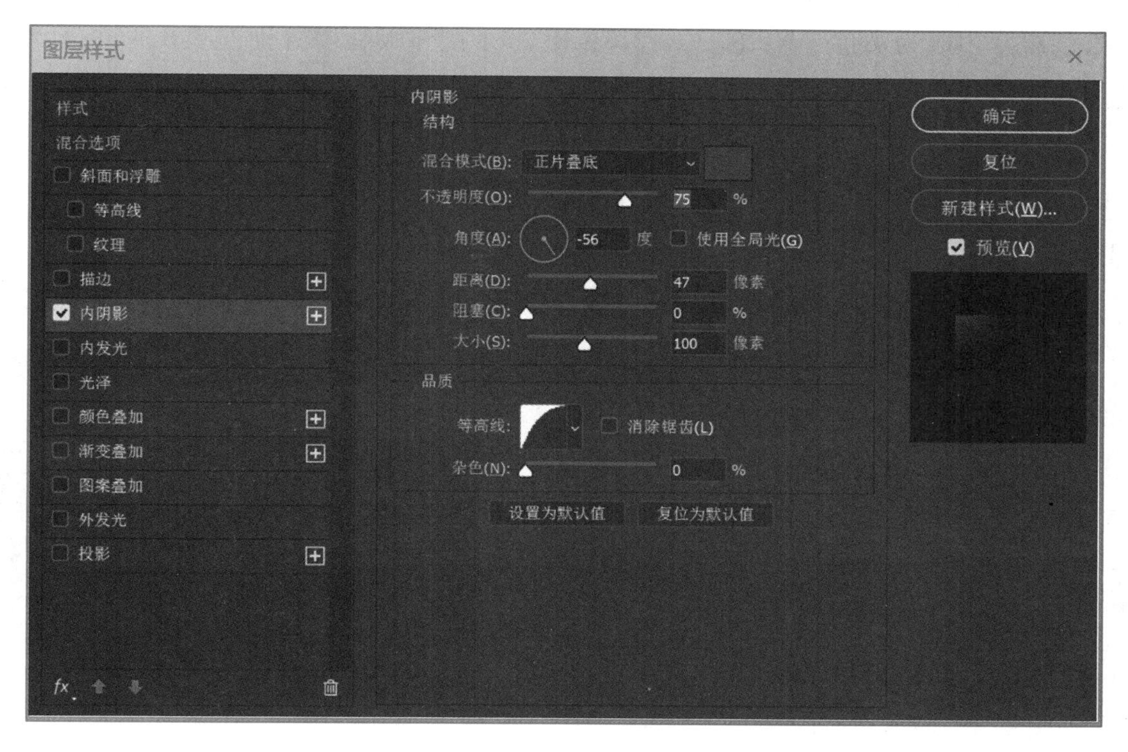

图 5-2-14 设置内阴影样式

（8）选择工具箱的椭圆工具，在工具选项栏上选择工具模式为形状，形状填充类型为纯色，形状描边类型为无颜色。在图像的椭圆上方分别拖曳出两个正圆形，作为青蛙的外眼眶，如图 5-2-15 所示。在“图层”面板上分别命名为“椭圆 1”和“椭圆 2”图层。

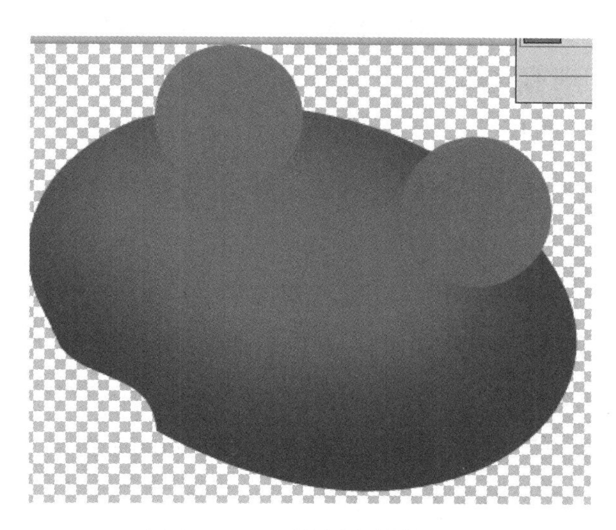

图 5-2-15 绘制青蛙外眼眶

小提示：为了使眼睛和脸部颜色融合在一起，使用工具箱中的吸管工具，取样眼睛靠近脸部的颜色，作为形状填充颜色。

（9）再次选择工具箱的椭圆工具，在工具选项栏上形状填充类型为纯色，将填充的颜色在“拾色器”内改为黄色（R:250，G:218，B:2），在外眼眶内分别拖曳出两个正圆形，作为青蛙的内眼眶，如图 5-2-16 所示。在“图层”面板上分别命名为“椭圆 3”和“椭圆 4”图层。

（10）打开“图层”面板，单击“图层”面板下方的“创建新图层”图标，新建“图层 2”图层。

（11）选择工具箱的自定形状工具，在工具选项栏上设置形状填充类型为纯色，将填充的颜色在“拾色器”内改为为红色（R:255，G:0，B:0），设置待创建的形状为“红心形卡”，如图 5-2-17所示。在图像中拖曳鼠标绘制出一个红色心形作为眼睛。这是在“图层”面板上“图层 2”图层变成了“形状 1”图层。再用自定形状工具绘制出另一个眼睛，名称为“形状 2”图层。

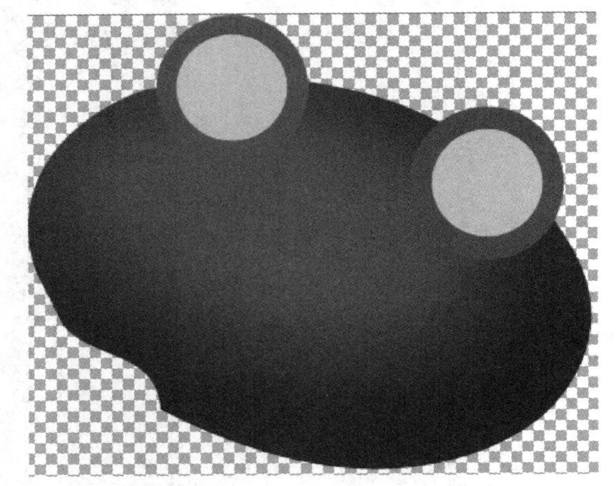

图 5-2-16　绘制内眼眶

图 5-2-17　设置自定形状工具

（12）选择“窗口”→“样式”命令，打开“样式”面板，选择“半透明玻璃”样式（如果没有该样式，可以从“样式”面板右侧的下拉菜单中选择“玻璃按钮”命令，将“玻璃按钮”样式集追加到现有样式中），如图 5-2-18 所示。将“半透明玻璃”样式赋予“形状 1”图层和“形状 2”图层。

（13）选择“编辑”→“自由变换”命令，调整红心眼珠的大小和方向，如图 5-2-19 所示。

（14）选择工具箱中的“钢笔工具”，如图 5-2-20 所示，绘制一个舌头。在绘制后的路径可以用“直接选择工具”调整曲线的方向，使舌头和脸部边缘贴合。

（15）将前景色设置为暗红色（R:197，G:42，B:0）。在“图层”面板中选择“创建新图层”图标，创建“图层 2”图层。在“路径”面板中选择“用前景色填充路径”图标，这样青蛙的舌头绘制完成，如图 5-2-21 所示。

（16）选择工具箱中的“钢笔工具”绘制青蛙的身体，如图 5-2-22 所示。

（17）在“路径”面板中选择“将路径作为选区载入”图标，如图 5-2-23 所示。

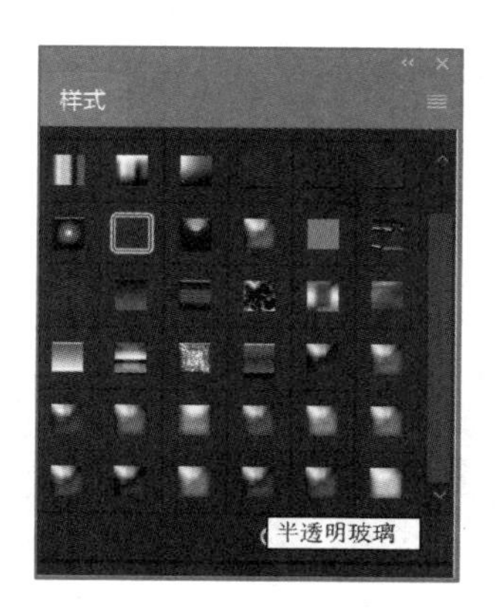

图 5-2-18 绘制两个红心眼珠

图 5-2-19 调整红心眼珠大小

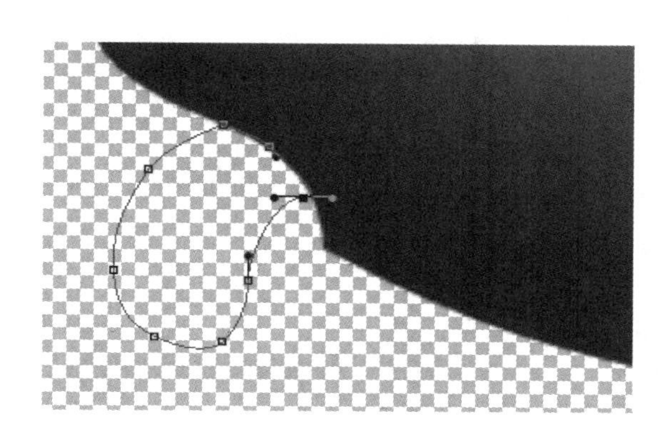

图 5-2-20 绘制舌头

图 5-2-21 填充舌头

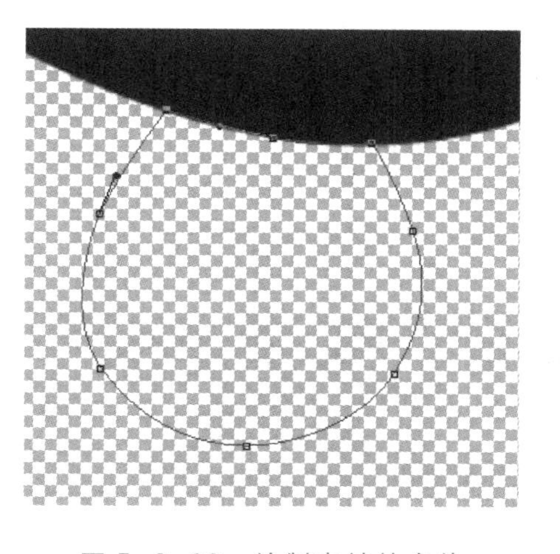

图 5-2-22 绘制青蛙的身体

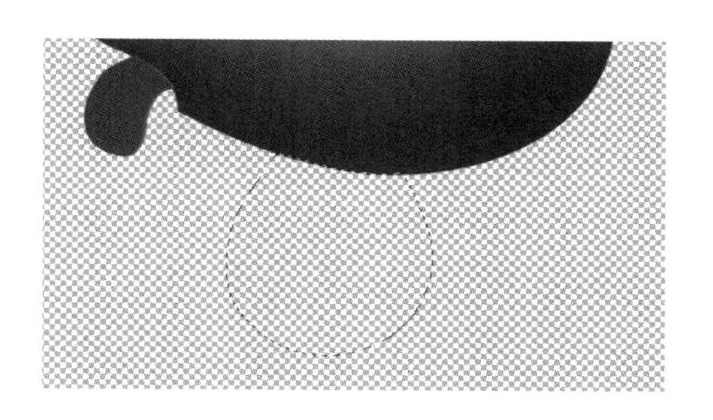

图 5-2-23 将路径作为选区载入

(18) 选择工具箱中的前景色，在“拾色器”对话框中设置前景色为浅绿色（R:212, G:236, B:206），再选择背景色，设置为绿色（R:25, G:105, B:49）。

(19) 单击“图层”面板中“创建新图层”图标，新建“图层 3”图层。选择工具箱中的“渐变工具”，在其工具选项栏上选择“径向渐变”，单击渐变色块，进入“渐变编辑器”对话框，预设选择“前景色到背景色渐变”，如图 5-2-24 所示。

（20）从左下角拖曳鼠标至青蛙肚子的右上角，填充渐变，如图 5-2-25 所示。

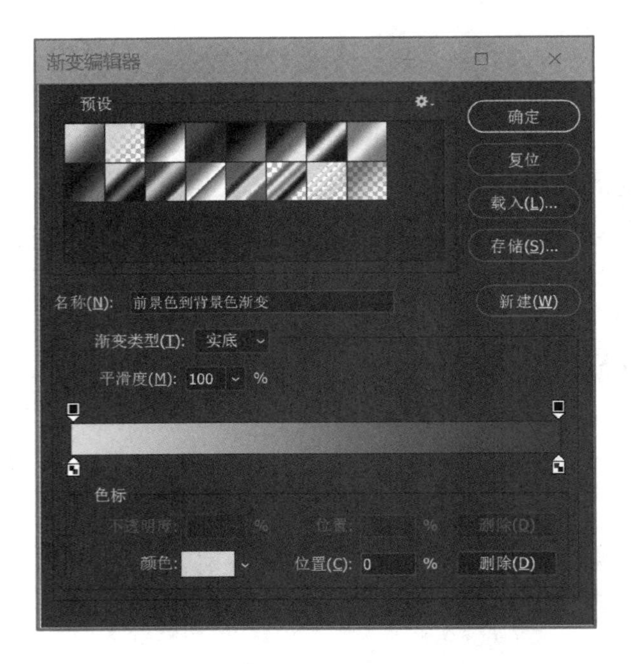

图 5-2-24　编辑渐变

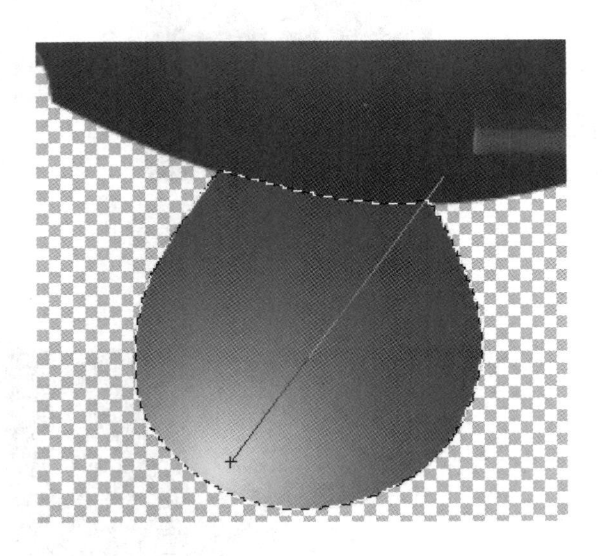

图 5-2-25　填充渐变

（21）选择工具箱中的“钢笔工具”，如图 5-2-26 所示，绘制出青蛙的四肢，并用“直接选择工具”调整点的位置及曲线方向。

（22）在“图层”面板中选择“图层 1”图层，选择“创建新图层”图标，在“图层 1”图层上方新建“图层 4”图层。

（23）在“路径”面板中选择“将路径作为选区载入”图标，将路径转换为选区。选择工具箱中“渐变工具”，拖曳鼠标给四肢选区填充渐变，如图 5-2-27 所示。

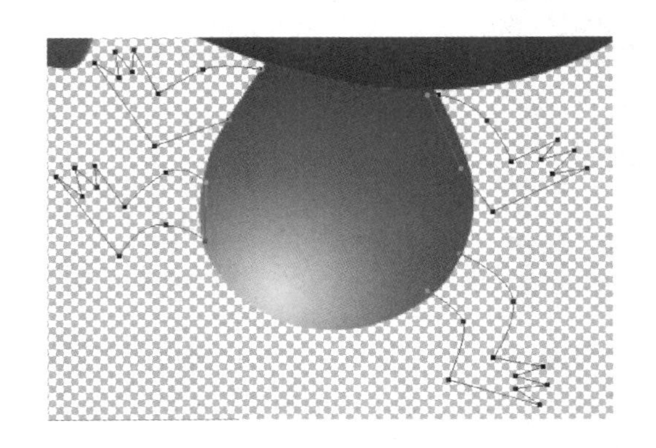

图 5-2-26　绘制青蛙四肢

图 5-2-27　给四肢选区填充渐变

（24）在“图层”面板中选择“创建新图层”图标，在“图层 4”图层上方新建“图层 5”图层。

（25）在工具箱中设置前景色为深绿色（R:25，G:104，B:49），选择工具箱中的“画笔工具”，设置画笔工具选项栏，选择画笔预设为“常规”画笔集中的“硬边圆”样式，设置画笔的大小为8像素。在青蛙的手指上单击鼠标绘制出圆点，如图5-2-28所示。

（26）选择“钢笔工具”绘制眼睛的阴影部分，先绘制左眼的阴影，如图5-2-29所示。

图5-2-28　绘制手指

图5-2-29　绘制左眼的阴影

（27）在“图层”面板中选择“创建新图层”图标，新建“图层6”图层并将路径转换为选区。

（28）设置工具箱中的前景色为深绿色（R:1，G:78，B:16），选择工具箱中“渐变工具”，在工具选项栏中设置为“线性渐变”，选择渐变预设中的“从前景色到透明渐变”。拖曳鼠标给选区填充渐变，如图5-2-30所示。

（29）用绘制左眼阴影方法给右眼添加阴影。

（30）选择“图层”→“合并图层”命令，将所有图层合并。

（31）打开单元5素材“沙滩.jpg”文件。用“移动工具”将青蛙拖曳至“沙滩.jpg”文件中，最后的效果如图5-2-31所示。

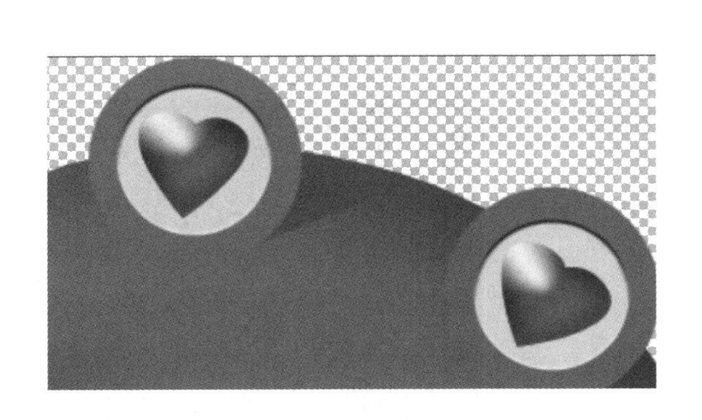

图5-2-30　给左眼的阴影填充渐变

图5-2-31　最后效果

【任务拓展】

形状工具组可以创建出精确的形状，主要有“矩形工具”“圆角矩形工具”“椭圆工具”“多边形工具”“直线工具”和“自定形状工具”，如图 5-2-32 所示。从这个工具组选择一种形状工具后，在图像内点按并拖动鼠标即可绘制形状。

双击“图层”面板左侧“形状”图层缩略图可以进入“拾色器”（纯色）对话框更改形状填充的颜色，也可以使用路径编辑工具修改形状轮廓，并且可以对“形状”图层应用样式。

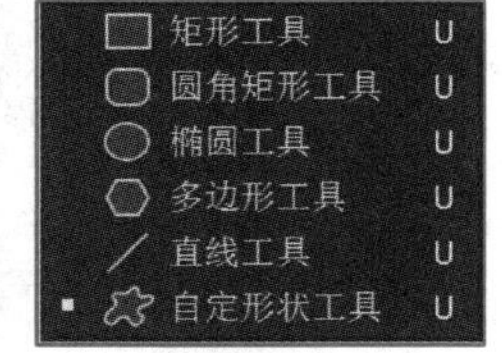

图 5-2-32 形状工具组

1. 形状工具选项栏

从工具箱中选择不同的形状工具时，其工具选项栏也会进行相应的改变。但是这几种工具的大部分选项都相同，如图 5-2-33 所示。

图 5-2-33 形状工具选项栏

（1）选择工具模式

选择不同的工具模式，相应的选项栏设置也随之改变，工具模式有“形状”“路径”和“像素”三种。

（2）形状描边

使用“路径选择工具”可选择要修改路径的形状。在工具选项栏中单击“描边”图标打开“描边选项”面板，在该面板中可对描边进行各种设置，如图 5-2-34 所示。

（3）设置矩形、圆角矩形、椭圆形选项

当选择“矩形工具”“圆角矩形工具”“椭圆工具”时，选择工具选项栏的“设置其他形状和路径选项”图标，打开的“路径选项”面板，如图 5-2-35 所示。“路径选项”面板可以定义路径线的颜色和粗细，使路径在图像上更加清晰、可见。

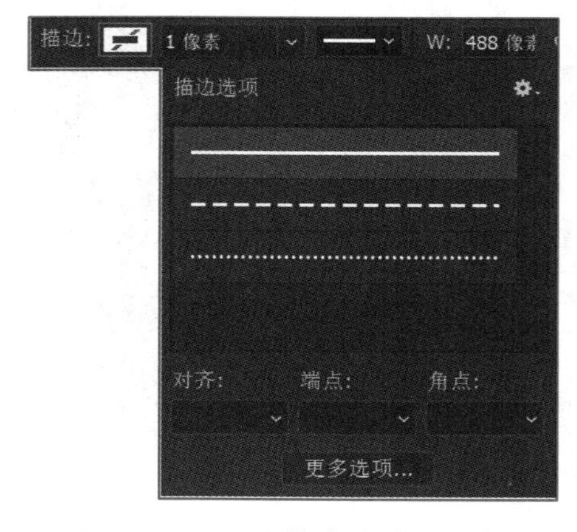

图 5-2-34 “描边选项”面板

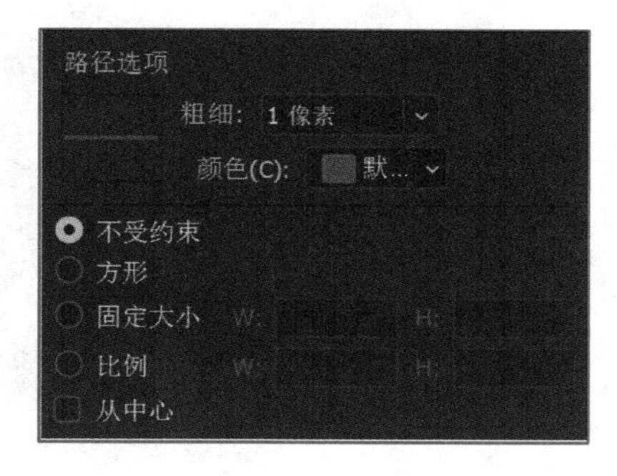

图 5-2-35 “路径选项”面板

当选择“圆角矩形工具”时，工具选项栏中的“半径”选项是指定圆角半径，如图 5-2-36 所示，半径的值越大，绘制矩形的 4 个顶角弧度越大。

（4）设置多边形工具选项

当选择“多边形工具”时，工具选项栏中有一个“边”字段允许设置多边形的边数，选择工具选项栏的“设置其他形状和路径选项”图标，打开的“路径选项”面板如图 5-2-37 所示。

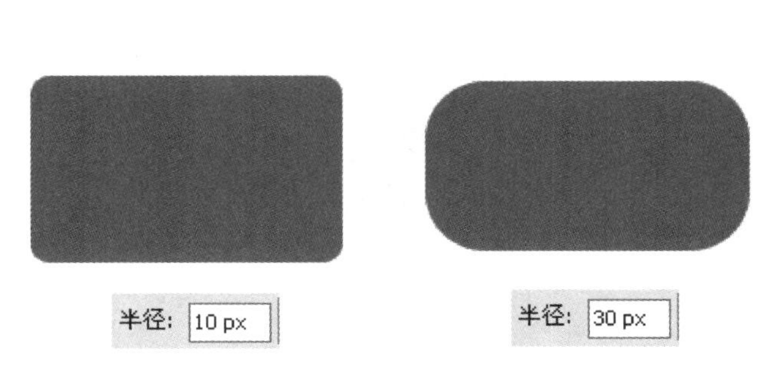

图 5-2-36　半径值对矩形顶角的影响

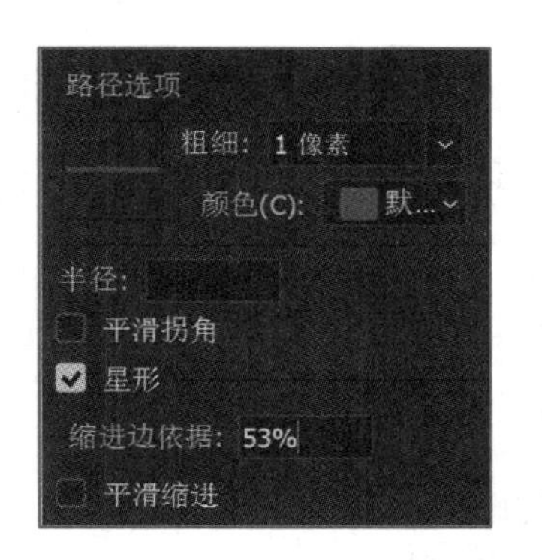

图 5-2-37　“多边形工具”的“路径选项”面板

以设置五边形为例，调整“路径选项”面板中各种参数，效果如图 5-2-38 所示。

(a) 选择“星形”复选框　(b) 选择“平滑拐角”复选框　(c) 选择“平滑缩进”复选框　(d) 调整“缩进边依据”的值由50%改为80%

图 5-2-38　调整参数后效果

（5）设置“直线工具”

当选择“直线工具”时，其工具选项栏中有一个“粗细”选项，粗细以像素为单位确定直线的宽度。选择“设置其他形状和路径选项”图标，打开的“路径选项”面板如图 5-2-39 所示，给箭头选项设定不同的参数能够绘制出不同的箭头形状，如图 5-2-40 所示。

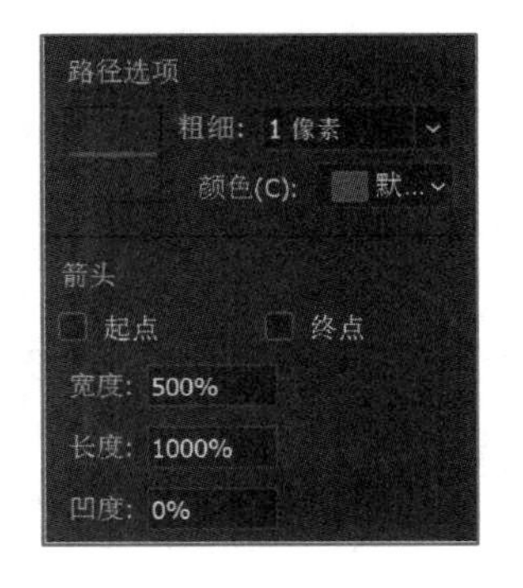

图 5-2-39　“直线工具”的“路径选项”面板

2. 自定形状工具

可以通过使用“自定形状”弹出式面板中的形状来绘制形状，也可以存储形状或路径以便用作自定形状。在自定形状工具选项栏的“自定形状”拾色器中有许多预设的自定形状可供选择，也可以把使

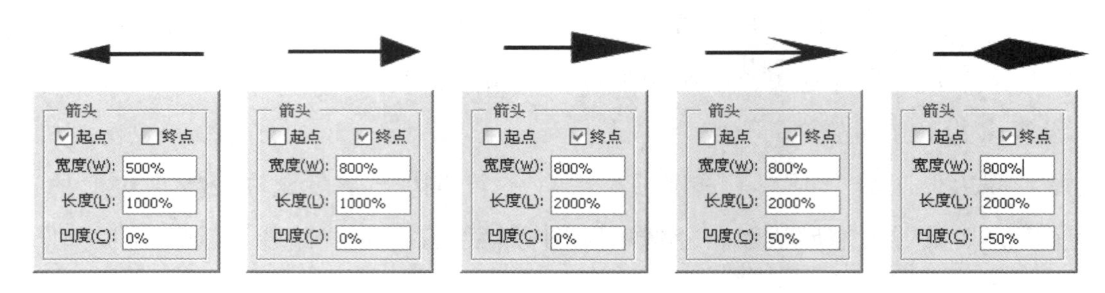

图 5-2-40　不同参数绘制出的箭头形状

用“钢笔工具”创建的形状保存到这个列表上。在右侧弹出菜单中包括对形状的删除、复位、载入、存储和替换等命令，该菜单还可以使一系列附加形状替换或追加到默认的形状预设中，如图 5-2-41 所示。

当选择自定形状工具时，选择工具选项栏的“设置其他形状和路径选项”图标，打开的“路径选项”面板如图 5-2-42 所示。

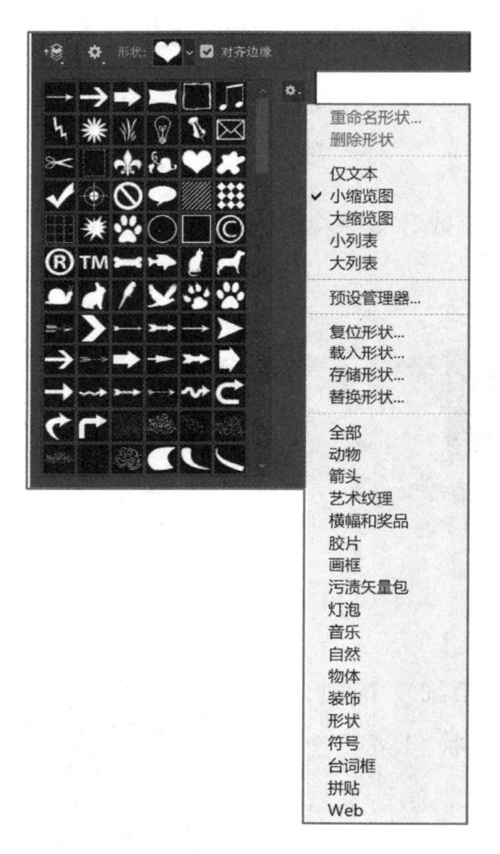

图 5-2-41　预设自定义形状

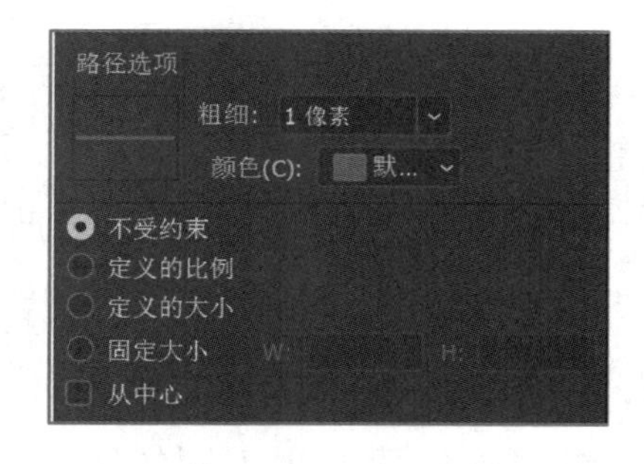

图 5-2-42　“自定形状工具”的“路径选项”面板

思考练习

一、选择题

1. 绘制路径工具主要有________。

A. 钢笔工具、自由钢笔工具

B. 添加锚点工具、删除锚点工具、转换点工具

C. 路径选择工具、直接选择工具

D. 转换点工具、直接选择工具

2. 路径是由________组成。

A. 一个或多个直线段或曲线段　　B. 锚点

C. 锚点和控制柄　　D. 方向线

3. 连接直线线段的锚点也称为________。

A. 角点　　B. 平滑点　　C. 原点　　D. 直线点

4. 绘制的路径被存放于________面板中。

A. 历史记录　　B. 图层　　C. 通道　　D. 路径

5. Photoshop 中调整画笔形状是在__________面板中。

A. 路径　　B. 画笔预设　　C. 画笔　　D. 通道

6. 在______面板中可以给画笔增加纹理。

A. 画笔预设　　B. 路径　　C. 画笔　　D. 通道

7. 在______面板中可以将选区转换为路径。

A. 画笔预设　　B. 路径　　C. 调整　　D. 通道

二、思考题

1. 如何制作自定义画笔？

2. 如何在自定义形状中原有的形状基础上追加新的形状？

3. 在“路径”面板中可完成对路径的哪些操作？

4. 如何制作一个五角星形？

5. “样式”面板是如何使用的？

操作练习

图 5-3-1 单元 5 练习题效果图

练习目标：利用自定义画笔，设置画笔形状动态等，绘制各种颜色的纱从花朵中飞舞出来的效果，如图 5-3-1 所示。

素材文件：单元 5/彩带. tif
效果文件：单元 5/flower. jpg

单元评价

序号	评价内容		自评
1	基础知识	掌握“画笔”面板的设置	
2		掌握“路径”面板的设置	
3		掌握形状工具选项栏的设置	
4	操作能力	掌握自定义画笔的制作	
5		掌握形状工具的使用方法	
6		熟练掌握“路径”面板的使用和路径的编辑方法	

说明：评价分为 4 个等级，可以使用“优”“良”“中”“差”或“A”“B”“C”“D”等级呈现评价结果。

Unit 6

单元 6　Photoshop 中图层使用技巧

单元目标

图层是 Photoshop 的核心功能之一。Photoshop 对保存在图层上的各个图像片段可以分别进行编辑和独立移动。图层的叠放顺序可以确定视觉元素在图像平面内的深度和位置。使用图层操作能够在创建图像的过程中充分控制图像。通过对本单元的学习，了解图层的特点及各类图层的用途，掌握图层的编辑方法。

- 熟悉“图层”面板的组成元素以及图层的典型属性
- 了解图层的类型、作用与用途
- 熟练掌握图层移动、删除、复制、链接和合并的方法
- 熟练掌握图层样式的使用方法
- 了解图层混合模式及使用方法

单元内容	案例效果
6.1　图层样式——制作火漆封章	
6.2　图层混合模式——制作星空效果	

续表

单元内容	案例效果
6.3 调整图层——制作星球爆炸场景	

6.1 图层样式——制作火漆封章

【任务分析】

图层样式可以制作出许多精彩的视觉效果，在 Photoshop 中经常使用。本案例学习如何利用图层样式和路径工具，绘制出写实风格的火漆封章效果。

【任务准备】

图层的基本操作

Photoshop 图层就如同堆叠在一起的透明纸，每一张纸上都有不同的图像，我们可以透过上面图层的透明区域看到下面图层的内容。移动图层可以用来定位图层上的内容，就像在堆栈中滑动透明纸一样，也可以更改图层的不透明度以使部分内容透明。

Photoshop 中的每个图层都各自独立，可任意修改某一图层的内容，而不会影响其他图层的图像，并且可以调整图层的透明度、混合模式和样式等创造出各种图像效果。图层的基本操作是指对图层的创建、复制、删除、移动等编辑工作，这些操作都在“图层”面板中实现。

1. “图层” 面板

图层分层能力的核心是“图层”面板，它是管理和操作图层的主要场所，Photoshop 中的“图层”面板列出了图像中的所有图层、图层组和图层效果。可以使用“图层”面板来显示和隐藏图层、创建新图层以及处理图层组。可以在“图层”面板菜单中访问其他命令和选项。在“图层”面板中可以完成创建、删除及编辑图层等操作，几乎所有图层所具备的功能都可以通过“图层”面板完成。选择“窗口”→“图层”命令可以显示“图层”面板，如图 6-1-1 所示。

2. 创建新图层

创建新图层的目的是给图像添加新的内容，当添加一个新的图层时，文档的信息量也会增大，可以通过合并图层来降低文件长度、减小信息量。新建的图层将出现在“图层”面板中选定图层的上方，或出现在选定组内。

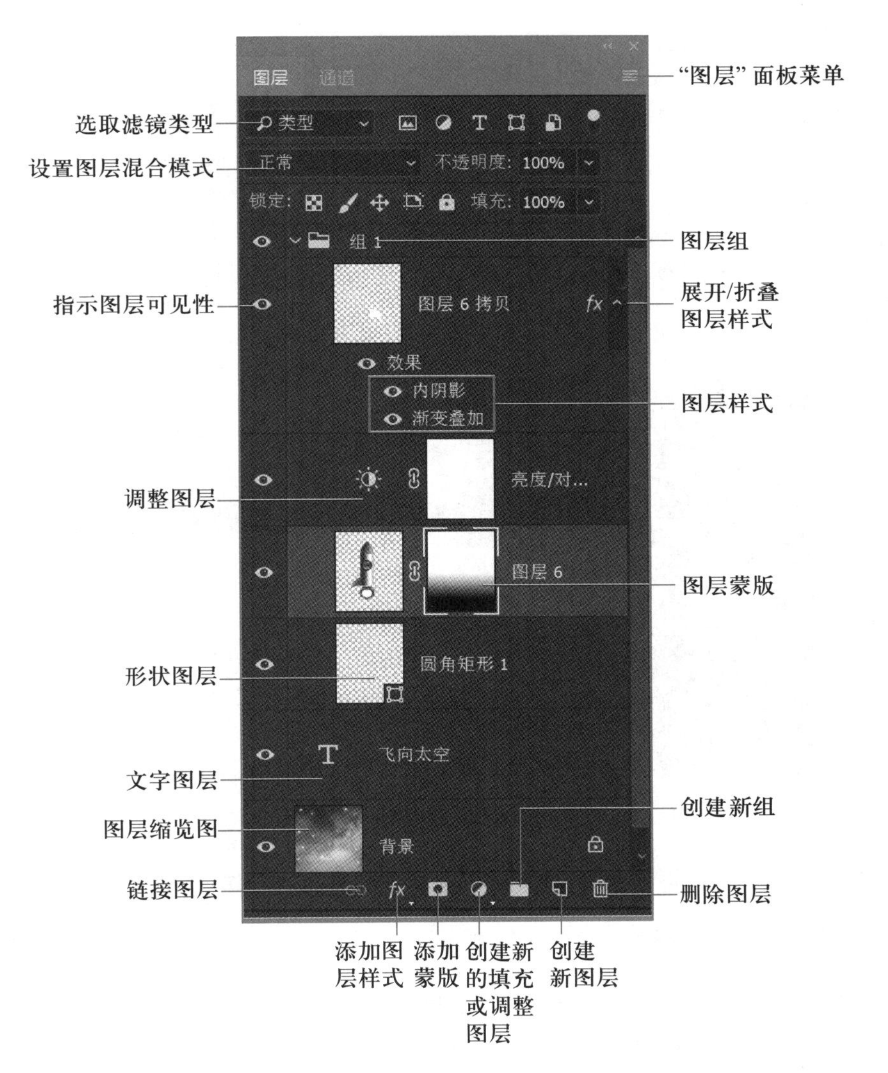

图 6-1-1 “图层”面板

要创建新图层只要单击“图层”面板下方的“创建新图层”图标或者选择菜单“图层”→“新建”→“图层”命令，还可从“图层”面板菜单中选取“新建图层”命令，从“新建图层”对话框中设置图层选项，如图 6-1-2 所示。

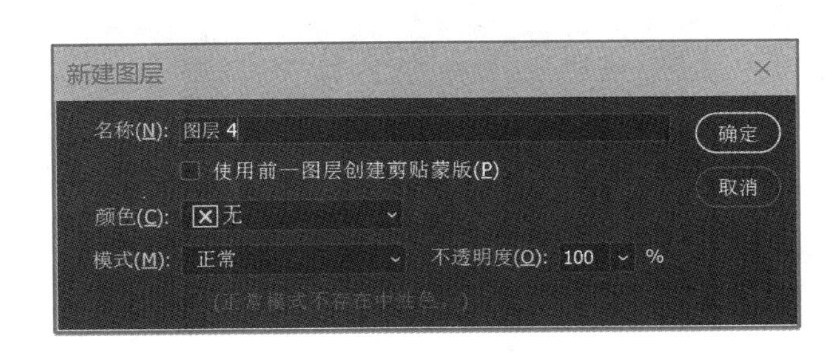

图 6-1-2 “新建图层”对话框

小提示：按住 Alt 键同时单击“图层”面板中的“创建新图层”图标或“创建新组”图标，可显示“新建图层”或“新建组”对话框。按住 Ctrl 键同时单击“图层”面板中的“创建新图层”图标，可直接在当前选定图层下方添加一个图层。

3. 复制图层/组

图层的复制可以分为在同一个图像文件内复制图层/组和不同图像文件之间复制图层/组。

（1）同一个图像文件内复制图层/组。首先是在“图层”面板中选择一个图层/组，然后将图层/组拖移到“创建新图层”图标上即可，或者从“图层”面板菜单中选择“复制图层”或“复制组”命令，如图 6-1-3 所示。

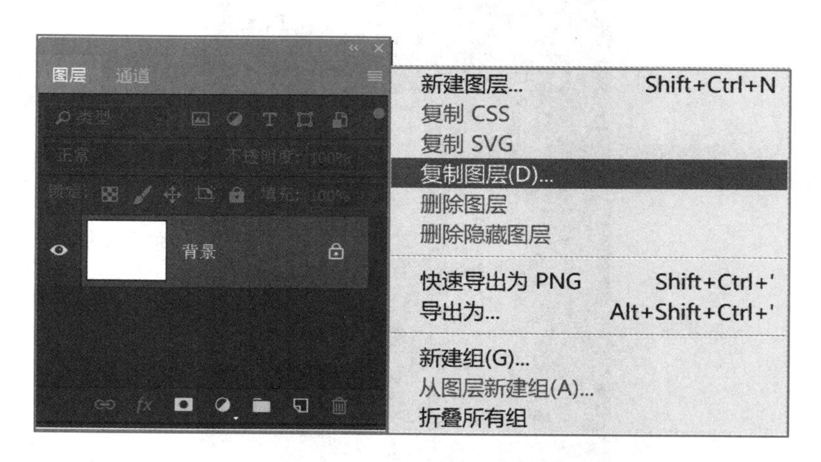

图 6-1-3 从“图层”面板菜单中选择“复制图层”命令

（2）在不同图像文件之间复制图层/组。首先打开源图像文件和目标图像文件。在源图像文件的“图层”面板中，选择一个图层/组，然后选择移动工具，将图层/组从“图层”面板拖移到目标图像文件中，还可以直接把源图像拖移到目标图像文件中。在目标图像的“图层”面板中，复制的图层/组将出现在当前图层的上方。

在不同图像文件之间复制图层/组，还有一种方法就是从“图层”面板菜单中选取“复制图层”或“复制组”命令。在“复制图层”对话框“目标”栏的“文档”下拉列表框中选取目标文档，如图 6-1-4 所示，然后单击“确定”按钮即可。

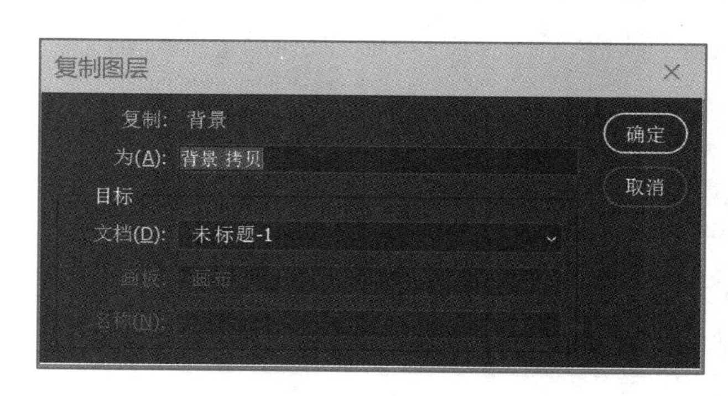

图 6-1-4 “复制图层”对话框

小提示：如果源图像和目标图像具有相同的像素大小，按住 Shift 键并拖移，可以将图像内容定位于它在源图像中占据的相同位置，如果源图像和目标图像像素大小不同，则定位于文档窗口的中心。

4. 删除图层/组

删除不再需要的图层可以减小图像文件的大小。首先在“图层”面板中选择一个或多个图层/组，然后直接按 Delete 键或者单击“图层”面板下方的“删除图层”图标即可；如果从“图层”菜单或“图层”面板菜单中选择“删除图层”命令，确认后即可删除。

5. 调整图层/组的顺序

“图层”面板中每个图层/组都是独立叠放的，所以可以任意调整图层/组的叠放顺序。在编辑图像时调整图层位置能产生不同的图像效果。

要调整图层/组的顺序，只需要在“图层”面板中将选定的图层/组拖动到指定位置即可，或者选择“图层”→“排列”命令也可以调整图层和组的顺序，如图 6-1-5 所示。

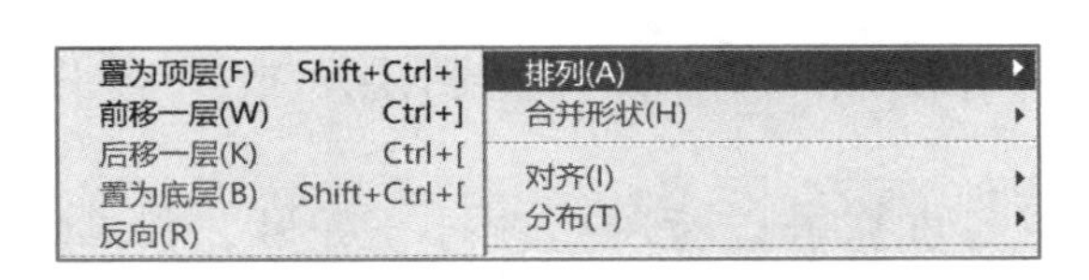

图 6-1-5 选择“排列”命令

6. 图层编组

图层编组便于对图像的管理，可以减小“图层”面板的长度。首先要在“图层”面板中选择多个图层，然后执行下列任意一种操作进行编组。

（1）选择要编组的图层，再选择“图层”→“图层编组”命令，即可将选中的图层编为一个新的图层组。

（2）按住 Alt 键并将要编组的图层拖移到“图层”面板底部的“创建新组”图标上，在弹出的“从图层新建组”对话框中设置新组的选项，对图层进行编组，如图 6-1-6 所示。要取消图层编组，选择组并选择“图层”→“取消图层编组”命令即可。

图 6-1-6 “从图层新建组”对话框

7. 链接图层

链接的图层之间有“锁链”图标显示。一般可以链接两个或多个图层/组，对于链接的图层可以进行统一移动和变形，链接的图层将保持关联，直至取消它们的链接为止。

要链接图层，首先在“图层”面板中选择两个以上的图层或组。单击“图层”面板底部

"链接图层"图标，或者从"图层"面板菜单中选择"链接图层"命令。要取消图层链接，只要选择一个链接的图层，然后单击"图层"面板底部的"链接图层"图标即可。

小提示： 要临时禁用链接的图层，只要按住 Shift 键同时单击"链接图层"图标，链接图标上出现一个红"×"，如图 6-1-7 所示。当按住 Shift 键再次单击此链接图标，可再次启用该链接图层。

8. 合并图层

在确定了图层的内容后，可以合并图层以缩小图像文件的大小。合并后的图层中所有透明区域的交叠部分还将保持透明。

合并图层之前，首先要确定要合并的图层/组处于可见状态，然后选择想要合并的图层/组，最后选择"图层"→"合并图层""合并可见图层"或"合并图像"命令即可。

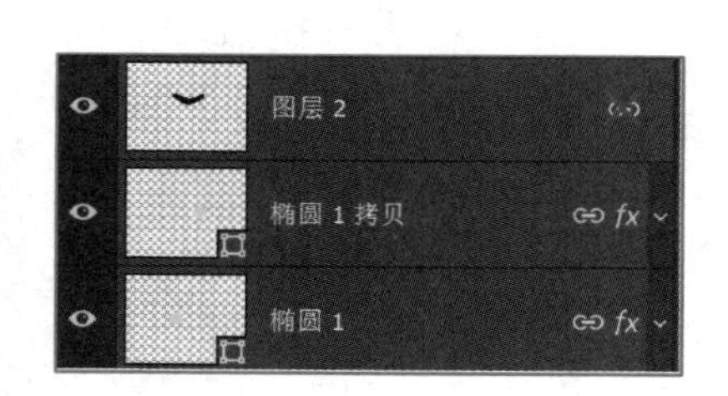

图 6-1-7　链接图层与临时禁用链接图层

小提示： 对图像进行合并时，按 Ctrl+Shift+Alt+E 快捷键可以创建一个包括所有可见图层的新图层，该图层不影响其他图层。

9. 锁定图层

通过不同"图层"面板中不同锁定图层的功能，能够保护图层的图像不受影响。主要包括锁定透明像素、锁定图像像素、锁定位置、防止在画板内外自动嵌套和锁定全部。

小提示： 图层锁定后，图层名称的右边会出现一个锁形图标。当图层被完全锁定时，锁形图标是实心的；当图层被部分锁定时，锁形图标是空心的。

（1）锁定透明像素

单击"图层"面板上方的"锁定透明像素"图标，就不能在相应图层的透明区域上应用 Photoshop 的功能。

（2）锁定图像像素

单击"图层"面板上方的"锁定图像像素"图标，可以使"画笔工具"无法在图层上应用。

（3）锁定位置

单击"图层"面板上方的"锁定位置"图标，将无法移动选定图层的图像。

（4）阻止在画板内部和外部自动嵌套

"图层"面板上的"阻止在画板内部和外部自动嵌套"图标是指当我们使用画板时插图中的锁指定给画板以禁止在画板内部和外部自动嵌套，或指定给画板内的特定图层以禁止这些特定图层的自动嵌套。要恢复到正常的自动嵌套行为，从画板或图层中删除所有自动嵌套锁。

（5）锁定全部

单击“图层”面板上方的“锁定全部”图标，可以将选择图层中的图像全部锁住，不能进行编辑或者修改。

小提示： 如果对默认锁定的背景图层进行编辑，可以双击该图层，打开“新建图层”对话框，设置解锁后图层的名称后，就可以将背景图层作为普通图层进行编辑。

10. 图层复合

使用图层复合功能，可以帮助我们在编辑图像时，记录图像中不同图层的设置，可以在单个 Photoshop 文件中创建、管理和查看版面的多个版本。图层复合是“图层”面板状态的快照。选择“窗口”→“图层复合”命令，打开“图层复合”面板，如图 6-1-8 所示。

单击“图层复合”面板底部的“创建新的图层复合”按钮。创建的新图层复合为当前图层状态。在弹出的“新建图层复合”对话框中命名该图层如图 6-1-9 所示。添加说明性注释并选取要应用于图层的选项。

图 6-1-8　“图层复合”面板

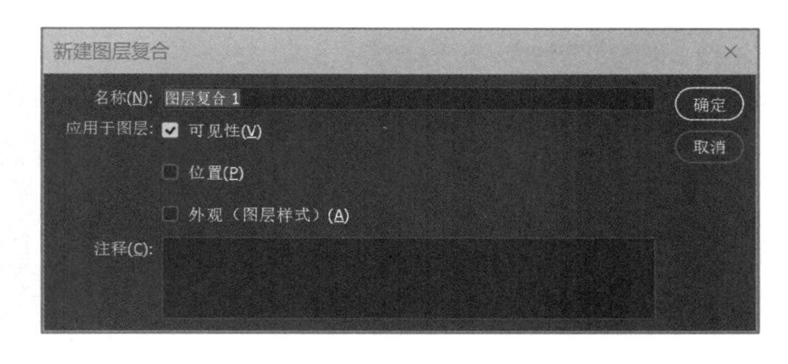

图 6-1-9　“新建图层复合”对话框

【任务实施】

（1）选择“文件”→“新建”命令，在“新建”对话框中设置宽度为 540 px、高度为 320 px、内容为白色。

（2）选择工具箱中的“钢笔工具”。用“钢笔工具”单击一个起点，然后再单击另外一个点并调整弯曲线段，绘制出光滑的波浪轮廓路径作为封蜡章外环线，如图 6-1-10 所示。在“路径”面板中将刚绘制的工作路径拖曳到面板下方的“新建路径”图标上，并双击该路径，取名为“外环线”。

（3）再次选择工具箱中的“钢笔工具”，绘制封蜡章的内圈。在工具选项栏上选择工具模式为“路径”，路径操作为“排除重叠形状”选项，然后创建一个新的接近圆形的路径，如图 6-1-11 所示。

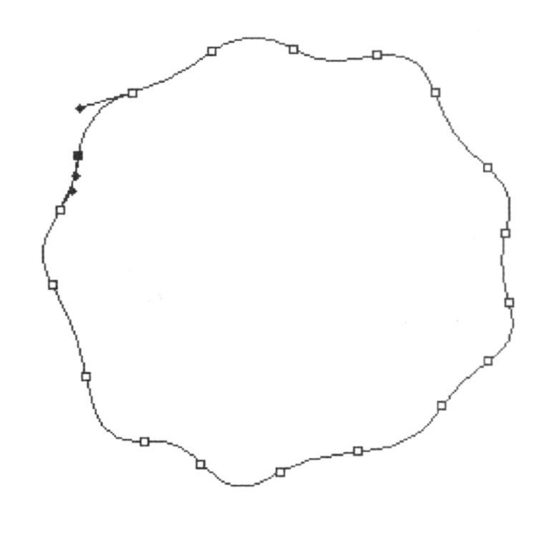

图 6-1-10　绘制封蜡章外环线

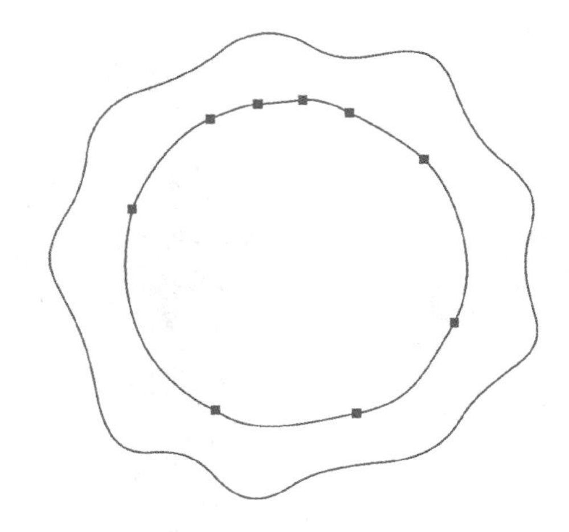

图 6-1-11　绘制封蜡章内圈

（4）选择“窗口”→“图层”命令，打开“图层”面板，单击“创建新图层”图标，双击新建图层名称，命名为“外环线”图层。

（5）选择“图层”→“矢量蒙版”→“当前路径”命令。在“图层”面板的“外环线”图层右侧创建了一个矢量蒙版，如图 6-1-12 所示。

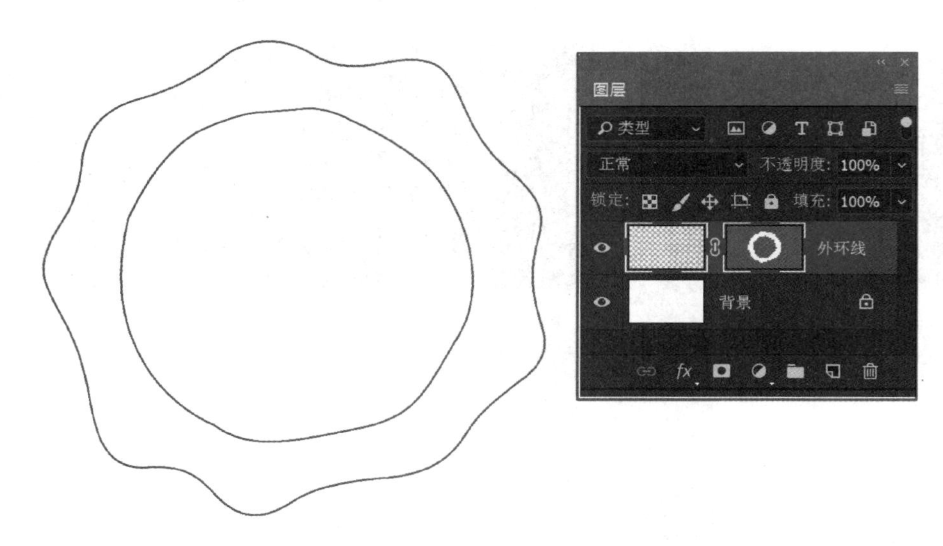

图 6-1-12　创建矢量蒙版

（6）选择“外环线”图层的图层缩略图，设置工具箱中的前景色为红色（R:187，G:54，B:46）。按 Alt+Delete 键，用前景色填充，如图 6-1-13 所示。

（7）在“图层”面板上选择“外环线”图层，并按鼠标右键在菜单中选择“复制图层”命令，在复制图层对话框中输入名称为“阴影”。在“图层”面板中拖曳“阴影”图层至“外环线”图层下方，如图 6-1-14 所示。

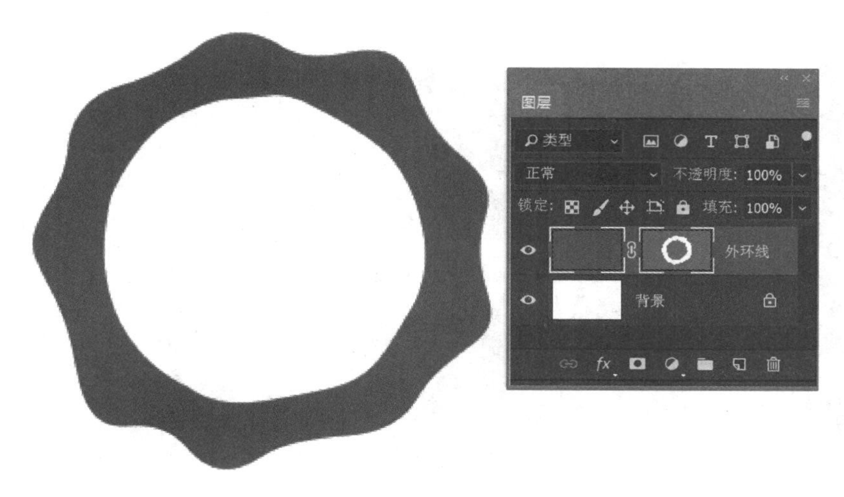

图 6-1-13 用前景色填充

（8）选择“图层”面板中的“外环线”图层，再选择面板下方的“添加图层样式”图标，从菜单中选择“斜面和浮雕”样式，在“图层样式”对话框中设置“深度”为 150%、“大小”为 16 像素，“软化”为 0 像素，如图 6-1-15 所示，选择“等高线”复选框，在“等高线”预设中选择第二行第一个“半圆”，如图 6-1-16 所示。样式确定后图像效果如图 6-1-17 所示。

图 6-1-14 复制“外环线”图层

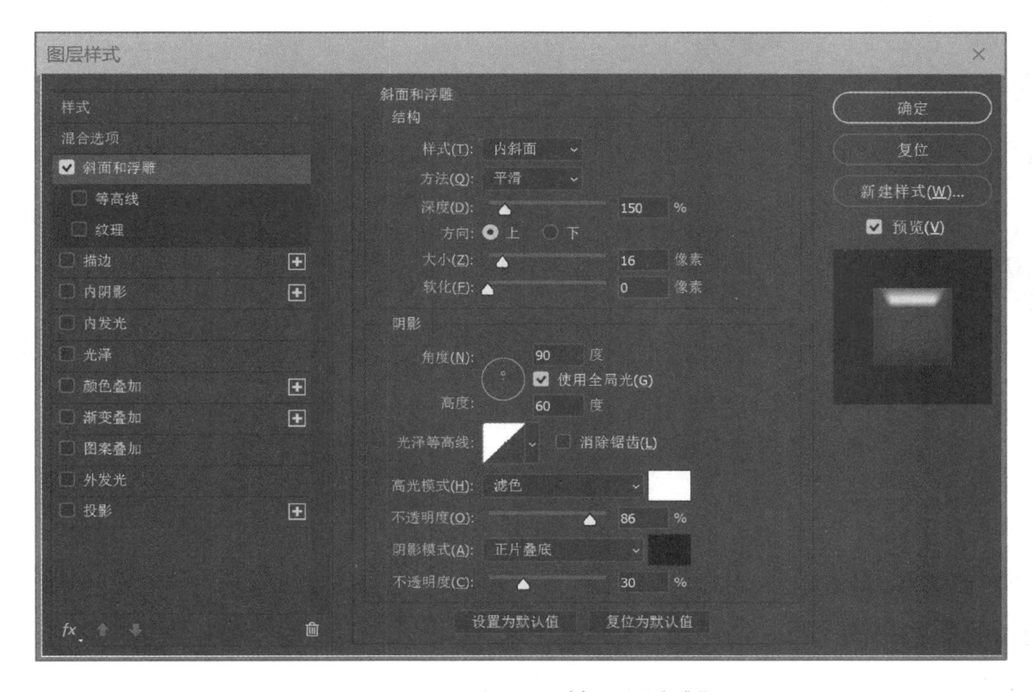

图 6-1-15 设置“斜面和浮雕”

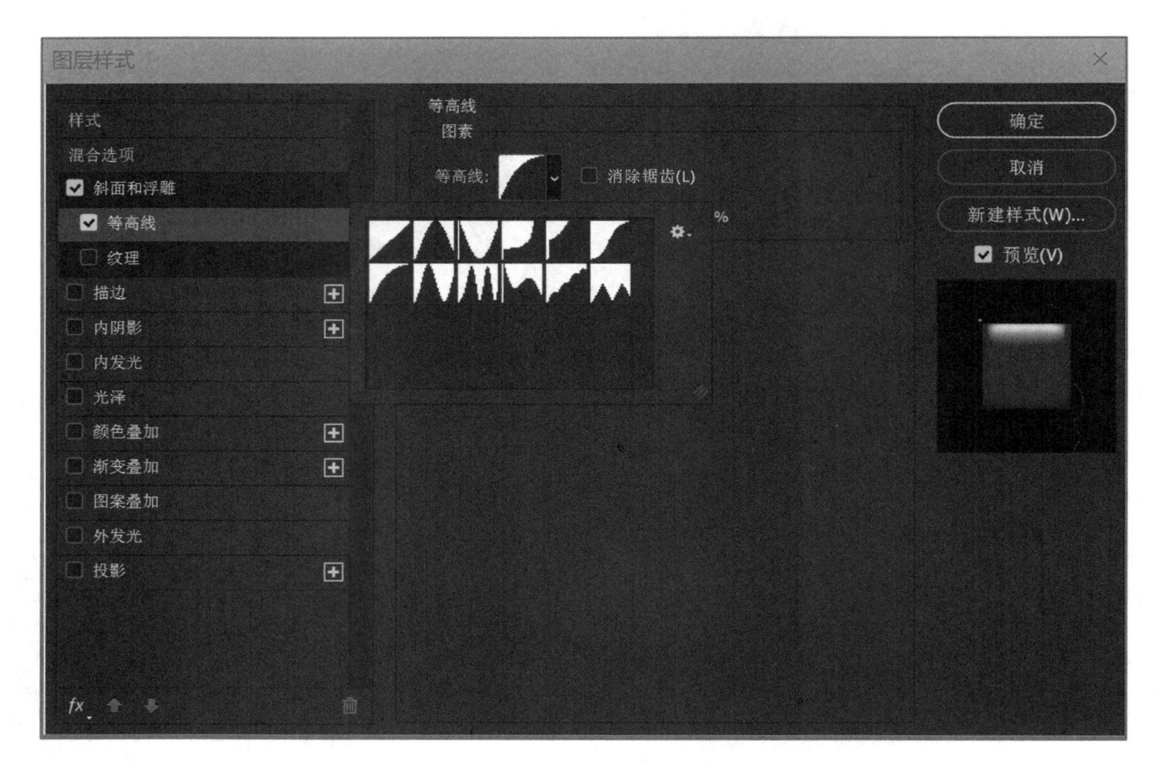

图 6-1-16 设置“等高线”

(9) 在“图层”面板上选择“阴影”图层，按 Alt 键同时单击面板下方的“新建图层”图标，在“新建图层”对话框中设置名称为“中心”，如图 6-1-18 所示。

图 6-1-17 添加图层样式后效果

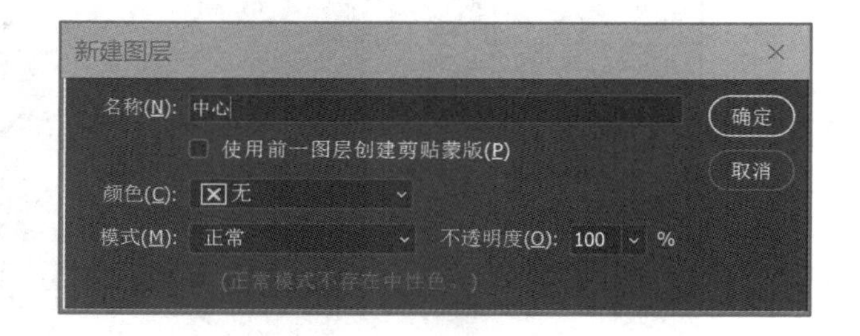

图 6-1-18 设置“新建图层”对话框

(10) 打开“路径”面板，选择“外环线”路径，使用工具箱中的“路径选择工具”，选择“外环线”路径中封蜡章内圈路径，再单击“路径”面板下方用“前景色填充路径”图标（前景色同“外环线”“红色”），如图 6-1-19 所示，取消选择路径。

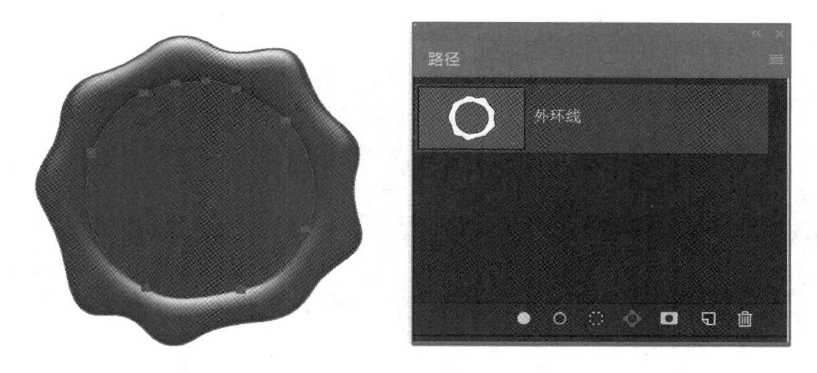

图 6-1-19 用前景色填充封蜡章内圈路径

（11）在“图层”面板中关闭“外环线”和“阴影”图层左侧的“指示图层可见性”图标，使两个图层不可见，再选择“中心”图层。按 Ctrl+T 快捷键（“自由变换”命令），在选项栏上按下保持长宽比按钮，将宽度和高度都增加到 105%，如图 6-1-20 所示，按回车键确定。

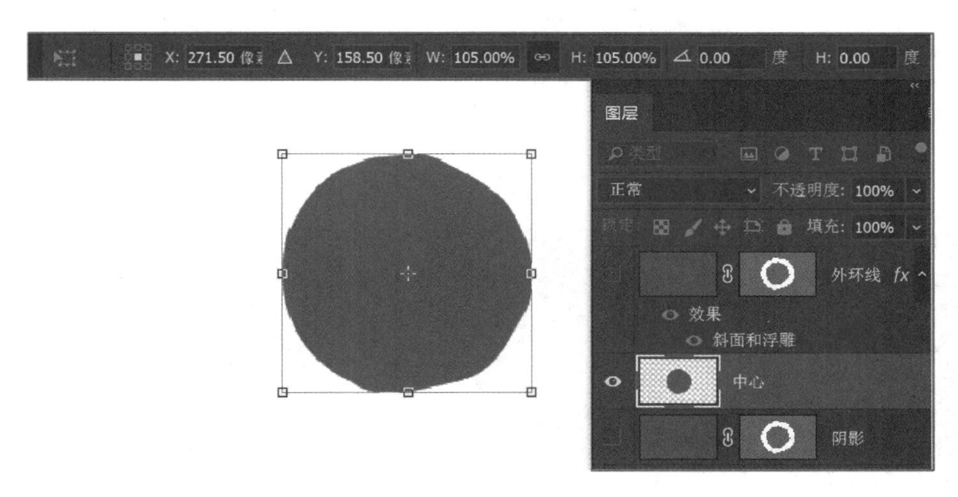

图 6-1-20 增加中心图像宽度和高度

（12）在“图层”面板中双击“中心”图层右侧空位置或者选择面板下方的“添加图层样式”图标，从菜单中选择“斜面和浮雕”样式，在“图层样式”对话框中设置“深度”为 150%，“方向”为下，“大小”为 9 像素，“软化”为 0 像素，其他设置如图 6-1-21 所示。再勾选“图层样式”对话框“光泽”复选框，设置“不透明度”为 30%，“角度”为 19 度，“距离”为 115 像素，“大小”为 76 像素，“等高线”选择“高斯”，如图 6-1-22 所示。

（13）打开“图层”面板上“外环线”和“阴影”图层左侧的“指示图层可见性”图标，使图层可见，图像效果如图 6-1-23 所示。

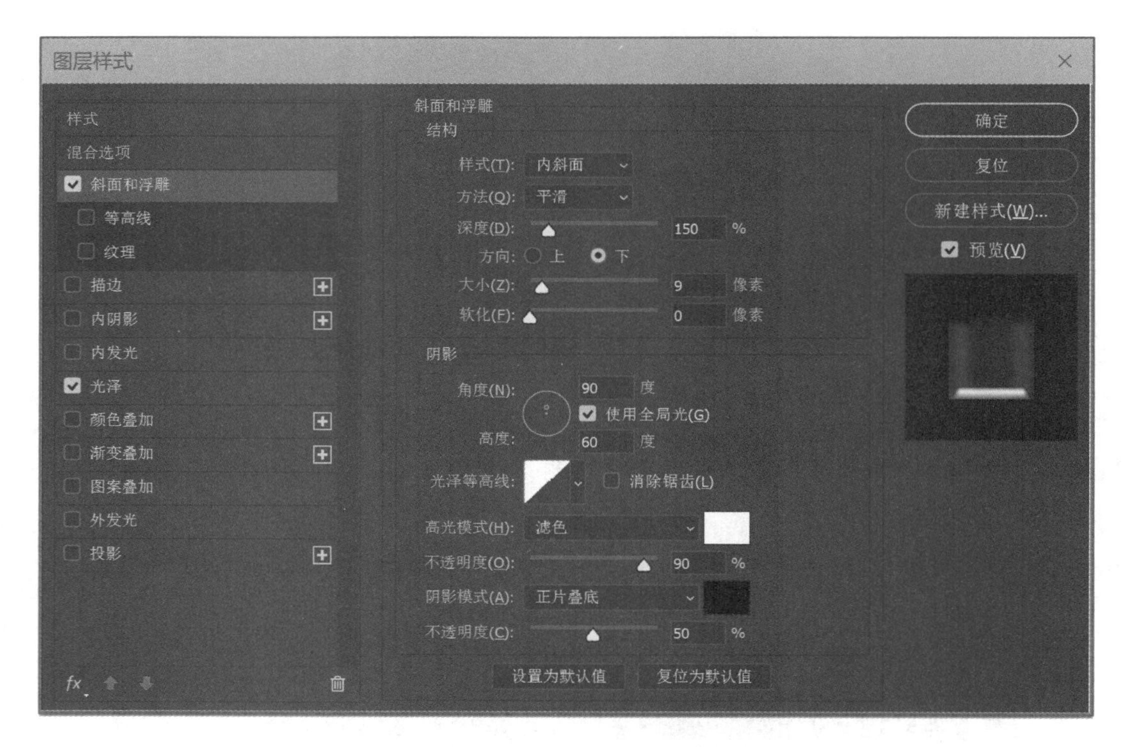

图 6-1-21 设置“斜面和浮雕”

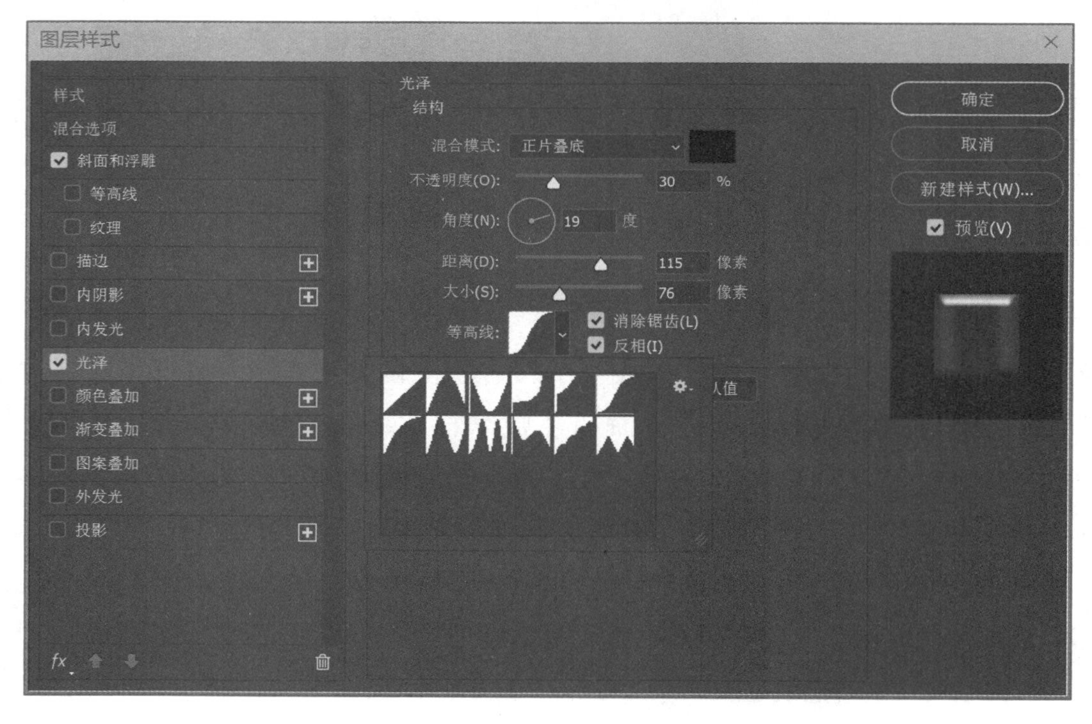

图 6-1-22 设置“光泽”

图 6-1-23 添加图层样式后效果

（14）在“图层”面板中选择“投影”图层，选择面板下方的“添加图层样式”图标，从菜单中选择“投影”样式，在“图层样式”对话框中“投影”设置“不透明度”为 75%，“距离”为 5 像素，“大小”为 5 像素，如图 6-1-24 所示，确定后效果如图 6-1-25 所示。

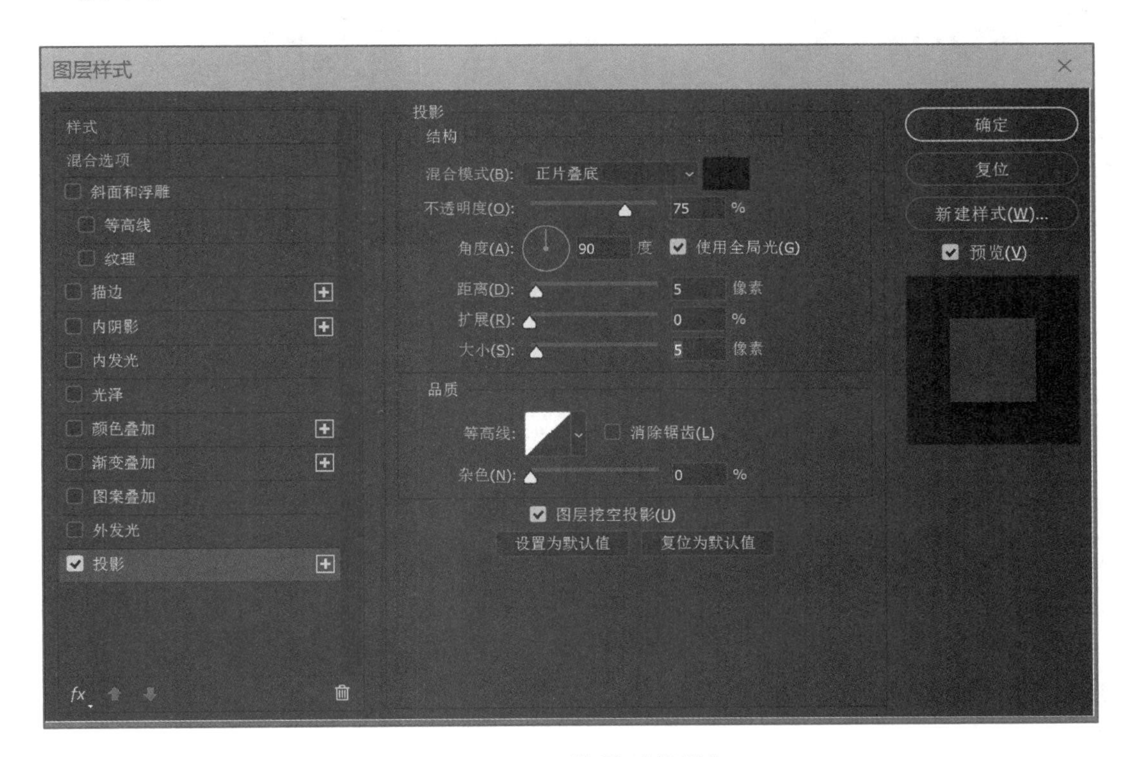

图 6-1-24 设置“投影”

（15）在“图层”面板上选择“中心”图层。再选择工具箱中的“自定形状工具”，在工具选项栏中选择工具模式为“形状”，在形状预设中选择“太阳 1”形状（如果预设中没有，可以通过在右侧弹出菜单中选择“自然”追加)，在图像封蜡章中心位置拖曳出太阳形状，如图 6-1-26 所示。

图 6-1-25　添加图层样式后效果

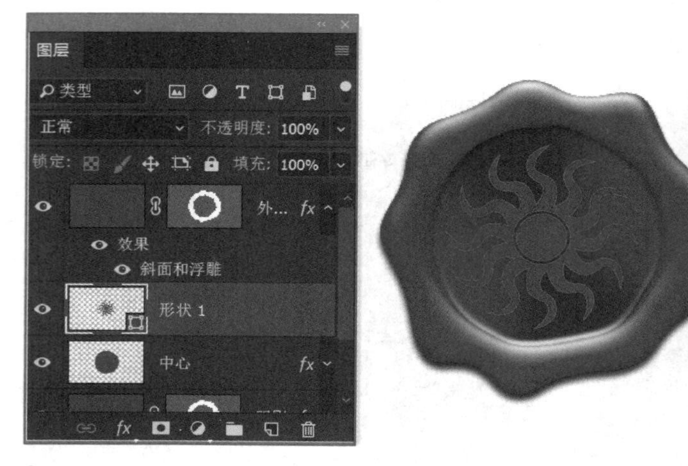

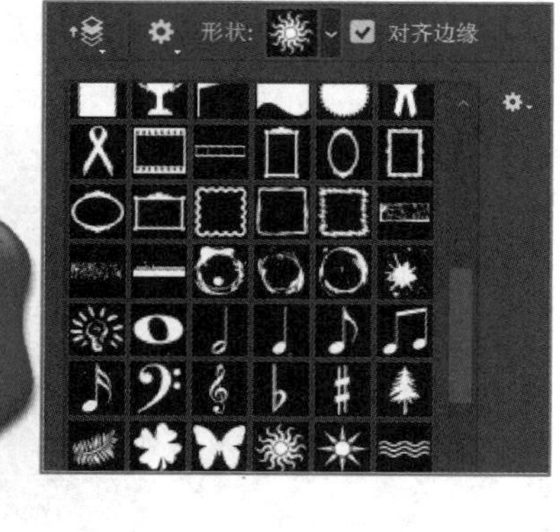

图 6-1-26　绘制太阳标志

(16) 在“中心”图层上方创建“形状 1”图层，将该图层的填充设为 0%，双击该图层，在“图层样式”对话框中选择“斜面和浮雕”样式，设置“样式”为浮雕效果，“深度”为 200%，“大小”为 6 像素，如图 6-1-27 所示，再勾选“等高线”复选框，如图 6-1-28 所示，在等高线预设中选择第二行第一个“半圆”。图像效果如图 6-1-29 所示。

(17) 在“图层”面板中关闭“背景”图层左侧的“指示图层可见性”图标。选择“图层”→“合并可见图层”命令，将制作的封蜡章合并为一个图层。

(18) 打开单元 6 素材“信封 .jpg”文件。用“移动工具”将封蜡章拖曳至“信封 .jpg”文件中，最后效果如图 6-1-30 所示。

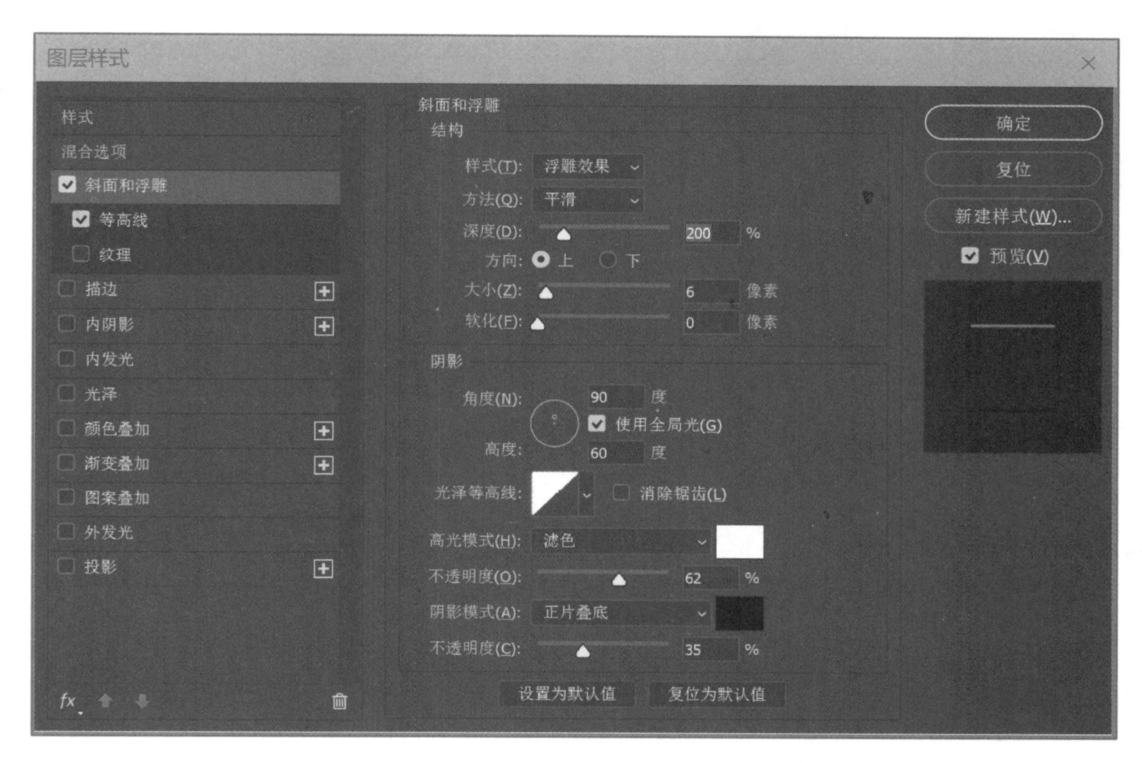

图 6-1-27 设置“斜面和浮雕”

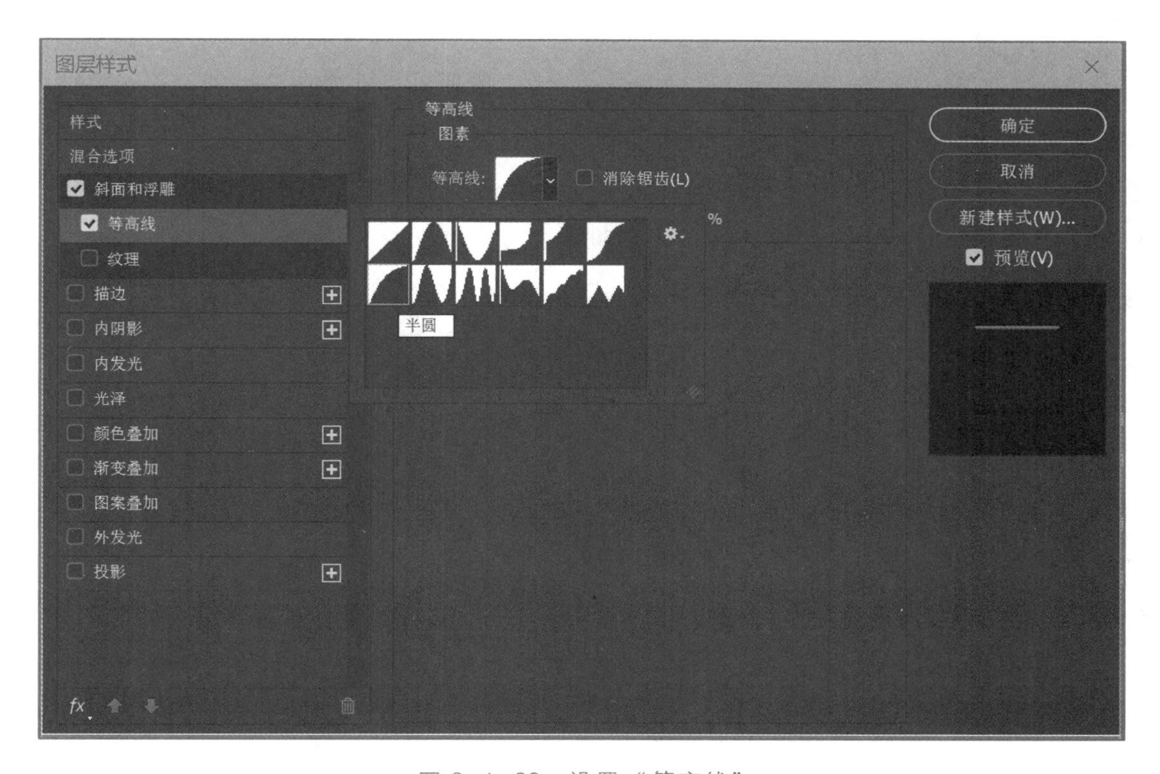

图 6-1-28 设置“等高线”

图 6-1-29　添加图层样式后效果

图 6-1-30　最后效果图

【任务拓展】

图 层 样 式

图层样式也叫图层效果，是 Photoshop 中最实用的功能之一。图层样式在不破坏图层像素的基础上，用于创建图像特效，比如制作具有真实质感的水晶、玻璃、金属等效果。操作时可以设置各种效果的参数，可以选择一种或几种效果同时应用。

1. 图层样式的使用

Photoshop CC 提供了众多的图层样式命令，如“投影”“外发光”“斜面和浮雕”等，可以为对象增加特殊纹理及增强质感，图层样式在设计中应用相当广泛。选择“图层”→“图层样式”命令，从其子菜单中选择图层样式相关命令，或者单击“图层”面板底部的“添加图层样式”图标 fx，从弹出的菜单中选择图层样式相关命令，如图 6-1-31 所示，在打开的“图层样式”对话框中进行相关设置就可为图层添加样式。图层样式可以随时修改、隐藏或删除，具有非常大的灵活性。

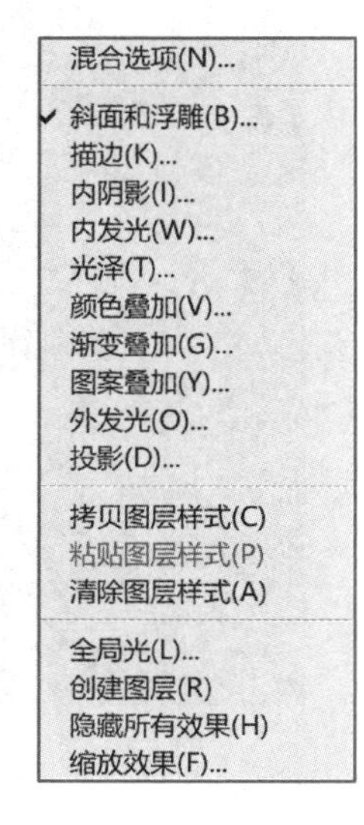

图 6-1-31　图层样式

2. 图层样式的设置

“图层样式”对话框如图 6-1-32 所示。左侧列表中有以下几种图层样式。

① 混合选项。通过该选项设置图层的混合模式、不透明度和在图像中混合的范围等。

② 斜面和浮雕。给图层内容应用一个高光和暗调来产生三维浮雕的效果，有 5 种浮雕样式可供选择，每个样式都应用一种不同的雕刻效果表面。

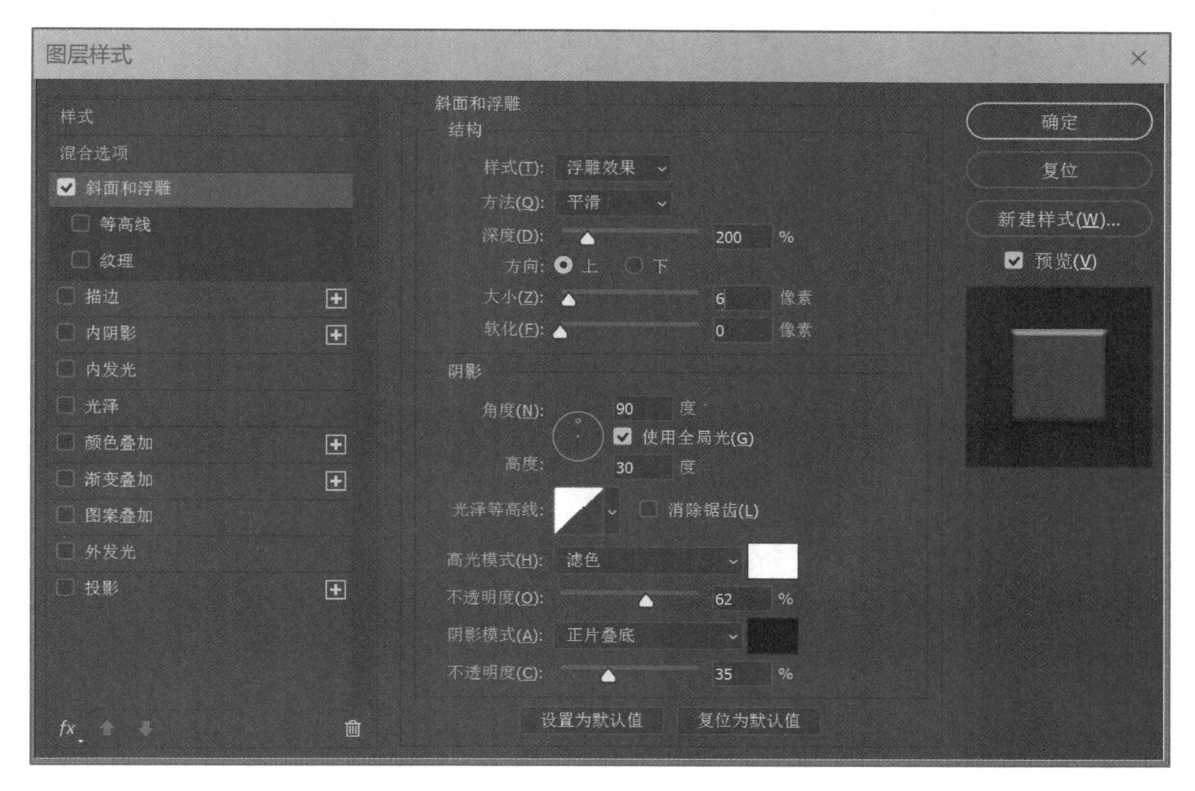

图 6-1-32 “图层样式”对话框

③ 描边。使用颜色、渐变或图案在当前图层上描画对象的轮廓，它对于硬边形状（如文字）特别有用。

④ 内阴影。紧靠在图层内容的边缘内添加阴影，使图层具有凹陷外观，可以创建一个内部的景深。

⑤ 内发光。可以创建一个从图层内容边界向内的光晕，犹如一个软边的浅色笔画。

⑥ 光泽。产生一个光线和投影从一个光滑表面上弹回的效果，将沿着图层内容的中间应用一个软边投影。其样式控件允许用户确定投影的大小、位置、不透明度和等高线。

⑦ 颜色、渐变和图案叠加。用颜色、渐变或图案填充图层内容，还可以控制其透明度等设置。

⑧ 外发光。在图层内容周围创建一个浅色的光晕，适用于产生一种霓虹灯外表，并且这个光晕可以是软边或硬边。

⑨ 投影。在图层内容的后面添加阴影。

可以使用以下一种或多种效果创建自定样式，如图 6-1-33 所示。

图 6-1-33 图层样式演示

6.2 图层混合模式——制作星空效果

【任务分析】

本案例中将学习利用图层的蒙版和图层模式功能可将各种形状和颜色结合。创造出一个绚丽的夜晚星空效果。

【任务准备】

图层混合模式是指两个或多个图层之间相互融合，从而得到各种特殊效果的方法。图层混合模式可以分为六大类，如图 6-2-1 所示。

1. 组合模式组

（1）正常：图像的像素不发生变化。

（2）溶解：目标层图像以散乱的点叠加到底层图像，图像的色彩不发生变化，值越小，杂点越多。图 6-2-2 所示就是正常模式和溶解模式下的文字图层。

2. 变暗模式组

此组模式能够使下面的图像变暗，这些模式中白色会消失，比白色暗的其他颜色会使下层图像变暗。

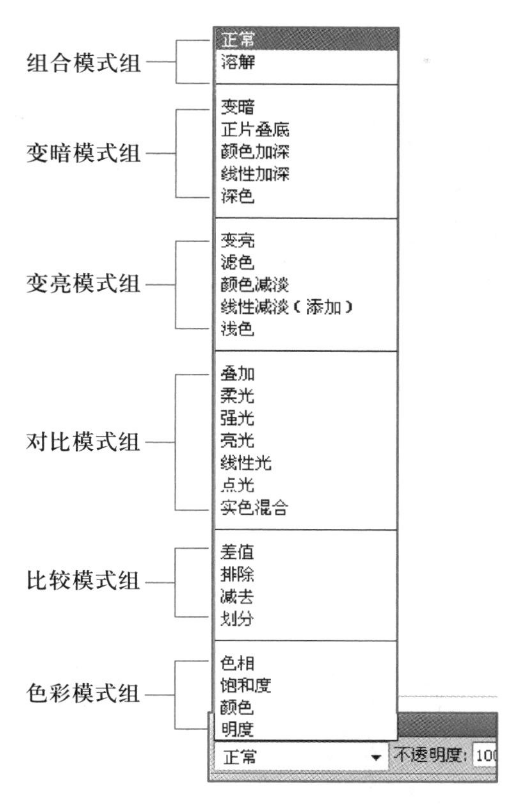

图 6-2-1 图层混合模式

混合模式 混合模式

(a) 正常模式 (b) 溶解模式

图 6-2-2 正常模式和溶解模式下的文字图层

（1）变暗：此模式将目标图层和下层图像上的像素进行比较，它会把比该图像中更暗的区域显示出来，亮的像素被替换，比混合色暗的像素保持不变，如图 6-2-3 所示。

(a) 顶部图层

(b) 底部图层

(c) 顶部图层使用变暗模式产生的效果

图 6-2-3 使用变暗模式产生的效果

（2）正片叠底：将颜色值相乘，从而使受影响的像素变暗。使用此模式的顶层图层会使底层图像变暗，而且白色会消失，如图 6-2-4 所示。

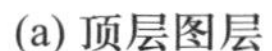
(a) 顶层图层

(b) 底层图层

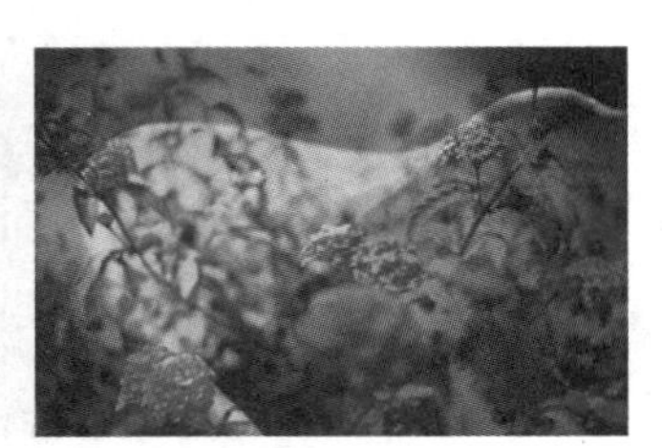
(c) 对顶层图层使用正片叠底模式产生的效果

图 6-2-4 使用正片叠底模式产生的效果

（3）颜色加深：查看每个通道中的颜色信息，并通过增加对比度使基色变暗以反映混合色。与白色混合后不产生变化，如图 6-2-5 所示。

（4）线性加深：此模式和正片叠底模式相似，但是它更倾向于使区域变暗，并能保留下层图像上的更多颜色，与白色混合后不产生变化，如图 6-2-6 所示。

图 6-2-5 使用颜色加深模式产生的效果

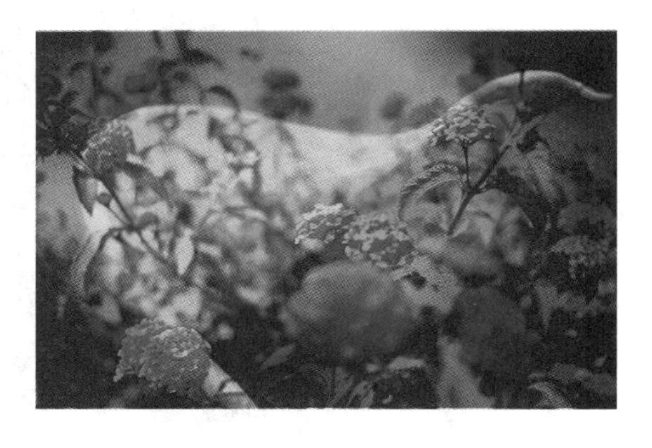
图 6-2-6 使用线性加深模式产生的效果

（5）深色：比较顶层图层和底层图层图像所有通道值的总和，并显示值较小的颜色，也就是保留两个图层中颜色较深的像素，“深色”不会生成第三种颜色。

3. 变亮模式组

变亮模式组和变暗模式组是相反的效果，在使用这些模式时，黑色能够消失，任何比黑色亮的区域都能加亮下面的图像。

（1）变亮：查看每个通道中的颜色信息，并选择基色或混合色中较亮的颜色作为结果色。比混合色暗的像素被替换，比混合色亮的像素保持不变，也就是目标图层中比下面图像亮的区域显示出来，如图 6-2-7 所示。

（2）滤色：其效果就像是光线。在这种模式下，黑色完全消失，而比黑色亮的区域都会加亮下面的图像，如图 6-2-8 所示。如果要处理的图像是黑色背景，并且上面有类似光线的对象时，此模式就很有用。

(a) 顶层图层

(b) 底层图层

(c) 顶层图层使用变亮模式产生的效果

图 6-2-7 使用变亮模式产生的效果

(3) 颜色减淡：此模式加亮下面的图像，而同时又使颜色变得更加饱和。颜色减淡模式对图像最暗区域的改变不会太多，所以这能够在加亮区域的同时仍保持较好的对比度，如图 6-2-9 所示。

图 6-2-8 使用滤色模式产生的效果

图 6-2-9 使用颜色减淡模式产生的效果

(4) 线性减淡（添加）：这种模式的作用与滤色模式相似，它分析每个通道中的颜色信息，并通过增加亮度使基色变亮以反映混合色，与黑色混合则不发生变化，如图 6-2-10 所示。

(5) 浅色：比较顶层图层和底层图层图像所有通道值的总和，并显示值较大的颜色，也就是保留两个图层中颜色较浅的像素。

4. 对比模式组

对比模式组实际上是通过加亮一个区域的同时又使另一个区域变暗，从而增加下面图像的对比度。混合后的图像 50% 灰色会消失，任何暗于 50% 灰色的区域都可能会使下面的图像变暗，而亮于 50% 灰色的区域会加亮下面的图像。

(1) 叠加：在叠加模式下，下面图像上的信息用于使目标图层变亮或变暗。图案或颜色在现有像素上叠加，同时保留明暗对比，如图 6-2-11 所示。

图 6-2-10 使用线性减淡模式产生的效果

(a) 顶层图层

(b) 底层图层

(c) 顶层图层使用叠加模式产生的效果

图 6-2-11 使用叠加模式产生的效果

（2）柔光：柔光模式也会使 50% 灰色消失，而较亮区域则使下面的图像变亮，较暗区域则使下面的图像变暗。如果用纯黑色或纯白色绘画，会产生明显较暗或较亮的区域，但不会产生纯黑色或纯白色，如图 6-2-12 所示。

（3）强光：此模式组合了正片叠底模式和滤色模式。在强光模式下，所有 50% 灰色区域都将消失，比 50% 灰色暗的区域会使下面的图像变暗，比 50% 亮的区域则会使下面的图像变亮，如图 6-2-13 所示。这对于向图像添加暗调非常有用，用纯黑色或纯白色绘画会产生纯黑色或纯白色。

图 6-2-12 使用柔光模式产生的效果

图 6-2-13 使用强光模式产生的效果

（4）亮光：这个模式是颜色变暗和颜色变亮模式的组合。在亮光模式下，比 50% 灰色暗的区域会变暗，颜色变得饱和；而比 50% 灰色亮的区域则会变亮，颜色也会变得饱和，如图 6-2-14 所示。

（5）线性光：通过减小或增加亮度来加深或减淡颜色，这种模式是线性减淡（添加）模式和线性加深模式的组合。此模式能使图像产生更高的对比度效果，使更多区域变成纯黑和纯白色，如图 6-2-15 所示。

（6）点光：这个模式是变亮和变暗模式的组合。而比 50% 灰色亮的区域则会变亮，比 50% 灰色暗的区域则会变暗，如图 6-2-16 所示。这对于向图像添加特殊效果非常有用。

图 6-2-14 使用亮光模式产生的效果

图 6-2-15 使用线性光模式产生的效果

（7）实色混合：实色混合模式会根据使用实色混合模式图层的填充不透明度设置使下面图层产生色调分离。填充不透明度设置高会产生极端色调分离效果。如果图层的亮度接近50%灰色，则其下面图像的亮度不会改变。任何比 50%灰色更亮的区域都会使其下面的图像变亮，而更暗的区域则会使其下面的图像变暗，如图 6-2-17 所示。

图 6-2-16 使用点光模式产生的效果

图 6-2-17 使用实色混合模式产生的效果

5. 比较模式组

比较模式组将目标图层和下面的图像进行比较，分析两者间完全相同的区域。使相同的区域显示为黑色，而不同的区域则显示为灰度层次或彩色。如果目标图层上有白色则会使下面图像上显示的颜色相反，而黑色则不会改变下面的图像。

（1）差值：查看每个通道中的颜色信息，并从基色中减去混合色，或从混合色中减去基色，具体取决于哪一个颜色的亮度值更大。与白色混合将反转基色值；与黑色混合则不产生变化，如图 6-2-18 所示。

（2）排除：创建一种与“差值”模式相似但对比度更低的效果。与白色混合将反转基色值，与黑色混合则不发生变化，如图 6-2-19 所示。

(a) 顶层图层

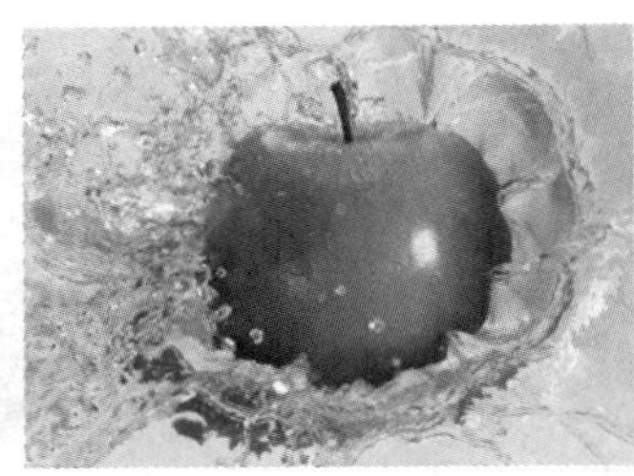
(b) 底层图层

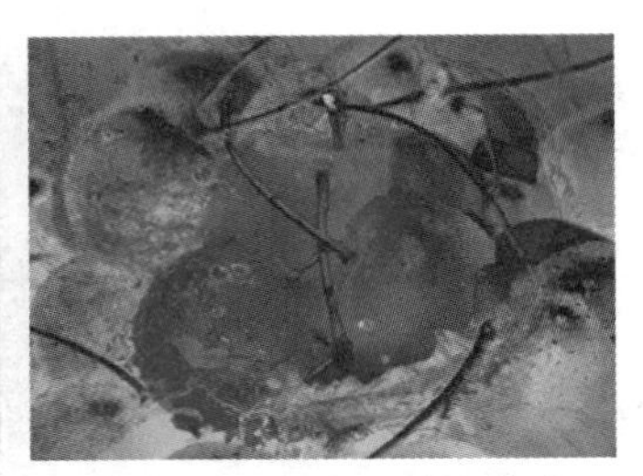
(c) 顶层图层使用差值模式产生的效果

图 6-2-18 使用差值模式产生的效果

(3) 减去：就是用顶层图层图像每个通道里的值减去底层图层图像每个通道的值，得出的三个值就是结果色的值。负数会被看作 0。

(4) 划分：查看每个通道中的颜色信息，并从基色中分割混合色。

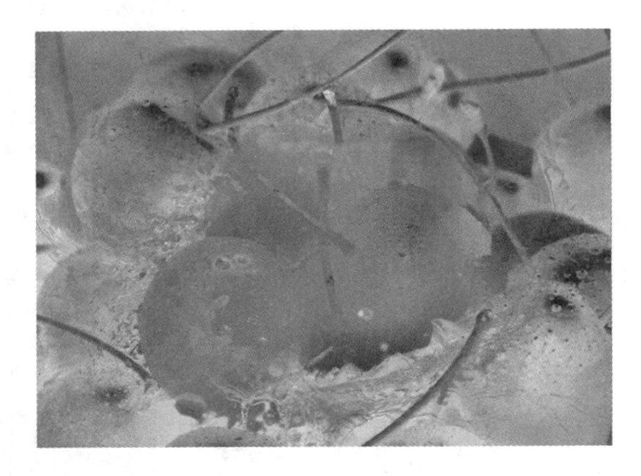
图 6-2-19 使用排除模式产生的效果

6. 色彩模式组

(1) 色相：这种模式能检查目标图层所包含的基色，并将它们应用到下面图层的亮度和饱和度中，如图 6-2-20 所示。

(a) 顶层图层

(b) 底层图层

(c) 顶层图层使用色相模式产生的效果

图 6-2-20 使用色相模式产生的效果

(2) 饱和度：饱和度模式不能改变基本颜色，只能改变颜色的饱和度，以配合目标图层。在无饱和度（灰色）的区域上用此模式绘画不会产生变化，如图 6-2-21 所示。

图 6-2-21 使用饱和度模式产生的效果

(3) 颜色：颜色模式同时将目标图层的色相（基色）和饱和度应用到下层图像上，而保持其亮度不变，如图 6-2-22 所示。这样可以保留图像中的灰阶，并且对于给单色图像和彩色图像着色都会非常有用。

（4）明度：明度模式将目标图层的色相和饱和度以及底层图层图像的明亮度创建结果色，如图 6-2-23 所示。此模式创建与颜色模式相反的效果。

图 6-2-22 使用颜色模式产生的效果

图 6-2-23 使用亮度模式产生的效果

【任务实施】

（1）打开单元 6 素材“星空 .jpg”文件。

（2）选择工具箱中的“矩形工具”，在工具选项栏中选择工具模式为“形状”，颜色自定，在图像中拉出一个如图 6-2-24 所示的矩形框，命名为“矩形 1”图层。

图 6-2-24 在图像中拉出一个矩形

（3）在“图层”面板中双击“矩形 1”图层右侧空白区域，在弹出的“图层样式”对话框的“混合选项”中将填充“不透明度”的值改为 0%（图 6-2-25），再选择“渐变叠加”并设置“混合模式”为柔光模式，点按渐变向下箭头，从“渐变”拾色器中选择“黑，白渐变”，如图 6-2-26 所示。

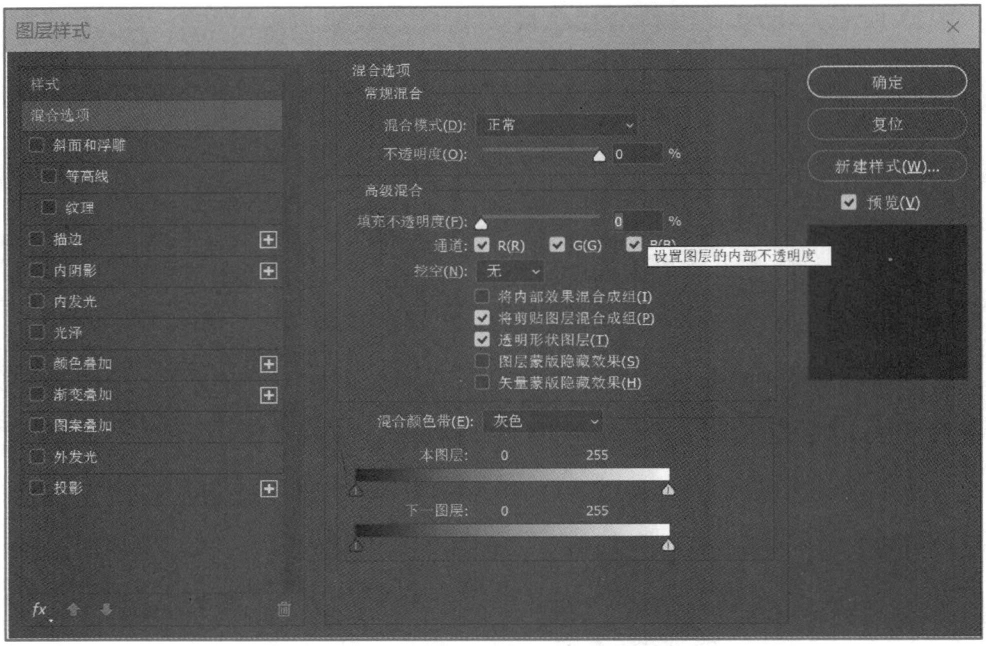

图 6-2-25 设置混合选项

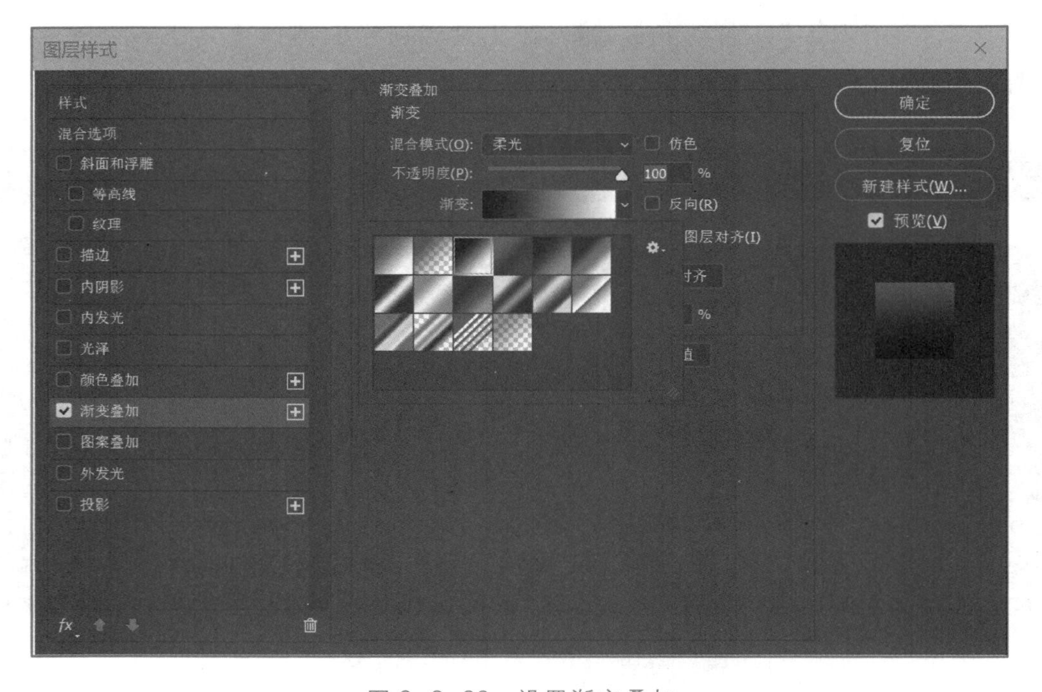

图 6-2-26 设置渐变叠加

（4）选择“编辑”→“自由变换”命令，在工具选项栏上方单击“在自由变换和模式之间切换”按钮，在“变形”中选择“拱形”，“弯曲”为 25%，如图 6-2-27 所示。将矩形向上弯曲。

图 6-2-27　弯曲矩形

（5）选择工具箱中的“移动工具”，按 Alt 键的同时将图像中的矩形向下拖曳，这时矩形被复制。将复制的图形拖至和上个图形相交叠的位置，重复此动作 3 遍，效果如图 6-2-28 所示。

图 6-2-28　复制“矩形 1”图层 3 次

（6）单击“图层”面板下方的“创建新图层”图标，新建名称为“图层 1”图层。选择工具箱中的“渐变工具”，在其工具选项栏上选择“线性渐变”，在渐变预设中选择“色谱”渐变，如图 6-2-29 所示。

图 6-2-29 设置渐变工具栏

（7）选择“图层”面板的“图层 1”图层，并把“混合模式”改为柔光模式。用“渐变工具”在图像中从左至右拉出渐变，如图 6-2-30 所示。

图 6-2-30 在图像中从左至右拉出渐变

（8）在工具箱中设置前景色为蓝色（R:5，G:54，B:243），选择工具箱中的“画笔工具”，在工具选项栏上设置画笔大小为 250 px，硬度为 0%。在图像中没有彩虹的区域涂抹，如图 6-2-31 所示。

（9）在“图层”面板选择“图层 1”图层，按鼠标右键，在弹出的菜单上选择“复制图层”命令，复制后图层命名为“图层 1 拷贝”图层，如图 6-2-32 所示，在“图层”面板上设置“不透明度”为 40%。

（10）在工具箱中设置前景色为深蓝色（R:0，G:19，B:78）。单击“图层”面板下方的“创建新图层”图标，在“图层 1 副本”图层上新建“图层 2”图层。按 Alt+Delete 键，用前景色填充。

图 6-2-31　用蓝色涂抹没有彩虹的区域

（11）将“图层 2”图层的图层模式改为叠加模式，“不透明度”改为 53%。单击“图层”面板下方的“添加图层蒙版”按钮，为“图层 2”图层添加图层蒙版，如图 6-2-33 所示。

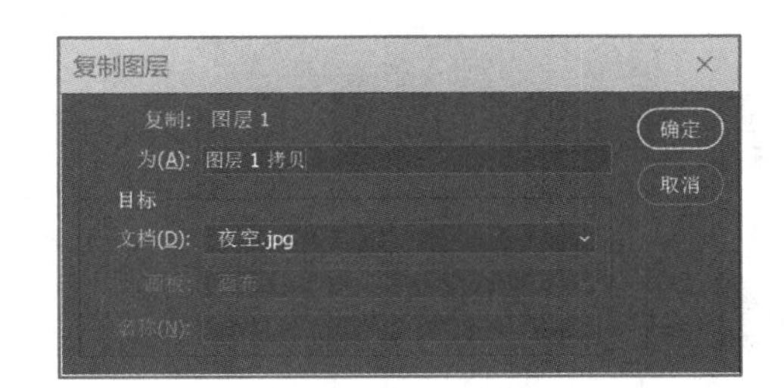

图 6-2-32　复制图层

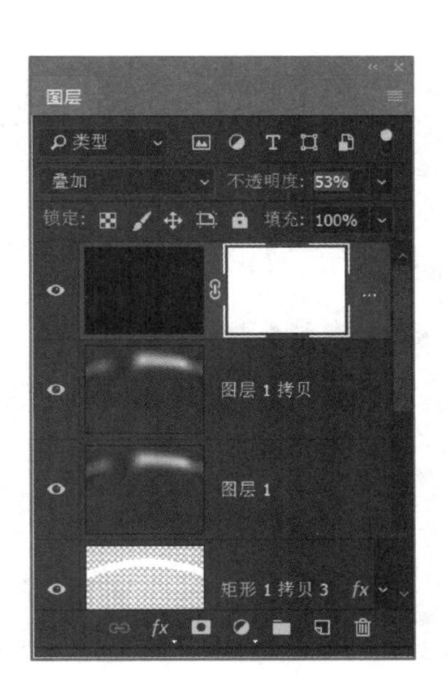

图 6-2-33　添加图层蒙版

（12）选择工具箱中的“画笔工具”，在工具选项栏上设置画笔硬度为 0%，（画笔大小根据图像自定）。在图像的彩虹上拖曳鼠标，将此区域遮盖。

（13）打开单元 6 素材“星星 .jpg”文件。用“移动工具”将星星图像拖曳至星空文件上方，在“图层”面板上命名为“图层 3”图层，如图 6-2-34 所示。

图 6-2-34 将星星图像拖曳至星空文件上方

（14）选择“编辑”→“自由变换”命令，调整图像大小。在“图层”面板中将此图层模式更改为“变亮”，如图 6-2-35 所示。

图 6-2-35 调整星星图像大小

（15）在“图层”面板中单击“添加图层蒙版”按钮，为“图层 3”图层添加图层蒙版。选择工具箱中“画笔工具”，在工具选项栏上设置画笔硬度为 0%（画笔大小根据图像自定），用画笔将星星图像的边缘擦除，星星和背景融合在一起，如图 6-2-36 所示。

图 6-2-36 用画笔将星云图像的边缘擦除

【任务拓展】

图层蒙版是一项重要的合成技术，用于将多张照片合并成一张图像，或者将人物或对象从照片中移除。向图层添加蒙版，然后使用此蒙版隐藏图层的部分内容并显示下面的图层。图层蒙版可以精确地控制该图层中哪里要透明，哪里不透明。当改变图像某个区域的颜色或者对该区域部分图像应用滤镜或其他效果时，蒙版可以隔离并保护图像的其余部分。

1. 图层蒙版的创建

要创建图层蒙版，可以通过单击“图层”面板底部的“添加图层蒙版”图标，或者选择“图层”→“图层蒙版”命令，就可以为当前活动图层添加图层蒙版。在“图层”面板中，图层蒙版以附加的缩略图出现在当前图层右侧，如图 6-2-37 所示。图层蒙版可以用任

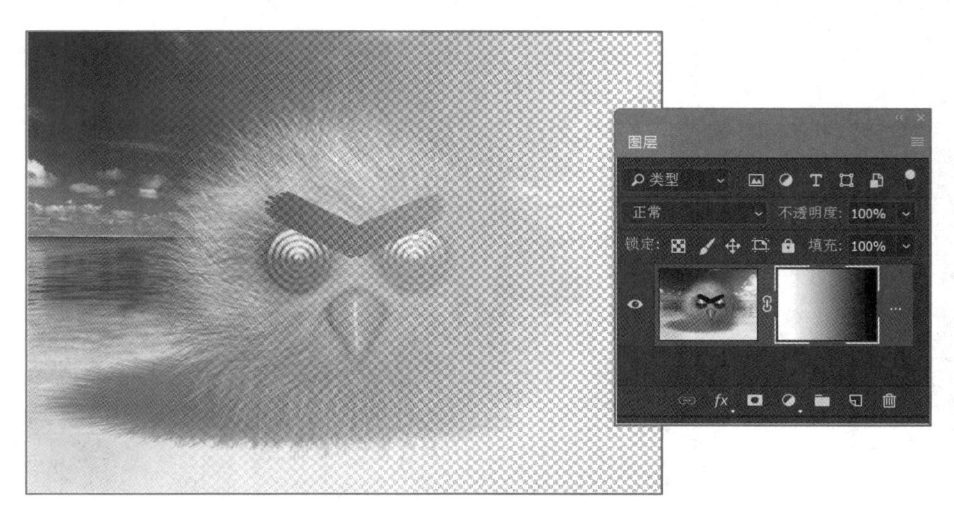

图 6-2-37 添加图层蒙版

何一种绘图工具在图像窗口上绘制，并对其进行编辑。Photoshop 把图层蒙版当作灰度文档来处理。充满纯黑色的区域将会变得透明，纯白色区域则会变得完全不透明，而包含灰度层次的区域为半透明，例如，用 30%的灰色在图层蒙版上绘制，将会隐藏这个图层 30% 的不透明度，图层中留下 70%的图像是可见的。

2. “属性” 面板调整蒙版不透明度和边缘

通过“属性”面板可以像处理图层一样，更改蒙版的不透明度，以增加或减少透过蒙版显示出来的内容以及翻转蒙版，或者调整蒙版边界；使用“属性”面板还可以调整选定图层或矢量蒙版的不透明度，如图 6-2-38 所示。

（1）浓度。当浓度为 100%时，蒙版将完全不透明并遮挡图层下面的所有区域。随着浓度的降低，蒙版下的区域变得可见。

（2）羽化。可以柔化蒙版的边缘。羽化模糊蒙版边缘是在蒙住和未蒙住区域之间创建较柔和的过渡。在使用滑块设置的像素范围内，沿蒙版边缘向外应用羽化。

（3）“选择并遮住”工作区。在“属性”面板中单击“选择并遮住”按钮，进入“选择并遮住”工作区，如图 6-2-39 所示。“选择并遮住”工作区左侧将熟悉的工具和新工具排列在一起，如图 6-2-40 所示。工作区右侧是“属性”面板，在面板中可调整选区属性。

图 6-2-38 “属性”面板

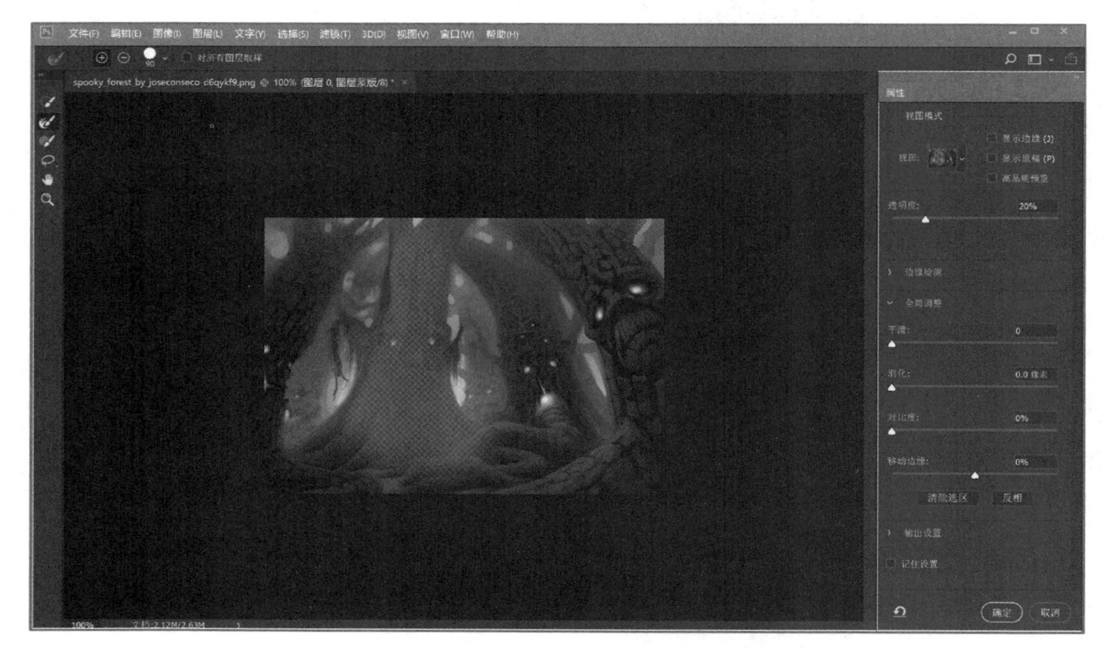

图 6-2-39 “选择并遮住”工作区

3. 图层蒙版的应用

（1）图层蒙版和图像间的切换

单击“图层”面板中的图层蒙版缩览图，使之成为现用状态。蒙版缩览图的周围将出现一个边框。当蒙版处于现用状态时，工具箱中的前景色和背景色均采用默认黑白颜色。

如果要编辑图层而不是图层蒙版，则单击“图层”面板中的图层缩览图。图层缩览图的周围将出现一个边框。

按住 Alt 键的同时单击“图层”面板中的“添加图层蒙版”图标，此时图像中显示添加的蒙版状态，图像将会隐藏，如图 6-2-40 所示。

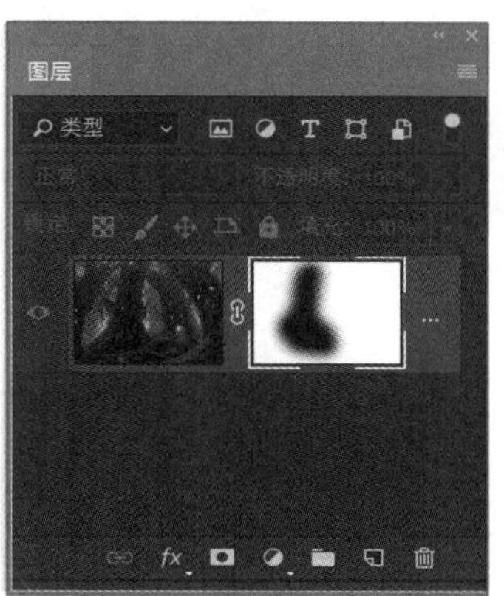

图 6-2-40　图像中显示添加的蒙版状态

（2）应用另一个图层中的图层蒙版

如果将图层蒙版从一个图层移动到另一个图层，首先在图层蒙版缩览图中单击，并将该蒙版拖移到其图层即可。如果要复制图层蒙版，只要按住 Alt 键同时将蒙版拖移到其他图层即可，如图 6-2-41 所示。

（3）停用或启用图层蒙版

如果要停用图层蒙版，按住 Shift 键并单击“图层”面板中的图层蒙版缩览图即可，再次单击该图层蒙版缩览图又可以启用图层蒙版。也可以通过选择“图层”→“图层蒙版”→“停用”或“图层”→“图层蒙版”→“启用”命令停用或启用图层蒙版。

当蒙版处于禁用状态时，“图层”面板中的蒙版缩览图上会出现一个红色的 X，并且会显示出不带蒙版效果的图层内容，如图 6-2-42 所示。

（4）图层与蒙版的链接

当创建图层蒙版后，在默认情况下，图层或组将链接到其图层蒙版或矢量蒙版上，在“图层”面板上两个缩览图之间有一个链接图标，如图 6-2-43 所示。当使用“移动工具”移动图层或其蒙版时，它们将会一起移动。通过取消它们的链接（单击“图层”面板中的链接图标)，就能够单独移动它们，并可独立于图层改变蒙版的边界。如要在图层及其蒙版之间重建链接，在“图层”面板中的图层和蒙版路径缩览图之间单击鼠标。

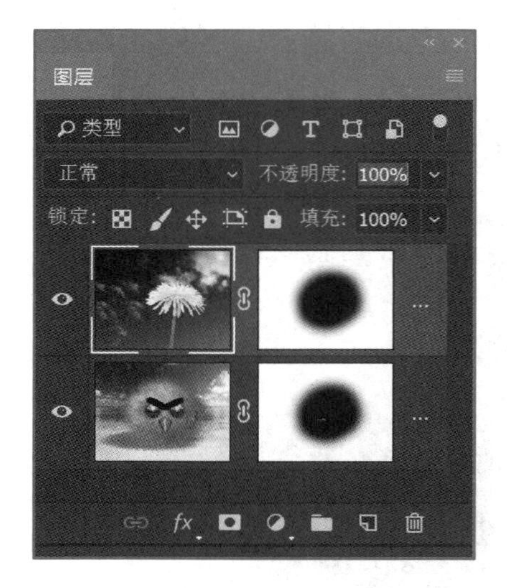

图 6-2-41 复制图层蒙版

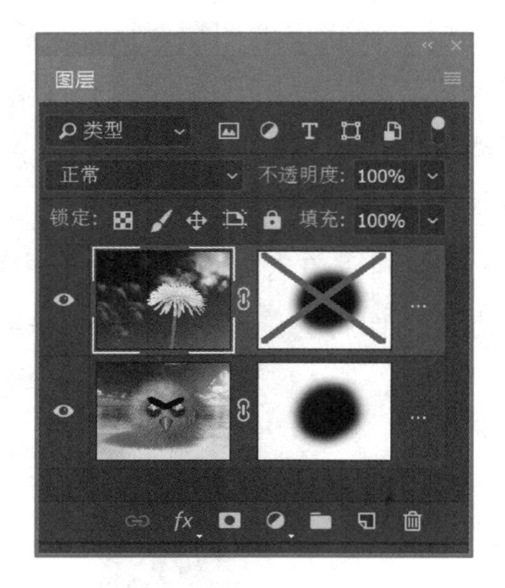

图 6-2-42 蒙版处于禁用状态

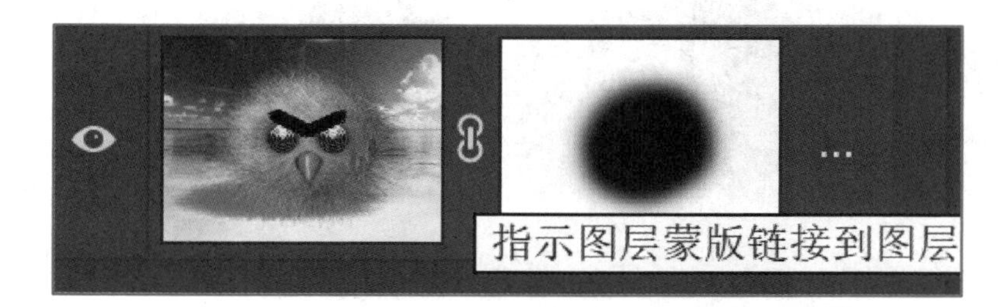

图 6-2-43 图层与蒙版的链接

(5) 应用或删除图层蒙版

图层蒙版创建后，可以应用图层蒙版并使之对图层的更改永久生效，也可以删除蒙版而不应用到图层。由于图层蒙版是作为 Alpha 通道存储的，所以应用和删除图层蒙版有助于减小文件大小。

要删除图层蒙版并使之对图层的更改永久生效，首先单击“图层”面板中的图层蒙版缩览图。再单击“图层”面板底部的“删除图层”图标，然后在弹出的确认信息对话框(图 6-2-44)中单击“应用”按钮即可。

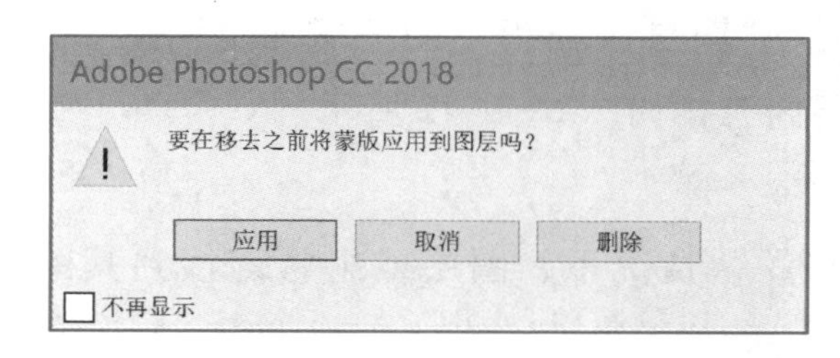

图 6-2-44 确认信息对话框

（6）图层蒙版的颜色

图层蒙版就是一张灰度图像，当它与图像结合时候，不同的灰度会有不同程度的遮盖效果。

黑色：遮盖率为 100%，图像对应黑色部分会完全透明，而透出下层图像的内容。

白色：遮盖率为 0%，图像对应的白色部分图像不变，就是完全不透明。

灰色：不同程度的灰色遮盖率也不同，越接近黑色遮盖率就越高，图像越透明，越接近白色遮盖率就越低，图像越不透明，所以图像中对应灰色的部分会有不同程度的半透明效果，如图 6-2-45 所示。

图 6-2-45　图层蒙版的颜色

小提示： 给图层添加蒙版后如果选用工具箱渐变工具进行绘制，一般在工具选项栏中的渐变预设中选择“从前景色到透明渐变”，这样可以多次给图像添加渐变蒙版而不会影响以前添加的蒙版。

4. 剪贴蒙版和矢量蒙版

（1）剪贴蒙版

剪贴蒙版可以让上层的图层内容只在其下层图层的非透明像素部位上显示出来，其他的内容会被图层的透明部位遮住，如图 6-2-46 所示。

(a) 下层图层

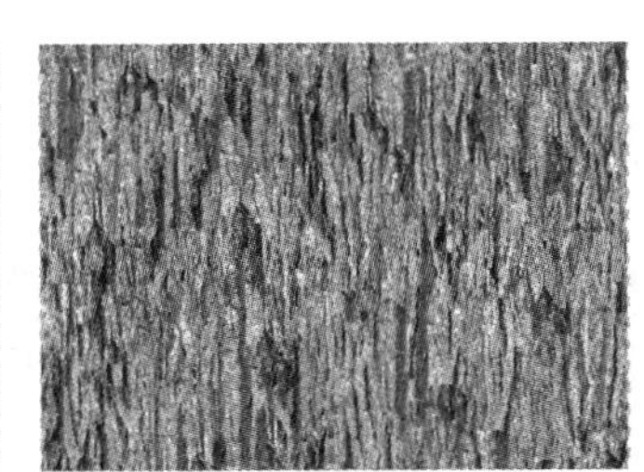

(b) 上层图层

(c) 对上层图层创建剪贴蒙版的效果

图 6-2-46　创建剪贴蒙版的效果

添加剪贴蒙版的方法是按住 Alt 键不放，将鼠标移到上层图层和下层图层的分界处，当指针变成矩形和折角箭头样子时再单击鼠标左键，这样既可创建剪贴蒙版，或者选择“图层”→“创建剪贴蒙版”命令，也可以创建剪贴蒙版。

如果要解除剪贴蒙版，主要有两种方法：方法一是将鼠标指针移动到要解除的剪贴蒙版图层和下面图层的分界处，按住 Alt 键不放，单击鼠标。方法二是选定要释放剪贴蒙版的图层，单击右键，执行释放剪贴蒙版命令。

（2）矢量蒙版

用 Photoshop 处理图像时，经常要精确选取图像主体对象。精确选取可以通过使用矢量蒙版来实现。矢量蒙版是与分辨率无关的、从图层内容中剪下来的路径。矢量蒙版通常比那些使用基于像素的工具创建的蒙版更加精确。使用钢笔或形状工具创建矢量蒙版。当使用矢量蒙版时，路径内的区域将被显示出来，而路径外的区域则是完全透明不可见的。

在一个图像上创建一个矢量蒙版首先要在图像上选择路径工具创建路径，而且应用在“图层”面板的活动图层上，然后在“图层”面板的下方单击“添加蒙版”按钮，给当前活动图层右侧添加一个图层蒙版，再选择“图层”→“矢量蒙版”→“当前路径”命令或者用路径选择工具在路径上单击鼠标右键，在弹出的菜单中选择“创建矢量蒙版”命令。创建后的矢量蒙版（图 6-2-47）显示在“图层”面板上当前活动图层的最右侧。

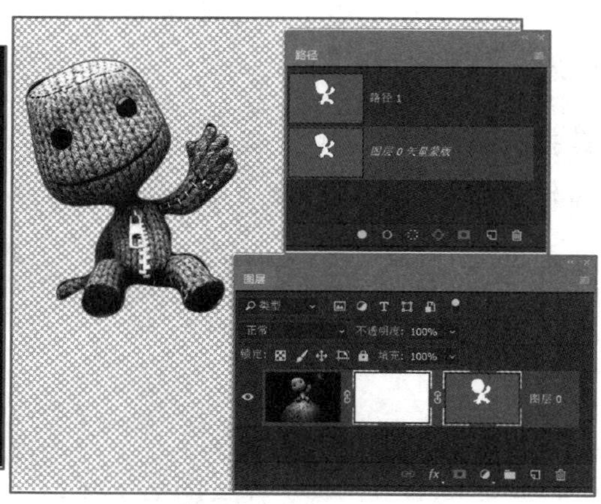

图 6-2-47 在图像上创建矢量蒙版

5. 使用快速蒙版创建选区

要使用“快速蒙版”模式快速创建并编辑选区，可以从某个选区开始，然后从中添加或删减选区，以形成蒙版；也可以完全在“快速蒙版”模式下创建蒙版。受保护区域和未受保护区域以颜色进行区分。当离开“快速蒙版”模式时，未受保护区域成为选区。

“以快速蒙版编辑”按钮位于工具箱背景色的下方。单击“以快速蒙版模式编辑”图标后，此时图标切换成“以标准模式编辑“按钮。

单击一次“以快速蒙版模式编辑”按钮可以进入该模式，在此按钮上双击，弹出“快速蒙版选项”对话框，如图 6-2-48 所示。

（1）色彩指示：可以指定是要选取区域还是未选取区域显示颜色。

• 被蒙版区域：没有被选取的区域。

• 所选区域：被选取的区域。

（2）颜色：单击颜色框，在弹出的“拾色器”对话框中为蒙版选取新颜色。

• 不透明度：输入 0%～100%之间的值。颜色和不透明度设置都只是影响蒙版的外观，对选区没有影响。更改这些设置能使蒙版与图像中的颜色对比更加鲜明，从而具有更好的可视性。

在默认情况下，快速蒙版用一种半透明的颜色显示被蒙版保护的区域（被选择区域看起来颜色没有改变，没有被选择的区域则会被半透明的红色所覆盖），如图 6-2-49 所示。

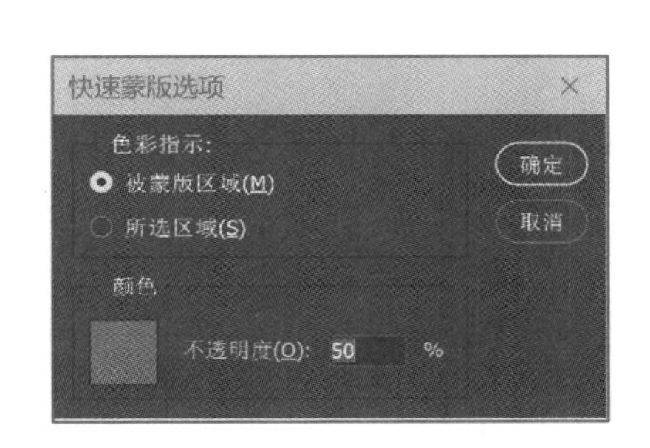

图 6-2-48　“快速蒙版选项”对话框

图 6-2-49　使用快速蒙版效果

在“快速蒙版”模式下不使用选择工具来修改选区，而使用绘图工具。用黑色绘图可将绘图区域增加到蒙版区域中（图 6-2-50），用白色绘图则把绘图区域从蒙版区域中删除。修改后，单击“以快速蒙版模式编辑”按钮回到标准模式状态下，即可显示“行军蚁”的选区（图 6-2-51）。

图 6-2-50　快速蒙版模式下黑色可增加蒙版区域

图 6-2-51　标准模式状态下

小提示： 按住 Alt 键并单击工具箱“以快速蒙版模式编辑”按钮可以实现在快速蒙版的“被蒙版区域”和“所选区域”选项之间的切换。当在“快速蒙版”模式中工作时，“通道”面板中出现一个临时快速蒙版通道。但是，所有的蒙版编辑都是在图像窗口中完成。

6.3 调整图层——制作星球爆炸场景

【任务分析】

本案例将学习如何将一张树皮的照片经过调整图层及添加滤镜效果后制作出一个爆炸的星球。

【任务准备】

1. 调整图层

调整图层可将颜色和色调调整应用于图像，并能够在不损害和改变原始图像本身的情况下调整图像。例如，我们可以创建“色阶”或“曲线”的调整图层，而不是直接在图像上调整“色阶”或“曲线”。颜色和色调调整存储在调整图层中并应用于该图层下面的所有图层；可以通过一次调整来校正多个图层，而不用单独地对每个图层进行调整，也可以随时扔掉更改并恢复原始图像。

（1）创建调整图层

创建一个调整图层，只要选择“图层”→“新建调整图层”命令，如图 6-3-1 所示。然后选择一个命令，或者在“图层”面板底部单击“创建新的填充或调整图层”图标，在弹出菜单上选择调整图层类型。

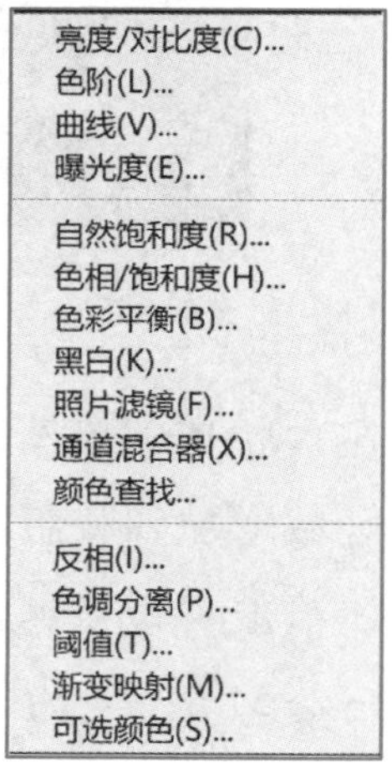

亮度/对比度(C)...
色阶(L)...
曲线(V)...
曝光度(E)...

自然饱和度(R)...
色相/饱和度(H)...
色彩平衡(B)...
黑白(K)...
照片滤镜(F)...
通道混合器(X)...
颜色查找...

反相(I)...
色调分离(P)...
阈值(T)...
渐变映射(M)...
可选颜色(S)...

图 6-3-1 调整图层菜单

小提示： 要将调整图层的效果限制为应用于特定的图像图层，先选中这些图像图层，然后选择“图层”→“新建”→“从图层建立组”命令，再将“模式”从“穿透”更改为其他混合模式，然后将调整图层放置在该图层组的上面。

调整图层会影响它下面的所有图层，这意味着可通过单一调整来校正多个图层，而不是分别调整每个图层，如图 6-3-2 所示。降低调整图层的不透明度可以减轻调整图层对下面图层的影响。在调整图层的图像蒙版上绘画可将调整效果限制应用于图像的某一部分。

（2）调整图层的使用

一个调整图层可以分为 4 个部分：“指示图层可见性”图标、“图层缩览图”图标、“指示图层蒙版链接到图层”图标和“图层蒙版缩览图”图标，“指示图层可见性”图标决定当前调整图层是隐藏还是可见。“图层缩览图”图标表示所应用的调整类型，在该图标上双击，就会打开相关调整类型的“属性”面板，在“属性”面板上设置调整参数，如图 6-3-3 所示。“指示图层蒙版链接到图层”图标表示蒙版和调整图层之间的链接关系。图层蒙版可以限制调整将作用在下方图像的哪些区域。如果不需要当前的调整图层，只需在“图层”面板上将该调整图层拖曳到面板下方的“删除图层”图标上即可。

图 6-3-2　创建调整图层

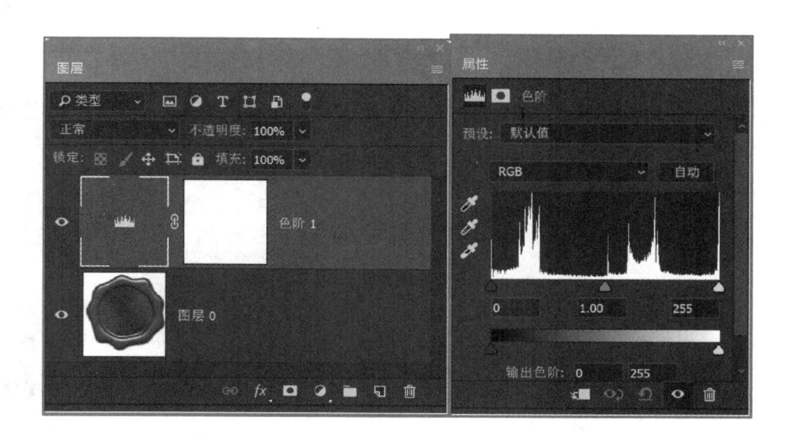

图 6-3-3　打开相关调整类型的“属性”面板

（3）调整图层和图层蒙版的使用

调整图层和图层蒙版结合起来使用才能发挥图层蒙版的真正作用。图层蒙版能够限制每个调整图层所影响的区域。在默认情况下，当创建调整图层的同时都会带有一个图层蒙版，该蒙版在调整图标的右侧。如果在创建调整图层时没有选区，则图层蒙版将会是全白色，这也就意味着调整图层会影响整个图像。相反，黑色将会阻碍调整影响区域，如图 6-3-4 所示。

2.“调整”面板的使用

通过单击“调整”面板上的调整颜色和色调的“工具”图标可以快速为图像创建调整图层，使用“调整”面板创建的为非破坏性调整图层。可以选择“窗口”→“调整”命令打开“调整”面板，如图 6-3-5 所示。

在“调整”面板中有各种用于调整颜色和色调的工具图标。单击图标以选择调整并在“图层”面板自动创建调整图层，同时打开相应调整类型的“属性”面板。“属性”面板具有可设置调整预设的“预设”菜单。预设可用于设置色阶、曲线、曝光度、色相/饱和度、黑白、通道混合器以及可选颜色。单击“预设”，使用调整图层将其应用于图像，可以将调整设置存储为预设，它会被添加到预设列表中，如图 6-3-6 所示。

(a) 原始图像

(b) 图像上应用“阈值”调整图层

(c) 在“阈值”调整图层的图层蒙版上应用渐变后图像的效果

图 6-3-4　调整图层和图层蒙版的使用

图 6-3-5　“调整”面板

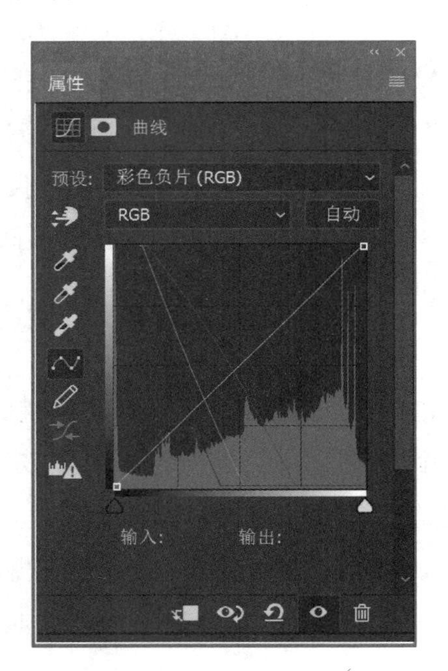

图 6-3-6　“属性”面板具有可设置调整预设的“预设”菜单

3. 填充图层

填充图层可以用纯色、渐变或图案填充图层。与调整图层不同的是，填充图层不影响它下面的图层。创建填充图层的方法有两种：方法一是选择“图层”→“新建填充图层”命令，然后选择一个填充类型。在弹出的“新建图层”对话框中命名图层，设置图层选项，然后单击“确定”按钮。方法二是单击“图层”面板底部的“创建新的填充和调整图层”图标◎，然后选择三种填充图层类型之一。

（1）纯色：用当前前景色填充调整图层，使用拾色器选择其他填充颜色。

（2）渐变：在弹出的“渐变填充”对话框（图6-3-7）中单击“渐变”色块以显示“渐变编辑器”，或单击倒箭头并从弹出式面板中选取一种渐变预设。

①“样式”：指定渐变的形状。

②“角度”：指定应用渐变时使用的角度。

③“缩放”：更改渐变的大小。

④“反向”：翻转渐变的方向。

⑤“仿色”：通过对渐变应用仿色降低带宽。

⑥“与图层对齐”：使用图层的定界框来计算渐变填充，可以在图像窗口中拖动以移动渐变中心。

（3）图案：从弹出的“图案填充”对话框中选取一种图案，如图6-3-8所示。单击“缩放”，并输入值或拖动滑块调整图案的大小比例。单击“贴紧原点”，使图案的原点与文档的原点相同。如果希望图案在图层移动时随图层一起移动，需选择“与图层链接”复选框。选中“与图层链接”复选框后，当“图案填充”对话框打开时可以在图像中拖移以定位图案。

图6-3-7 “渐变填充”对话框

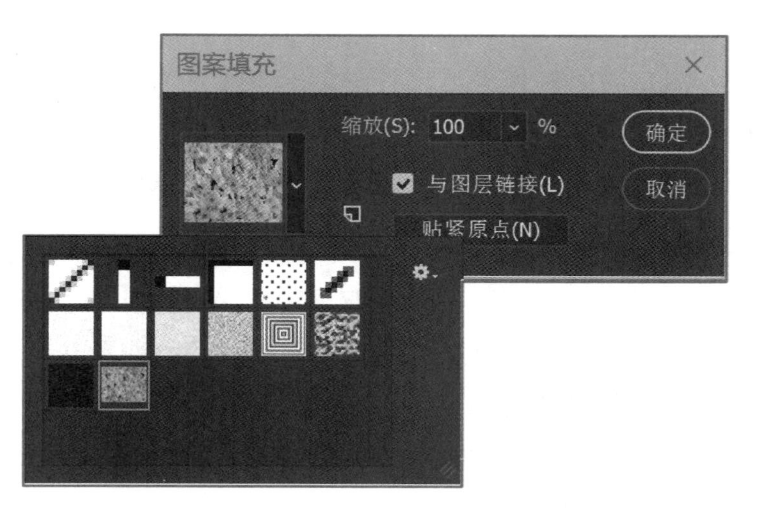

图6-3-8 “图案填充”对话框

【任务实施】

（1）打开单元 6 素材“树皮 . jpg”文件。

（2）在“图层”面板中双击背景图层的名称，在弹出的“新建图层”对话框中命名为“图层 0”，如图 6-3-9 所示，使背景图层成为活动图层。

图 6-3-9　使背景图层成为活动图层

（3）选择“编辑”→“自由变换”命令，将树皮图像变小，如图 6-3-10 所示。

图 6-3-10　将树皮图像变小

（4）为了制作星球爆炸效果，需要将深色的树皮裂缝反白，所以选择“图像”→“调整”→“反相”命令（或按 Ctrl+I 快捷键）。

（5）选择工具箱中“椭圆选框工具”，按住 Shift 键同时拖曳鼠标在图像中建立一个正圆选区，如图 6-3-11 所示。

（6）选择“选择”→“反相”命令，按 Delete 键，删除多余的图像，再次选择“选择”→“反相”命令，可以得到一个圆形图像，如图 6-3-12 所示（注意保持选区，不要取消）。

（7）选择“滤镜”→“扭曲”→“球面化”命令。在“球面化”对话框中设置“数量”为 100%，“模式”为正常，如图 6-3-13 所示。确定后再次选择“滤镜”→“扭曲”→“球面化”命令，再做一次“球面化”滤镜，设置“数量”为 50%，确定后取消选择，效果如图 6-3-14 所示。

图 6-3-11 图像中建立一个正圆

图 6-3-12 得到一个圆形图像

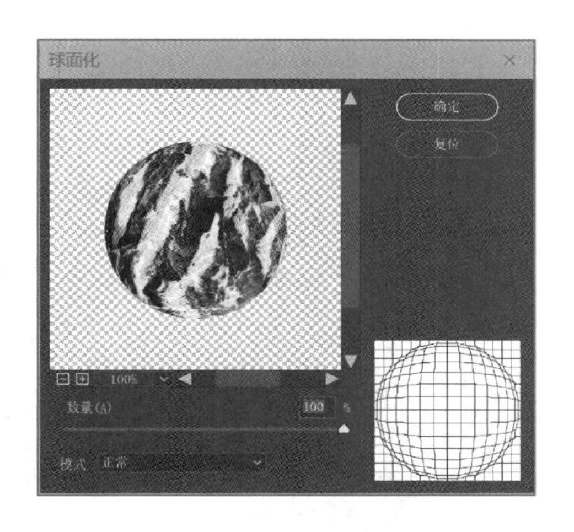

图 6-3-13 设置“球面化”滤镜参数

图 6-3-14 “球面化”后的图像效果

（8）在工具箱中设置背景色为黑色（R:0，G:0，B:0）。选择“图层”→“新建”→“图层背景”命令，将黑色填充为背景，如图 6-3-15 所示。

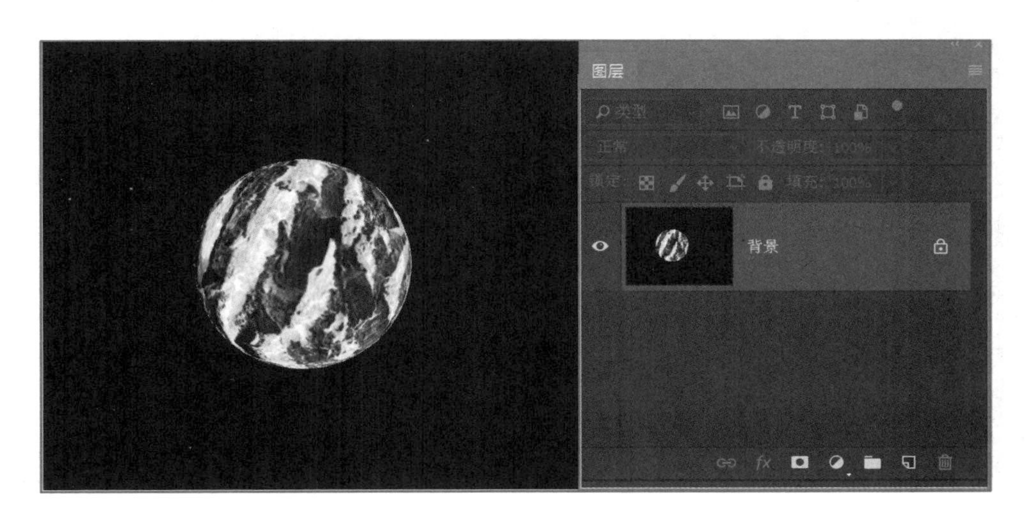

图 6-3-15 将黑色填充为背景

（9）选择“滤镜”→“锐化”→“USM 锐化”命令，在“USM 锐化”对话框中设置“数量”为 500%，“半径”为 1.7 像素，“阈值”为 68 色阶，如图 6-3-16 所示。

（10）选择“滤镜”→“扭曲”→“极坐标”命令，在“极坐标”对话框中选择“极坐标到平面坐标”复选框，如图 6-3-17 所示。

（11）选择“图像”→“图像旋转”→“顺时针 90 度”命令，效果如图 6-3-18 所示。

（12）选择“滤镜”→“风格化”→“风”命令，在“风”对话框中设置“方法”为“风”，“方向”为“从右”，如图 6-3-19 所示。如果觉得效果不明显可以再做一次“风”滤镜或者按快捷键 Alt+Ctrl+F。

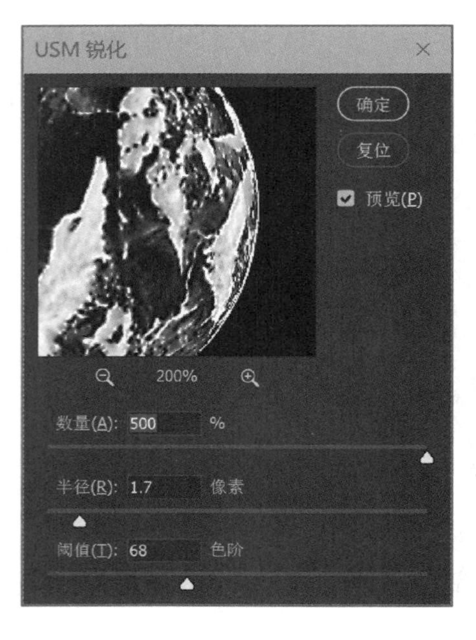

图 6-3-16 “USM 锐化”对话框

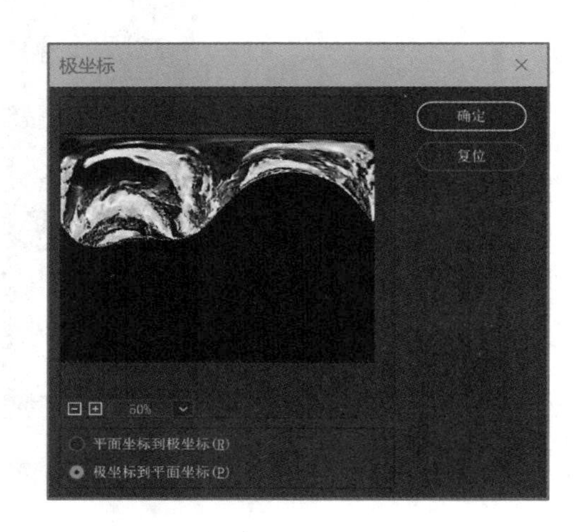

图 6-3-17 “极坐标”对话框

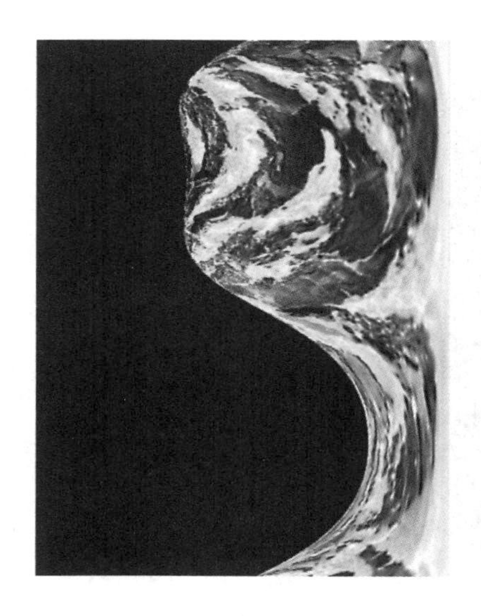

图 6-3-18 图像顺时针旋转 90°

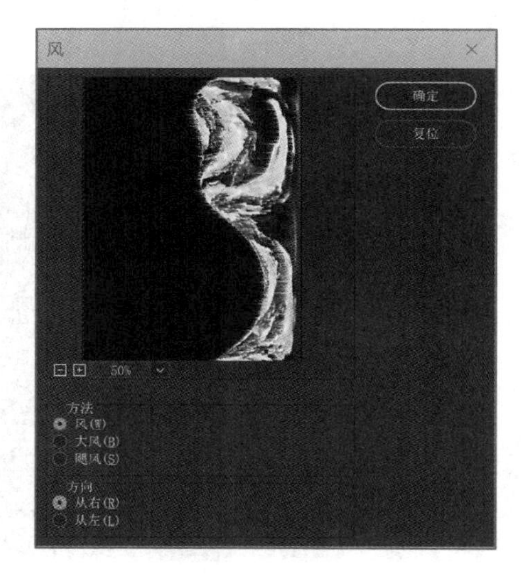

图 6-3-19 “风”对话框

（13）选择“图像”→“图像旋转”→“逆时针 90 度”命令，效果如图 6-3-20 所示。

（14）选择“滤镜”→“扭曲”→“极坐标”命令，在“极坐标”对话框中选择“平面坐标到极坐标”复选框，如图 6-3-21 所示。

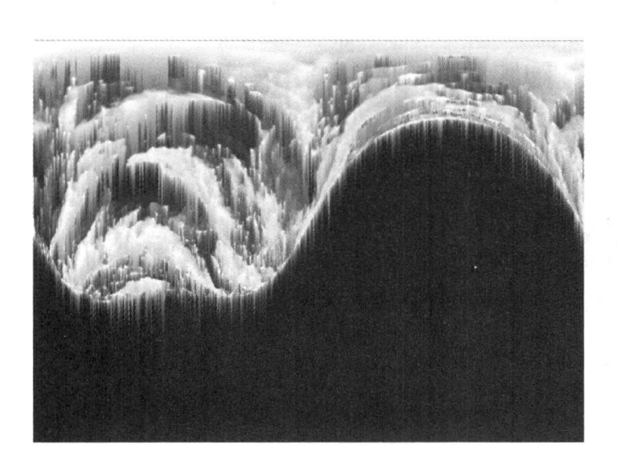

图 6-3-20 图像逆时针旋转 90 度后的效果

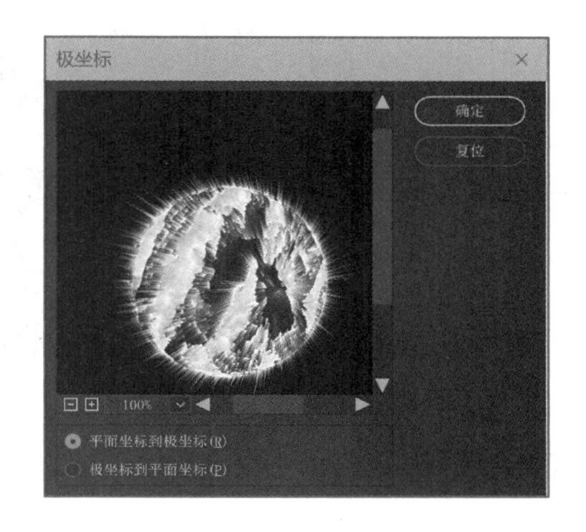

图 6-3-21 “极坐标”对话框

（15）在“图层”面板中单击“创建新的填充或调整图层”图标，在弹出的菜单中选择“色相/饱和度”命令，在“属性”（色相/饱和度）面板上设置“色相”为 18，“饱和度”为 100，如图 6-3-22 所示。

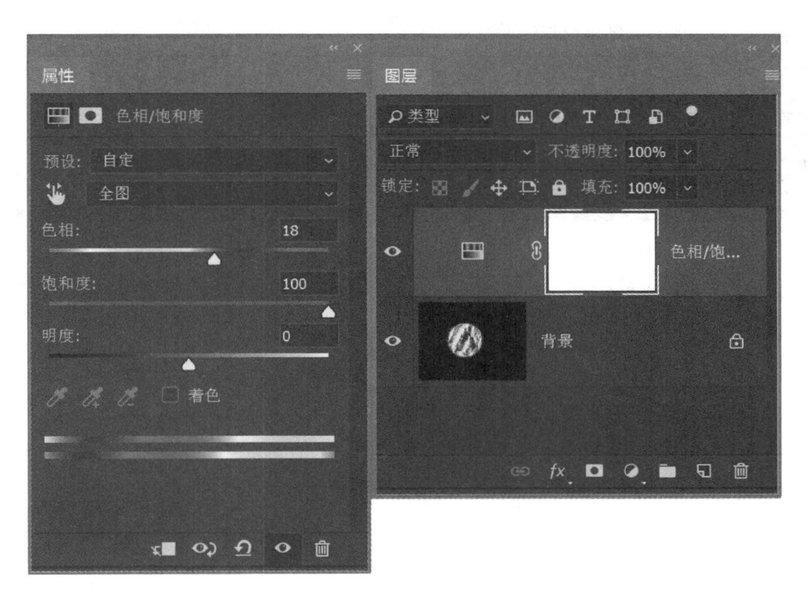

图 6-3-22 设置色相/饱和度

（16）选择“图层”面板中的背景图层，再次单击“图层”面板下方“创建新的填充或调整图层”图标，在弹出的菜单中选择“色彩平衡”命令，在“属性”（色彩平衡）面板上设置“色调”为中间调，如图 6-3-23 所示。

（17）选择“图层”→“合并图像”命令，将调整图层和背景图层合并。打开单元 6 素

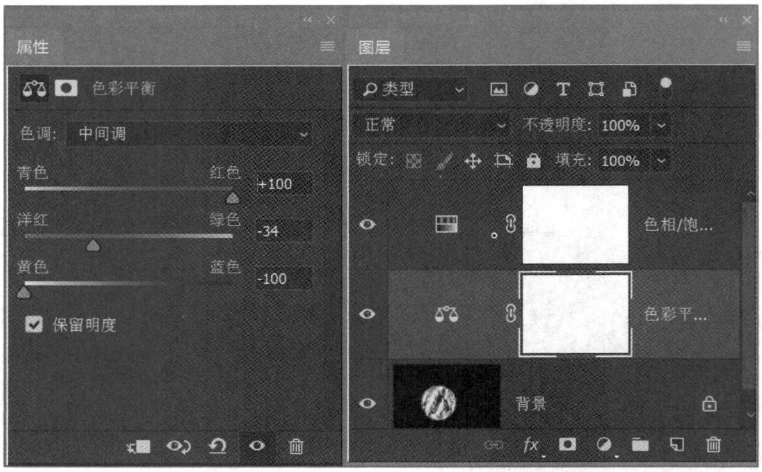

图 6-3-23　设置色彩平衡

材“宇宙 .jpg”文件，用“移动工具”将制作好的爆炸星球拖入“宇宙 .jpg”文件中，可以根据需要调整大小，并设置该图层模式为“差值”，如图 6-3-24 所示。

图 6-3-24　最后效果图

【任务拓展】

动漫场景的构建

动漫场景的构建是确立影片整体基调的重要部分，不但可以烘托出动画片的整体氛围，而且还影响观众对动画片带给他们的不同的心理和情绪感受，决定了观众对影视动画的欣赏。动漫场景构建主要是通过色彩、构图、光影等技术手段来凸显片中人物性格，突出故事情节，激化人物冲突与矛盾，塑造人物形象，对空间、时间环境进行视觉艺术刻画的一项造型表现技术。

1. 场景设计要点

影视动漫场景的构建需要充分考虑到其内景、外景以及内外景，缺一不可。动漫场景的构建一方面需要人物、自然常态物质、建筑以及人为的装饰等方面的物质要素，另一方面则需要增强色彩、光影以及外形的包装等方面视觉效果元素。

（1）以剧本情节为中心

动画的一切设计都是围绕剧本情节，所以在进行场景设计之前要深入掌握剧本，了解剧本所处的时代和地域环境，熟悉该地区民族文化、风俗习惯以及片子的感情基调和风格。在理解的基础上才能明确设计方向，贴近生活，收集素材。

（2）场景与人物风格的统一

设计动画场景时，一定要注意场景造型与人物造型风格和谐统一。

（3）注意细节刻画

由于动画是运动着的绘画艺术，所以同一个场景由于摄像机位置的不同，所处时间不同，所呈现的画面就会完全不同。所以在场景的设计过程中一定要充分考虑场景中每一个角落，每一个道具是否符合逻辑。这就要求在进行场景设计的时候不仅要注意整体画面效果，更要注意细节的体现。这样制作出的动画片才能具有艺术性也有真实感。

2. 动画场景的空间塑造

塑造动画场景的空间是人物造型的要素之一，是其形式上的延伸和拓展。场景中的空间塑造是指提供符合剧情要求、具有特定艺术意图和鲜明的形象特点的物质空间环境（包括光、声、电）。场景空间主要依赖于人视觉产生的空间感。通过不同深度和广度、明度和暗度、音响的强弱、空间的剪辑，使场景上获得了宽、高、深的三维空间。

（1）空间透视

同一物体在不同的视点观测时，其大小、距离都是不同的，一般我们利用绘画中的透视原理绘制出场景的空间感和纵深感，例如：日本动画《千与千寻》中大海里的列车站场景，场景中用强烈的一点透视画法并利用光影结合关系体现了场景的纵深感，如图 6-3-25 所示。

美国 3D 动画《精灵旅社》室内城堡大厅场景利用空间透视和物体的虚实关系体现场景的宽阔的空间感，如图 6-3-26 所示。

图 6-3-25 强烈的一点透视画法并利用光影结合关系体现了场景的纵深感（来源：日本动画《千与千寻》）

图 6-3-26 利用空间透视和物体的虚实关系体现场景的宽阔的空间感（来源：美国 3D 动画《精灵旅社》）

（2）空间光影

光影即“光影造型”，属于动画场景设计的一部分，在动画中光影效果往往是以还原真实的自然光线效果为基础，以构建影片的镜头画面、环境氛围以及画面构图为目的。在动画片中使用不同类型的光影效果，直接影响着影片的视觉风格并且通过阴影可以塑造立体形态和深度感。

（3）空间色彩

动画片中的色彩不仅可以烘托剧情、刻画人物性格、提升画面的艺术感染力以及通过不同的色调让观众有不同的心理变化。在空间构建方面色彩通过明暗对比、色调冷暖的对比以及色彩远近的多层次叠加，能在场景空间的表现上产生视觉冲击。

（4）空间蒙太奇

蒙太奇一般包括画面剪辑和画面合成两方面，画面剪辑即由许多画面或图样并列或叠化而成的一个统一作品；画面合成是指制作这种组合方式的过程。动画片场景空间蒙太奇手法是将一系列在不同地点，从不同距离和角度，以不同方法拍摄的动画场景镜头排列组合，表现场景空间模式，交代场景的空间位置，叙述情节，刻画人物内心感受。2009 年上映的名侦探柯南剧场版《漆黑的追踪者》利用镜头与镜头的衔接表现场景空间转换，增加影片镜头生动感和悬念感，如图 6-3-27 所示。

图 6-3-27　利用镜头的衔接表现场景空间转换

（来源：日本动画名侦探柯南剧场版《漆黑的追踪者》）

思考练习

一、选择题

1. ________是管理和操作图层的主要场所。

A. “图层” 菜单　　B. “路径” 面板

C. “图层” 面板　　D. “通道” 面板

2. 根据图层混合模式可以分为________大类。

A. 四　　B. 六　　C. 三　　D. 八

3. ________模式混合后会产生目标层图像以散乱的点叠加到底层图像，图像的色彩不发生变化。

A. 溶解　　B. 变暗　　C. 叠加　　D. 变亮

4. 在对图层应用图层蒙版时，用白色和黑色绘制蒙版，分别代表________。

A. 不透明和透明　　B. 透明和不透明

C. 透明和半透明　　D. 没有区别

二、思考题

1. 熟练掌握 “图层” 面板中各个选项的作用。
2. 能够用几种不同的方式建立新图层？
3. 图层蒙版和图层剪贴路径有何不同？
4. 填充图层和调整图层会影响其他图层上的图像吗？

操作练习

<table>
<tr><td rowspan="2">
图 6-4-1　单元 6 练习题效果图</td><td>练习目标：根据 6.2 实例操作制作出天空彩虹的效果，如图 6-4-1 所示。</td></tr>
<tr><td>素材文件：单元 6\大气层 .jpg、星星 .jpg
效果文件：单元 6\宇宙彩虹 .jpg</td></tr>
</table>

单元评价

<table>
<tr><th>序号</th><th colspan="2">评价内容</th><th>自评</th></tr>
<tr><td>1</td><td rowspan="3">基础知识</td><td>熟悉“图层”面板的组成元素以及图层的典型属性</td><td></td></tr>
<tr><td>2</td><td>了解图层的类型以及这些图层的作用</td><td></td></tr>
<tr><td>3</td><td>了解图层蒙版和剪贴蒙版的用途</td><td></td></tr>
<tr><td>4</td><td rowspan="4">操作能力</td><td>熟练运用渐变工具和画笔工具修改图层蒙版</td><td></td></tr>
<tr><td>5</td><td>熟练运用调整图层调整图像的亮度、颜色等</td><td></td></tr>
<tr><td>6</td><td>熟练掌握图层样式的使用方法</td><td></td></tr>
<tr><td>7</td><td>掌握图层混合模式及使用方法</td><td></td></tr>
</table>

说明：评价分为 4 个等级，可以使用“优”“良”“中”“差”或“A”“B”“C”“D”等级呈现评价结果。

Unit 7

单元 7 动漫设计中标题文字的表现

单元目标

动漫的片头文字设计表现是非常重要的一个部分，Photoshop 中灵活的文字工具和其他强大的功能结合可以为动画创造出动感和趣味性的片头文字，从而增强画面的表现力。

- 掌握“文字工具”的使用方法，能够熟练运用字符和段落编排文字
- 掌握将文字层转换为路径和形状的方法
- 熟练掌握沿着路径输入文字的方法

单元内容	案例效果
7.1　文字和笔刷——草地字效	
7.2　文字和路径——发光字效	
7.3　文字和通道——燃烧字效	

7.1 文字和笔刷——草地字效

【任务分析】

利用文字建立的选区转换为路径，并用“直接选择工具”编辑路径再创建新的选区，结合图层特效制作出草地文字效果。

【任务准备】

Photoshop 中的文字是由基于矢量的文字轮廓组成，所以在缩放文字、调整文字大小、存储 PDF 或 EPS 文件或将图像打印到 PostScript 打印机时生成的文字与分辨率无关。

1. Photoshop 中文字的创建

Photoshop 可以通过三种方法创建文字：在点上创建、在段落中创建和沿路径创建，如图 7-1-1 所示。

点文字

(a) 在点上创建

使用以水平或垂直方式控制字符流的边界。当要创建一个或多个段落（比如为宣传手册创建）时，采用这种方式输入文本十分有用。

(b) 在段落中创建

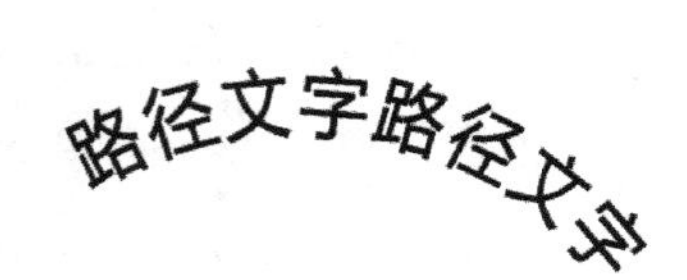

(c) 沿路径创建

图 7-1-1　三种方法创建文字

（1） 在点上创建（点文字）

如果要在图像中添加少量文字，在某个点输入文本是一种有用的方式，从图像中单击的位置开始，可以是一个水平或垂直文本行。输入点文字时，每行文字都是独立的一行，长度随着编辑增加或缩短，但不会换行。输入的文字出现在新的文字图层中。

（2） 在段落中创建（段落文字）

使用以水平或垂直方式控制字符流的边界。当要创建一个或多个段落（比如为宣传手册创建）时，采用这种方式输入文本十分有用。

输入段落文字时，文字基于段落外框的尺寸换行。可以输入多个段落并选择段落调整选项。可以通过调整段落文字外框的大小将文字在调整后的矩形内重新排列。可以在输入文字时或创建文字图层后调整外框。也可以使用外框来旋转、缩放和斜切文字。

（3） 沿路径创建（路径文字）

沿路径创建是指沿着开放或封闭路径边缘流动的文字。当沿水平方向输入文本时，字符将沿着与基线垂直的路径出现。当沿垂直方向输入文本时，字符将沿着与基线平行的路径出现。在任何一种情况下，文本都会按将点添加到路径时所采用的方向流动。

小提示： 如果输入的文字超出段落边界或沿路径范围所能容纳的大小，则边界的角上或路径端点处的锚点上将不会出现手柄，取而代之的是一个内含加号（+）的小框或圆。

2. 文字工具

文字工具组包括如图 7-1-2 所示的四种文字工具。

（1）横排文字工具

这是最常用的文字工具，这个工具在图像上创建文字后会生成一个文字图层。

（2）直排文字工具

用来生成一栏垂直字符，它也会创建一个文字图层，图 7-1-3 所示的就是利用“直排文字工具”生成的文本。

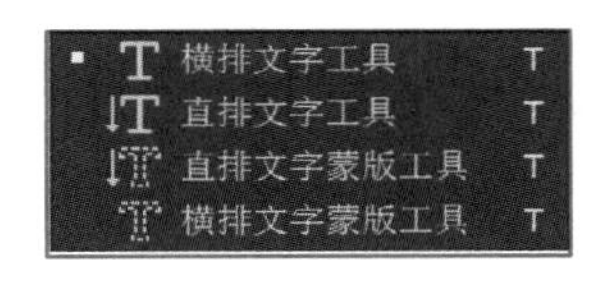

图 7-1-2 文字工具组

图 7-1-3 使用“直排文字”工具生成的文本

当创建文字时，“图层”面板中会添加一个新的文字图层。创建文字图层后，可以编辑文字并对其应用图层命令。不过，在对文字图层进行栅格化的更改之后，Photoshop 会将基于矢量的文字轮廓转换为像素。栅格化文字不再具有矢量轮廓并且再不能作为文字进行编辑。

（3）直排文字蒙版工具和横排文字蒙版工具

产生一个字符形状的选框，在“图层”面板上不会创建文字图层，经常用“横排文字蒙版工具”创建的文字粘贴到图层的图层蒙版中，如图 7-1-4 所示。当使用这两种工具在输入文字时，在确定前，图像一直显示除了文字以外被一个红色蒙版遮住的状态（蒙版的显示和快速蒙版对话框中的选项有关）。

图 7-1-4 粘贴“横排文字蒙版工具”创建的文字到图层的蒙版中

小贴示：在 Photoshop 中，因为“多通道”“位图”或“索引颜色”模式不支持图层，所以不能在这些模式的图像中创建文字图层。在这些图像模式中，文字将以栅格化文本的形式出现在背景上。

3. “文字工具”选项栏

我们可以使用“文字工具”选项栏来设置文字特征，例如，设置字体、字体大小、字体样式、文本颜色等，如图 7-1-5 所示。

图 7-1-5 “文字工具”选项栏

（1）切换文本取向：用来切换文字的水平方向与垂直方向。文字图层的方向决定了文字行相对于文档窗口（对于点文字）或外框（对于段落文字）的方向。当文字图层的方向为垂直时，文字上下排列；当文字图层的方向为水平时，文字左右排列。

（2）消除锯齿：通过部分填充边缘像素使文字边缘平滑。这样，文字边缘就会混合到背景中。锐利是指文字以最锐利的效果显示；犀利是指文字以稍微锐利的效果显示；浑厚是指文字以厚重的效果显示；平滑是指文字以平滑的效果显示。

（3）创建文字变形：可以使文字变形以创建特殊的文字效果。例如，可以使文字的形状变为贝壳或拱形。由于选择的变形样式是文字图层的一个属性，所以可以随时更改图层的变形样式以改变整体形状；还可以通过变形选项精确控制变形效果的取向及透视。

小提示：不能变形包含“仿粗体”格式设置的文字图层，也不能变形使用不包含轮廓数据的字体（如位图字体）的文字图层。

（4）从文本创建 3D：可以快速地将一个平面文字变为凸出文字，从普通的文字图层创建一个 3D 的图层。

【任务实施】

（1）打开单元 7 素材“泥土 .jpg”文件。

（2）选择工具箱中“横排文字工具”，在工具选项栏上单击“切换字符与段落面板”图标，在弹出的“字符”面板中设置字体为 Airal，“字体样式”为 Bold，“字体大小”为 180 点，颜色为白色（R:255，G:255，B:255）。在“泥土 .jpg”文件的图像中部输入文字“GRASS”，如图 7-1-6 所示。

（3）在“图层”面板自动创建了“GRASS”文字图层，按 Ctrl 键同时单击“GRASS”文字图层的缩览图，只选择图像中的文字，如图 7-1-7 所示。

（4）从“窗口”菜单中打开“路径”面板，单击面板下方的“从选区生成工作路径”图标。将图像中的选区转换成闭合的路径，如图 7-1-8 所示。选择“路径”面板右边的菜单中的“存储路径”命令，将工作路径存储为“路径 1”路径。

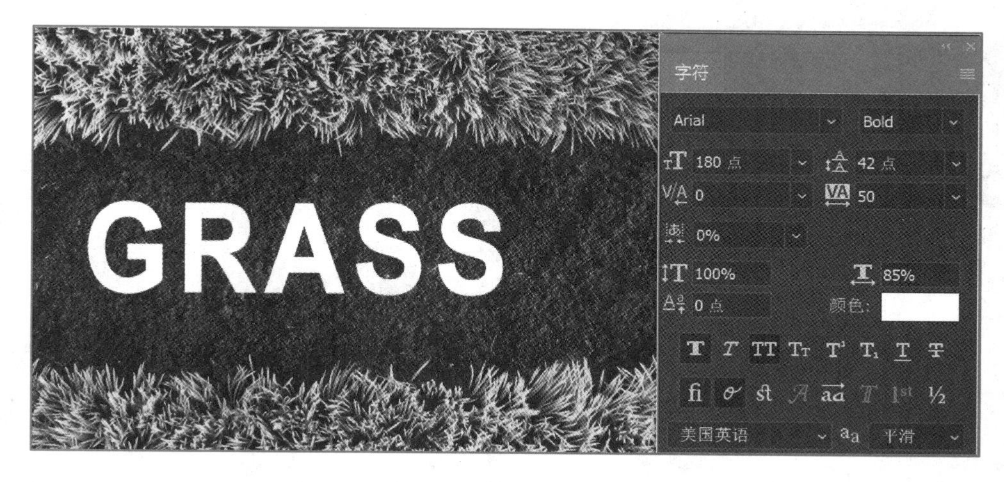

图 7-1-6 输入“GRASS”

图 7-1-7 选择图像中的文字

图 7-1-8 从选区生成路径

（5）以第一个字母 G 为例，选择工具箱中的“添加锚点工具”，在 G 字路径边上增加锚点，并用工具箱中的“直接选择工具”，将锚点拖曳，将路径修改成锯齿的形状，如图 7-1-9 所示。其他的字母路径也按此方法修改。

（6）修改完成后单击“路径”面板下方的“将路径作为选区载入”图标。这时图像上建立了一个选区，如图 7-1-10 所示。

（7）选择工具箱中的“矩形选框工具”，将鼠标放置在选区中，当鼠标光标变成白色箭头时拖曳鼠标将选区移动到图像中草地和泥土的边界，如图 7-1-11 所示。

图 7-1-9　将路径修改成锯齿的形状

图 7-1-10　将路径作为选区载入

图 7-1-11　选区拖曳至草地和泥土的边界

（8）打开“图层”面板，选择背景图层。选择“编辑”→“拷贝”命令（或按快捷键 Ctrl+C），再选择“编辑”→“粘贴”命令（或按快捷键 Ctrl+V）。在背景图层上新建“图层 1”图层，在“图层”面板上拖曳“图层 1”图层，拖动至“GRASS”文字图层的上面，关闭“GRASS”文字图层右侧“指示图层可见性”图标（眼睛），使该图层不可见。

（9）选择工具箱中的“移动工具”，将复制的草地移动至泥土上，如图 7-1-12 所示。

（10）选择并拖曳“图层 1”图层至“图层”面板下方的“创建新图层”图标上，新建图层为“图层 1 拷贝”图层（或者按鼠标右键，在弹出菜单中选择“复制图层”命令）。

（11）单击“图层”面板下方“添加图层样式”图标，在弹出菜单中选择“斜面与浮雕”样式，在“样式”对话框中设置“样式”为内斜面，“深度”为 100%，“大小”为 10 像素，阴影角度为 120 度，“光泽等高线”选择“环形-双”，高光“不透明度”为 16%，阴影“不透明度”为 25%，如图 7-1-13 所示。

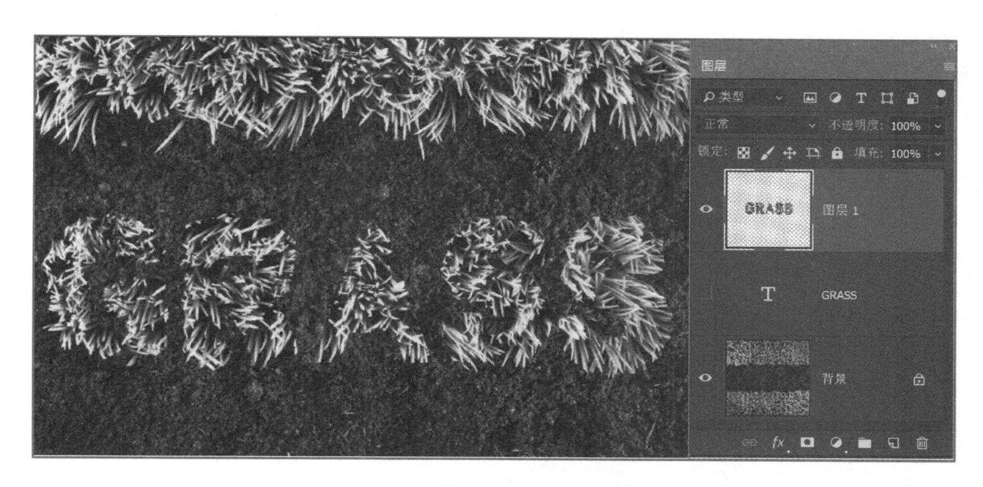

图 7-1-12 将复制的草地移动至泥土上

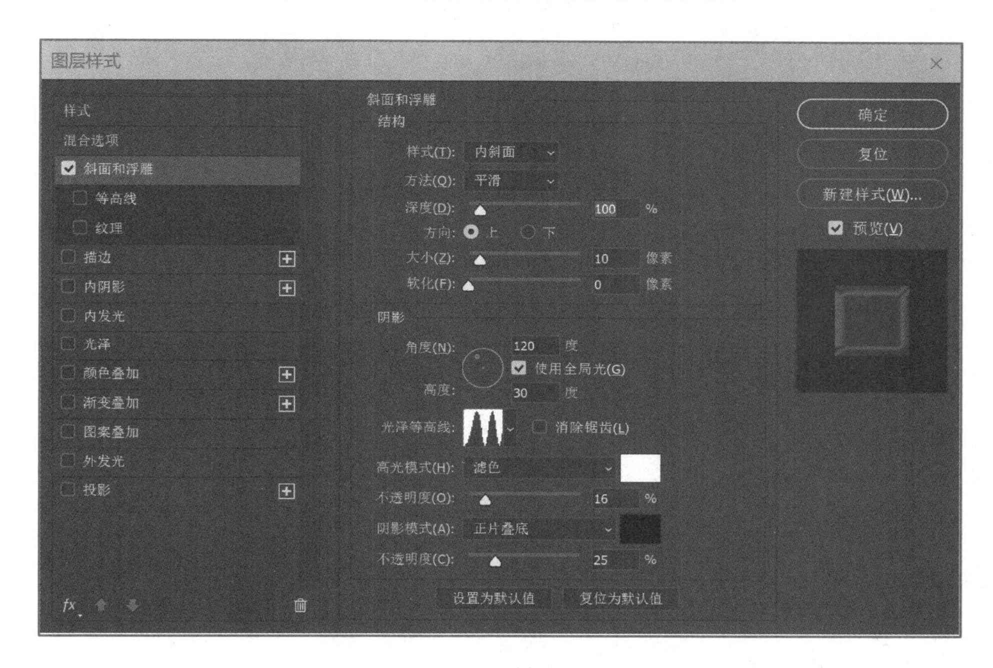

图 7-1-13 设置“斜面和浮雕”样式

（12）选择“样式”对话框左边的“光泽”复选框，设置“混合模式”为滤色；单击右侧“设置效果颜色”色块，在“拾色器”（光泽颜色中）中选择绿色（R:75 G:161 B:29）；“不透明度”为 23%；“角度”为 19 度；“距离”为 11 像素；“大小”为 14 像素；“等高线”选择“环形-双”，如图 7-1-14 所示。

（13）在“图层”面板上选择“图层 1”图层，将该图层的“不透明度”设置为 50%。单击面板下方“添加图层样式”图标 fx，在弹出菜单中选择“投影”样式，在“样式”对话框中设置“不透明度”为 34%，“距离”为 2 像素，“大小”为 1 像素，如图 7-1-15 所示。再选择“样式”对话框左边的“斜面与浮雕”复选框，设置“大小”为 1 像素，高光“不透明度”为 0%，阴影“不透明度”为 100%，如图 7-1-16 所示。

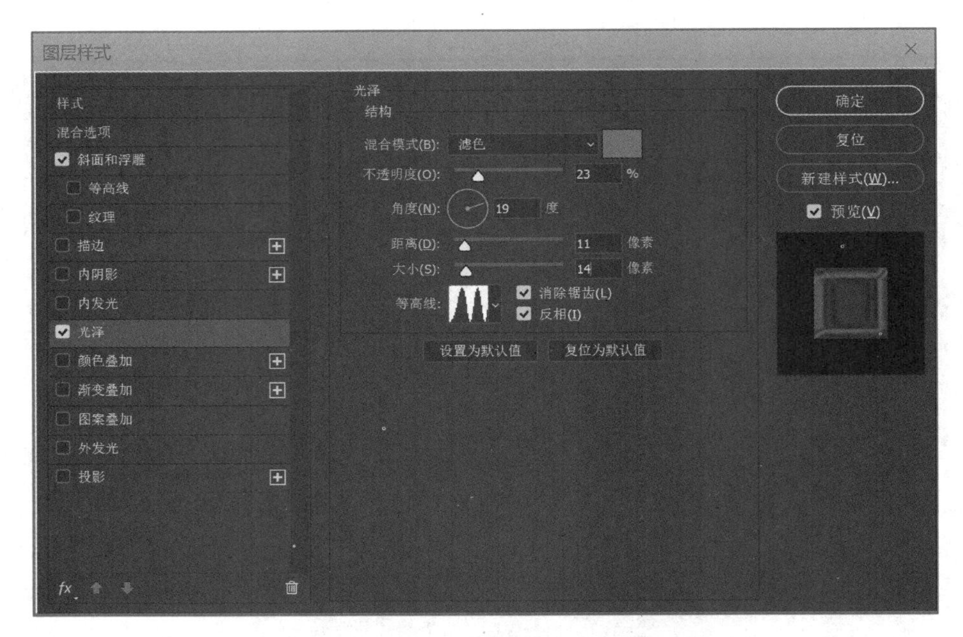

图 7-1-14 设置“光泽”样式

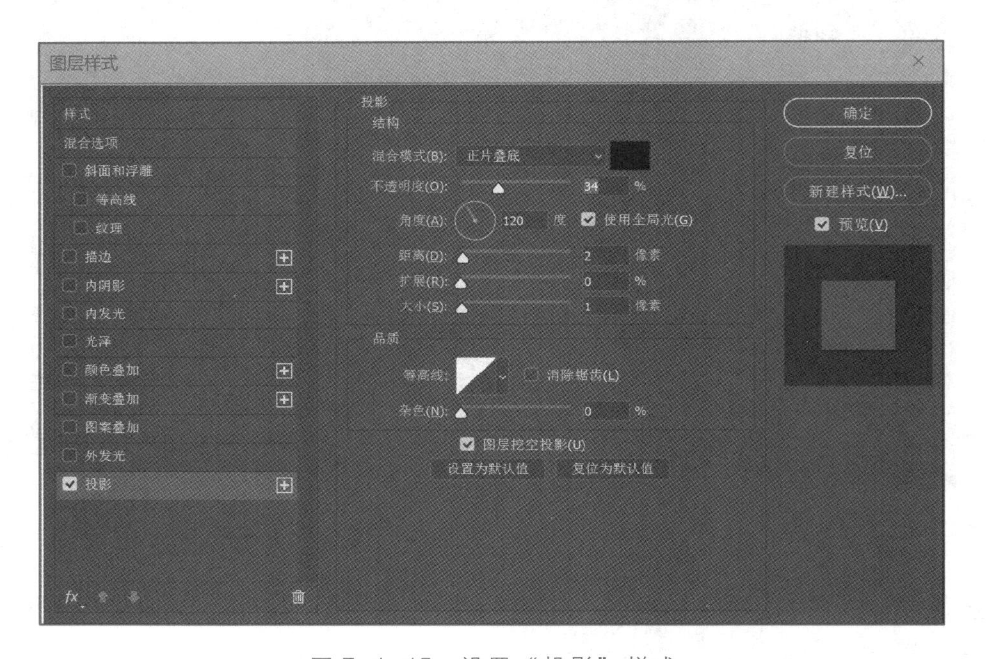

图 7-1-15 设置“投影”样式

（14）选择面板下方的“创建新图层”图标，在“图层 1”图层的下方建立一个“阴影”图层（双击图层名称可直接更改图层名）。按住 Ctrl 键的同时单击“图层 1”图层（以草的形状建立一个选区）。

（15）选择工具箱中的“矩形选框工具”，然后按向右方向键（→）按 5 次，再按向下（↓）按 4 次，移动选区，如图 7-1-17 所示。

（16）在面板上选择“阴影”图层。设置工具箱中的前景色为黑色（R:0，G:0，B:0）。按 Alt+Delete 键，用前景色填充，效果如图 7-1-18 所示。

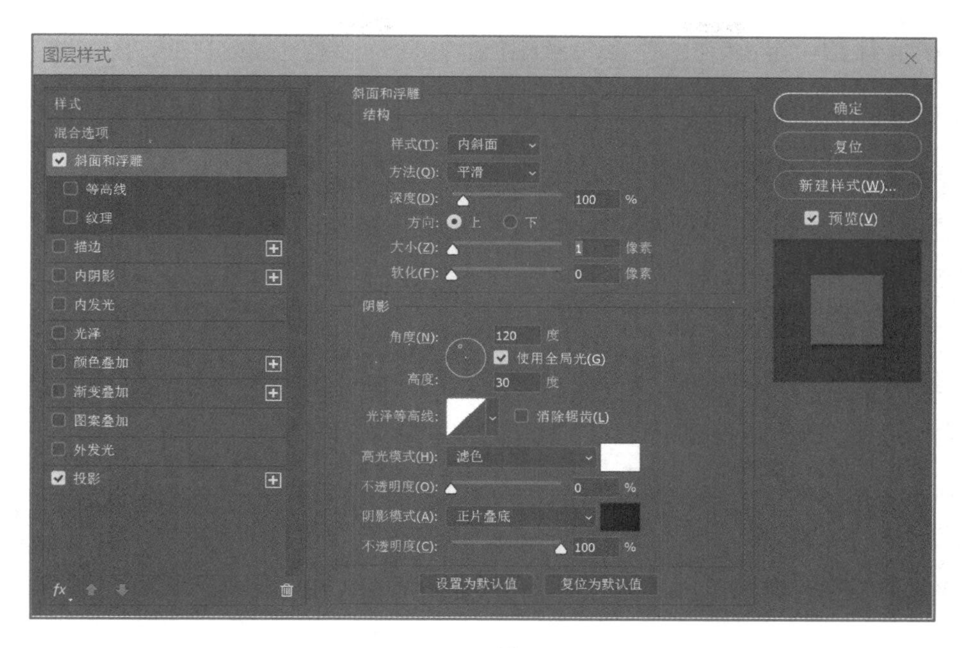

图 7-1-16 设置“斜面和浮雕”样式

图 7-1-17 移动阴影选区

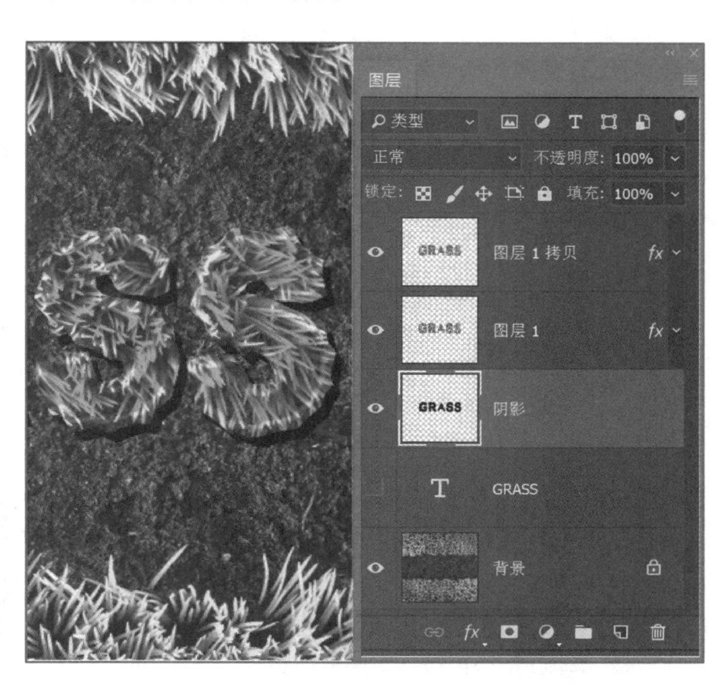

图 7-1-18 制作阴影

（17）选择“滤镜”→“模糊”→“动感模糊”命令，在“动感模糊”对话框中设置“角度”为 45 度；“距离”为 45 像素，如图 7-1-19 所示，将阴影边缘模糊。

（18）选择“图层 1 拷贝”图层，单击面板下方的“创建新图层”图标，在“图层 1 拷贝”图层上新建“图层 2”图层。

（19）设置工具箱中的前景色为浅绿（R:74，G:211，B:8），背景色为深绿（R:36，G:101，B:3）。

（20）选择工具箱中的“画笔工具”，在工具选项栏上单击“切换画笔设置面板”图标，打开“画笔设置”面板，在画笔预设中选择画笔笔尖形状“草”，“大小”为 40 像素，“间距”为 23%，如图 7-1-20 所示。

（21）在面板左侧选择“散布”复选框，选择“两轴”复选框，设置散布随机性为 181%，“数量”为 4，“数量抖动”为“49%”，如图 7-1-21 所示。

（22）在面板左侧选择“颜色动态”复选框，设置“前景/背景抖动”为 100%，“色相抖动”为 22%，“纯度”为 7%，如图 7-1-22 所示。

（23）在面板左侧选择“形状动态”复选框，设置“大小抖动”为 100%，“最小直径”为 35%，“角度抖动”为 13%；“圆度抖动”为 37%，“最小圆度”为 29%，选择“翻转 X 抖动”和“翻转 Y 抖动”复选框，如图 7-1-23 所示。

图 7-1-19 将阴影模糊

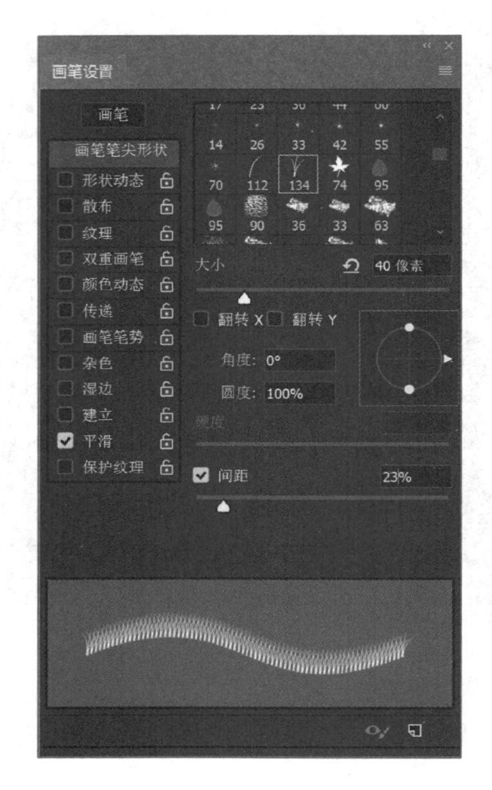

图 7-1-20 选择画笔笔尖形状

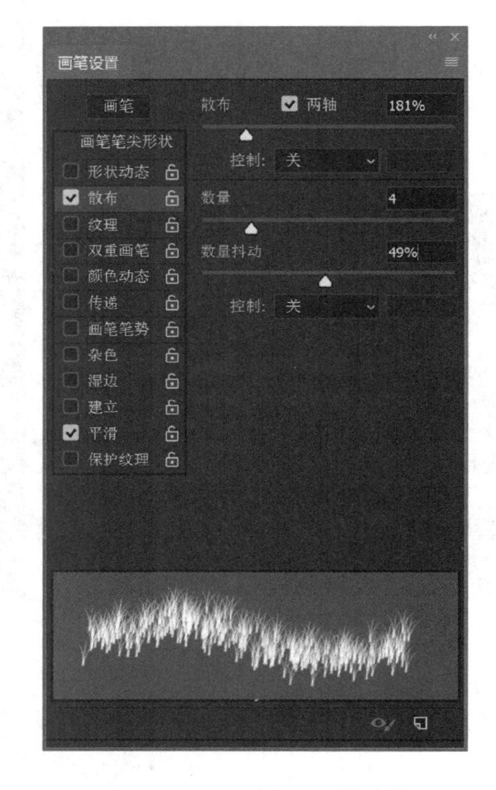

图 7-1-21 设置“散布”

（24）选择“图层”面板上的“图层 2”图层。用设定后的画笔在文字外围绘制一些杂草，使字母周围不规则。字母边缘生硬的部分可以选择工具箱中“橡皮工具”擦除，如图 7-1-24 所示。

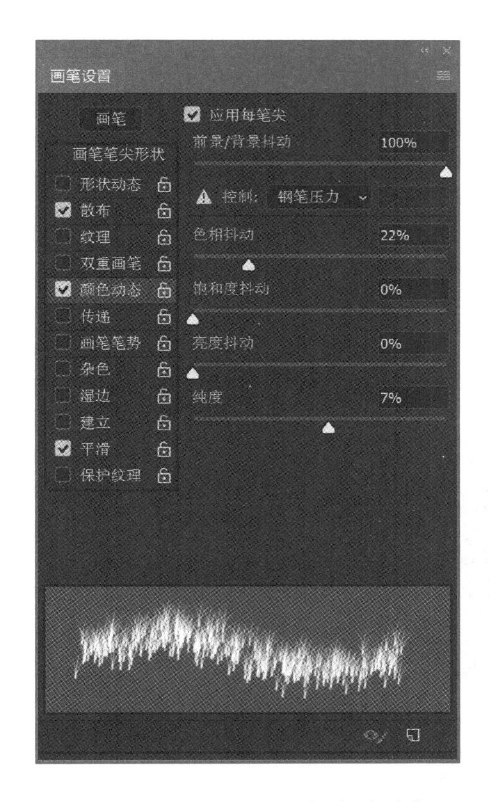

图 7-1-22 设置“颜色动态”

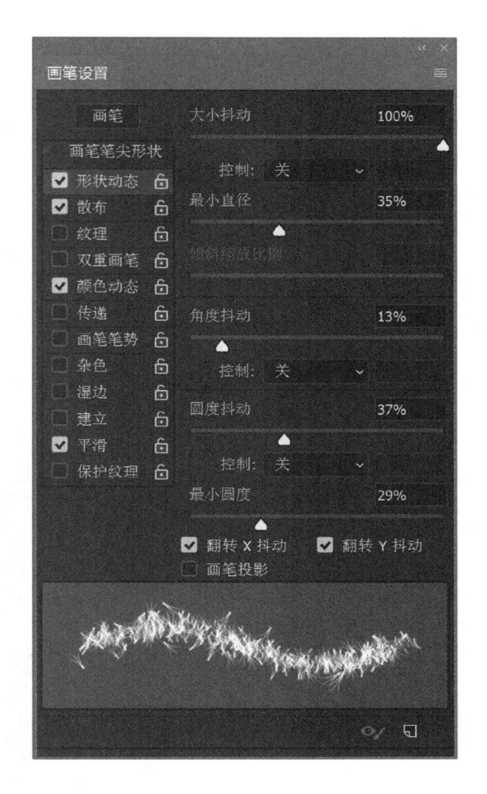

图 7-1-23 设置“形状动态”

（25）打开单元 7 中的素材：花系列文件和昆虫文件，蝴蝶文件，蜗牛文件。用“选择工具”将图像选出，再用“移动工具”将各种元素拖曳至草地文件中。大小、位置根据需要自定，最后的效果如图 7-1-25 所示。

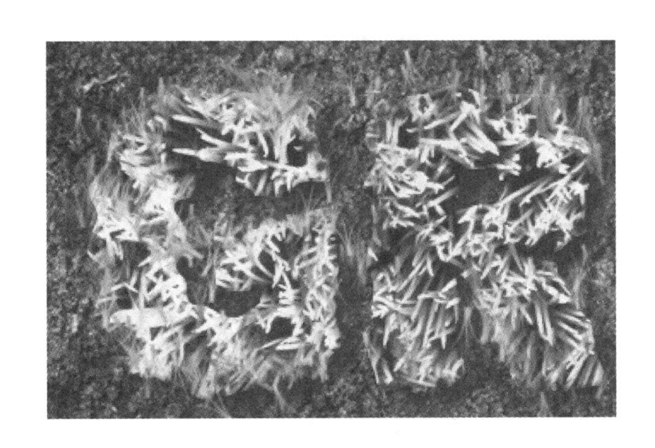

图 7-1-24 围绕文字外围绘制

图 7-1-25 最后效果图

【任务拓展】

可以在输入字符之前设置文字属性，也可以在输入文字后重新设置这些属性，以更改文字图层中所选字符的外观。在设置各个字符的格式之前，必须先选择这些字符。选择“横排文字工具” T 或“直排文字工具” IT。在“图层”面板中选择文字图层或者在文本中单击，在文本中定位到插入点，然后拖动以选择一个或多个字符。在文本中单击，然后按住 Shift 键单击可以选择一定范围的字符。

1. “字符”面板

“字符”面板提供用于设置字符格式的选项。选项栏中也提供了一些格式设置选项。

选择“窗口”→“字符”命令，或者在“文字工具”选项栏中单击“切换字符和段落面板”图标，打开如图 7-1-26 所示的“字符”面板。在“字符”面板中可以设置文字的字体、大小、颜色、字距以及文字基线的移动等变化。

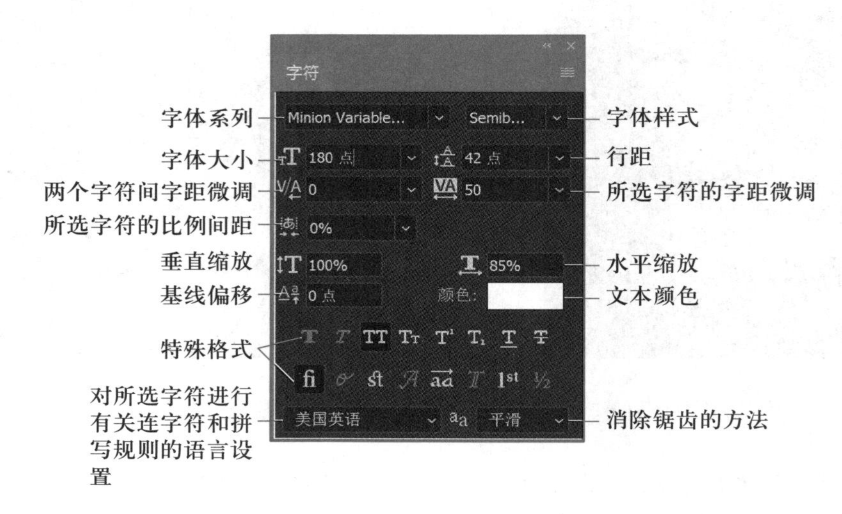

图 7-1-26 “字符”面板

（1）字体系列：字体代表一整套字符的风格或外观的称谓。字体的选择对出版物的外观有着重要影响。要改变字体首先要选中文字，再从“字符”面板的字体弹出菜单中选择各种字体。

（2）字体大小：字体大小通常以点来度量，若要设定字体大小，可先将要改变字体大小的文字选中，再选择大小命令，在弹出菜单中选择所需要的字级，也可直接在栏内输入数值。若要使用替代度量单位，在“字体大小”文本框的值后面输入单位（英寸、厘米、毫米、点、像素或派卡）。

小提示：如要更改文字的度量单位，选取菜单“编辑”→“首选项”→“单位和标尺”，并从“文字”菜单中选取一个度量单位。

（3）字体样式：字形给文字增加一种视觉上的强调，主要包括字体的粗细度和斜度。

（4）行距：行距指两行文字之间基线距离，调整行距需要选中文字段落，然后在栏内输入数值，或在弹出菜单中直接选择行距数值。

（5）间距：指文字之间的距离。调整间距需要选中文字，然后在栏内输入数值，若输入值为正，则会使字距加大，若输入值为负，则会缩小字距。

（6）垂直与水平缩放：改变文字的外观。当降低水平缩放比例，会把文字从一侧挤向另一侧；当放大水平比例，文字将被拉宽。当垂直缩放一个字体时，文字将被拉长，当使用一个大于100%的百分比垂直缩放时，垂直笔划将显得更细。

（7）字距微调：字距微调可以调整两个字符间的间距，其微调值以千分比来计算。使用文字工具在两个字符间单击，鼠标会变成插入点，然后在字距微调栏中输入数值。若输入值为正，则两个字符的间距会变大；如输入值为负，则两个字符之间的间距会缩小。

（8）文字基线：调整文字基线可以使选择的文字随设定的数值上下移动。

2.“字符样式”面板

字符样式主要为字符格式。可以应用于字符、一个段落甚至多个段落。可以创建字符样式并在以后应用它们。要应用字符样式，首先要选择文本或文本图层，然后单击一种字符样式。

选取“窗口”→“字符样式”命令，打开“字符样式”面板，如图7-1-27所示。

（1）创建字符样式

如要在现有的文本格式设置基础上创建新样式，首先要选择该文本。再从“字符样式”面板菜单中选择“新建字符样式”。或者单击“字符样式”面板底部的“创建新样式”图标。

（2）编辑字符样式

如要编辑字符样式，双击“字符样式”面板中所选样式。在打开的“字符样式选项”对话框（图7-1-28）中，选择左边的某个类别（如“基本字符格式”），然后指定要添加到样式中的属性。完成指定格式属性后，单击“确定”按钮，更改后的样式格式会以新格式更新已应用该样式的所有文本。

图7-1-27　“字符样式”面板

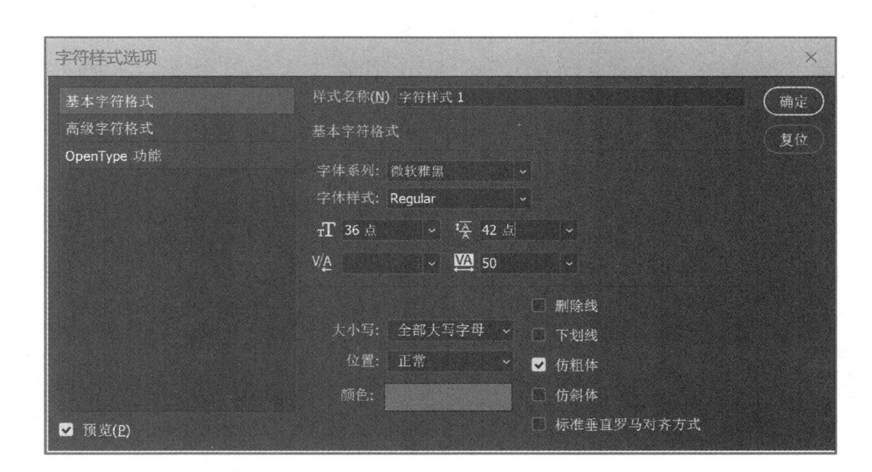

图7-1-28　“字符样式选项”对话框

3. “段落”面板

在 Photoshop 中，“段落”面板用于设置段落的选项。Photoshop 中段落不会自动换行，除非使用一个定界框调整这个段落的大小。

若要显示该面板，选择“窗口”→“段落”命令，就可以打开如图 7-1-29 所示的“段落”面板，可以设定段落的对齐、段前以及段后等属性。

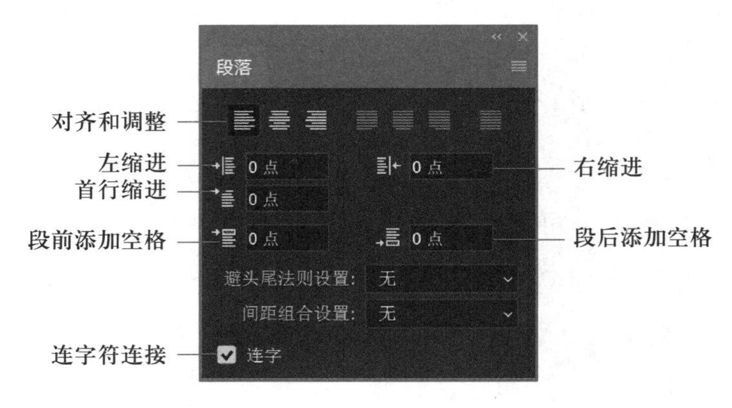

图 7-1-29 “段落”面板

（1）对齐和调整：将文字与段落的某个边缘对齐。Photoshop 的段落对齐方式有文字左对齐、居中对齐、右对齐、左右对齐、末行对齐、末行居中、末行右齐。对齐选项只可用于段落文字。

（2）左缩进：从段落的左边缩进。对于直排文字，此选项控制从段落顶端的缩进。

（3）右缩进：从段落的右边缩进。对于直排文字，此选项控制从段落底部的缩进。

（4）首行缩进：缩进段落中的首行文字。对于横排文字，首行缩进与左缩进有关；对于直排文字，首行缩进与顶端缩进有关。要创建首行悬挂缩进，只要输入一个负值。

（5）段前/段后空格：可以控制段落上下间距。选择要设置的段落。在“段落”面板中，设置“段前添加空格”和“段后添加空格”属性值。

（6）连字符连接：选取的连字符连接设置将影响各行的水平间距和文字在页面上的美感。连字符连接选项确定是否可用连字符连接字，还确定允许使用的分隔符。连字符连接设置仅适用于罗马字符，中文字体的双字节字符不受这一设置的影响。

4. “段落样式”面板

段落样式包括字符和段落格式设置，可应用于一个或多个段落。选择“窗口”→“段落样式”命令，可以打开“段落样式”面板，如图 7-1-30 所示。

图 7-1-30 “段落样式”面板

默认情况下，每个新文档中都包含一种应用于输入文本的“基本段落”样式。可以编辑此样式，但不能重命名或删除它。只有创建的段落样式可以重命名或删除。若要应用段落样式，选择文本或文本图层，然后单击一种段落样式即可。

（1）创建段落样式

如果打算在现有文本格式的基础上创建一种新的样式，选择该文本或者将插入点置于该文本中，从“段落样式”面板菜单中选取“新建段落样式”命令。若要在没有先选择文本的情况下创建样式，单击“段落样式”面板底部的“创建新样式”图标 。若要编辑样式而不将其应用于文本，选择图像图层，例如“背景”图层。

（2）编辑段落样式

双击现有的样式对其进行编辑，并在当前文档中更新所有关联的文本。如果对一种样式的格式设置进行了更改，那么已应用该样式的所有文本都将会更新为新的格式。

若要编辑段落样式，双击“段落样式”面板中的样式名称。在打开的“段落样式选项”对话框（图 7-1-31）中单击左边的某个类别格式，然后设置要添加到样式中的属性，单击“确定”按钮完成段落样式设置。

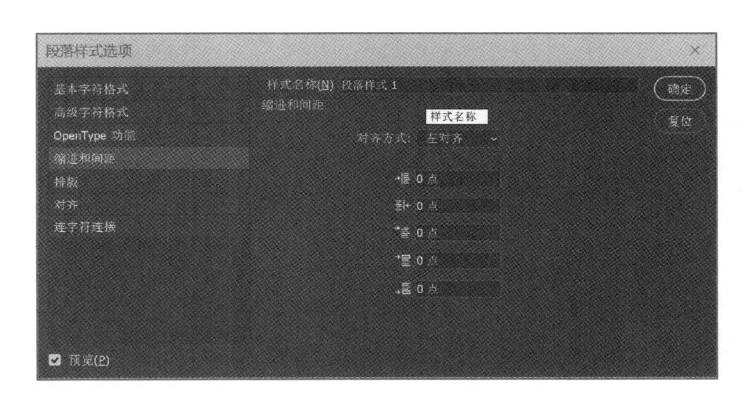

图 7-1-31 “段落样式选项”对话框

7.2 文字和路径——发光字效

【任务分析】

使用“文字工具”沿路径输入文字的特性，结合图层外发光特效制作出一种有趣的发光字效果。

【任务准备】

文字和路径

当文字和路径结合使用后，文字排版就显得更加灵活。我们可以把文字做成任何想要的图案，例如，可以把文字放入闭合的路径中做成实体图形（图 7-2-1）；也可以按照一条条曲线路径排版做成可爱的文字曲线（图 7-2-2）。

图 7-2-1　把文字放入闭合的路径里面做成图形

图 7-2-2　按照一条曲线路径做成图形

1. 文字放置在路径上

Photoshop 中的文字可以放置在一条由“钢笔工具”或者“形状工具”创建的路径上。当用“文字工具”沿着路径输入文字时，文字将沿着路径的方向排列。

在路径上输入横排文字，字符与基线垂直；在路径上输入直排文字，字符与基线平行，如图 7-2-3 所示。当移动路径或更改其形状时，文字将会根据新的路径位置或形状重新排列。

要在路径上放置文字的方法是首先创建路径。可以选择工具箱中的“钢笔工具”或者“形状工具”，在工具选项栏中选择工具模式为“路径”，然后在图像上勾勒出一条路径；再在工具箱中选择“文字工具”，当光标接近路径时，它会变为文字光标（被一条直线分隔的标准I型光标），如图 7-2-4 所示，单击即可开始输入文字，文字将沿着该路径排列，文字随路径延展到终点。

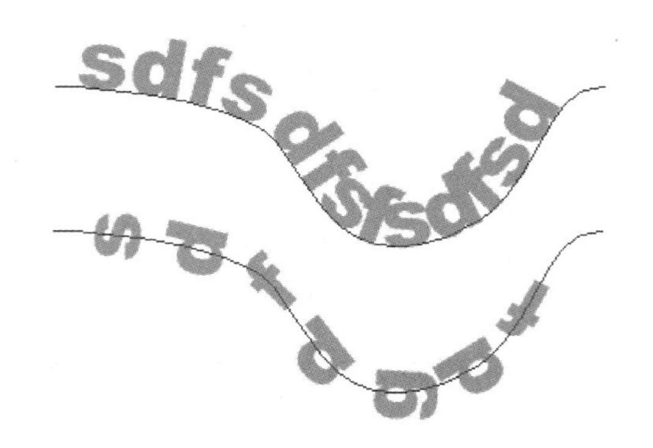

图 7-2-3　字符与基线的排列

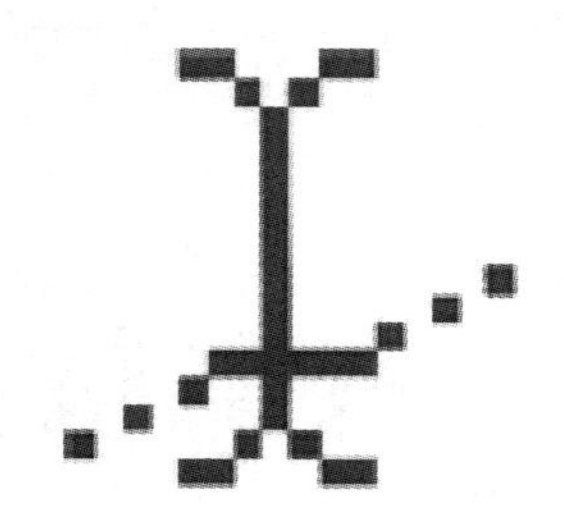

图 7-2-4　路径上的文字光标

在路径上输入文字时，在路径的起点处有一个小 x，而在路径的终点处有一个小圆圈。用“路径选择工具”或“直接选择工具”点按并拖动终点圆圈，可以隐藏文字尾部的字。

文字输入之后，可以沿着路径前后滑动文字。选择“路径选择工具”或“直接选择工具”，把它定位到文字的开始位置，它将变为一个带箭头的I型光标，如图 7-2-5 所示。

点按并沿着路径拖动，文字会跟着滑动。如果沿着路径从上往下拉或者从下往上拖动光标，会把文字翻转到路径的另一边，如图 7-2-6 所示。

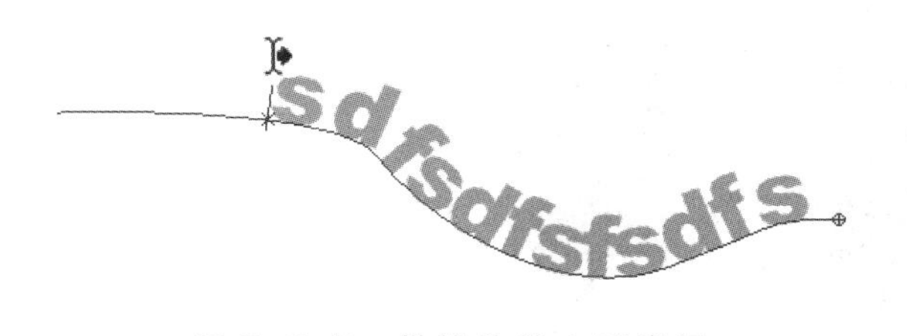

图 7-2-5 带箭头的 I 型光标

图 7-2-6 把文字翻转到路径的另一边

小提示： 应用“变形文字”特效之后，就不能再修改路径形状或沿着路径来回拖动文字，路径将不可编辑。

2. 在闭合的路径内输入文字

Photoshop 不仅能把文字放在路径上，也可以把文字放置在任意闭合路径或者由“形状工具”创建的形状内，如心形、花形、菱形以及咖啡杯形等。

图 7-2-7 文字放置在封闭路径内

当把“文字工具”定位在闭合路径内，它就变为周围带虚线圆弧的I型光标。用“文字工具”在一个封闭的形状中单击，所输入的任何文字都将被约束在该路径边框内，如图 7-2-7 所示。

放置在路径上或路径内的文字是可编辑的。例如，添加或删除字符、添加投影、修改字体和颜色等。

3. 文字转换为路径

Photoshop 输入的文本可以更改文字本身的属性如字体、大小、颜色等。但是对其中某个字符的一个形状不能修改，如拉长一个字中的笔画或缩小一个点等。要修改文字形状，必须通过把文字转换为路径和形状后才可以实现。

文字转换为路径的方法首先是要选择一个文字图层，然后选取“文字”→“创建工作路径”命令。默认状态下文字所创建的路径是以工作路径的形式出现在“路径”面板中，如图 7-2-8 所示。工作路径是定义形状轮廓的一种临时路径，工作路径可以像处理任何其他路径一样存储和处理该路径，而不能像编辑文本那样编辑路径中的字符，但是在“图层”面板中的原文字图层保持不变并可编辑。

4. 文字转换为形状

在将文字转换为形状的方法是选择一个文字图层，然后选择“文字”→“转换为形状”命令，如图 7-2-9 所示。在“图层”面板中文字图层被转换为形状图层。当文字转换为形状后将无法在该图层中对文字再进行编辑修改。

图 7-2-8　文字所创建工作路径

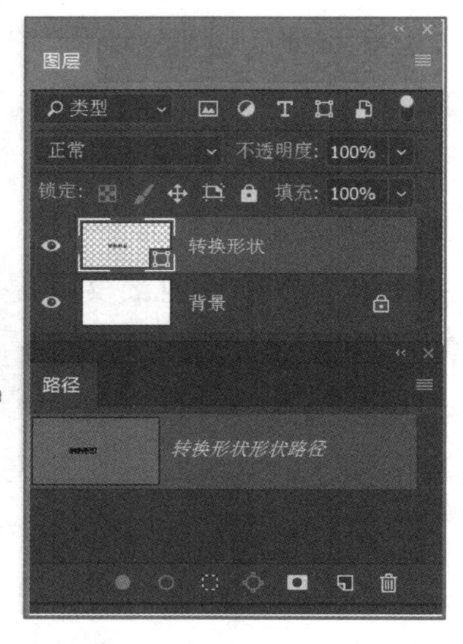

图 7-2-9　文字转换为形状

【任务实施】

（1）打开单元 7 素材“光 . jpg”“箱子 . jpg”文件。

（2）选择工具箱中“魔棒工具”，在“箱子 . jpg”文件中选择箱子周围的黑色背景。选择“选择”→“反向”命令，选中箱子，用“移动工具”将箱子拖曳至“光 . jpg”文件中，放置在图像的底端，如图 7-2-10 所示。在“图层”面板上命名为“图层 1”图层。

图 7-2-10 将箱子拖曳至“光.jpg”文件

(3) 选择工具箱中“钢笔工具”（或者“弯度钢笔工具”），从箱子发光的地方绘制出一条向上的波浪路径（当要结束路径绘制时按 Esc 键），再用“直接选择工具”调整各个锚点，如图 7-2-11 所示。

(4) 选择工具箱中的“横排文本工具”，在工具选项栏中设置字体颜色为白色（R:255，G:255，B:255），字体、大小和输入的内容自定。在本例中使用的字体是 Ravie 字体，大小为 72 点，如图 7-2-12 所示。

(5) 在“图层”面板中选择文字图层并按鼠标右键，在弹出的菜单中选择“栅格化文字”命令（栅格化后的文字不可编辑）。

(6) 选择“编辑”→“变换”→“变形”命令，将文字变形，如图 7-2-13 所示。

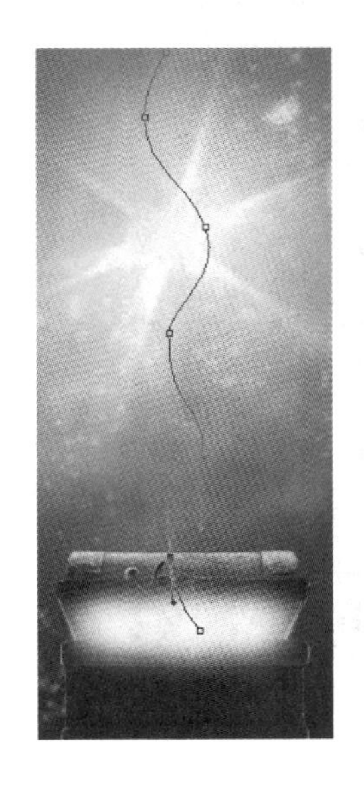

图 7-2-11 绘制出一条向上的波浪路径

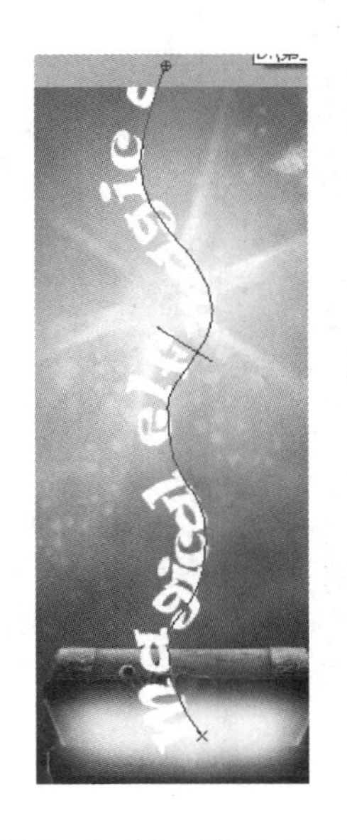

图 7-2-12 输入文字

图 7-2-13 将文字变形

（7）在“图层”面板上选择“添加图层样式”图标 fx，在“图层样式”对话框中选择“外发光”样式，设置“混合模式”为颜色减淡，“不透明度”为 100%，“扩展”为 0%，“大小”为 32 像素，如图 7-2-14 所示。

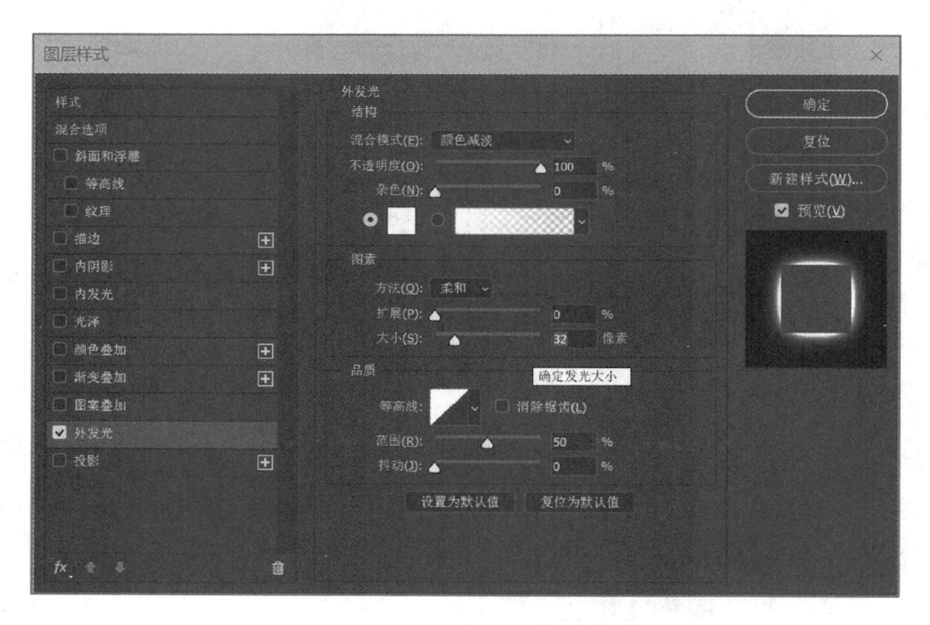

图 7-2-14　设置“外发光”

（8）选择“内发光”样式，设置“混合模式”为颜色减淡，“不透明度”为 100%，“扩展”为 0%，“大小”为 7 像素，如图 7-2-15 所示。

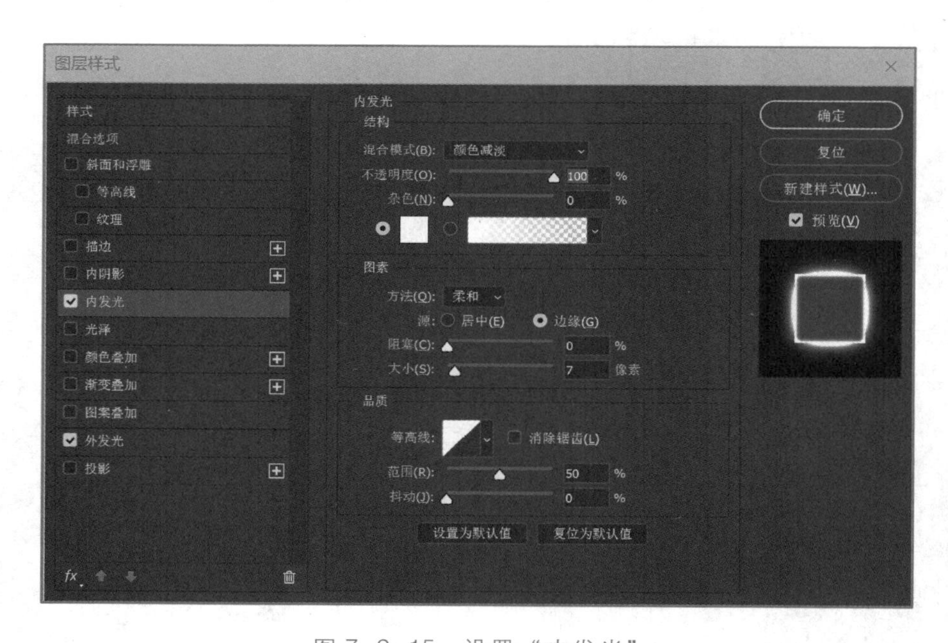

图 7-2-15　设置“内发光”

（9）在“图层”面板上将该文字图层的图层填充设置为 0%。单击面板下方的“添加图层蒙版”图标。

（10）在工具箱中设置前景色为黑色（R:0，G:0，B:0），再选择工具箱中的“渐变工具”，在工具选项栏的渐变“拾色器”中预设渐变样式为从前景色到透明渐变，选择线性渐变。在图像中从上至下拖曳鼠标至图像的中间部分，这时在图层蒙版缩览图上显示顶端黑色至白色的渐变，如图 7-2-16 所示。将图像中的文字顶端渐隐至中间的光点处。

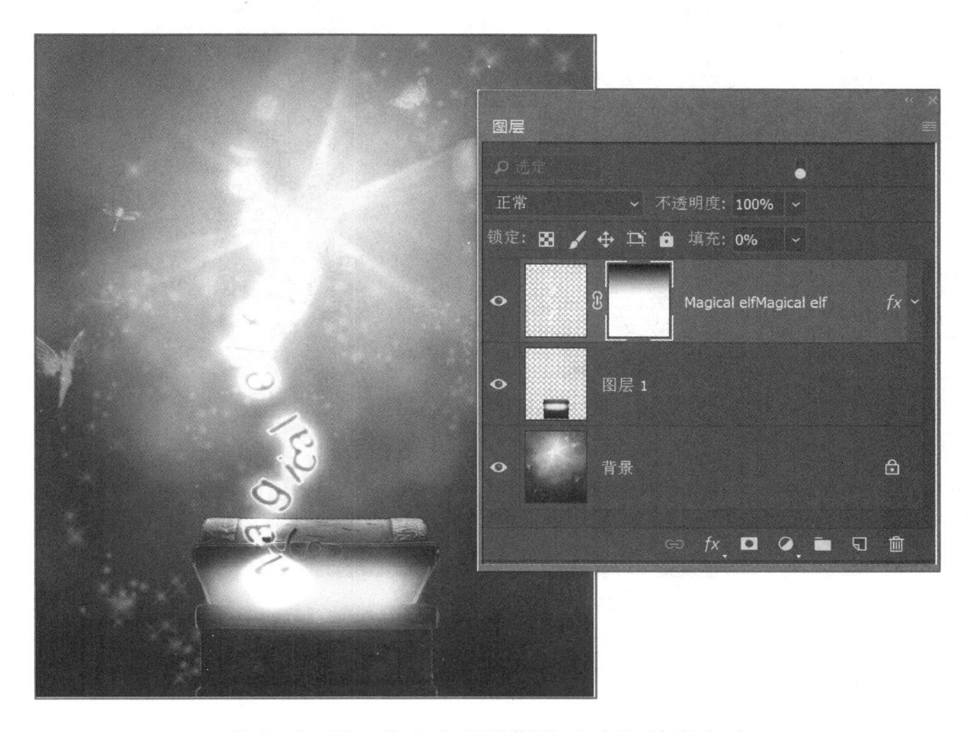

图 7-2-16　将文字顶端渐隐至中间的光点处

（11）打开“路径”面板，单击选择前面绘制的路径（默认状态下为工作路径）。选择“编辑”→“变换路径”→“水平翻转”命令，将原来的路径方向调整成相反方向扭曲，如图 7-2-17 所示。

（12）再次输入相同的文字（图 7-2-18），并将该图层栅格化。赋予和前一个文字图层相同的图层特效（参照步骤（7）、（8））。

（13）在“图层”面板上将该文字图层的“填充”设为 100%。单击面板下方的“创建新图层”图标，新建“图层 2”图层，在图层的最上层（图 7-2-19）。

（14）设置前景色为白色（R:255，G:255，B:255），背景色为黑色（R:0，G:0，B:0）。按 Alt+Delete 键，用前景色白色填充。再选择“滤镜”→“渲染”→“云彩”命令，效果如图 7-2-20 所示。

（15）在“图层”面板上将“图层 2”图层的“混合模式”设置为颜色减淡。单击面板下方的“添加图层蒙版”图标。选择工具箱中的画笔工具，在工具选项栏的“画笔预设”拾取器中选择用大尺寸的柔角画笔在图像上绘制，利用图层蒙版去除部分图像，最后效果如图 7-2-21 所示。

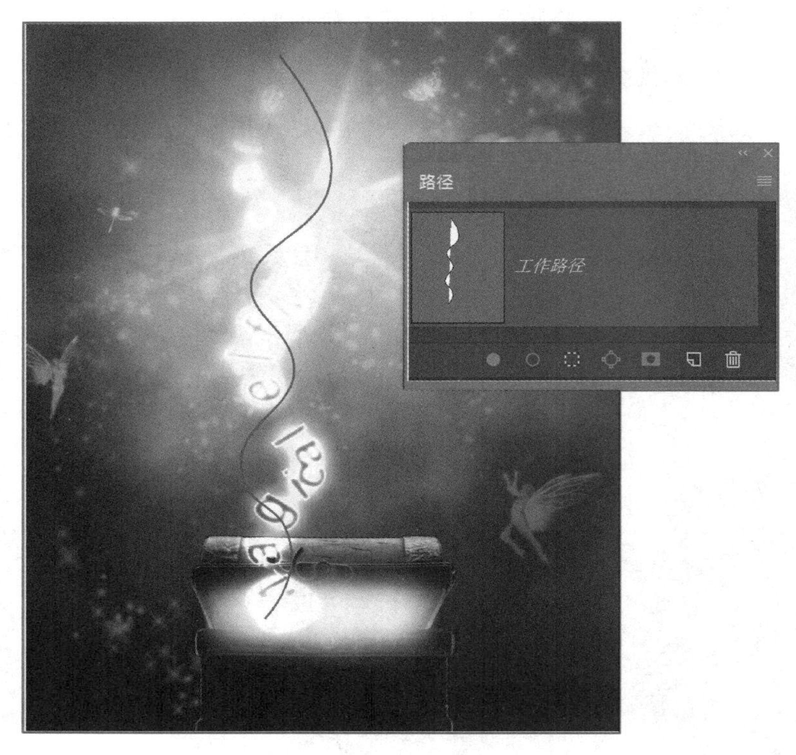

图 7-2-17 翻转路径

图 7-2-18 再次输入文字

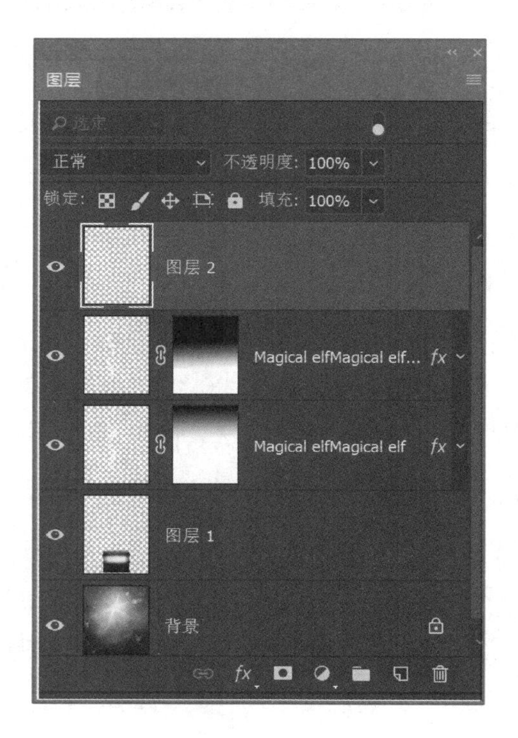

图 7-2-19 新建“图层 2”图层

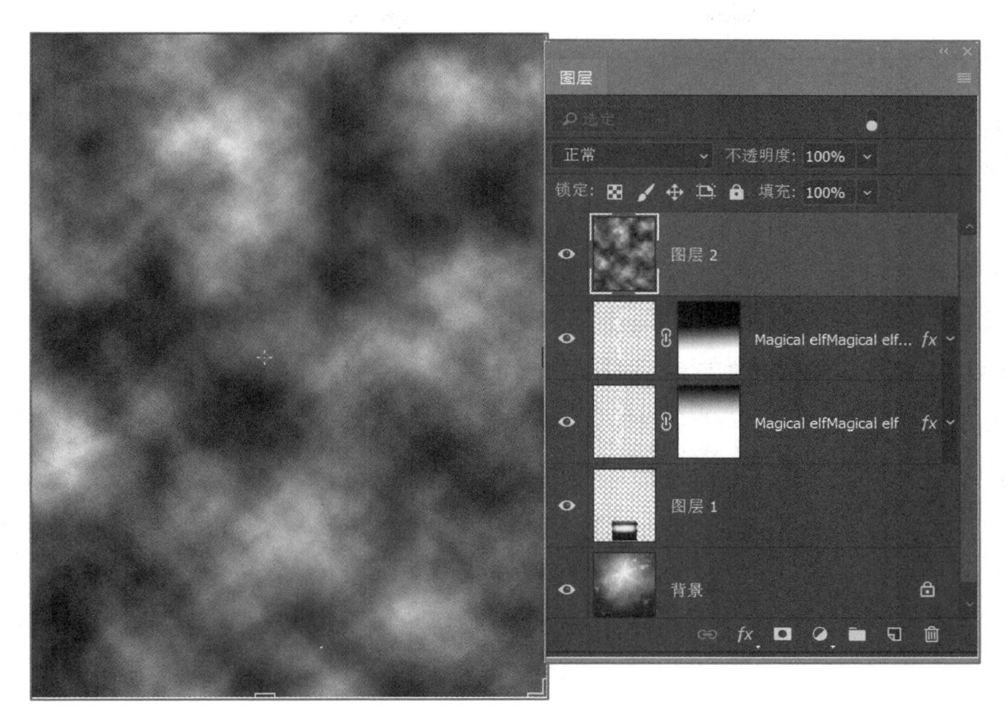

图 7-2-20 “云彩”滤镜效果

图 7-2-21 最后效果图

【任务拓展】

1. 文字变形

文字变形用以创建特殊的文字效果。变形样式是文字图层的一个属性，可以随时更改图层的变形样式。在“文字工具”的工具选项栏中单击“创建文字变形”图标或者选择“图层”→“文字”→“变形文字”命令，打开如图 7-2-22 所示的“变形文字”对话框。

在“变形文字”对话框中可以从样式弹出菜单中选择 15 种变形样式对文字进行变形，如图 7-2-23 所示。变形样式的功能是基于图层的。文字变形之后，在“图层”面板上以“指示变形文字图层”图标表示。这时使用“文字工具”在文字内单击仍可以编辑文字，只要再次打开“变形文字”对话框就可以随时更改文字图层的变形样式。变形选项可以精确控制变形效果的取向及透视。通过选择“水平”或“垂直”单选按钮可以改变变形效果的方向。“弯曲”选项决定文字的变化程度；“水平扭曲”或“垂直扭曲”选项对变形应用透视。

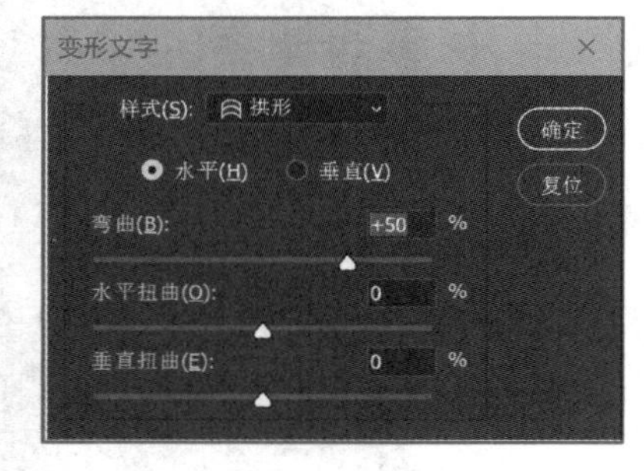

图 7-2-22 “变形文字”对话框

图 7-2-23 15 种文字变形样式

> **小提示：** 不能变形包含“仿粗体”格式设置的文字图层，也不能变形使用不包含轮廓数据的字体（如位图字体）的文字图层。

2. 栅格化文字

Photoshop 输入的文字是矢量的文本，这类字可以使操作者有编辑文本的能力。当生成文本后，可以对文本进行调整大小、应用图层样式，还可以变形文本。但是，有些操作却不能实现，如滤镜和色彩调整，这些操作在基于矢量的文本上不能使用。如果要对矢量文本应用这些效果，就必须先栅格化文字，也就是把它转换成像素。

栅格化将文字图层转换为普通图层，并使其内容不能再进行文本编辑。想要把文本渲染成像素，首先要选择该文字图层，再选择“图层”→“栅格化”→“文字”命令即可。

7.3 文字和通道——燃烧字效

【任务分析】

通道是存储不同类型信息的灰度图像，本案例将使用通道功能结合图层样式制作出燃烧的文字效果。

【任务准备】

1. 通道的类型

通道与图像的格式是关联的，图像颜色、格式的不同决定了通道的数量和模式，通道主要有3种不同的通道：颜色通道、专色通道和Alpha通道（图7-3-1），它们可以包含256级灰度，它们均以图层的形式出现在“通道”面板中。

（1）颜色通道

Photoshop图像有不同的颜色模式，不同的颜色模式使通道的表示方法也有所不同。例如，RGB颜色模式的图像包含红、绿和蓝通道；CMYK颜色模式的图像包含青色、洋红、黄色和黑色通道，并且还有一个用于编辑图像的复合通道。所以在绘图、编辑图像以及对图像应用滤镜时，实际上是改变颜色通道中的信息。

（2）专色通道

图7-3-1中颜色通道的下面是专色通道，主要用于辅助印刷。如果文档将用青色、洋红、黄色和黑色以外的颜色进行打印，那么在文档中就要使用这种专色通道。专色通道的名称即通常是所使用的油墨名称（例如PANTONE185CVC）。只有明确建立专色处理的文档才会包含这种通道。

（3）Alpha通道

Alpha通道的功能就是用来存放和编辑选区。在Photoshop中，当选取范围被保存后，就会自动成为一个蒙版，并保存在一个新增的通道中，Alpha通道的名称可由用户自定义，默认名称是Alpha1、Alpha2，等等，如图7-3-2所示。在Alpha通道

图7-3-1　通道类型

上可以应用各种绘图工具和滤镜对选区作进一步的编辑和调整，从而创建更为复杂和精确的选区。

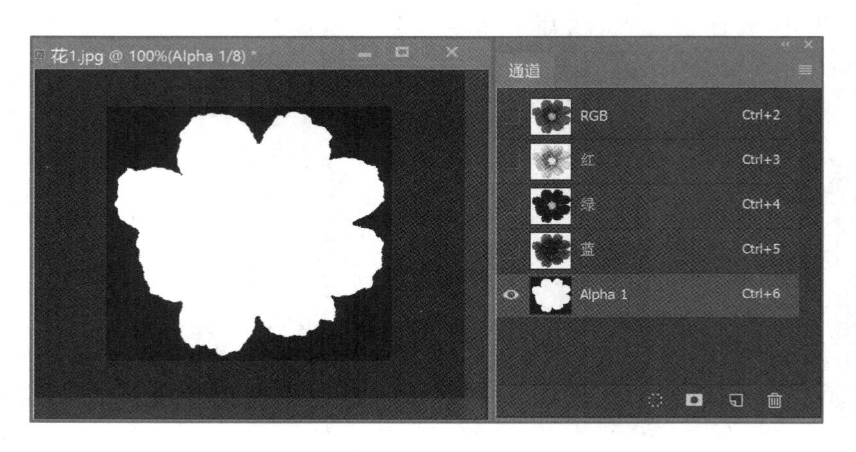

图 7-3-2　把选区存储为 Alpha 通道

小提示：由于 CMYK 颜色模式下许多命令和滤镜不能使用，因此可以在 RGB 颜色模式下将图像调整好，然后在转换成 CMYK 颜色模式，转换后的图像颜色会稍微偏灰。

2. “通道”面板

“通道”面板（图 7-3-3）可用于创建和管理通道。当工作界面有图像文件的状态时，选择“窗口”→“通道”命令，就可以打开“通道”面板。该面板列出图像中的所有通道，最先列出复合通道（对于 RGB、CMYK 和 Lab 图像）。通道内容的缩览图显示在通道名称的左侧；在编辑通道时会自动更新缩览图。

图 7-3-3　“通道”面板

各个通道以灰度显示。在 RGB、CMYK 或 Lab 图像中，可以看到用原色显示的各个通道（在 Lab 图像中，只有 a 和 B 通道是用原色显示）。

3. 通道的基本操作

通道的基本操作包括选择通道、显示或隐藏通道、创建新的空白通道、删除通道等编辑操作。

（1）选择通道

通道的选择方法和图层的选择方法相同，在“通道”面板中单击各个通道，即可将其选中。按住 Shift 键单击通道，可以同时选取多个通道。当通道以高亮显示时，表明该通道是激活通道并可以进行编辑。

（2）显示或隐藏通道

当通道在图像中可见时，在“通道”面板的左侧有一个眼睛图标。单击该眼睛图标即可显示/隐藏通道。单击复合通道可以查看所有的默认颜色通道。

（3） Alpha 通道的叠放次序

如果要改变 Alpha 通道的叠放次序，在堆栈中向上或向下拖动通道名称即可，但不能改变颜色通道的次序。

（4） 创建新的空白通道

要创建新的空白通道，单击“通道”面板下方的“创建新通道”图标。如果选择了一个通道，并将该通道拖移到面板底部的“创建新通道”图标上，则此时是对选择的通道进行复制。如果要修改通道名称，双击这个通道名称。

（5） 删除通道

删除通道时要选中该通道，将它拖到“删除当前通道”图标上即可。或者鼠标右击该通道，在弹出的快捷菜单中选择“删除通道”命令。

【任务实施】

（1） 打开单元 7 素材“龙 .jpg”文件。

（2） 选择工具箱中“横排文字工具” T，在工具选项栏上设置“大小”为 250 点，“颜色”为白色（R:255，G:255，B:255），“字体”为微软雅黑，在图像左边输入文字“火”，如图 7-3-4 所示。

图 7-3-4　输入文字“火”

（3） 在“图层”面板下方单击的“添加图层样式”图标 fx，在菜单中选择“外发光”命令，并设置“外发光”样式颜色为红色（R:255，G:0，B:0），“大小”为 10 像素（图 7-3-5）;再选择左侧“内发光”复选框，设置“混合模式”为颜色减淡，颜色为土黄（R:229，G:194，B:59），“大小”为 13 像素（图 7-3-6）。再选择左侧“光泽”复选框，设置“混合模式”为正片叠底，颜色为棕色（R:135，G:44，B:12），“距离”为 6 像素，“大小”为 13 像素，“等高线”为高斯（图 7-3-7）；再选择左侧“颜色叠加”复选框，设置“混合模式”为正常，颜色为土黄（R:205，G:126，B:46），“不透明度”为 100%（图 7-3-8）。

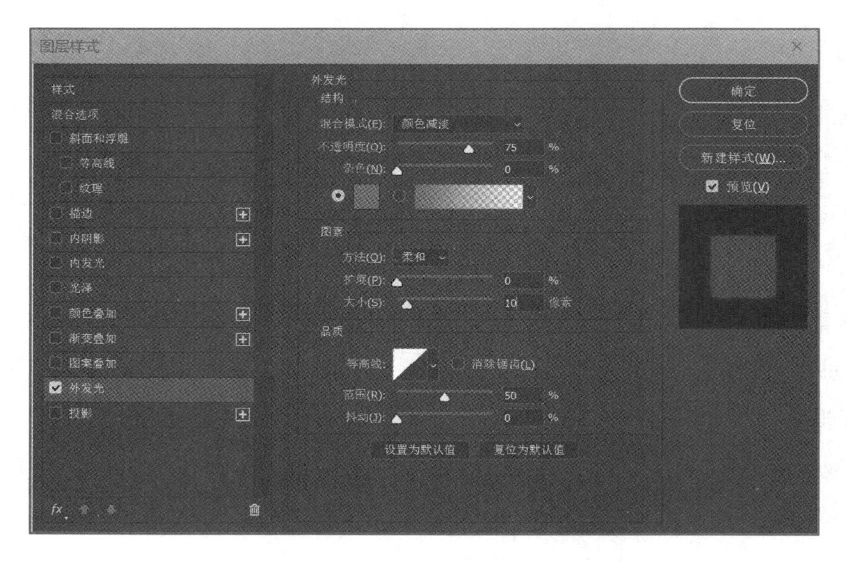

图 7-3-5 设置“外发光”

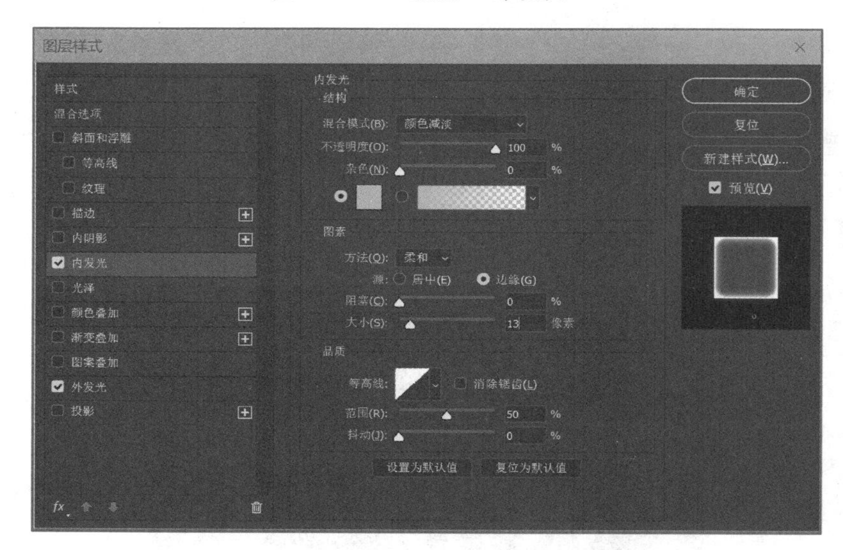

图 7-3-6 设置“内发光”

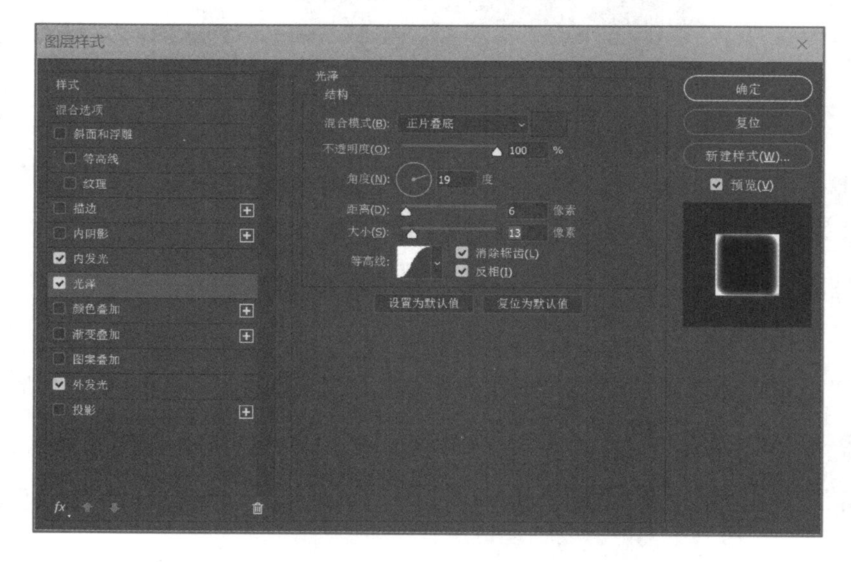

图 7-3-7 设置“光泽”

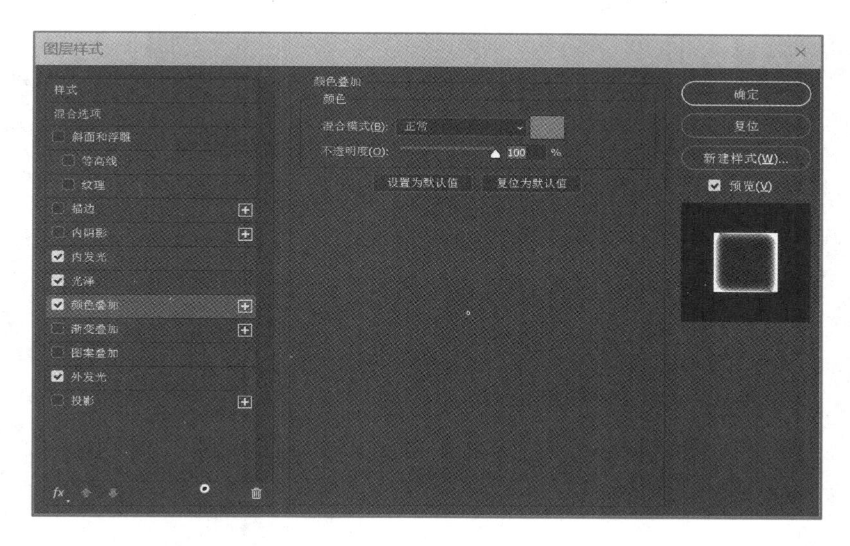

图 7-3-8 设置“颜色叠加”

（4）在“图层”面板上选择文字图层并按鼠标右键，在弹出的菜单中选择“栅格化文字”命令，将文字图层变为普通图层，如图 7-3-9 所示。

（5）选择工具箱中的“橡皮擦工具”，在工具选项栏中设置画笔预设为“柔边圆”，“大小”为 200 像素，擦除文字顶端部分，融入背景中，如图 7-3-10 所示。

图 7-3-9 添加图层样式后的字

图 7-3-10 擦除文字顶端部分

（6）选择“滤镜”→“液化”命令，在“液化”对话框中选择向前变形工具，画笔大小设置为 15，在文字的边缘用涂抹创造出一些波浪的形状，如图 7-3-11 所示。

（7）打开单元 7 素材“fire.jpg”文件。选择“窗口”→“通道”命令，打开“通道”面板，按 Ctrl 键同时单击绿色通道，载入火焰高光区域，如图 7-3-12 所示。保持选区的状态下，选择“通道”面板上 RGB 通道。

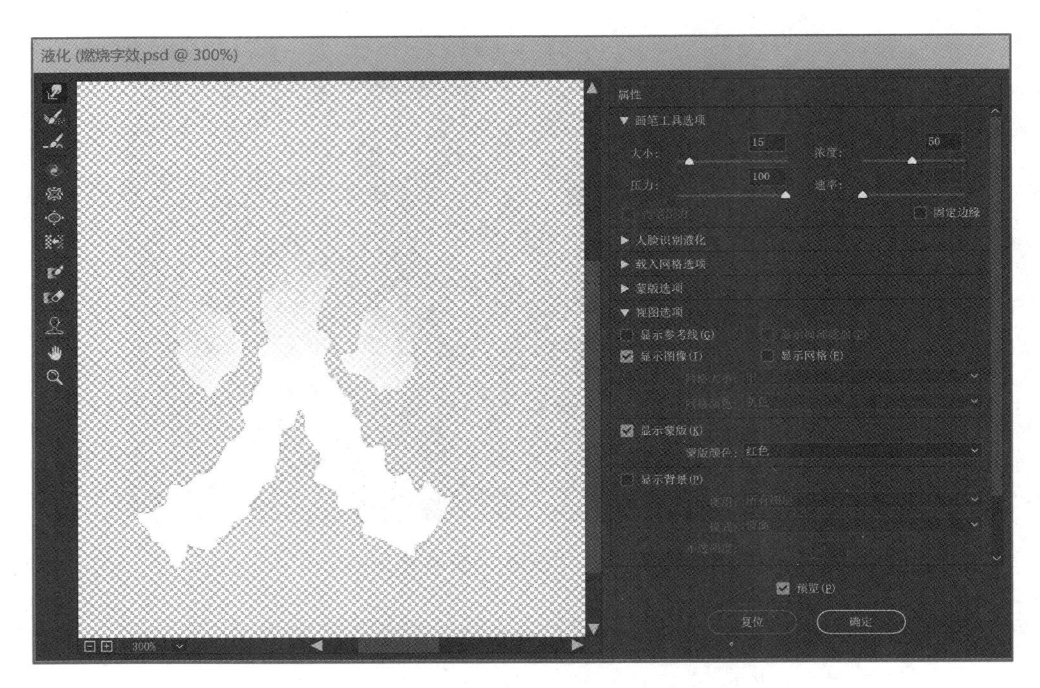

图 7-3-11　在文字的边缘创造出波浪的形状

图 7-3-12　载入火焰高光区域

(8) 打开“图层”面板。选择“移动工具”，将选择的火焰拖曳至“火.jpg”文件中。默认名为“图层 1”图层，如图 7-3-13 所示。

(9) 选择“编辑”→“自由变换”命令，调整火焰的大小，让火焰包围在字上，如图 7-3-14 所示。

(10) 使用“橡皮擦工具”，在工具选项栏中设置画笔预设为“柔边圆”，“大小”为 15 像素，清除所有的过度的火焰（此处也可以用图层蒙版功能）。

(11) 在“图层”面板中选择“图层 1”图层，并按鼠标右键，在弹出的菜单中选择“复制图层”命令，复制“图层 1”为“图层 1 拷贝”图层。设置“图层 1 拷贝”图层的“不透明度”为 42%，图层“混合模式”为叠加，如图 7-3-15 所示。

图 7-3-13 火焰拖曳至“火 .jpg”文件中

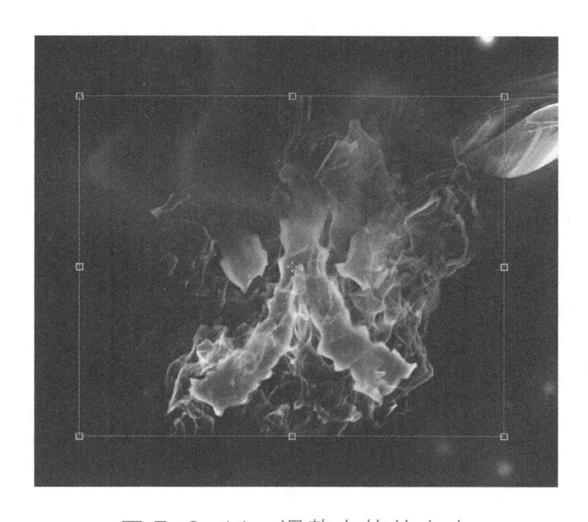

图 7-3-14 调整火焰的大小

（12）可以根据需要再次使用“橡皮擦工具”清除过度的火焰。最后的效果如图 7-3-16 所示。

图 7-3-15　复制火焰图层

图 7-3-16　最后效果图

【任务拓展】

1. Alpha 通道存储和载入选区

Alpha 通道是三种通道类型中变化最丰富、运用最广泛的类型。而“通道”面板中的大多数操作，也是针对 Alpha 通道而设定的。

在图像中用“选择工具”创建选区后，当再次调用此选择，可以选择“选择”→“存储选区”命令，在“存储选区”对话框中给通道命名，如图 7-3-17 所示。如果没有重命名，则 Photoshop 会把该选区以默认名称“Alpha1，Alpha2……”保存在“通道”面板的底部。

取消选区后，如要重新载入刚存储的那个选区，可选择“选择”→“载入选区”命令，这样在图像中可以看见原来的选区被重新载入。在“载入选区”对话框中，从“通道”下拉列表框中选择需要调用的选区名称，如图 7-3-18 所示，这样就能随时恢复选区。

如果图像中本身就有选区，这时可以通过各操作选项，决定调入的选区和图像中的选区是添加、减去还是交叉，如图 7-3-19 所示。

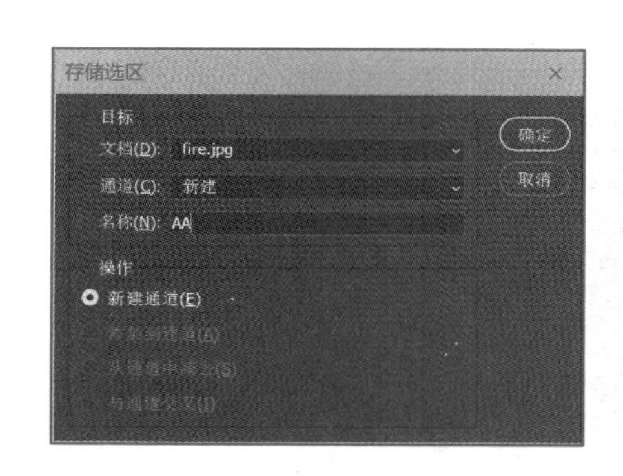

图 7-3-17 “存储选区”对话框

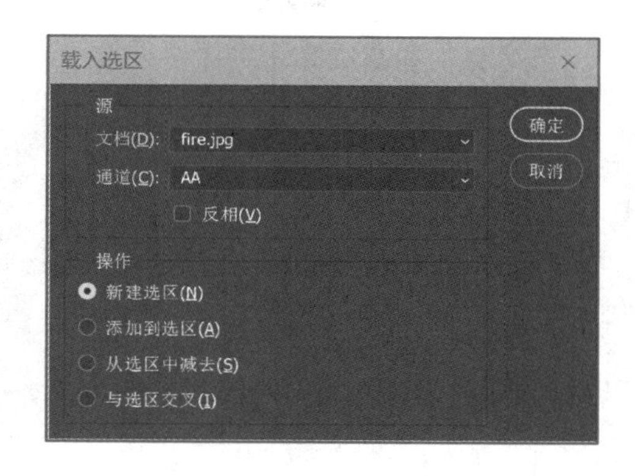

图 7-3-18 “载入选区”对话框

包含选区的图像

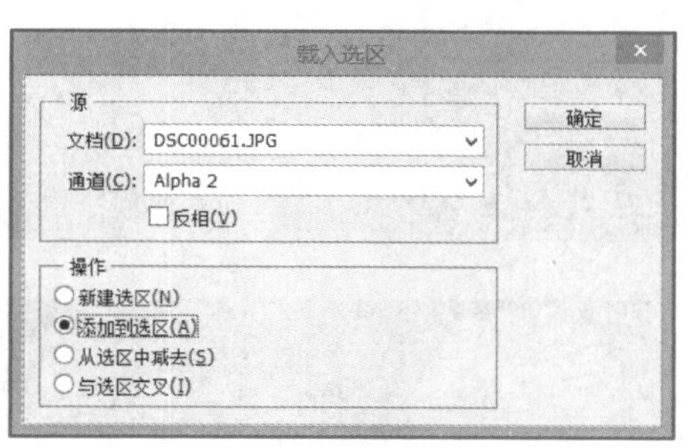

将载入选区添加到已有选区的图像中

图 7-3-19 载入的选区添加到已有选区的图像中

2. 图像之间复制 Alpha 通道

如果要在图像之间复制 Alpha 通道（图 7-3-20），首要条件是两个图像必须具有相同的像素尺寸。然后在“通道”面板中选择要复制的通道，再从“通道”面板菜单中选取“复制通道”命令。在“复制通道”对话框中输入复制的通道的名称。在目标文档中选择需要复制通道的文档名称。如果要在同一文件中复制通道，则选择当前文档名称（图 7-3-21）。

如在目标文档中选择“新建”选项，就会重新建立一个只有 Alpha 通道的文件（图 7-3-22）。

3. 通道的运算

可以使用“图像”菜单下的“应用图像”“计算”命令，直接给不同的通道选区进行运算，以生成新的通道选区或者新图像。通道中的每个像素都有一个亮度值。“计算”和“应用图像”命令处理这些数值以生成最终的复合像素。这些命令叠加两个或更多通道中的像素。因此，用于计算的图像必须具有相同的像素尺寸。

（1）“应用图像”命令

当图像的通道有复合通道时，一般使用“图像”菜单下的“应用图像”命令，它是将源图像的图层和通道与目标图像的图层和通道混合。混合图层和通道，实际上是使用与图层关联的混合效果，将图像内部和图像之间的通道组合成新图像，如图 7-3-23 所示。

图 7-3-20 图像之间复制 Alpha 通道

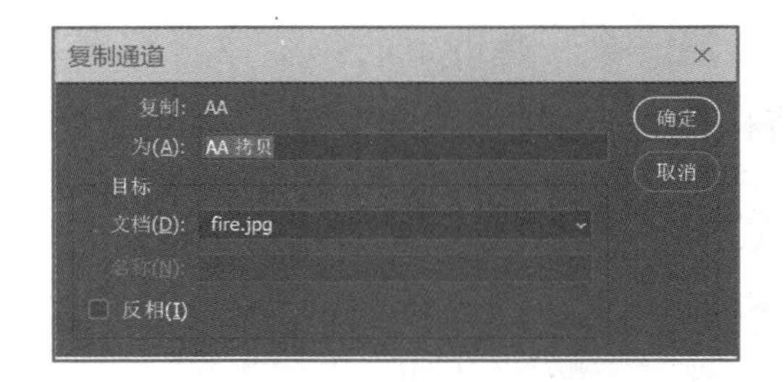

图 7-3-21 选择需要复制通道的文档名称

图 7-3-22 重新建立一个只有 Alpha 通道的文件

(a) 源图像

(b) 目标图像

(c) 应用"应用图像"命令产生的新图像

图 7-3-23 使用"应用图像"命令

打开源图像和目标图像，并在目标图像中选择需要作用的图层和一个通道。选取“图像”→“应用图像”命令，打开“应用图像”对话框（图 7-3-24）。在该对话框中选取要与目标组合的源图像、图层和通道。如果源图像有图层，并且要使用其中的所有图层，则从“图层”下拉列表框中选择“合并图层”选项。

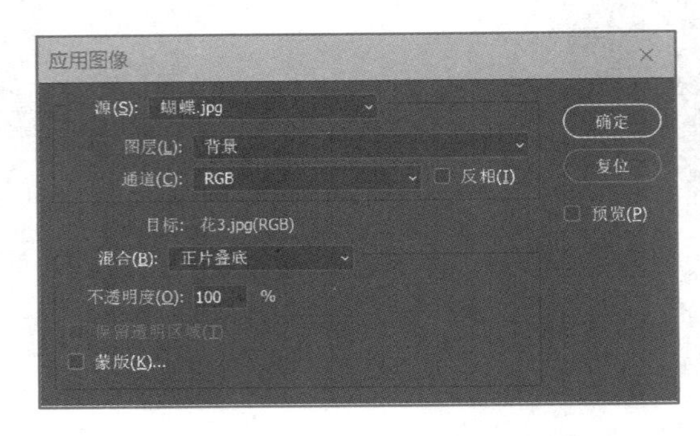

图 7-3-24 “应用图像”对话框

图 7-3-24 所示的对话框中“混合”选项等同于“图层”面板的图层混合模式的选取。但它增加了“相加”和“减去”两种混合模式。

“不透明度”是指效果的强度。如果只将结果应用到图层的不透明区域，则选择“保留透明区域”复选框。

如果要通过图像中的蒙版进行混合，则选择“蒙版”，然后选择包含蒙版的图像和图层。对于“通道”，可以选择任何颜色通道或 Alpha 通道用作蒙版。选择“反相”反转通道的蒙版区域和未蒙版区域。

（2）“计算”命令

“图像”菜单下的“计算”命令用来混合两个来自一个或多个源图像的单个通道。然后可以将结果应用到新图像或新通道，或者把结果应用到当前图像的选区中。

打开一个或多个源图像，然后选择“图像”→“计算”命令，打开“计算”对话框（图 7-3-25）。

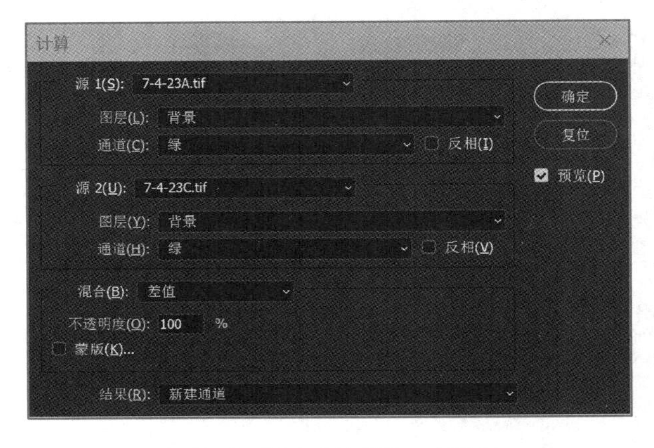

图 7-3-25 “计算”对话框

选取源 1 图像、图层和通道。如果源图像有图层，并且要使用其中的所有图层，则选择“合并图层”选项。如果要复制将图像转换为灰度的效果，在下拉列表框中选择“灰色”。如果要使用通道内容的负片，选择“反相”复选框。

选取源 2 图像、图层和通道，并指定选项。在“混合”下拉列表框中选取一种混合模式，输入不透明度值以指定效果的强度。如果要通过蒙版应用混合，选择“蒙版”复选框，然后选择包含蒙版的图像和图层。对于“通道”，可以选择任何颜色通道或 Alpha 通道以用作蒙版；也可使用当前选区，选择“反相”复选框，则反转通道的蒙版区域和未蒙版区域。

“结果”选项指定的是将混合结果放入新文档还是当前图像的新通道或选区中。

思考练习

一、选择题

1. 产生一个字符形状的选框，不会创建文字图层，用________工具创建文字。

   A. 横排文字蒙版　　B. 自由钢笔

   C. 路径选择　　D. 横排文字

2. 一般情况下 Photoshop 中字体大小是以________来度量。

   A. 点　　B. 像素

   C. 厘米　　D. 毫米

3. 菜单中________命令可以把文本扭曲或者实现文字的各种变形。

   A. 栅格化文字　　B. 转换为段落文本

   C. 转换为路径　　D. 变形文字

4. 把矢量文本转换成像素用________命令来实现。

   A. 变形文字　　B. 转换为路径

   C. 栅格化文字　　D. 转换为段落文本

二、思考题

1. 如何编辑一段文本，使输入的这段文本两边边缘对齐，首行空两个字？
2. 如何在一条弯曲的路径上输入任意文字？文字的起点和终点起到什么作用？
3. 如何在闭合的形状内输入文字？

操作练习

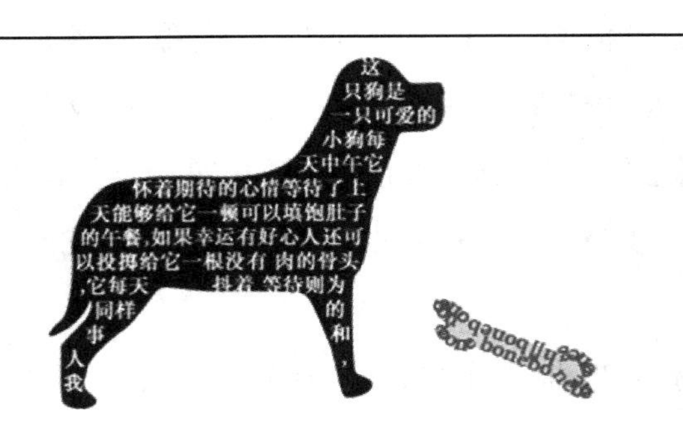

图 7-4-1　单元 7 练习题效果图

练习目标：用“形状工具”绘制任意一个形状，并在此形状中添加一段文本。效果可参考图 7-4-1。

单元评价

序号	评价内容		自评
1	基础知识	掌握“文字工具”的使用以及变形的种类	
2		掌握“路径”面板的使用	
3	操作能力	掌握“文字工具”的使用方法，可熟练运用字符和段落编排文字	
4		掌握沿着路径输入文字的方法	
5		掌握将文字层转换为路径和形状的方法	

说明：评价分为 4 个等级，可以使用“优”“良”“中”“差”或“A”“B”“C”“D”等级呈现评价结果。

Unit 8

单元 8 动漫插画设计中滤镜的使用

教学目标

插画作品中许多绚丽的背景效果都可以使用 Photoshop 的滤镜功能实现。Photoshop 的滤镜以分类的形式存放，操作也十分简单。本单元先从滤镜库对滤镜操作进行介绍，再分别详细描述多种滤镜的不同效果。

- 了解滤镜的使用规则与技巧
- 熟悉常用滤镜的功能与用法
- 了解滤镜库的使用方法

单元内容	案例效果
8.1　斑驳的墙	
8.2　光球效果	
8.3　制作科幻场景	

8.1 斑驳的墙

【任务分析】

通过使用在滤镜库中的纹理效果，制作出一种斑驳的墙壁和破旧的电影海报的效果。

【任务准备】

滤镜的使用

动漫平面宣传作品中表现宇宙和外太空的科幻作品往往使用绮丽光影和震撼视觉的星球爆炸效果来吸引观众，如美国 3D 动画《塔拉星球之战》、迪士尼的《异星战场》的电影宣传画等，如图 8-1-1 所示。这些作品场景在 Photoshop 中可以使用部分滤镜得以实现。

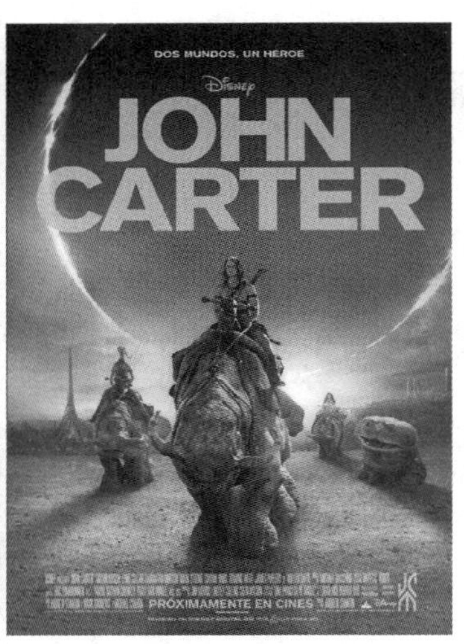

图 8-1-1 美国 3D 动画《塔拉星球之战》和迪士尼的《异星战场》

1. 滤镜的使用

滤镜起源于摄影领域，其效果就像照相机使用的不同镜头。Photoshop 中的滤镜也是一样，它是制作图像各种特殊效果的关键。Photoshop 中的滤镜分为内置滤镜和外挂滤镜两种。

内置滤镜是指由 Adobe 公司自行开发，并包含在 Photoshop 源程序之中的滤镜；而外挂滤镜则是由第三方厂商生产，以一种插件的形式出现在 Photoshop 中。这些外挂滤镜大多是一些专业公司为了实现某种特殊效果而为 Photoshop 特别设计的。

各种滤镜的作用效果都不相同，但在使用上却有一些共同的特点。如滤镜对话框中的预览功能和滤镜库中各滤镜的使用方法。

（1）滤镜对话框

要把滤镜应用于整个图层或者一个选区，首先要选中该图层或选区，然后从“滤镜”菜单的子菜单中选取一个滤镜，在对应的对话框中设置滤镜参数即可，例如，图 8-1-2 所示的是“动感模糊”滤镜对话框。如果没有出现对话框，则说明该滤镜没有对话框，单击滤镜命令后图像上会立即出现应用该滤镜的效果。

有些滤镜提供了预览滤镜效果功能，这样就能更好地了解滤镜对图像改变的效果。当图像尺寸较大时，应用滤镜可能要花费很长的时间，我们可以通过勾选“预览”复选框在应用滤镜效果之前先预览效果，然后再决定是否对图像应用该滤镜，以节省时间。

（2）渐隐命令

选择“编辑”→“渐隐”命令可以更改任何滤镜、绘画工具、橡皮擦工具或颜色调整的不透明度和混合模式。“渐隐”命令混合模式是绘画和编辑工具选项中混合模式的子集（“背后”和“清除”模式除外）。应用“渐隐”命令类似于在一个单独的图层上应用滤镜效果，然后再使用图层不透明度和混合模式控制。

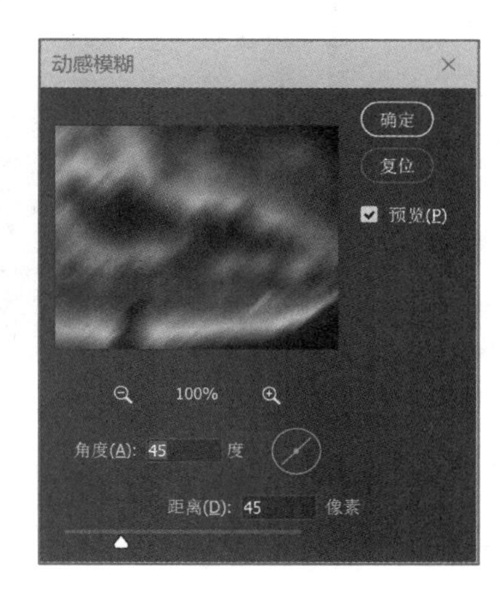

图 8-1-2 “动感模糊”滤镜对话框

当将滤镜、绘画工具或颜色调整应用于一个图像或选区后。选择“编辑”→“渐隐”命令。在“渐隐”对话框中选择“预览”选项预览效果。拖动滑块，调整不透明度从 0%（透明）到 100%，或者根据需要从“模式”菜单中选取混合模式，如图 8-1-3 所示。

(a) 原始图像

(b) 图像应用“晶格化滤镜”效果

(c) 图像应用“渐隐”命令效果

图 8-1-3 应用“渐隐”命令

小提示： 当运用了某个滤镜后应立即选择“渐隐”命令，此时的“渐隐”命令有效，如果应用滤镜后又执行了其他操作，则“渐隐”命令无效。

2. 滤镜库的使用

Photoshop 滤镜库是一个集中了大部分滤镜效果的集合库，在滤镜库中包含 6 类滤镜效果。使用“滤镜库”，可以对图像累积应用滤镜，也可以多次应用单个滤镜；还可以重新排列滤镜并更改已应用的每个滤镜的设置，以便实现所需的效果。要打开滤镜库，选择“滤镜”→“滤镜库”命令即可打开“滤镜库”对话框，如图 8-1-4 所示。

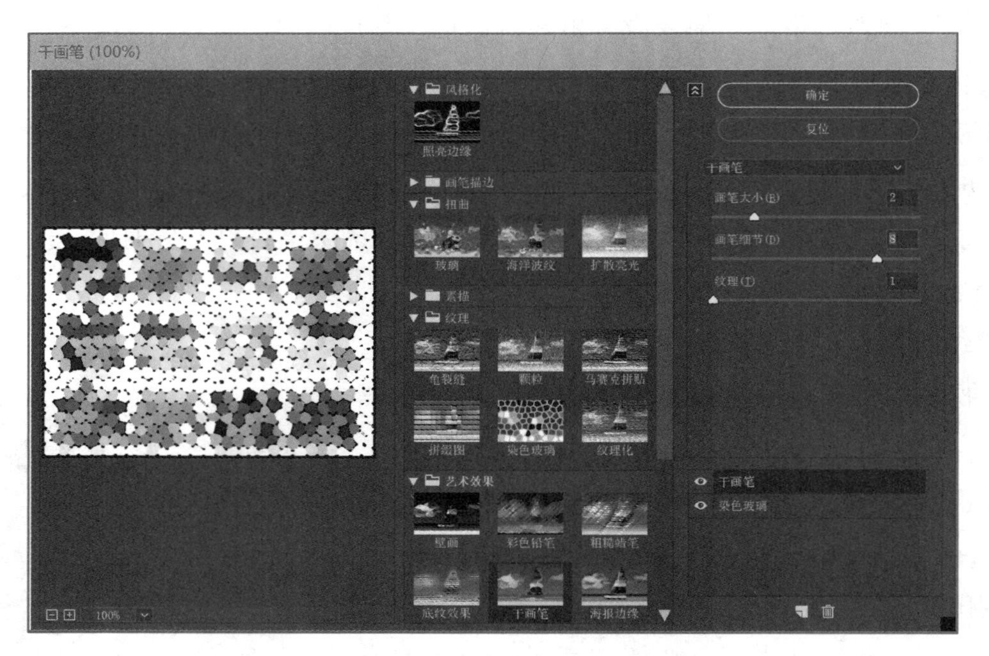

图 8-1-4 “滤镜库”对话框

打开“滤镜”对话框后可见三个区域，左面的区域显示当前图像的预览效果，中间区域显示含有 6 个滤镜类别的文件夹，它们分别是“风格化”“画笔描边”“扭曲”“素描”“纹理”和“艺术效果”。单击右三角箭头，就会打开滤镜名称列表，每种滤镜都有该滤镜的效果缩览图。右边的区域是滤镜的参数设置，如果要再次对图像增加一个滤镜，单击该区域底端的“新建效果图层”图标，滤镜将再次应用到图像中，并且滤镜的名称也会再次出现在列表中，如图 8-1-5 所示，这里图像应用两种滤镜效果：干画笔滤镜和染色玻璃滤镜。

（1）查看图像效果

在“滤镜库”对话框的左侧，以默认 100%的缩放比例显示图像，在图像预览框的下方，单击缩放比例右侧的下拉列表框，从中可以选择缩放的比例显示图像，如图 8-1-6 所示。单击图像预览框下方的加号按钮，可将预览图像放大，单击减号按钮可以缩小预览图像。

（2）创建效果图层

在“滤镜库”对话框中，不仅可以应用单个滤镜，还可以对图像应用多个滤镜效果。滤镜应用时图像的效果都在滤镜库右下方的效果图层管理框中设置。在效果框的下方单击“新建效果图层”图标，可以新建一个图层，这个效果图层的效果和其上方的效果图层应用的效果相同。如果要改变其效果，只要再选择“滤镜库”对话框中其他的滤镜效果，这样就可以改变该效果图层。

图 8-1-5　滤镜再次应用到图像中

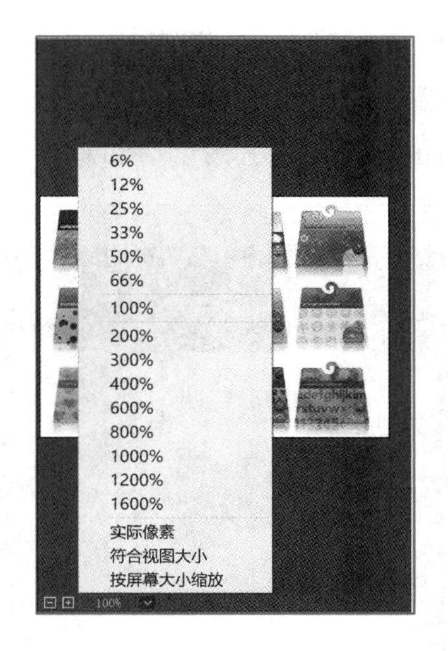

图 8-1-6　“滤镜库”对话框左侧的图像预览框

（3）删除效果图层

如果需要将所添加的一个或多个滤镜效果图层删除，只需要选择要删除的效果图层，在“滤镜库”对话框的效果图层管理框下方单击“删除效果图层”图标，即可将选中的效果图层删除。

【任务实施】

（1）选择“文件”→“新建”命令，新建一个 1 024 像素×680 像素，背景内容为白色，名称为“斑驳”的文件。按 D 键复位工具箱中的默认前景色和背景色。选择“滤镜”→“渲染”→“云彩”命令，为图像添加“云彩”滤镜，效果如图 8-1-7 所示。

小提示：按住 Alt 键的同时执行“云彩”命令可使产生的云彩图像对比强烈，如不满意可继续执行这个步骤。

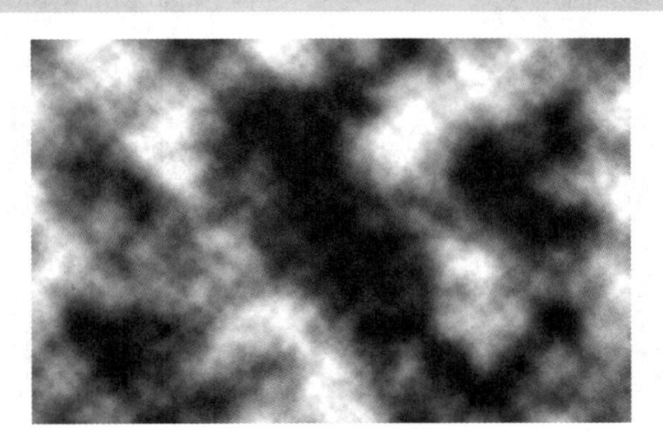

图 8-1-7　“云彩”滤镜

（2）选择“滤镜”→“滤镜库”命令，在“滤镜库”对话框中选择“素描”→“便条纸”，在右侧设置“图像平衡”为 20，“粒度”为 3，“凸现”为 3，如图 8-1-8 所示（注意：图像平衡的数值根据云彩的分布程度适当调节，并不一定按照上面数值）。

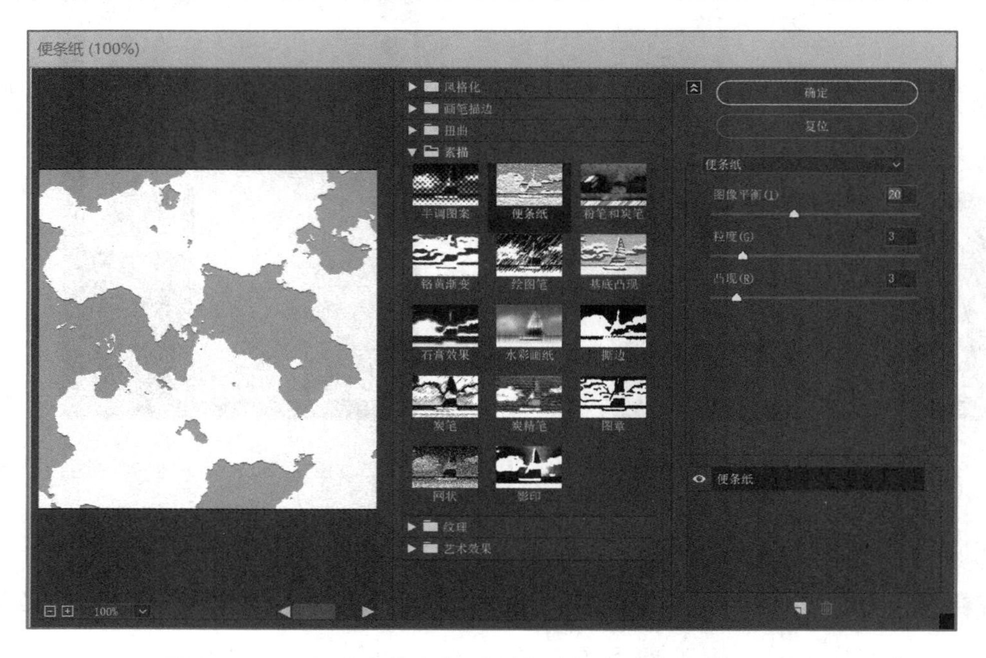

图 8-1-8　在“滤镜库”对话框中添加“便条纸”滤镜

（3）打开“图层”面板，单击面板下方的“创建新图层”图标，在背景图层上新建“图层 1”图层。设置工具箱中的前景色为褐色（R:144，G:98，B:87）。按 Alt+Delete 键用前景色填充。

（4）选择“滤镜”→“杂色”→“添加杂色”命令，在“添加杂色”对话框中设置“数量”为 20%，“分布”为“高斯分布”，勾选“单色”复选框，如图 8-1-9 所示。

（5）选择“滤镜”→“模糊”→“高斯模糊”命令，在“高斯模糊”对话框中设置“半径”为 4 像素，如图 8-1-10 所示。

图 8-1-9　设置“添加杂色”对话框

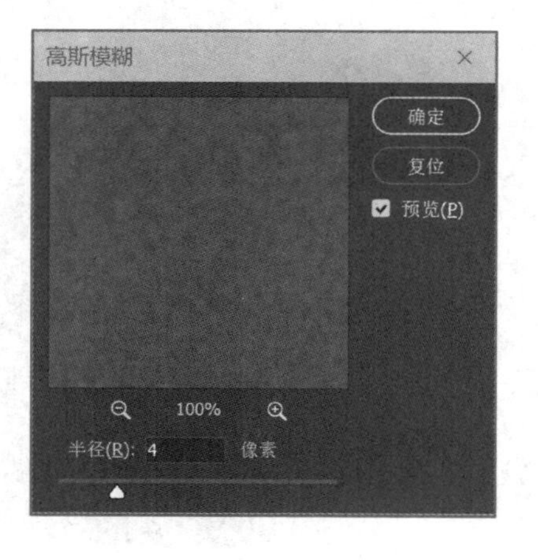

图 8-1-10　设置“高斯模糊”对话框

（6）选择“滤镜”→“滤镜库”命令，在“滤镜库”对话框中先选择“纹理”→“纹理化”滤镜效果，设置纹理选“砂岩”，“缩放”为100，“凸现”为2，“光照”为上，如图8-1-11所示，再在效果框的下方单击“新建效果图层”图标，新建一个效果图层，对此图层选择“纹理”→“龟裂缝”滤镜效果，设置“裂缝间距”为50，“裂缝深度”为1，“裂缝亮度”为8，如图8-1-12所示。

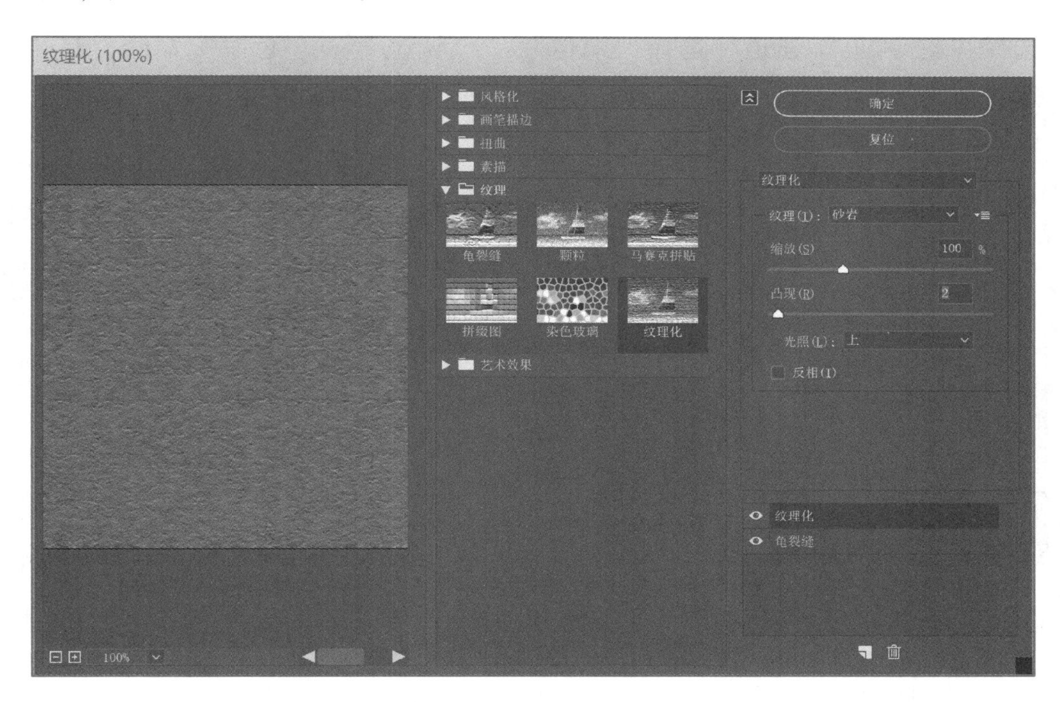

图8-1-11 设置“纹理化”效果

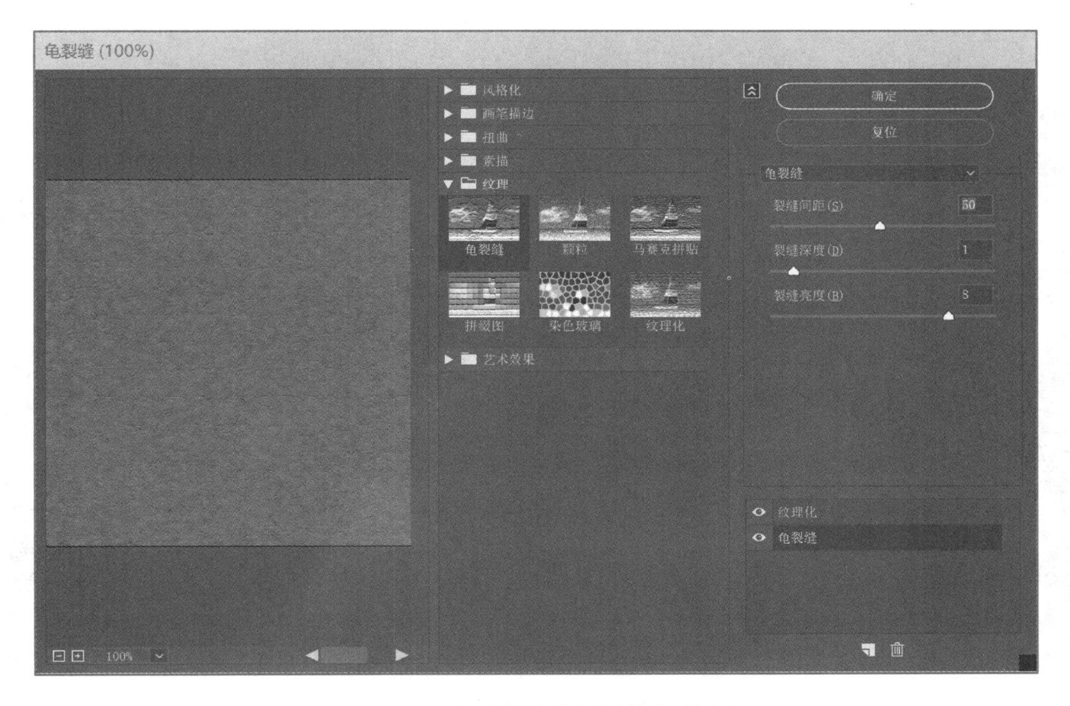

图8-1-12 设置“龟裂缝”效果

（7）在“图层”面板上选择背景图层，并关闭“图层 1”图层左侧的眼睛图标，使该图层不可见。

（8）选择“窗口”→“通道”命令，打开“通道”面板，选择红通道并按鼠标右键，在弹出的菜单中选择“复制通道”命令，在“复制通道”对话框中设置名称为“红 拷贝”通道，如图 8-1-13 所示。

（9）选择“红 拷贝”通道，选择“图像”→“调整”→“色阶”命令，在“色阶”对话框中设置“输入色阶”为“180，1.00，255”，如图 8-1-14 所示。

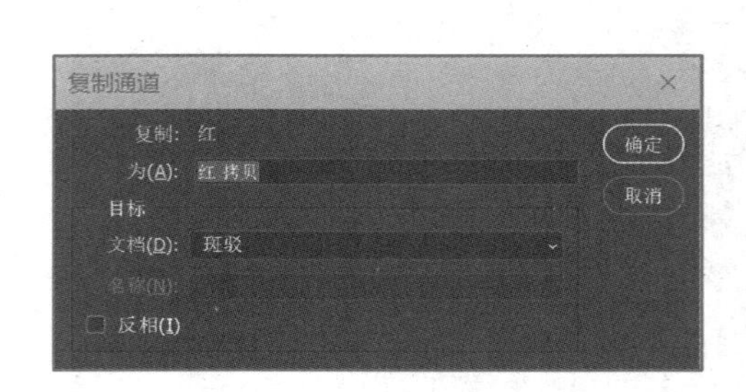

图 8-1-13　复制通道

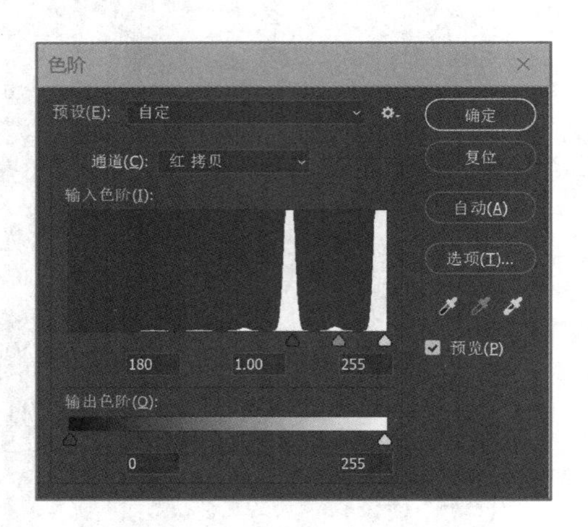

图 8-1-14　设置“色阶”对话框

（10）按住 Ctrl 键同时单击“红 拷贝”通道的通道缩览图，载入选区。

（11）返回“图层”面板，开启“图层 1”图层左侧的眼睛图标，使该图层可见，在“图层”面板上设置图层“混合模式”为正片叠底，“不透明度”为 45%，如图 8-1-15 所示。

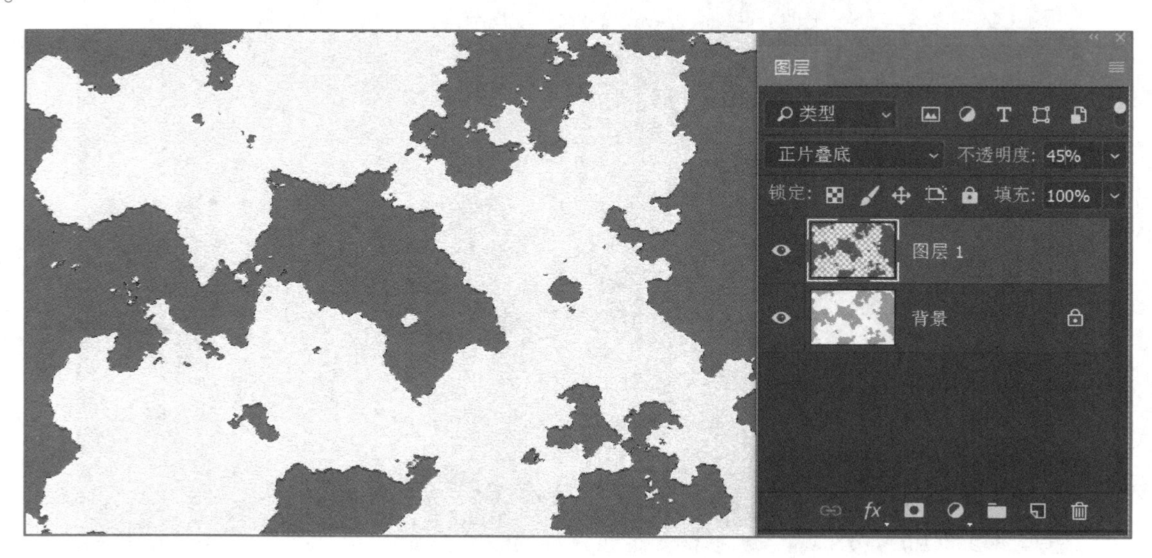

图 8-1-15　设置图层

（12）在“图层”面板下方单击“创建新图层”图标，在“图层 1”图层上新建“图层 2”图层，设置工具箱前景色为白色（R:255，G:255，B:255），按 Alt+Delete 键，用白色填充图像。

（13）按 D 键复位工具箱中的默认前景色和背景色（黑/白），选择“滤镜”→“渲染”→“云彩”命令，如图 8-1-16 所示。

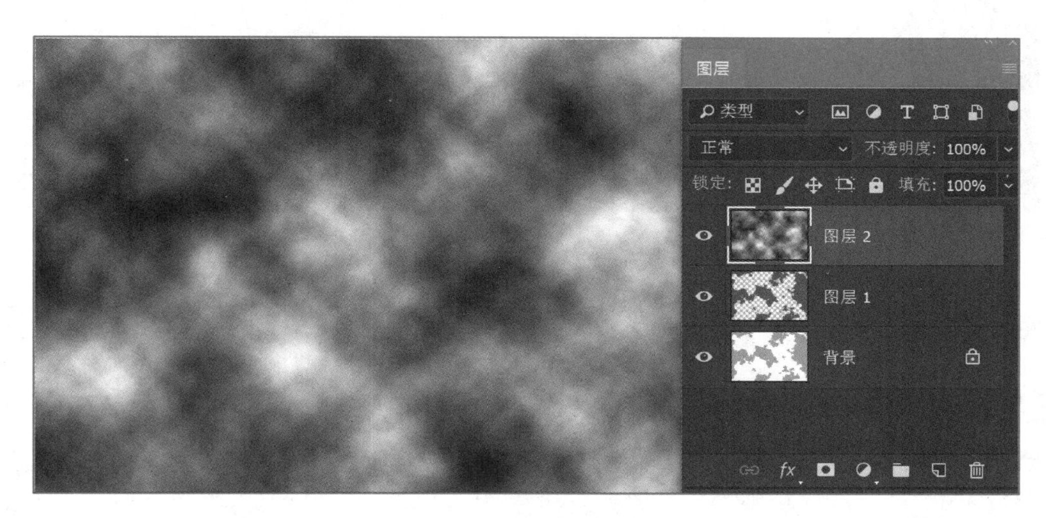

图 8-1-16 执行“云彩”命令

（14）选择“滤镜”→“渲染”→“纤维”命令，在“纤维”对话框中设置“强度”为 1，如图 8-1-17 所示。

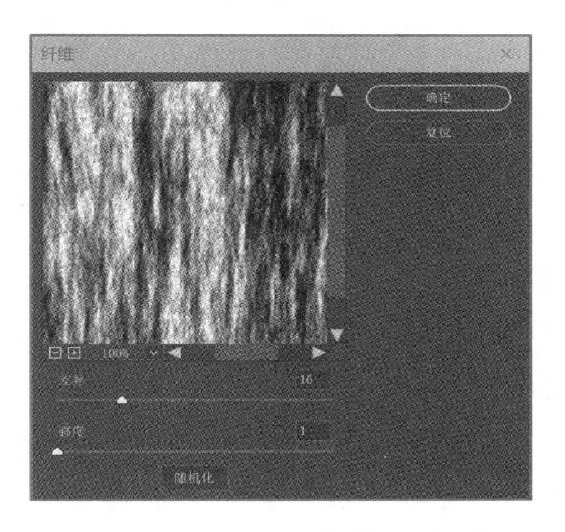

图 8-1-17 设置“纤维”对话框

（15）按住 Ctrl 键同时单击“图层 1”图层的缩览图，载入选区，再按 Delete 键删除“图层 2”图层中的部分图像，设置“图层 2”图层“混合模式”为“柔光”。

（16）依然选择“图层 2”图层，按 Ctrl+T 键，选择“编辑”→“自由变换”命令，按住 Alt 键拉宽图像的宽度，如图 8-1-18 所示，按回车键确认变换，这样覆盖在白色表面的纹理由于拉宽有一部分覆盖在内墙上而使墙体显得斑驳。

（17）选择“图层 1”图层，单击“图层”面板下方的“创建新的填充和调整图层”图标，在菜单中选择“自然饱和度”命令。在“属性”面板（自然饱和度）中将“饱和度”滑块向右拉至 50，增加饱和度，如图 8-1-19 所示。

（18）选择“图层”→“创建剪贴蒙版”命令。

（19）打开单元 8 中的“电影海报 .jpg”文件，用工具箱中的“移动工具”将海报拖曳至“斑驳”文件中，放置在右侧。选择“编辑”→“自由变换”命令，调整海报大小，默认为“图层 3”图层。

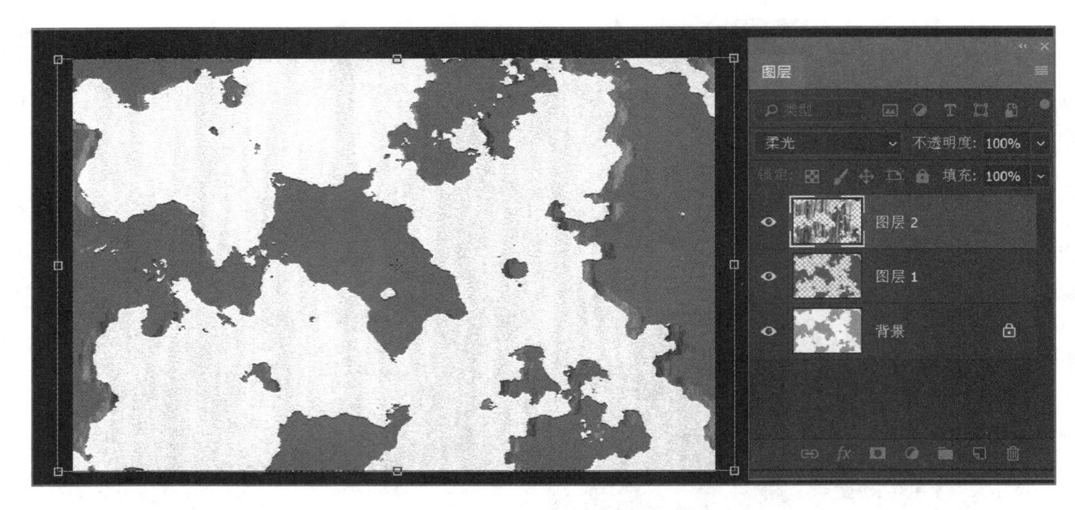

图 8-1-18 拉宽图像的宽度

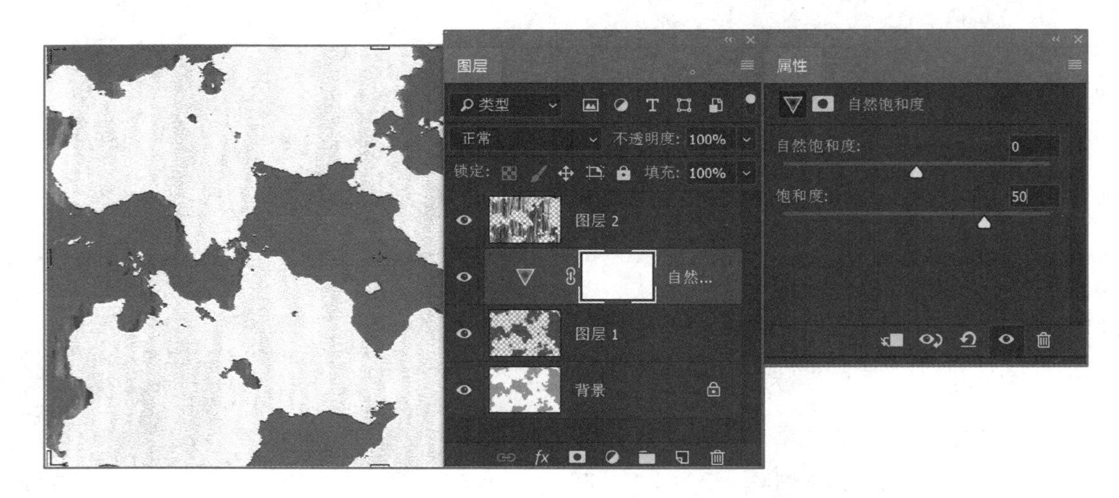

图 8-1-19 调整“自然饱和度”参数

（20）按住 Ctrl 键并单击“图层 1”图层，载入选区。再按 Delete 键删除电影海报中的部分图像，然后取消选择（或按快捷键 Ctrl+D 键）。

（21）选择“图像”→“调整”→“自然饱和度”命令，在“自然饱和度”对话框中设置“自然饱和度”为-100，“饱和度”为-50，如图 8-1-20 所示，降低海报的饱和度，将海报做旧。

图 8-1-20 调整“自然饱和度”参数

（22）在“图层”面板中选择“背景”图层，再单击下方的“创建新图层”图标，在“背景”图层上新建“图层 4”图层。

（23）设置工具箱中前景色为暗黄色（R:113，G:109，B:50）。按 Alt+Delete 键，用前景色填充。在“图层”面板中设置“图层 4”图层的图层混合模式为“正片叠底”，“不透明度”为 50%。

（24）选择“图层 2”图层，单击“添加矢量蒙版”图标◘，现在“图层 2”图层右边增加了一个白色蒙版缩略图。

（25）选择“选择”→“载入选区”命令，在“载入选区”对话框的通道中选择“红 拷贝”通道，载入选区，如图 8-1-21 所示。

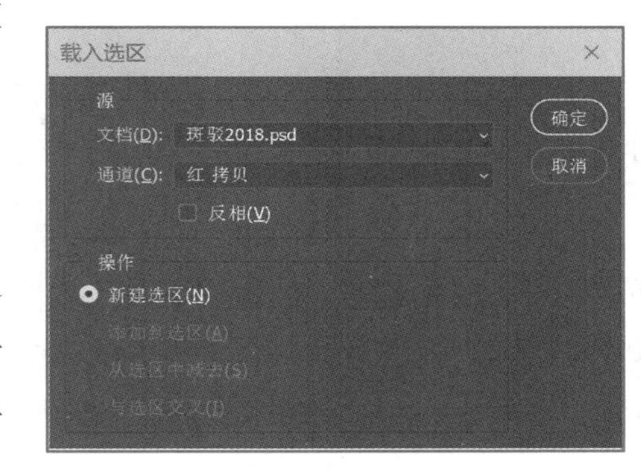

图 8-1-21　载入选区

（26）设置工具箱前景色为灰色（R:128，G:128，B:128），在“图层”面板中选择“图层 2”图层右边的蒙版缩览图。按 Alt+Delete 键，用前景色填充。由于白色墙体颜色变暗了，“图层 2”图层的纹理显得过于明显，可使用蒙版来覆盖。

（27）在“图层”面板上选择“图层 3”图层，单击“添加矢量蒙版”按钮◘。现在“图层 3”图层右边增加了一个图层蒙版。

（28）选择工具箱中的“画笔工具”🖌，在工具选项栏的“画笔预设”拾取器中选择干介质画笔集中的“Kyle 额外厚实炭笔”样式，设置“大小”为 65 像素，如图 8-1-22 所示。

（29）设置工具箱中的前景色为深灰色（R:45，G:45，B:45），利用图层蒙版功能，用“画笔工具”🖌根据需要将海报整齐的边缘擦除，让海报边缘有斑驳的痕迹，最后的效果如图 8-1-23 所示。

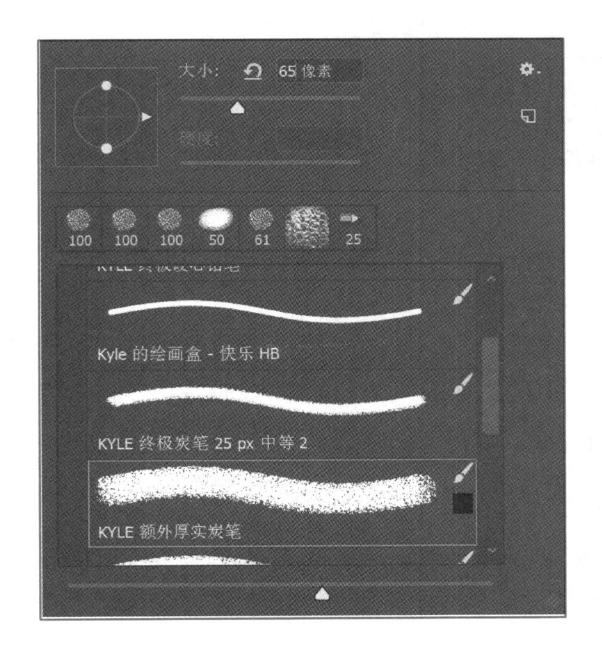

图 8-1-22　设置画笔样式

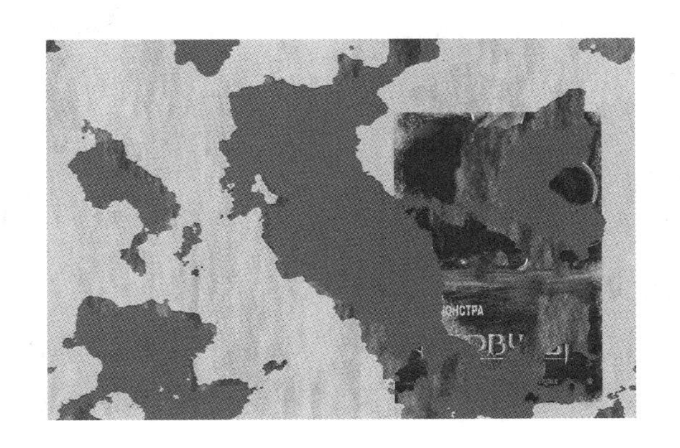

图 8-1-23　最后效果图

【任务拓展】

“消失点”滤镜

通过使用“消失点”功能，在有透视平面（例如，建筑物侧面或任何矩形对象）的图像中进行透视校正编辑。通过使用消失点，可以在图像中指定平面，然后再应用仿制、复制或粘贴以及变换等编辑操作，所有编辑操作都根据所处理平面的透视。系统可正确确定这些编辑操作的方向，并且将它们缩放到透视平面，使得最终的编辑结果更加逼真。选择“滤镜”→“消失点”命令，打开“消失点”对话框，如图 8-1-24 所示。

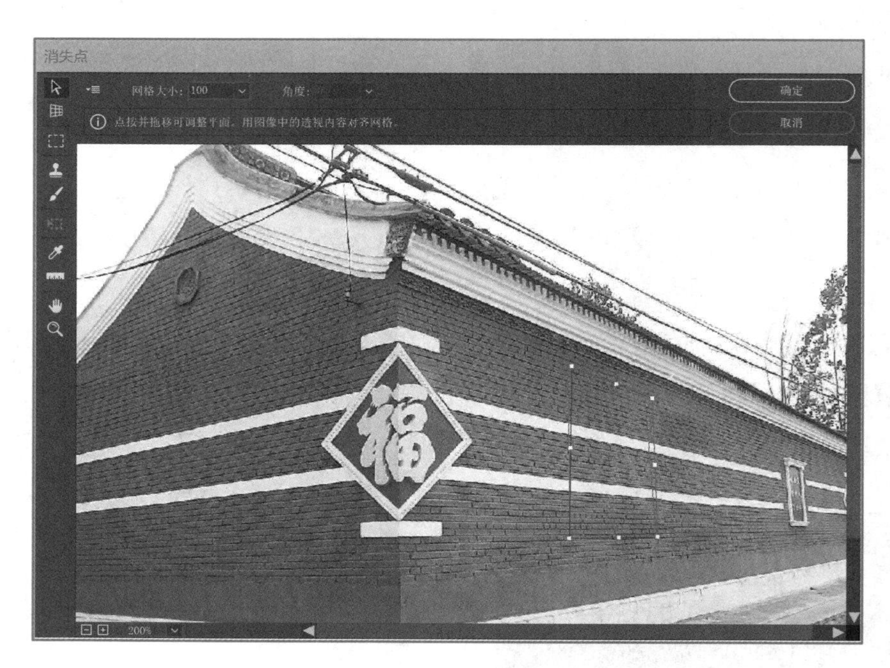

图 8-1-24 “消失点”对话框

（1）创建平面

一般情况下为了将“消失点”处理的结果放在单独一个图层中，这样可以保留原始图像，并且可以设置图层的不透明度、样式和混合模式。选择“消失点”命令之前先创建一个新图层，然后在“消失点”对话框中选择“创建平面工具”。在预览图像中单击以定义平面表面的 4 个角节点，如图 8-1-25 所示，在创建平面时，使用图像中的矩形对象或平面区域作为参考线。为了帮助放置节点，可按住 X 键在预览图像中缩放。在添加角节点时，如果节点不正确，可通过按 Backspace 键删除上一个节点，也可以通过拖动节点来调整其位置。

使用“编辑平面工具”，拖动边缘节点拉出其他平面，如图 8-1-26 所示。拖动角节点可以重新定义透视平面的形状，要移动平面，在平面内单击并拖动，如缩放平面，拖动外框线段中的边节点。

小提示： 透视平面的外框和网格通常是蓝色的。如果放置角节点时出现问题，则此平面无效并且外框和网格将变为红色或黄色。如果平面无效，移动角节点直至外框和网格变为蓝色。

图 8-1-25　使用“创建平面工具”定义 4 个角节点

图 8-1-26　按住 Ctrl 键并拖动边缘节点以拉出平面

（2）编辑图像

在消失点滤镜中，使用“选框工具”在透视平面内绘制选区，如图 8-1-27 所示，通过建立选区，可在图像中绘制或填充特定区域。如果绘制一个跨多个平面的选区，则该选区会弯折以便与每个平面的透视保持一致，选区还可以用于仿制和移动透视中的特定图像内容。

图 8-1-27　在透视平面内建立选区

图像中任何位置的图像像素的选区被称作浮动选区。尽管浮动选区不是在单独的图层上，但是浮动选区中的像素看起来像是悬浮在主图像上方的单独图层。当浮动选区处于现用状态时，则可以用“变换工具”对其进行移动、旋转或缩放。

使用消失点滤镜中的“画笔工具”在图像中拖动进行绘画。在平面中绘画时，画笔大小和形状将进行适当的缩放和方向调整，以符合平面的透视。按住 Shift 键并拖动鼠标可将描边限制为直线，以便与平面的透视保持一致，还可以使用“画笔工具”单击某一个点，然后按住 Shift 键并单击另一个点以在透视中绘制一条直线。要连续绘画并自动与一个平面到另一个平面的透视保持一致，打开“消失点”菜单并选择“允许多表面操作”；若将此选项关闭，可一次在一个平面的透视中绘画，如图 8-1-28 所示。

图 8-1-28 在透视平面内绘画

画笔颜色的选择可以通过“吸管工具”并单击预览图像中的一种颜色。或者单击“画笔颜色”打开“拾色器”对话框，选择一种颜色。

绘画时不与周围像素的颜色、光照和阴影混合，在修复菜单中选择“关”。

绘画的时候描边与周围像素的光照混合，同时保留选定的颜色，在修复菜单中选择“明亮度”。

绘画时与周围像素的颜色、光照和阴影混合，在修复菜单中选择“开”。

在“消失点”滤镜中使用“图章工具”对图像进行仿制，在工具选项区域中，设置“直径”（画笔大小）、“硬度”（画笔上消除锯齿的数量）和“不透明度”（绘画遮盖或显示下方图像的程度），仿制的图像将定向到平面的透视，对于混合和修饰图像区域，仿制部分表面将“涂去”对象，如图 8-1-29 所示。

选择“对齐”可对像素连续取样而不会丢失当前的取样点，即使释放鼠标按钮也是如此。取消选择“对齐”可在每次停止并重新开始绘画时使用初始取样点中的样本像素。

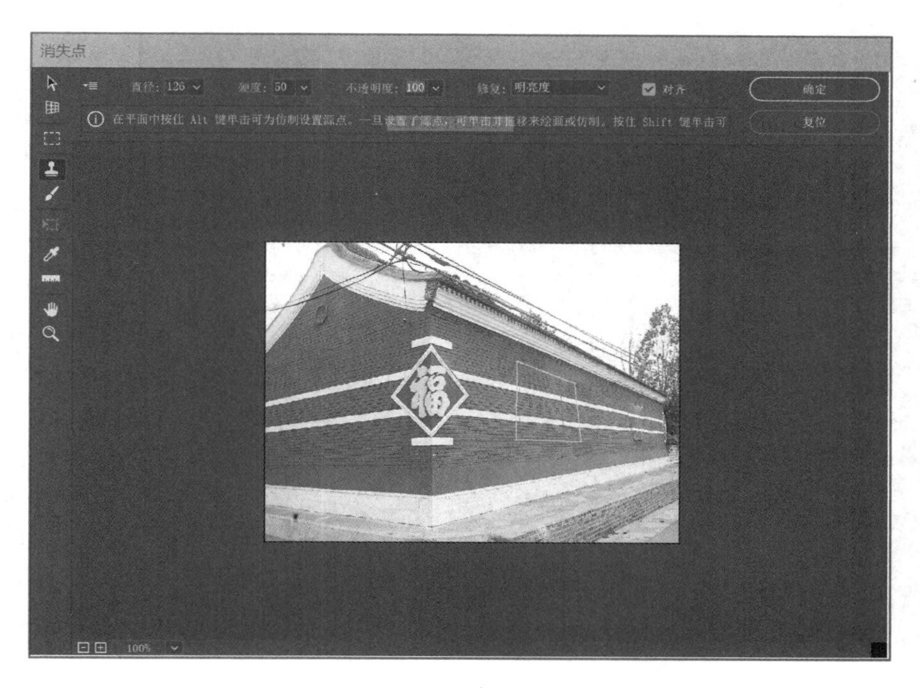

图 8-1-29 在“消失点”滤镜中使用“图章工具”对图像进行仿制

8.2 光球效果

【任务分析】

本案例主要使用液化滤镜中的顺时针旋转扭曲工具结合云彩滤镜制作出绚丽的光球效果。

【任务准备】

液化滤镜可使图像的任意区域扭曲、旋转、反射和膨胀，“液化滤镜”对话框分为三部分，左边是该滤镜的各种变换工具，中间是预览区域，右边是各种工具属性的选项，其中含有保护图像免于修改的冻结蒙版工具，以及一套修改过渡变形的重构模式。选择“滤镜”→“液化”命令，打开“液化”滤镜对话框，如图 8-2-1 所示。

1. 工具

（1）向前变形工具：拖动鼠标时向前推挤像素，效果如图 8-2-2 所示。如果按住鼠标按钮，其效果随着按住鼠标按钮或在某个区域中重复拖移而增强。

（2）重建工具：使用重建工具在那些扭曲的图像上拖动可以把图像完全或部分地恢复到原始图像的状态。

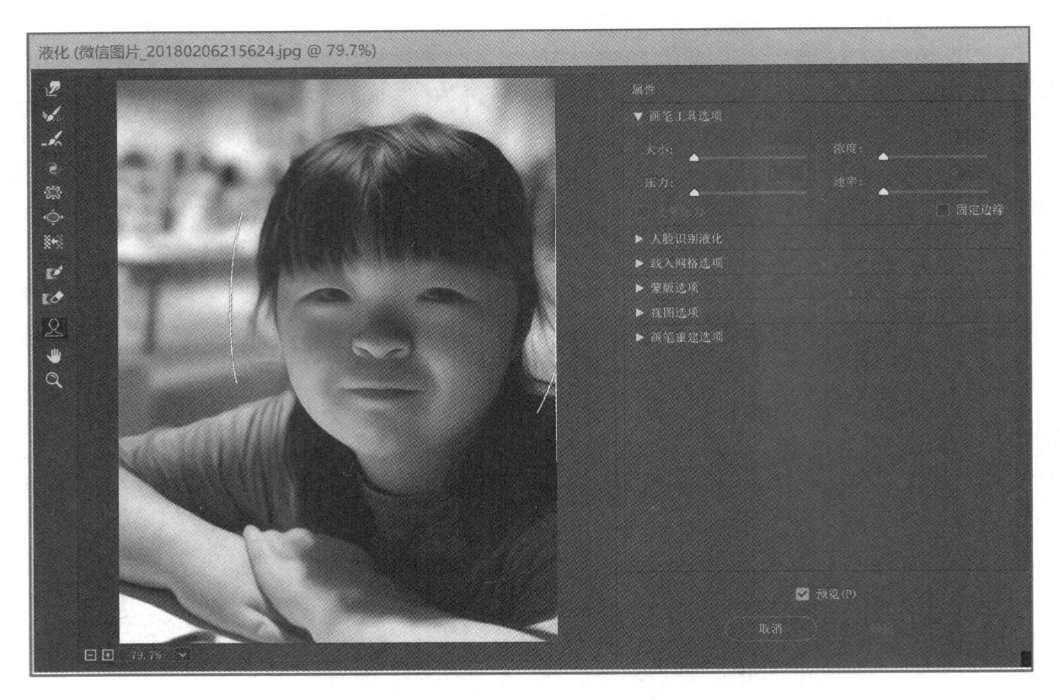

图 8-2-1 “液化”滤镜对话框

(a) 原始图

(b) 用向前变形工具对图像中耳朵和嘴巴的部分拉长

图 8-2-2 向前变形工具产生的效果

(3) 顺时针旋转扭曲工具：按住鼠标按钮或拖移时可顺时针旋转图像中像素。当按住 Alt 键并拖移鼠标时，则会逆时针旋转扭曲像素，效果如图 8-2-3 所示。

(4) 褶皱工具：向内挤压像素，在按住鼠标按钮拖移时收缩像素，效果如图 8-2-4 所示。

(5) 膨胀工具：向外挤压像素，在按住鼠标按钮拖移时使像素从画笔中心向外移动，效果如图 8-2-5 所示。

(6) 左推工具：这个工具按照一个与使用者移动画笔的方向成 90°的角度移动像素，效果如图 8-2-6 所示。拖动鼠标将把像素移到鼠标的左侧，当按住 Alt 键并拖动鼠标将把像素移到鼠标的右侧。

图 8-2-3 顺时针旋转扭曲工具产生的效果

图 8-2-4 褶皱工具产生的效果

图 8-2-5 膨胀工具产生的效果

图 8-2-6 左推工具产生的效果

（7）冻结蒙版工具：在预览图像上绘制的蒙版，这些绘制的区域将被“冻结”，这样可以防止更改这些区域。选择冻结蒙版工具并在要保护的区域上拖动。按住 Shift 键单击可在当前点和前一次单击的点之间的直线中冻结。

（8）解冻蒙版工具：可以擦除预览图像上的蒙版区域。选择解冻蒙版工具，并在相应的区域上拖动。按住 Shift 键单击可在当前点和前一次单击的点之间的直线中解冻。要解冻所有冻结的区域，在该对话框的“蒙版选项”区域中单击“无”按钮。要使冻结和解冻的区域反相，在对话框的“蒙版选项”区域中单击“全部反相”。

（9）脸部工具：系统将自动识别照片中一个或多个人脸，通过识别眼睛、鼻子、嘴唇和其他面部特征，可轻松对人像进行调整。将指针悬停在脸部时，Photoshop 会在脸部周围显示直观的屏幕控件。调整控件可对脸部做出调整，也可通过在“属性”面板的“人脸识别液化”区域中滑动控件调整面部特征。

小提示： 使用“人脸识别液化”功能的前提条件是在 Photoshop 首选项中启用图形处理器（首次启动 Photoshop 时，这些设置默认将处于启用状态）。

2. 属性选项

（1）工具选项

对扭曲工具配置画笔的大小、压力、浓度和速率。在该对话框的工具选项区域中，设置以下选项。

① 画笔大小：设置用来扭曲图像的画笔的宽度。

② 画笔密度：控制画笔如何在边缘羽化。产生的效果是：画笔的中心最强，边缘处最轻。

③ 画笔压力：设置在预览图像中拖动工具时的扭曲速度。使用低画笔压力可减慢更改速度，因此更易于在恰到好处的时候停止。

④ 画笔速率：设置使用工具（例如旋转扭曲工具）在预览图像中保持静止时扭曲所应用的速度。该设置的值越大，应用扭曲的速度就越快。

⑤ 光笔压力：使用光笔绘图板中的压力读数（只有在使用光笔绘图板时，此选项才有效。）。选定“光笔压力”后，工具的画笔压力为光笔压力与“画笔压力”值的乘积。

（2）人脸识别选项

照片中的人脸会被自动识别，且其中一个人脸会被选中。被识别的人脸会在“属性”面板“人脸识别液化”区域中“选择脸部”弹出菜单中罗列出来，如图 8-2-7 所示。通过调整“人脸识别液化”区域中的滑块，可以对面部特征进行适当更改。

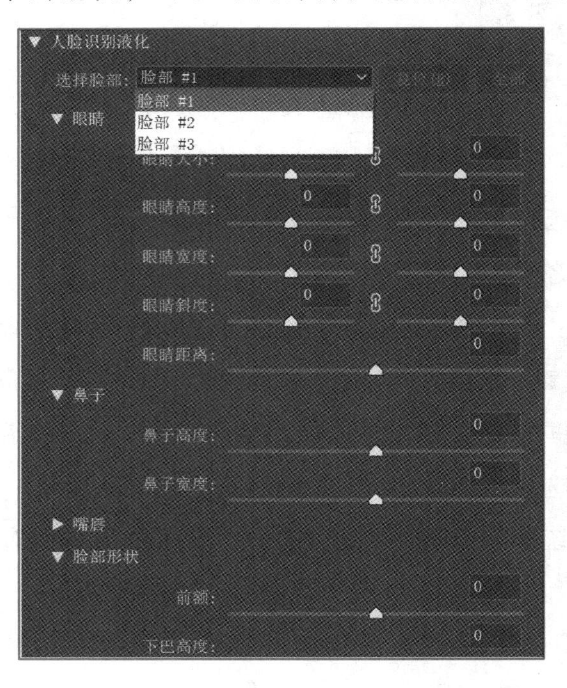

图 8-2-7　从弹出菜单中选择不同的人脸

移动左右眼的滑块以对眼睛应用不对称效果。单击“链接”图标，可同时锁定左右眼的设置。此选项有助于让眼睛应用对称效果。

小提示：“人脸识别液化”功能适合处理正面的人物面部特征。为获得最佳效果，在应用设置之前可以旋转任何倾斜的脸部。“重建”和“恢复全部”选项不适用于通过“人脸识别液化”功能进行的更改。

（3）蒙版选项

提供了创建蒙版的各种方法，可以实现用蒙版来保护图像的部分区域免于扭曲，如图 8-2-8 所示。

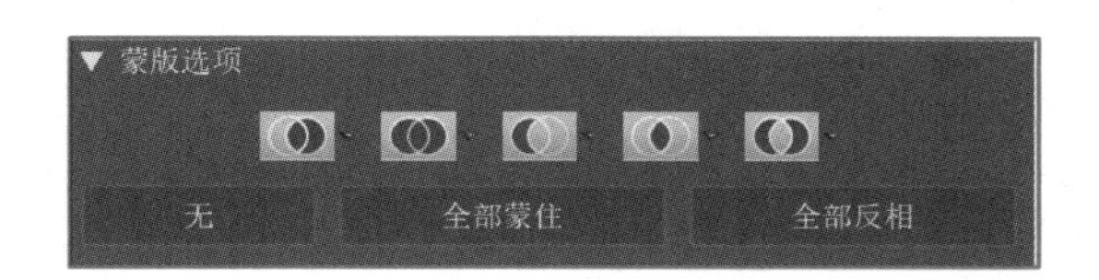

图 8-2-8 “蒙版选项”对话框

① 无：移去所有冻结区域。

② 全部蒙住：冻结所有解冻区域。

③ 全部反相：反相解冻区域和冻结区域。

④ 显示或隐藏冻结区域：在该对话框的“视图选项”区域中，选择或取消选择“显示蒙版”。

⑤ 更改冻结区域的颜色：在该对话框的“视图选项”区域中，从“蒙版颜色”弹出菜单中选取一种颜色。

（4）视图选项

提供了用来确定怎样查看液化操作的选项，如图 8-2-9 所示。“显示网格”选项，将显示随着扭曲操作呈现出变形的网格形状。可以选取网格的大小和颜色，也可以存储某个图像中的网格并将其应用于其他图像。

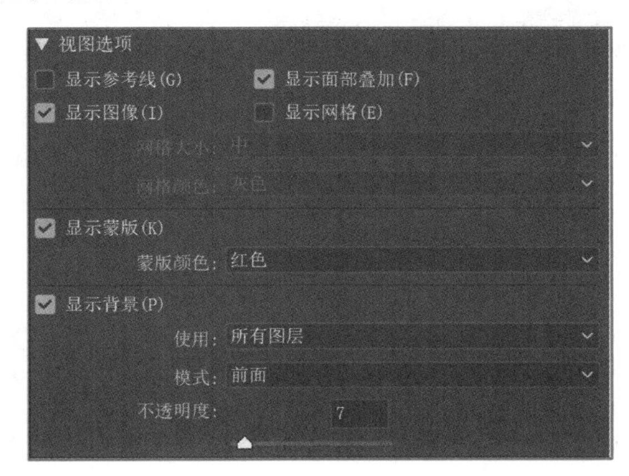

图 8-2-9 “视图选项”对话框

① 显示网格：在对话框的“视图选项”区域中选择“显示网格”复选框，然后设置“网格大小”和“网格颜色”。要仅显示网格，先选择“显示网格”复选框，然后取消选择“显示图像”复选框。

② 显示背景：把扭曲叠加在原始图像上，可以实现在原始图像上查看液化后的图像，进而比较这两幅图像。

（5）载入网格选项

使用网格可帮助查看和跟踪图像扭曲程度，如图 8-2-10 所示。

图 8-2-10 “载入网格选项”对话框

① 载入网格：应用保存的扭曲网格，如果图像和扭曲网格大小不相同，则会缩放网格以适应图像。

② 载入上次网格：应用最后保存的扭曲网格。

③ 存储网格：存储扭曲网格。为网格文件指定名称和位置后单击“存储”即可。

【任务实施】

（1）选择“文件”→“新建”命令，新建文件。大小为宽度 500 像素，高度 700 像素。

（2）设置工具箱中前景色为黑色（R:0，G:0，B:0）。在“图层”面板中选择面板下方的“创建新图层”图标，在“背景”图层上新建“图层 1”图层。按 Alt+Delete 键，用前景色（黑色）填充，如图 8-2-11 所示。

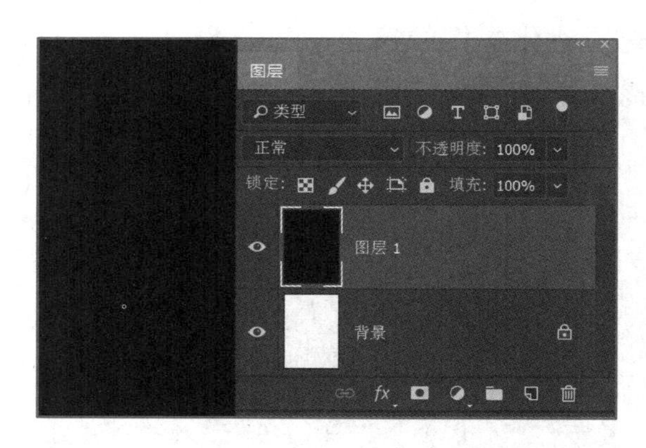

图 8-2-11 用黑色前景色填充图像

（3）选择“滤镜”→“渲染”→“镜头光晕”命令，在“镜头光晕”对话框中设置“镜头类型”为“105 毫米聚焦”，“亮度”为 120%，并在预览窗口中将光源移至图像中心，如图 8-2-12 所示。

（4）选择“图像”→“调整”→“色相/饱和度”命令，在“色相/饱和度”对话框中选择“着色”复选框，再输入色相值30、饱和度50，如图8-2-13所示。

图8-2-12 设置“镜头光晕”对话框

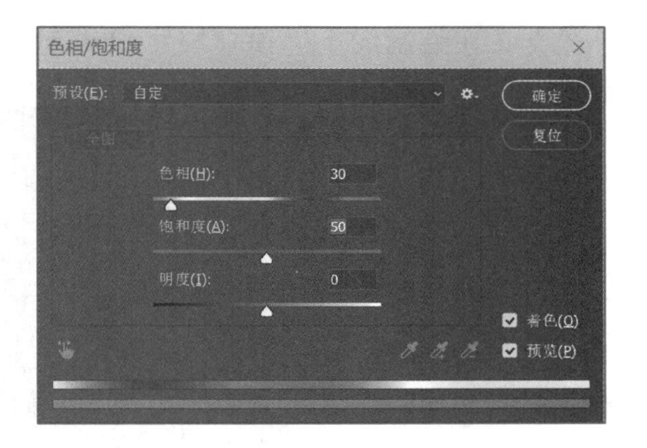

图8-2-13 设置“色相/饱和度”对话框

（5）在“图层”面板上选择“图层1”图层并按鼠标右键，在弹出菜单中选择“复制图层”命令，复制图层名称为“图层1 拷贝”图层。

（6）选择“滤镜”→“液化”命令，在“液化”对话框中选择“顺时针旋转扭曲工具”，“画笔大小”设置为300，“密度”为50，“压力”为100。在中间的预览图像中点按鼠标，将图像扭曲成如图8-2-14所示效果。

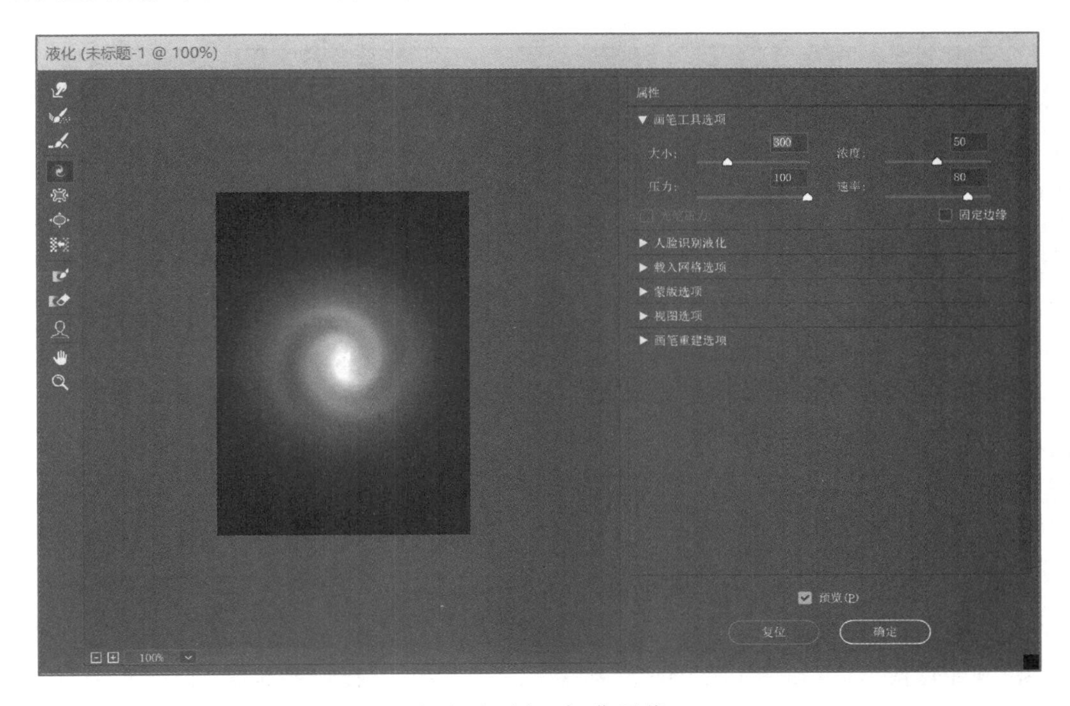

图8-2-14 扭曲图像

（7）在“图层”面板上选择“图层 1 拷贝”图层，再单击面板下方的“创建新图层”图标，在“图层 1 拷贝”图层上面再新建“图层 2”图层。

（8）设置工具箱中前景色为土黄色（R:209，G:136，B:3）。选择工具箱的“画笔工具”，在画笔工具选项栏的“画笔预设”拾取器中选择“常规画笔”集的“硬圆边”画笔，设置“画笔大小”为 3 像素、“硬度”为 100%的画笔，在图像上绘制如图 8-2-15 所示的 6 条直线（在绘制线条过程中按住 Shift 键可以绘制直线）。

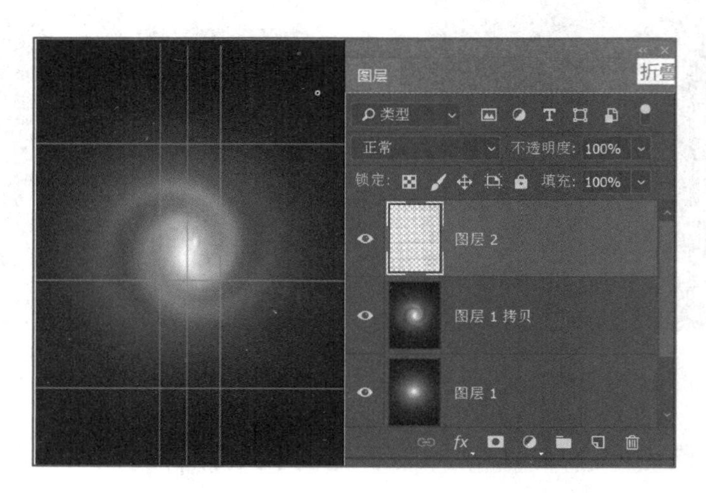

图 8-2-15　绘制直线

（9）选择“滤镜”→“液化”命令，在“液化”对话框中选择“顺时针旋转扭曲工具”，“画笔大小”设置为 500，“浓度”为 50，“压力”为 50。在中间的预览图像中点按鼠标，将线条扭曲成如图 8-2-16 所示效果。

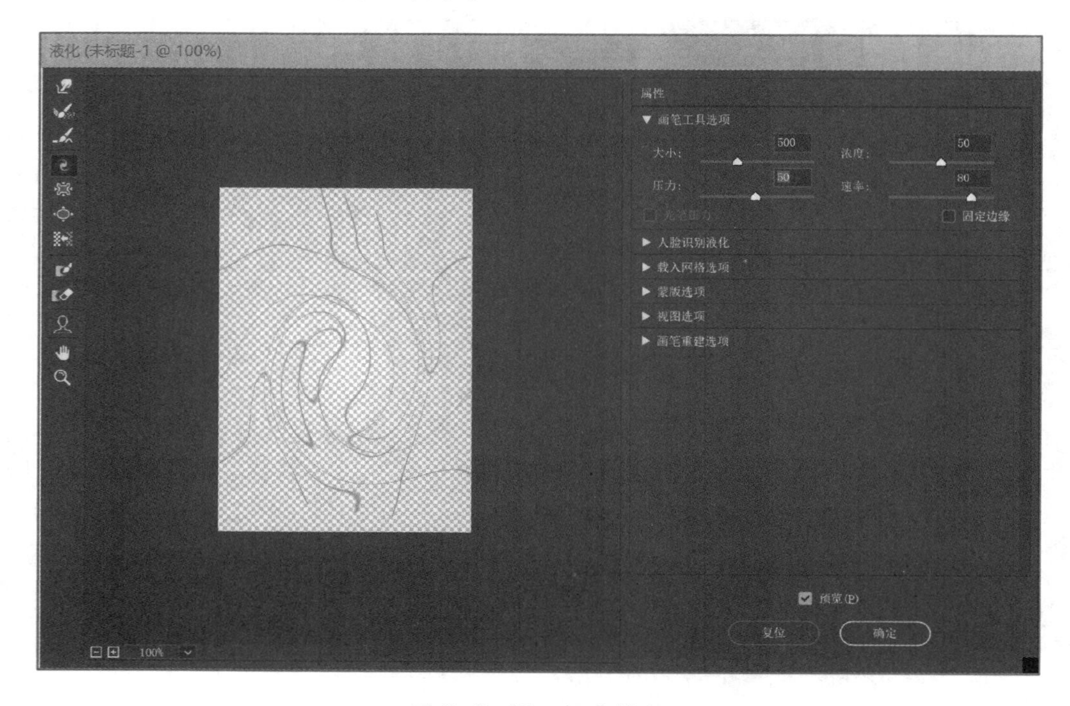

图 8-2-16　扭曲线条

（10）选择“滤镜”→“模糊”→“径向模糊”命令，在“径向模糊”对话框中设置“数量”为50，“模糊方法”为“缩放”，将“中心模糊”的位置放在右侧，如图8-2-17所示。

（11）在“图层”面板上选择“图层2”图层并按鼠标右键，在弹出菜单中选择“复制图层”命令，复制图层名称为“图层2拷贝”图层，设置该图层模式为颜色减淡模式。

（12）在“图层”面板上选择“图层2拷贝”图层，再单击面板下方的“创建新图层”图标，在“图层2拷贝”图层上新建“图层3”图层。

（13）设置工具箱的前景色为白色（R:255，G:255，B:255）。选择工具箱中的“自定形状工具”，在工具选项栏中选择工具模式为像素，在“自定形状”拾色器中选择“污渍6”（如果没有该形状可以通过拾色器右侧的下拉菜单中选择“污渍矢量包”追加），如图8-2-18所示。

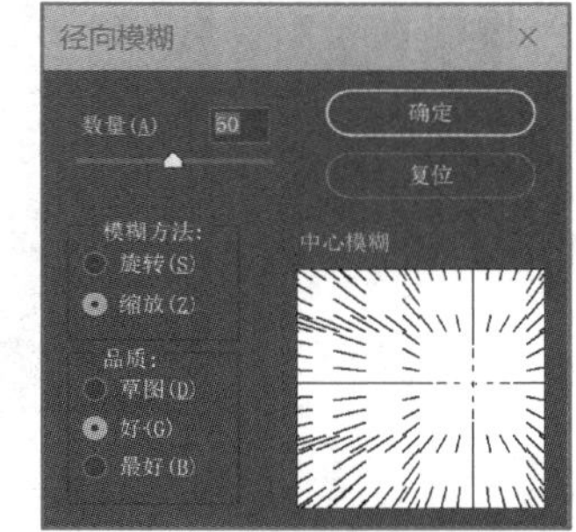

图8-2-17 设置“径向模糊”对话框

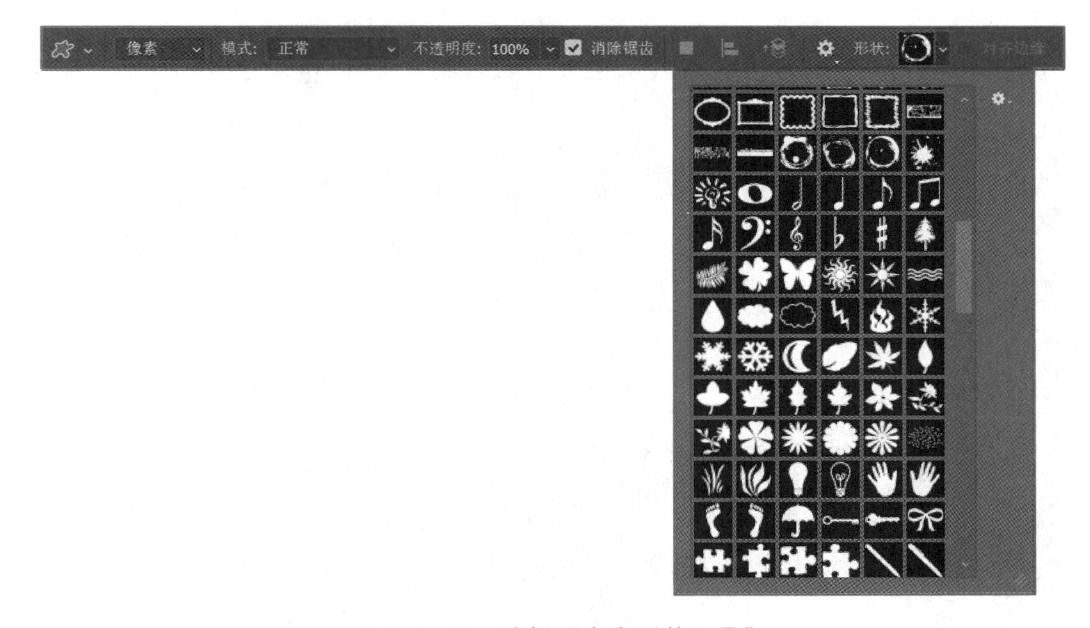

图8-2-18 选择“自定形状工具”

（14）在图像的中心位置拖曳鼠标，绘制如图8-2-19所示的形状。

（15）选择“滤镜”→“液化”命令。在“液化”对话框中选择“顺时针旋转扭曲工具”，“画笔大小”设置为300，“浓度”为50，“压力”为100。在中间的预览图像中点按鼠标，将形状扭曲成如图8-2-20所示效果。

（16）选择“滤镜”→“模糊”→“高斯模糊”命令，在“高斯模糊”对话框中设置“半径”为4像素，如图8-2-21所示。

（17）选择“滤镜”→“模糊”→“径向模糊”命令，在“径向模糊”对话框中设置“数量”为100，“模糊方法”为“缩放”，如图8-2-22所示。

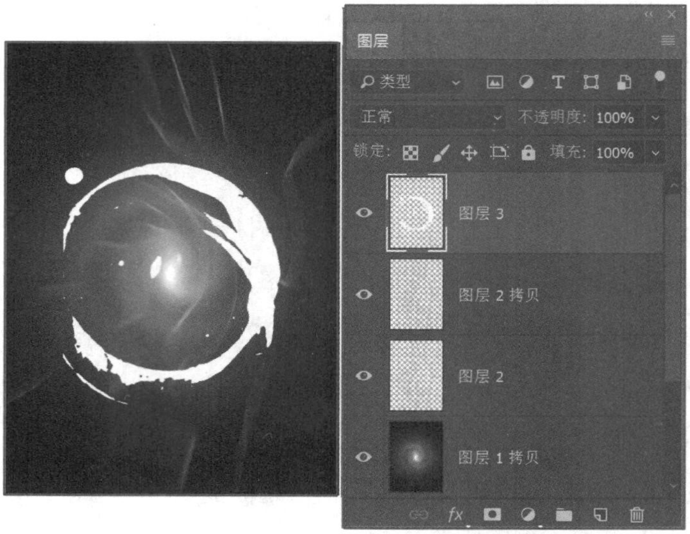

图 8-2-19　绘制形状

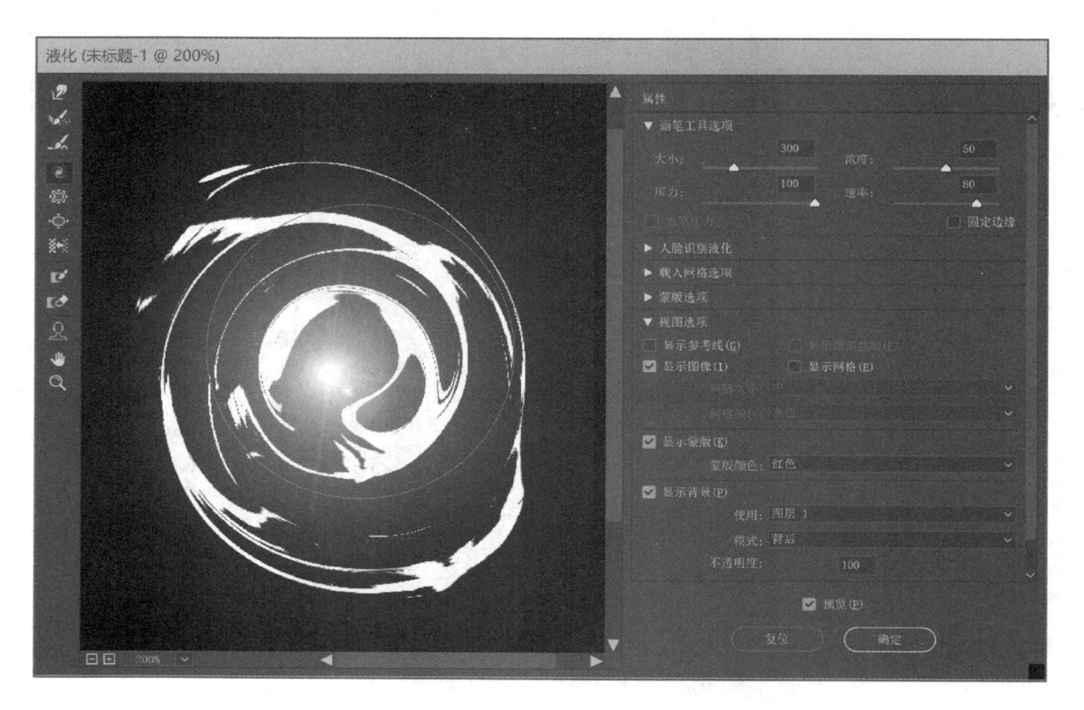

图 8-2-20　扭曲形状

（18）在“图层”面板上选择“图层 3”图层并双击该图层，打开“图层样式”对话框，选择“外发光”复选框，并设置“混合模式”为“颜色减淡”，“不透明度”为 60%，颜色为黄色（R:255，G:240，B:0），“扩展”为 2%，“大小”为 24 像素，如图 8-2-23 所示。

（19）选择“图层”→“合并可见图层”命令，将制作好的能量光合并为一层。

（20）打开单元 8 素材“秘境 .jpg”文件。用“移动工具”将光拖曳至秘境文件的场景中，调整大小，在“图层”面板中将此图层的图层模式设置为变亮模式，最后的效果如图 8-2-24 所示。

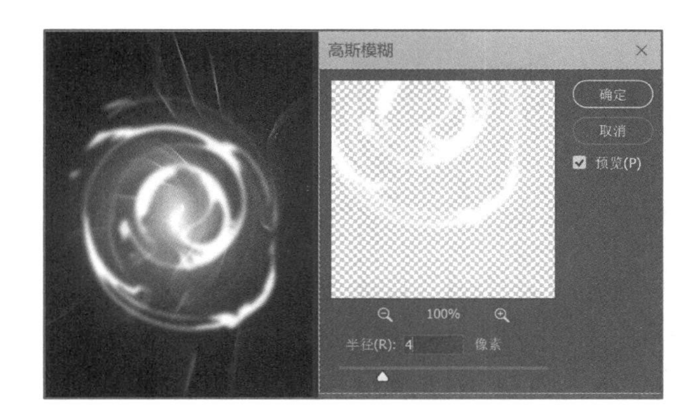

图 8-2-21 给形状赋予高斯模糊滤镜

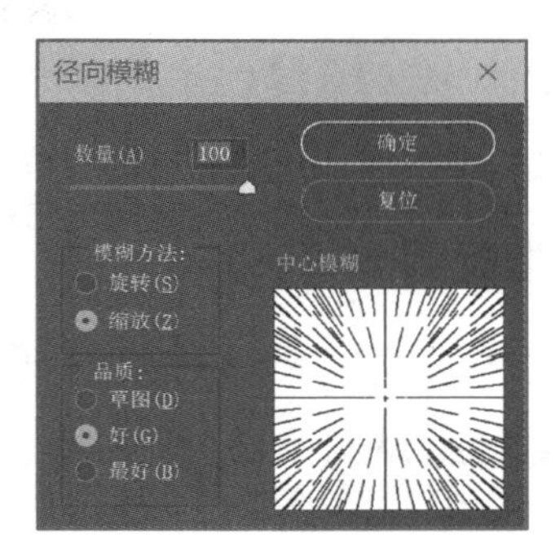

图 8-2-22 给形状赋予径向模糊特效

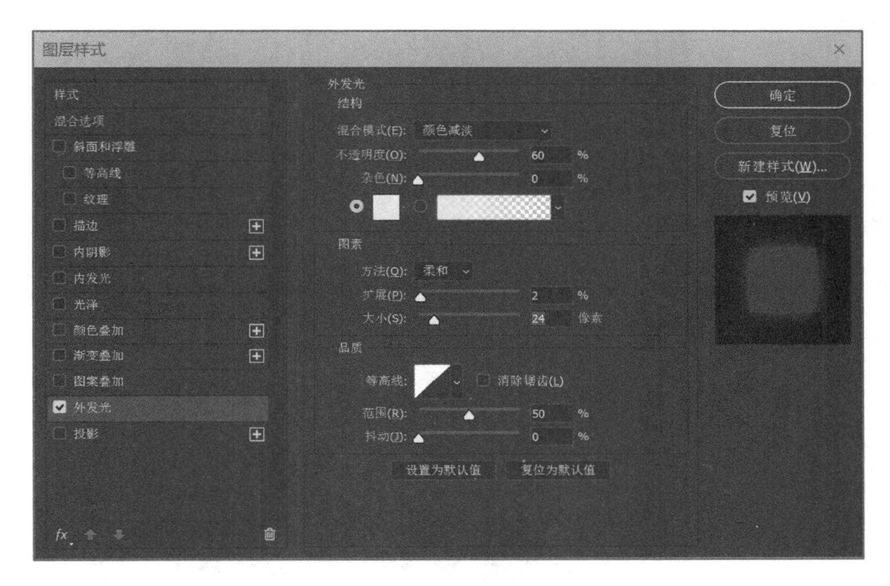

图 8-2-23 设置“外发光”

图 8-2-24 最后效果图

【任务拓展】

根据滤镜对图像产生的效果，可把滤镜分为建设性滤镜、破坏性滤镜、效果滤镜和渲染滤镜四种。

1. 建设性滤镜

建设性滤镜主要通过修改图像焦距或平滑图像内的过渡，从而改进图像品质的滤镜。主要包括模糊滤镜组、模糊画廊、锐化滤镜组和杂色滤镜组。这里对模糊滤镜组和模糊画廊介绍如下。

（1）模糊滤镜组

模糊滤镜组包含 11 个单独的滤镜（图 8-2-25），它们是“表面模糊”“动感模糊”“方框模糊”“高斯模糊”“进一步模糊”“径向模糊”“镜头模糊”“模糊”“平均”“特殊模糊”和“形状模糊”。“模糊”滤镜柔化选区或整个图像。它们通过平衡图像中已定义的线条和遮蔽区域的清晰边缘旁边的像素，使变化显得柔和。

① 表面模糊：在保留边缘和细节的同时模糊图像。此滤镜经常用于消除图像中的杂色或粒度。在其对话框（图 8-2-26）中“半径”选项指定模糊区域的大小。“阈值”选项控制相邻像素色调值与中心像素值相差多大时才能成为模糊的一部分，色调值小于阈值的像素被排除在模糊之外。

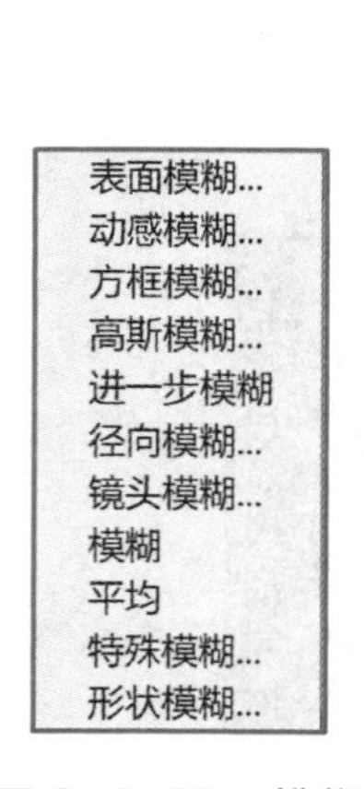

图 8-2-25 模糊滤镜组

图 8-2-26 “表面模糊”滤镜对话框

② 动感模糊：沿指定方向（角度为-360°～+360°），以指定强度（距离为 1～999）进行模糊，此滤镜的效果类似于以固定的曝光时间给一个移动的对象拍照，常用于制作表现物体速度的效果，如图 8-2-27 所示。

(a) 原始图

(b) 在图像的部分区域使用动感模糊滤镜

图 8-2-27 “动感模糊”滤镜效果

③ 方框模糊：创建一种快速而且容易的模糊方法，它基于用每个像素的相邻像素来修改这个像素的颜色值。产生的效果类似于“高斯模糊”滤镜的效果。在该滤镜的对话框（图 8-2-28）中的“半径”选项可以设置滤镜的强度和作用范围，半径越大，产生的效果越模糊。

④ 高斯模糊：调整对话框中的半径值，快速模糊选区，产生一种朦胧效果，如图 8-2-29 所示。

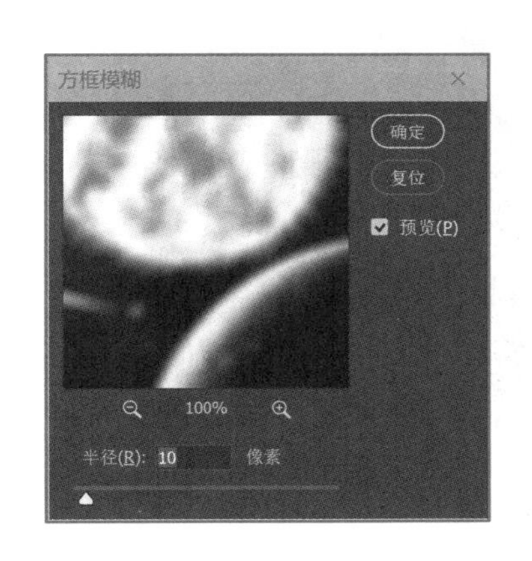

图 8-2-28 “方框模糊”滤镜对话框

图 8-2-29 “高斯模糊”滤镜

⑤ 进一步模糊和模糊：这两个滤镜的作用是消除在图像中有显著颜色变化区域的杂色。

⑥ 径向模糊：此滤镜提供了以不同的方向性运动进行模糊的方法，如图 8-2-30 所示。在“径向模糊”对话框（图 8-2-31）中有两个模糊方法选项，即旋转和缩放。选取“旋转”选项则通过围绕一个选定的中心点旋转像素来模糊，可以指定旋转的度数。选取“缩放”选项，模糊从中心向外辐射。“径向模糊”滤镜对话框显示了一个具有网格的“中心模糊”区域，单击并拖动中心点可以把“旋转”和“缩放”的起点重新定位到图像内的任意一个地方。输入一个“数量”值（1~100）将定义该模糊延伸长度。模糊的品质“草图”产生最快，但图像上有粒状，若选择“好”或“最好”单选按钮，则产生比较平滑的结果。

(a) 原始图

(b) 在图像上使用"径向模糊"滤镜后效果

图 8-2-30 "径向模糊"滤镜效果

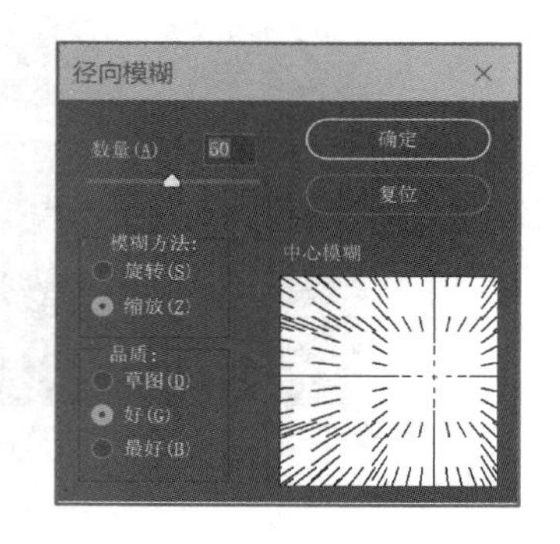

图 8-2-31 "径向模糊"滤镜对话框

⑦ 镜头模糊：此滤镜模仿在摄影中照相机的景深效果。向图像中添加模糊以产生景深效果，使图像中的主体对象在焦点内，而使另一些区域变得模糊，如图 8-2-32 所示。使用这个滤镜前，首先在图像中创建选区来确定哪些区域变模糊。选择"滤镜"→"模糊"→"镜头模糊"命令，打开"镜头模糊"对话框。

(a) 在原始图像上创建一个选区

(b) 对选区使用"镜头模糊"滤镜

图 8-2-32 "镜头模糊"滤镜效果

⑧ 平均：找出图像或选区的平均颜色，然后用该颜色填充图像或选区以创建平滑的外观。此滤镜没有对话框，直接把效果作用于图像。如果选择了草坪区域，该滤镜会将该区域更改为一块均匀的绿色部分，如图 8-2-33 所示。

⑨ 特殊模糊：精确模糊图像或者做出在图像上产生线条的效果，如图 8-2-34 所示。在该滤镜对话框（图 8-2-35）中可以指定半径、阈值、品质和模式。半径值确定模糊不同像素的区域大小。阈值确定像素具有多大差异后才会受到影响。模式选项提供了这个模糊应用多种方法："正常"模式为整个选区应用模糊；"仅限边缘"和"叠加"模式使用白线描画边缘；"仅限边缘"应用黑色背景，白色为边缘；"叠加边缘"模式把白色边缘叠加到图像上。

(a) 在原始图像上选择草坪

(b) 对选择的区域使用平均滤镜后的效果

图 8-2-33 “平均滤镜”效果

(a) 原始图像

(b) 使用“特殊模糊”滤镜中“叠加边缘”选项

图 8-2-34 “特殊模糊”滤镜效果

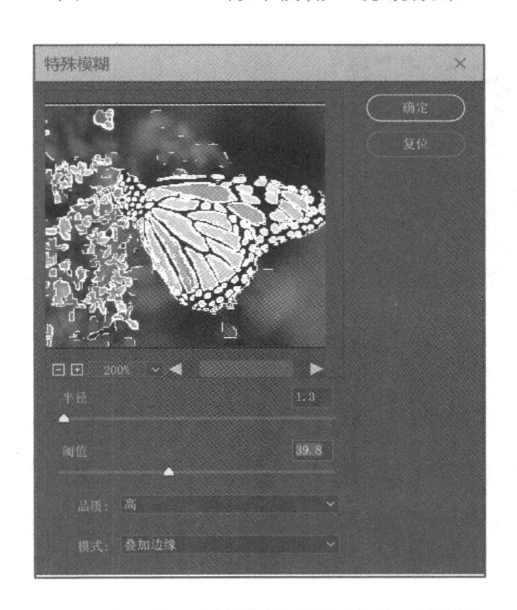

图 8-2-35 “特殊模糊”滤镜对话框

⑩ 形状模糊：使用指定的形状对图像创建模糊，如图 8-2-36 所示。在该滤镜对话框（图 8-2-37）中从自定形状预设列表中选取一种形状，点按三角形并从列表中选取载入不同的形状库，并使用“半径”滑块来调整其模糊的强度和范围。

（2）模糊画廊

使用模糊画廊可以通过调整控件直观而快速地创建截然不同的照片模糊效果。

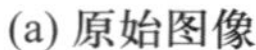
(a) 原始图像

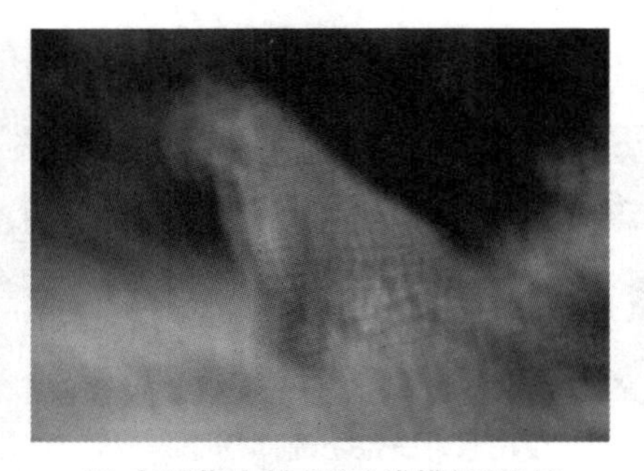
(b) 在图像上使用“形状模糊”滤镜

图 8-2-36 “形状模糊”滤镜效果

每个模糊工具都提供直观的图像控件来应用和控制模糊效果。完成模糊调整后，可以使用散景控件设置整体模糊效果的样式。使用模糊画廊效果可提供完全尺寸的实时预览。选择“滤镜”→“模糊画廊”命令，然后选择所需的模糊滤镜效果（图 8-2-38）。

图 8-2-37 “形状模糊”滤镜对话框

场景模糊...
光圈模糊...
移轴模糊...
路径模糊...
旋转模糊...

图 8-2-38 “模糊画廊”滤镜

① 场景模糊：使用“场景模糊”通过定义具有不同模糊量的多个模糊点来创建渐变的模糊效果。将图钉添加到图像，单击图像可以添加其他模糊图钉并将图钉拖动到新位置。拖动模糊图钉句柄以增加或减少模糊。也可以使用“模糊工具”面板指定模糊值(图 8-2-39)。按 Delete 键可将图钉删除。

可以指定每个图钉的模糊量，图像模糊的最终结果是合并图像上所有模糊图钉的效果（图 8-2-40）。甚至可以在图像外部添加图钉，以对图像边角应用模糊效果。

② 光圈模糊：使用“光圈模糊”对图像模拟景深效果，可以在图像上定义多个焦点，这是使用传统相机技术几乎不可能实现的效果。

选择“滤镜”→“模糊画廊”→“光圈模糊”命令。将在图像上放置默认的光圈模糊图钉。单击图像可以添加其他模糊图钉（图 8-2-41），拖动句柄移动它们以重新定义各个区

图 8-2-39　将图钉添加到图像

(a) 原图

(b) 使用“场景模糊”滤镜后图像效果

图 8-2-40　使用“场景模糊”滤镜图像效果

域，拖动模糊句柄以增加或减少模糊。也可以使用“模糊工具”面板指定模糊值。

③ 移轴模糊：也可称“倾斜偏移”，这种效果是模拟使用倾斜偏移镜头拍摄的图像。此特殊的模糊效果会定义锐化区域，然后在边缘处逐渐变得模糊。“移轴模糊”效果可用于模拟微型对象的照片。

选择“滤镜”→“模糊画廊”→“移轴模糊”命令，将在图像上放置默认的倾斜偏移模糊图钉（图 8-2-42）。单击图像可以添加其他模糊图钉，拖动模糊句柄以增加或减少模糊，也可以使用“模糊工具”面板指定模糊值。若要定义不同的区域，可拖动线条以进行移动，拖动句柄并旋转。

A.锐化区域　B.渐隐区域　C.模糊区域

图 8-2-41 “光圈模糊”滤镜

A.锐化区域　B.渐隐区域　C.模糊区域

图 8-2-42 “移轴模糊”滤镜

④ 路径模糊：使用“路径模糊”滤镜效果，可以沿路径创建运动模糊，还可以控制形状和模糊量。Photoshop 可自动合成应用于图像的多路径模糊效果（图 8-2-43）。

(a) 原图

(b) 使用“路径模糊”滤镜后图像效果

图 8-2-43 应用于图像的多路径模糊效果

选择“滤镜”→“模糊画廊”→“路径模糊”命令。在“模糊工具”面板的“路径模糊”选项中，指定要应用的基本模糊或后帘同步闪光。“后帘同步闪光”模糊效果模拟曝光结束时的闪光效果。

使用叠加控件可以方便地创建路径模糊（图 8-2-44）。在使用此类控件时，需要首先定义模糊的路径（蓝色）。然后可以定义路径的曲线，从而在路径中创建新的曲线点。在定义了路径之后，可以定义模糊形状参考线（红色）。

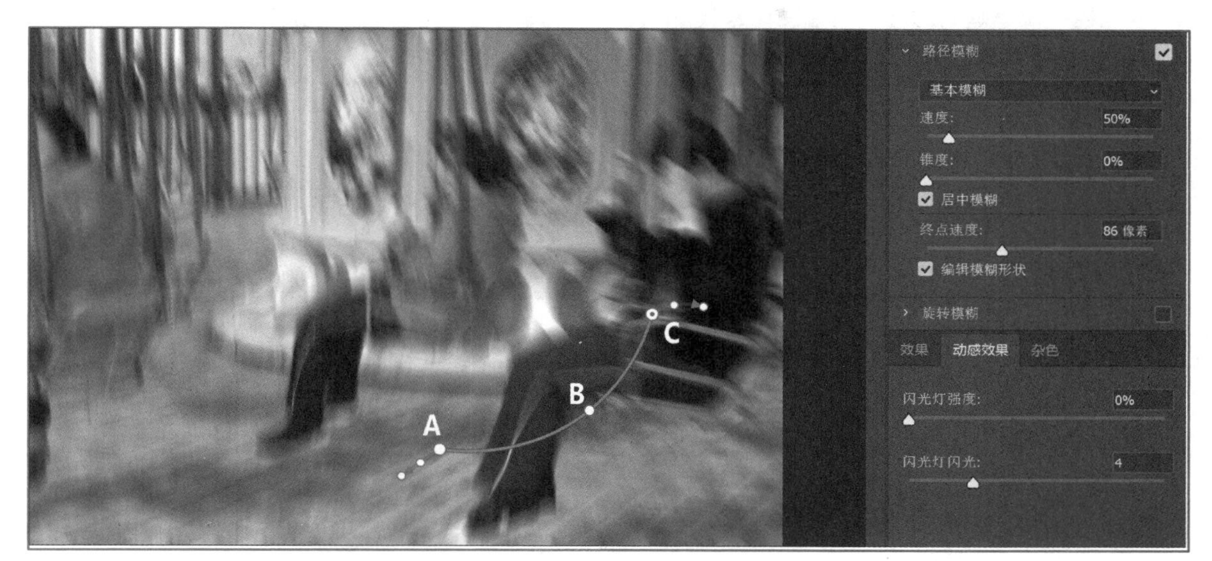

A.路径的起点　B.在定义路径时创建的曲线点　C.路径的端点

图 8-2-44　定义模糊路径

⑤ 旋转模糊：使用“旋转”模糊效果，可以在一个或多点旋转和模糊图像。旋转模糊是径向模糊。

2. 破坏性滤镜

破坏性滤镜主要是把图像中的像素任意替换，不同程度地从根本上重新分布图像元素。主要包括扭曲滤镜组、像素化滤镜组、风格化滤镜组。

（1）扭曲滤镜组

扭曲滤镜将图像进行扭曲效果，如图 8-2-45 所示。扭曲滤镜主要包括波浪、波纹、极坐标、挤压、切变、球面化、水波、旋转扭曲和置换；也可以通过滤镜库来应用扩散亮光、玻璃和海洋波纹滤镜。

（2）像素化滤镜组

像素化滤镜组中的滤镜是分解用户的图像，并把它重新组成各种形状的像素组，使用效果如图 8-2-46 所示。子菜单中的滤镜包括：彩块化、彩色半调、点状化、晶格化、马赛克、碎片和铜版雕刻。

① 彩块化：使用纯色或相近颜色的像素结成相近颜色的像素块。此效果类似手工的彩绘。

② 彩色半调：模拟在图像的每个通道上使用放大的半调网屏的效果。对于每个通道，滤镜将图像划分为矩形，并用圆形替换每个矩形。圆形的大小与矩形的亮度成比例。

③ 点状化：将图像中的颜色分解为随机分布的网点，如同点状化绘画一样，并使用背景色作为网点之间的画布区域。

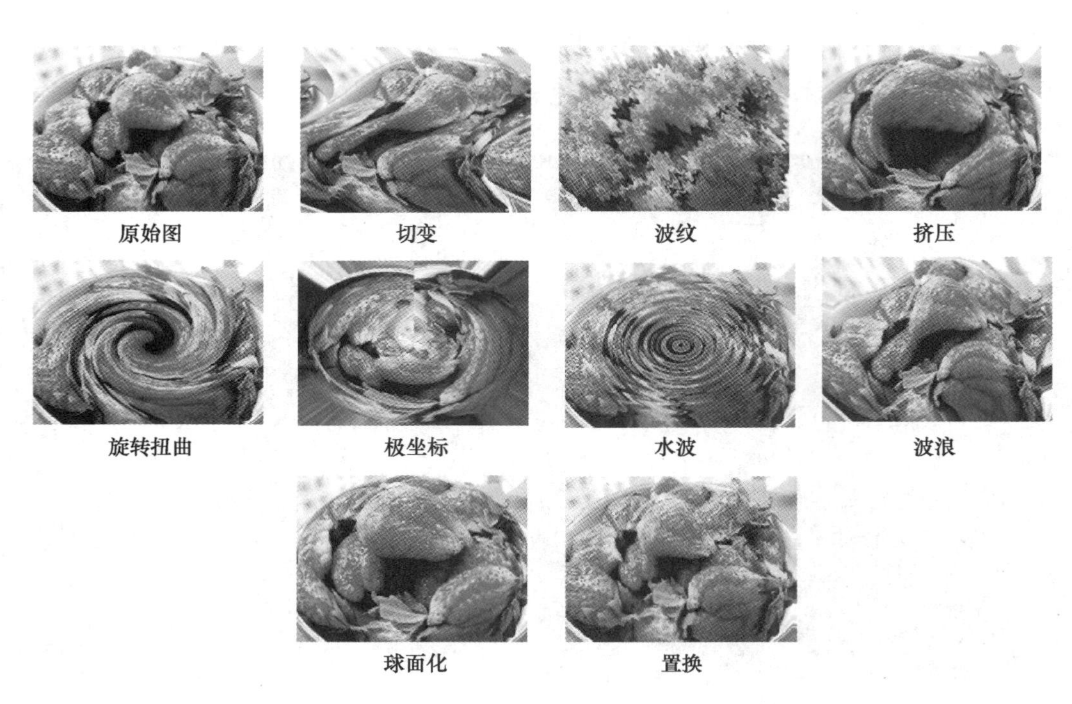

图 8-2-45 “扭曲”滤镜组产生的效果

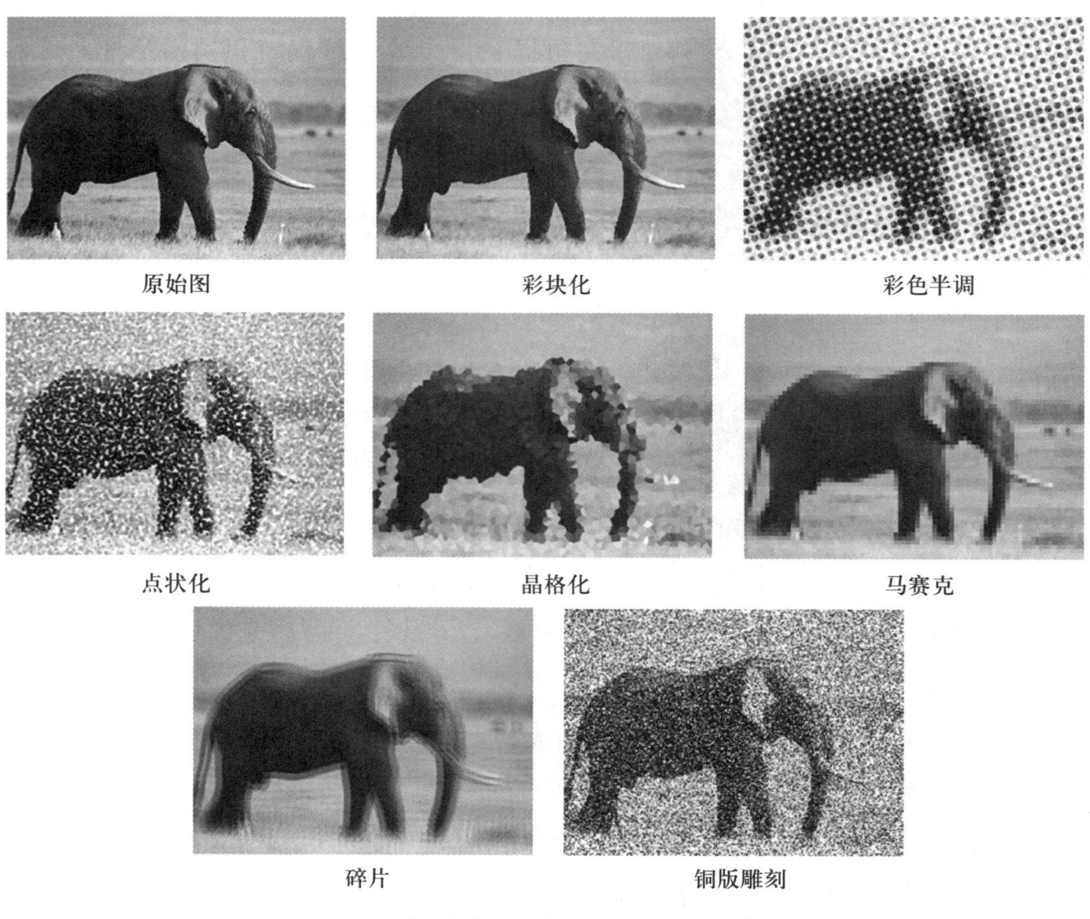

图 8-2-46 “像素化”滤镜组产生的效果

④ 晶格化：使像素结块形成多边形纯色。

⑤ 马赛克：使图像中的像素结为方形块。

⑥ 碎片：在图像中创建4个副本，并使其相互偏移。

⑦ 铜版雕刻：将图像转换为黑白区域的随机图案或彩色图像中完全饱和颜色的随机图案。从“铜版雕刻”对话框中的“类型”菜单中选取网点图案。

（3）风格化滤镜组

风格化滤镜组的滤镜主要是处理图像的边缘，效果如图8-2-47所示。例如，在使用“查找边缘”和“等高线”等突出显示边缘的滤镜后，可应用“反相”命令用彩色线条勾勒彩色图像的边缘或用白色线条勾勒灰度图像的边缘。

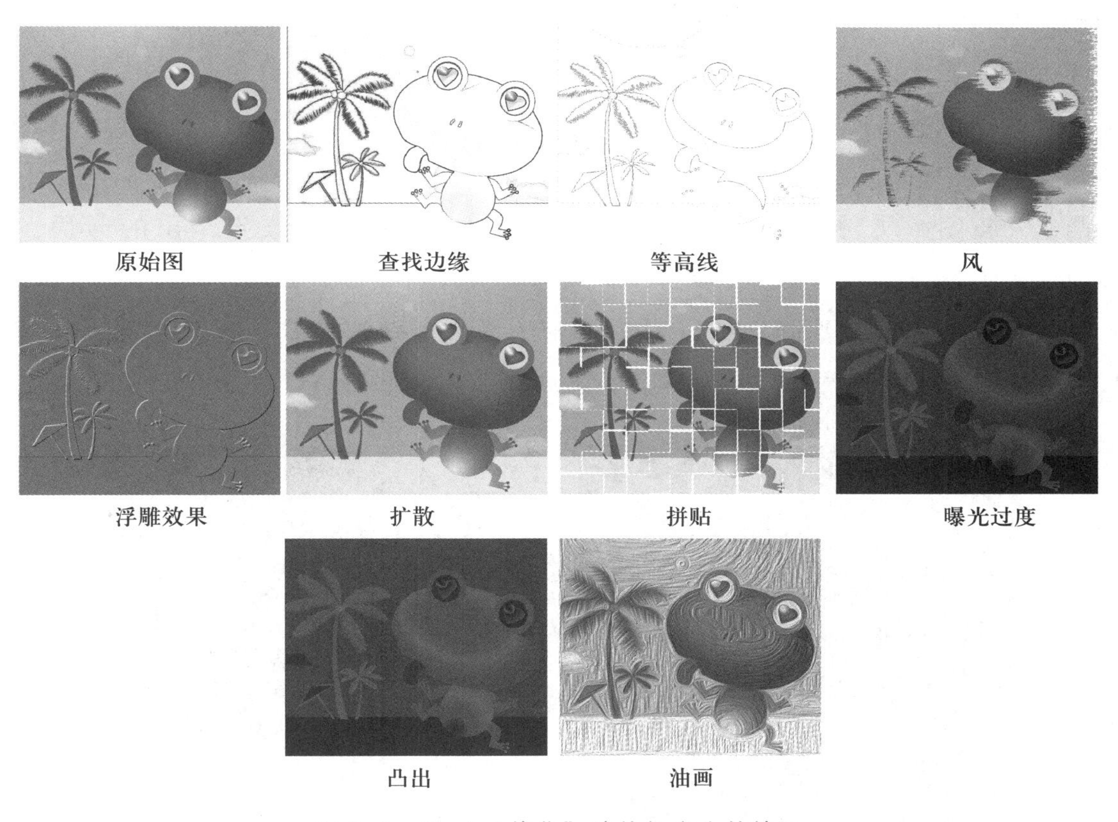

图8-2-47 “风格化”滤镜组产生的效果

① 查找边缘：在图像的各边缘周围描出彩色线条，以突出边缘。像“描画等高线”滤镜一样，“查找边缘”用相对于白色背景的黑色线条勾勒图像的边缘，这对生成图像周围的边界非常有用。

② 等高线：产生彩色等高线效果，图像中非边缘的区域变为白色。通过对话框中的阈值，把超出或低于这个阈值的像素看成一个边缘。

③ 风：在图像中放置细小的水平线条来获得风吹的效果。对话框中提供了三种强度风效果（“风”“大风”和“飓风”）。

④ 浮雕效果：将图像变为类似浮雕的效果。使选区显得凸起或压低。对话框中选项包括浮雕角度（-360°~+360°，-360°使表面凹陷，+360°使表面凸起）、高度和选区中颜色数量的百分比（1%~500%）。要在进行浮雕处理时保留颜色和细节，在应用“浮雕”滤镜之后使用“渐隐”命令，并在图层模式中使用“色相”和“亮度”混合模式。

⑤ 扩散：扩散选定区域的各个边缘，在对话框的模式选项中“正常”选项使像素随机移动；“变暗优先”选项将用较暗的像素替换亮的像素；“变亮优先”用较亮的像素替换暗的像素。“各向异性”选项将在颜色变化最小的方向上搅乱像素。

⑥ 拼贴：将图像分解为平面的形状拼贴。在对话框中可以选取下列对象之一填充拼贴之间的区域：背景色、前景色、图像的反转版本或图像的未改变版本，它们使拼贴出的图像位于原图像之上并露出原图像中位于拼贴边缘下面的部分。

⑦ 曝光过度：混合负片和正片图像，图像中所有的黑色和白色均变成黑色，灰色仍保持灰色，其他颜色则变成它们负片等效颜色。类似于显影过程中将摄影照片短暂曝光。

⑧ 凸出：把图像映射到三维形状上，并且在对话框中可以设定凸出的形状、大小和深度。

⑨ 油画：通过调整“油画滤镜”对话框中的描边样式的数量、画笔比例、描边清洁度和其他参数滑块，可以将照片转换为具有经典油画视觉效果的图像（图 8-2-48）。

(a) 原始图

(b) 油画视觉效果的图像

图 8-2-48 “油画滤镜”使用效果

选择“滤镜”→“风格化”→“油画”命令，使用该滤镜，可以在“油画”滤镜对话框（图 8-2-49）中调整滤镜的设置。

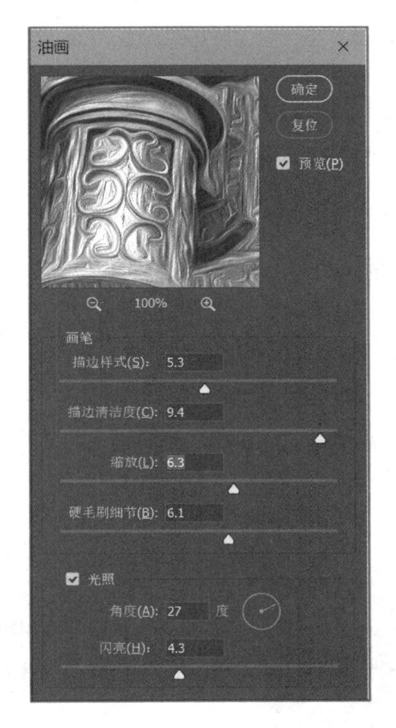

图 8-2-49 “油画”滤镜对话框

8.3 制作科幻场景

【任务分析】

本案例利用 Photoshop 的混合模式、滤镜和变形工具，用简单的方法创造出“黑暗”的星系、“嗜血”的星云以及闪亮的光束等元素表现宇宙科幻主题的动漫背景。

【任务准备】

“渲染”滤镜在图像中创建云彩图案、折射图案和模拟光反射效果，也可以从灰度文件中创建纹理填充以产生类似 3D 的光照效果。

1. 分层云彩

此滤镜的工作方式和“云彩”滤镜相同，但是用此滤镜得到的云彩将会是前景色与背景色的反相颜色，例如使用蓝色和白色作为前景色与背景色，使用该滤镜后获得的云彩将是黄色和黑色。

2. 云彩

使用介于前景色与背景色之间的随机值，生成柔和的雾状混合图案。如果按住 Alt 键，然后使用该滤镜，这时可以生成色彩较为分明的云彩图案。当应用“云彩”滤镜时，现用图层上的图像数据会被全部替换。

3. 纤维

使用前景色和背景色创建一个类似编织纤维的表面。在“纤维”滤镜对话框（图 8-3-1）中可以控制差异和强度。“差异”滑块控制颜色的变化方式，越低的值产生越长的纤维，越高的值产生色彩分布变化大而且短的纤维。“强度”滑块控制纤维的密度。低设置会产生松散的织物，而高设置会产生短的绳状纤维。单击“随机化”按钮可更改图案的外观。

4. 镜头光晕

模拟亮光照射到相机镜头所产生的折射。此滤镜的对话框（图 8-3-2）提供了四种镜头形状，并且可以拖动“亮度”滑块调整亮度值。通过单击图像缩览图的任意位置或拖移其十字线，指定光晕中心的位置。

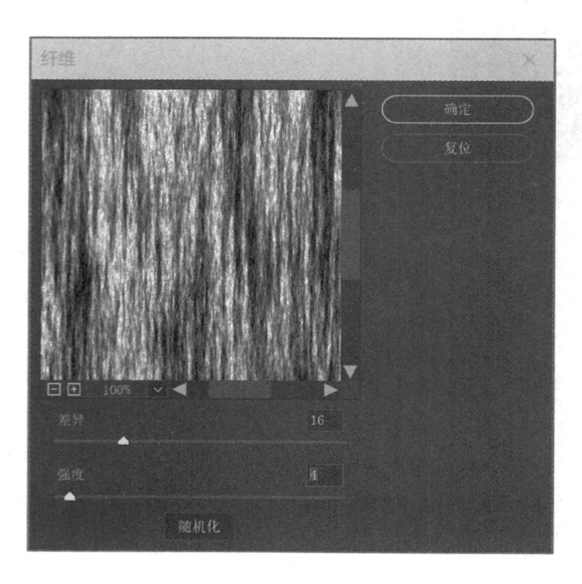

图 8-3-1 “纤维”滤镜对话框

图 8-3-2 “镜头光晕”滤镜对话框

5. 光照效果

“光照效果”滤镜可以在 RGB 图像上产生无数种光照效果。模仿聚光灯或泛光灯照射在 RGB 图像上的光照效果，还可以使用灰度文件的纹理（称为凹凸图）产生类似 3D 的效果，并可存储自己的样式以便在其他图像中使用。在“光照效果”对话框（图 8-3-3）中，可以通过改变 17 种光照样式、3 种光照类型和 4 套光照属性，在图像上产生无数种光照效果。

（1）应用光照效果滤镜

① 选取“滤镜”→“渲染”→“光照效果”命令。

② 从工具栏左上角的“预设”菜单中选取一种样式，如图 8-3-4 所示。

③ 在“属性”面板顶部的“光照类型”菜单中选择一种光源（点光、聚光灯或无限光）。在预览窗口中，调整各个光源位置、颜色、强度等设置。

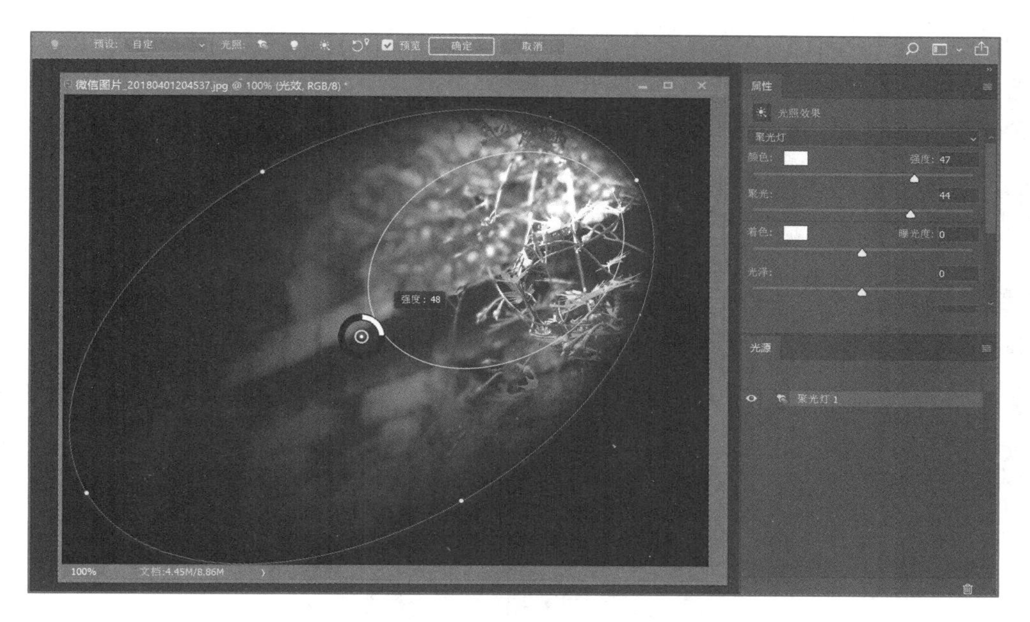

图 8-3-3　“光照效果”滤镜对话框

在“属性”面板的下半部，使用以下选项来调整整个光源组（图 8-3-5）。

图 8-3-4　“预设”菜单中选取一种样式

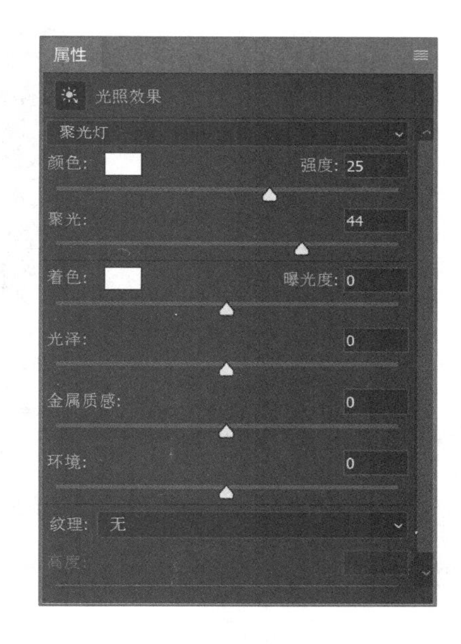

图 8-3-5　“属性”面板上“光照效果”滤镜选项

- 着色：单击以填充整体光照。
- 曝光度：控制高光和阴影细节。
- 光泽：确定表面反射光照的程度。
- 金属质感：确定哪个反射率更高。
- 环境：漫射光，使该光照如同与室内的其他光照（如日光或荧光）相结合一样。选取数值 100 表示只使用此光源，或者选取数值-100 表示移去此光源。

• 纹理：在光效工作区中，纹理通道允许使用灰度图像（称为凹凸图）控制光效。从“纹理”菜单中选取一个通道（选取已添加的 Alpha 通道或图像的红色、绿色或蓝色通道。）。拖动“高度”滑块将纹理从“平滑”（0）调整为“凸起”（100）。

（2）光照效果类型

① 在预览窗口中调整点光。

在“属性”面板中，从顶部菜单中选取“点光”。在预览窗口中调整“点光”光源（图 8-3-6），若要移动光源，可将光源拖动到画布上的任何地方。若要更改光的分布（通过移动光源使其用更近或更远来反射光），拖动中心部位强度环的白色部分。

图 8-3-6 在预览窗口中调整“点光”光源

小提示： 强度值为 100 时最亮，正常亮度大约为 50；强度为负值会减弱光亮，-100 则没有光。

② 在预览窗口中调整无限光。

在“属性”面板中，从顶部菜单中选取“无限光”。在预览窗口中调整“无限光”光源（图 8-3-7），若要更改方向，拖动线段末端的手柄。若要更改亮度，拖动光照控件中心部位强度环的白色部分。

③ 在预览窗口中调整聚光灯。

在“属性”面板中，从顶部菜单中选取“聚光灯”。在预览窗口中调整“聚光灯”光源（图 8-3-8）。

• 若要移动光源，在外部椭圆内拖动光源。

• 若要旋转光源，在外部椭圆外拖动光源。

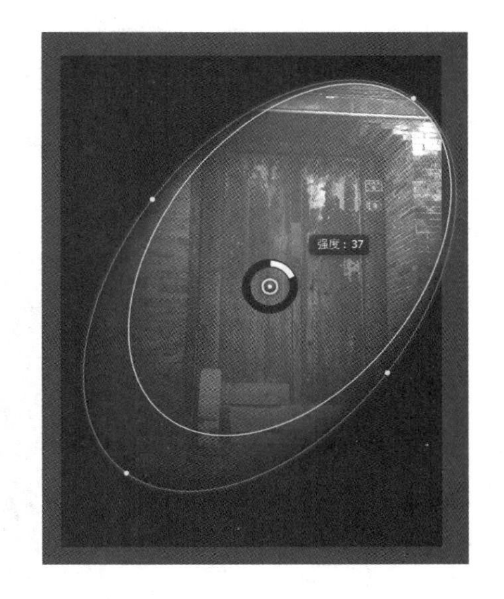

图 8-3-7 在预览窗口中调整“无限光”光源　　图 8-3-8 在预览窗口中调整“聚光灯”光源

- 若要更改聚光角度，拖动内部椭圆的边缘。
- 若要扩展或收缩椭圆，拖动四个外部手柄中的一个。
- 若要更改椭圆中光源填充的强度，拖动中心部位强度环的白色部分。

（3）光照效果预设

在“光照效果”工作区的选项栏“预设”菜单中提供了 17 种光照样式（图 8-3-4），也可以通过将光照添加到“默认”设置来创建自己的预设。“光照效果”滤镜至少需要一个光源。一次只能编辑一种光，但是所有添加的光都将用于产生效果。

（4）添加或删除光照

在“光照效果”工作区选项栏上，单击“光照”图标可用来添加点光、聚光灯和无限光类型。按需要可重复添加光源，最多可获得 16 种光照。单击选项栏上的“重置当前光照”图标，可将当前调整的光源参数恢复到默认状态。将光照拖到“属性”面板下方“删除所选测量”图标可以删除光照。

【任务实施】

（1）选择“文件”→“打开”命令，在“打开”对话框中选择单元 8 素材“地球.jpg”文件。

（2）设置前景色为深蓝色（R:9，G:8，B:26）。选择“图像”→“画布大小”命令，在“画布大小”对话框中输入“宽度”为 45 厘米，“高度”为 50 厘米，定位在左下角（图 8-3-9），将原始图像扩大。

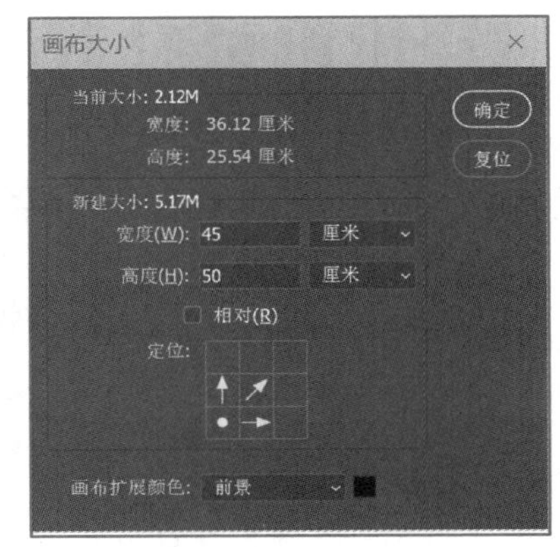

图 8-3-9 扩大原始图像

（3）打开单元 8 素材“边缘光 . jpg”文件。用“移动工具”将图像中的边缘光拖曳到“地球 . jpg”文件中。在“图层”面板中命名为“图层 1”图层。选择“编辑”→“自由变换”命令，旋转边缘光。并按鼠标右键在弹出的菜单中选择“变形”命令，如图 8-3-10 所示调整边缘光。

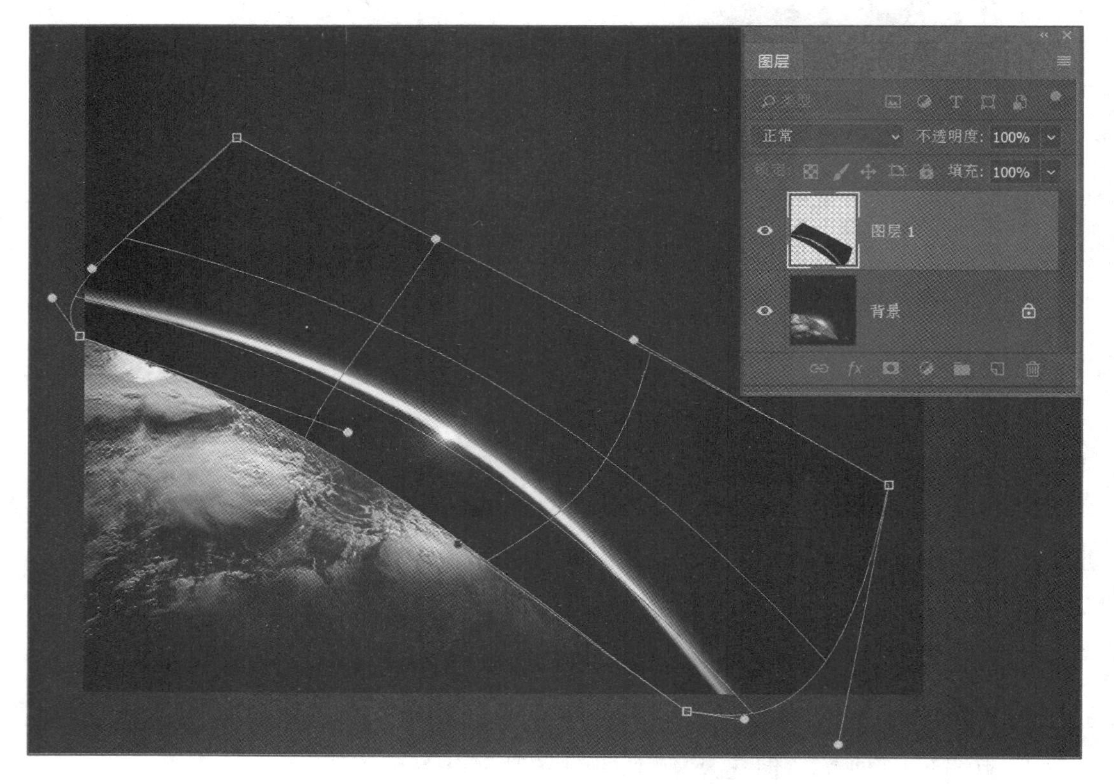

图 8-3-10　调整边缘光

（4）在“图层”面板中将“图层 1”图层的图层模式改为“颜色减淡”，单击面板下方的“添加图层蒙版”图标，在“图层 1”图层的右侧添加图层蒙版并选中蒙版的缩览图。在工具箱中选择“画笔工具”，在“画笔预设”选取器中选择常规画笔集中“柔边圆”，设置“画笔大小”为 187 像素。在图像的光源两侧拖曳，将光源边缘自然和地球融合，如图 8-3-11 所示。

（5）打开单元 8 素材“爆炸 . jpg”文件。用“移动工具”将图像中的爆炸拖曳到“地球 . jpg”文件中。在“图层”面板中命名为“图层 2”图层，并将“图层 2”图层的图层模式改为“强光”。

（6）选择“编辑”→“自由变换”命令，并按鼠标右键，在弹出的菜单中选择“变形”命令，如图 8-3-12 所示调整爆炸光形状位置。

（7）单击“图层”面板下方的“添加图层蒙版”图标，在“图层 2”图层的右侧添加图层蒙版并选中蒙版的缩览图。在工具箱中选择“画笔工具”，在“画笔预设”选取器中选择常规画笔集中“柔边圆”，设置“画笔大小”为 338 像素。在图像中拖曳将爆炸光周围的图像遮盖，如图 8-3-13 所示。

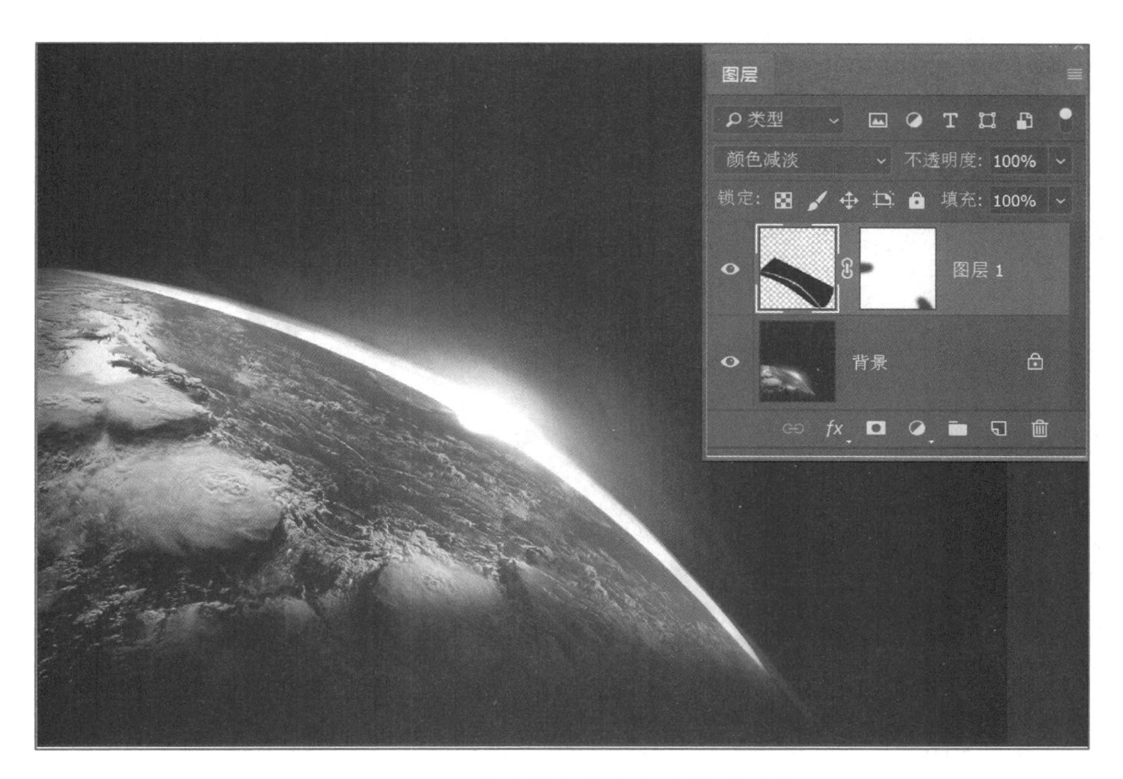

图 8-3-11 将光源边缘自然和地球融合

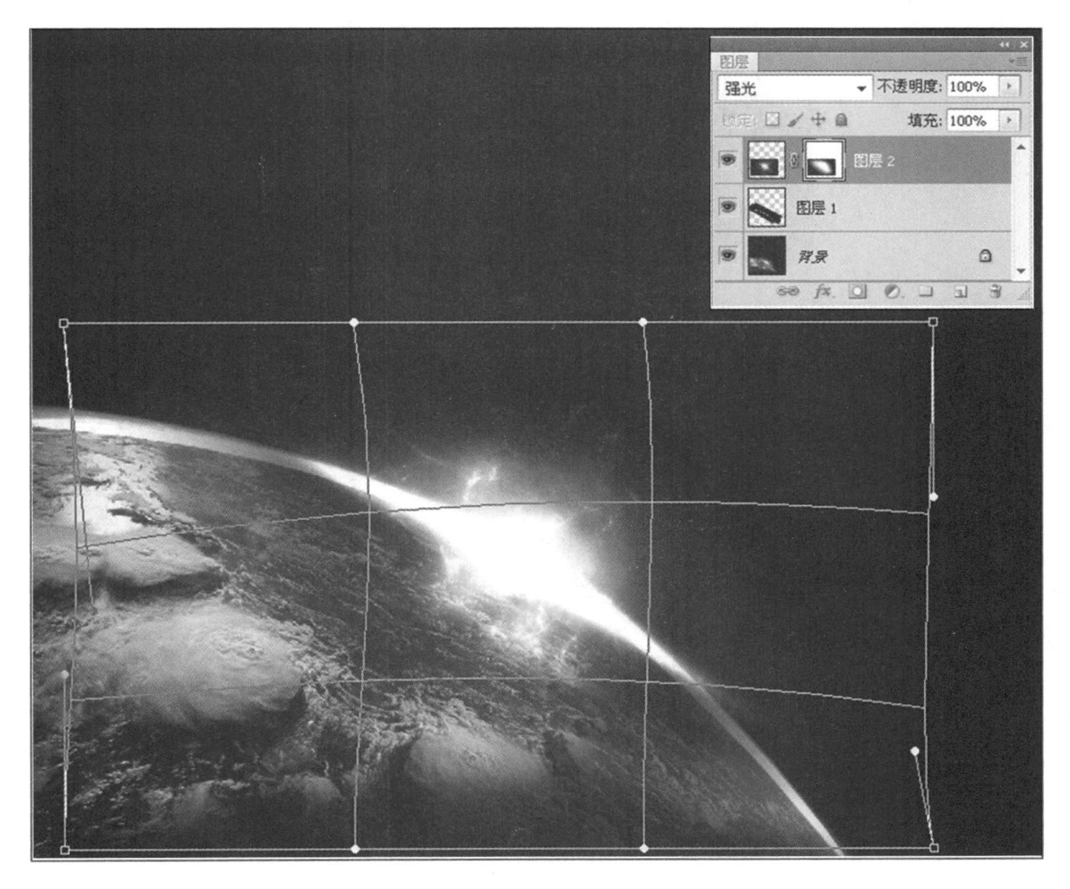

图 8-3-12 调整爆炸光形状位置

图 8-3-13　将爆炸光周围的图像遮盖

（8）选择“图层”→“新建”→“图层”命令，在“新建图层”对话框中命名“云”（图 8-3-14），确定后在“图层 2”图层上新建“云”图层。

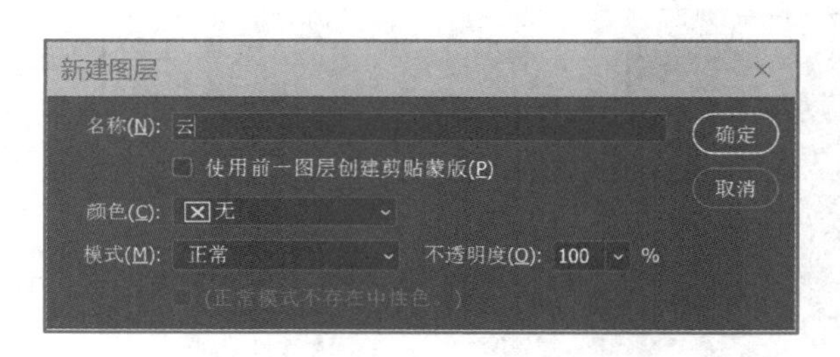

图 8-3-14　“新建图层”对话框

（9）单击工具箱中的“默认前景色和背景色”图标，再选择“滤镜”→“渲染”→“云彩”命令，给“云”图层赋予“云彩”滤镜，如图 8-3-15 所示。

（10）选择“编辑”→“自由变换”命令并按鼠标右键，在弹出的菜单中选择“扭曲”命令，如图 8-3-16 所示调整“云”图层图像。

（11）在“图层”面板中选择“云”图层，再单击“图层”面板下方的“添加图层样式”图标，在弹出菜单中选择“渐变叠加”样式，设置渐变混合模式为“叠加”并编辑渐变，在打开的“渐变编辑器”中编辑下方渐变的颜色，从左至右为橘色（R:251，G:164，B:111）、粉紫（R:203，G:140，B:212）、蓝色（R:52，G:103，B:119），如图 8-3-17 所示。

（12）在“图层”面板上更改“云”图层的图层模式为“颜色减淡”，设置“不透明度”为 50%，如图 8-3-18 所示。

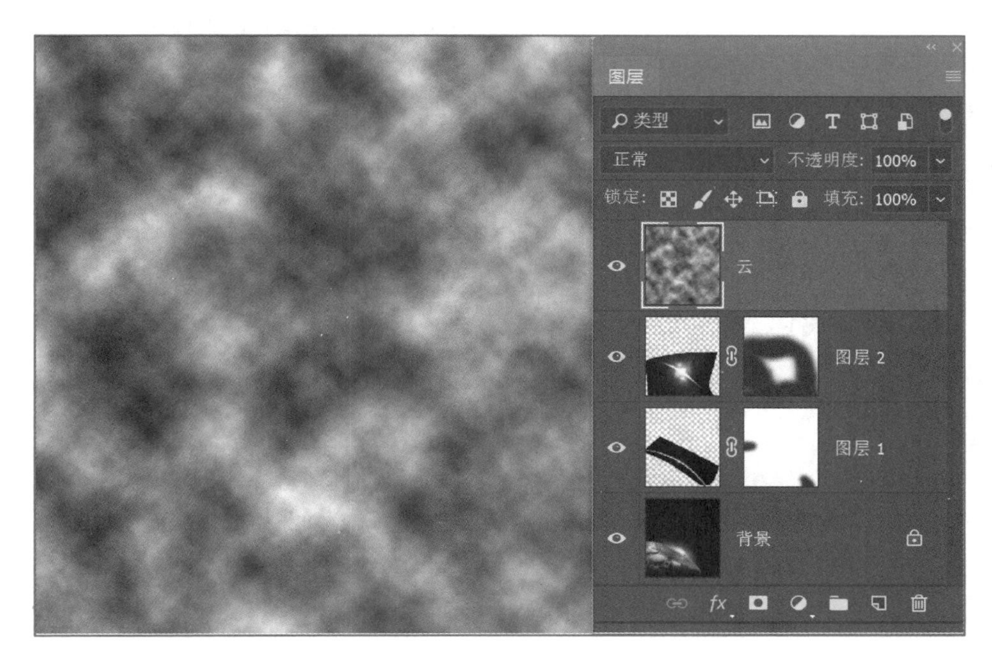

图 8-3-15 赋予“云彩”滤镜

图 8-3-16 调整“云”图层图像

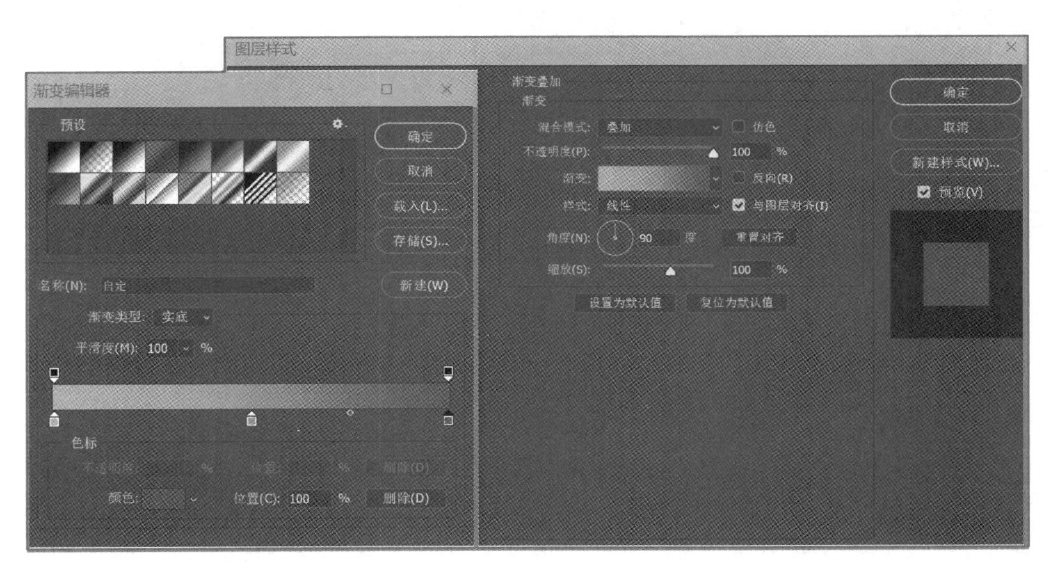

图 8-3-17 “云”图层添加“渐变叠加”样式

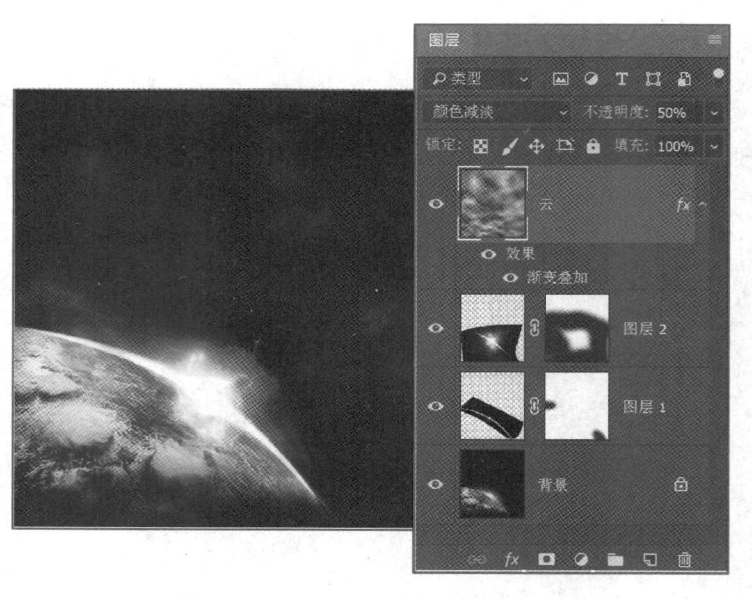

图 8-3-18　更改“云”图层的图层模式

（13）在“图层”面板上单击“创建新图层”图标，新建“图层 3”图层。在工具箱中选择“默认前景色与背景色”图标。选择“滤镜”→“渲染”→“云彩”命令，再将“图层 3”图层的图层模式改为“颜色减淡”。

（14）选择工具箱中的“橡皮擦工具”，在工具选项栏中选择模式为“画笔”，在“画笔预设”拾取器中选择“常规画笔”集中的“柔边圆”，设置“画笔大小”约为 400 像素。在图像中拖曳鼠标擦除“图层 3”图层的图像下半部分（图 8-3-19）。

图 8-3-19　擦除“图层 3”图层图像的下半部分

（15）选择“图层 3”图层并按鼠标右键，在弹出菜单中选择“复制图层”命令。新建“图层 3 拷贝”图层，如图 8-3-20 所示。

（16）再次选择“图层 3 拷贝”图层并按鼠标右键，在弹出菜单中选择“复制图层”命令，新建“图层 3 拷贝 2”图层。

（17）在“图层”面板中选择“图层 3 拷贝 2”图层。选择“图像”→“调整”→“反相”命令，更改“图层 3 拷贝 2”图层的图层混合模式为柔光。

（18）在“图层”面板上选择“图层 3 拷贝 2”图层，单击面板下方的“创建新图层”按钮，新建“图层 4”图层。

（19）选择“滤镜”→“渲染”→“云彩”命令，再选择“滤镜”→“渲染”→“分层云彩”命令，效果如图 8-3-21 所示。

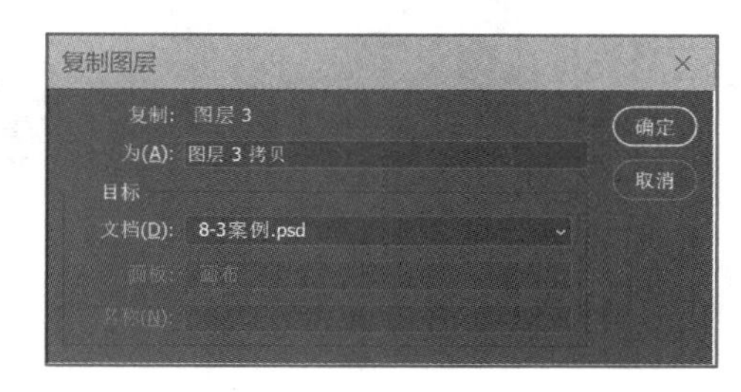

图 8-3-20 “复制图层”对话框

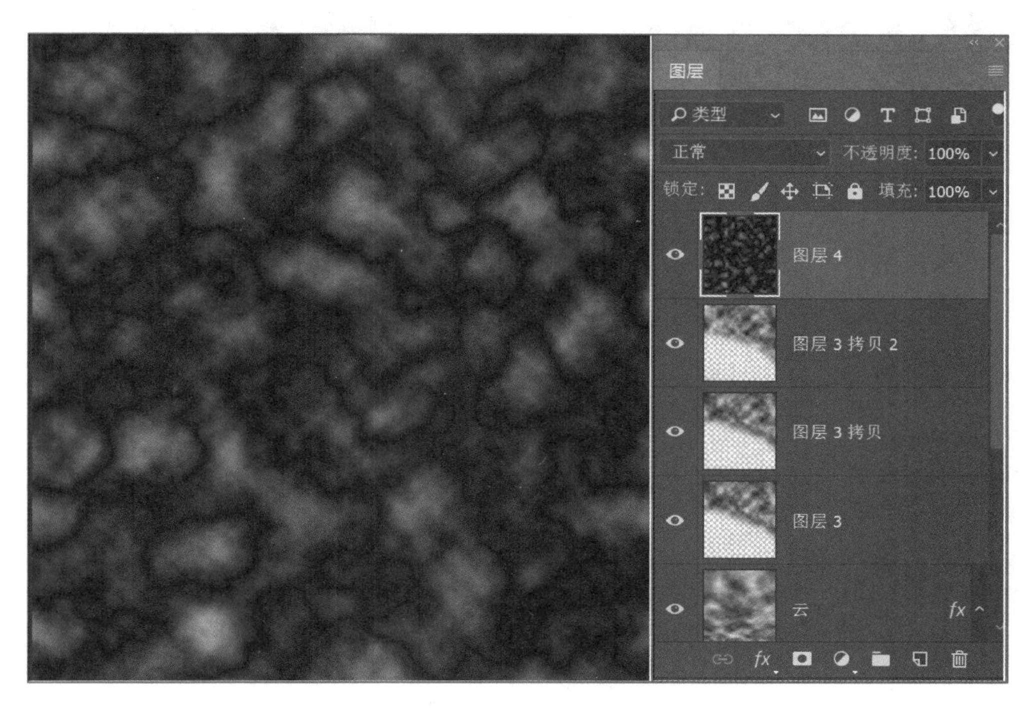

图 8-3-21 执行“分层云彩”滤镜

（20）选择“图像”→“调整”→“反相”命令，再将“图层 4”图层的图层混合模式改为“颜色减淡”，如图 8-3-22 所示。

（21）选择“图像”→“调整”→“色阶”命令，在“色阶”对话框中设置输入色阶值为（144、0.21、255），如图 8-3-23 所示。

（22）选择“滤镜”→“模糊”→“高斯模糊”命令，在“高斯模糊”对话框中设置“半径”为 5.5（图 8-3-24）。

图 8-3-22　改变图层混合模式为“颜色减淡”

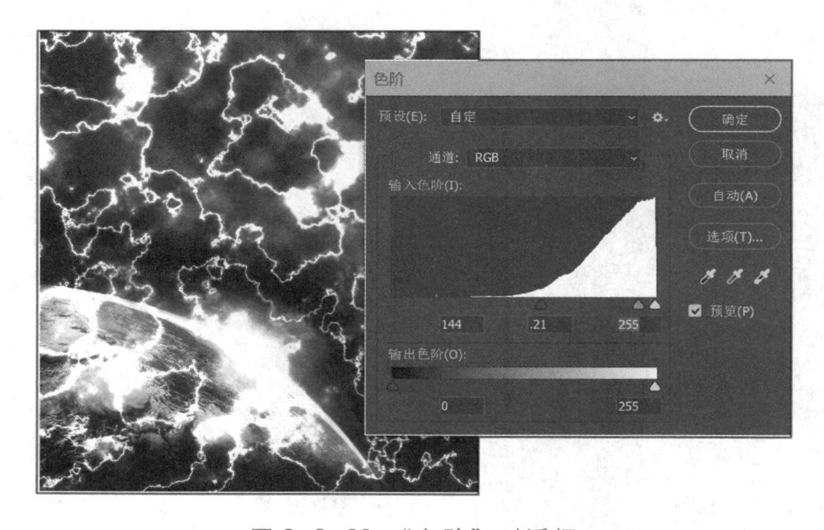

图 8-3-23　“色阶”对话框

（23）选择工具箱中的“椭圆选框工具”，在工具选项栏中设置“羽化”为 30 像素，在图像上拖曳鼠标创建一个椭圆选区，如图 8-3-25 所示。

（24）选择“滤镜”→“扭曲”→“旋转扭曲”命令，在“旋转扭曲”对话框中设置“角度”为 800 度（图 8-3-26），单击“确定”按钮，按 Ctrl+D 键取消选区的选择。

（25）选择“编辑”→“变换”→“扭曲”命令，如图 8-3-27 所示拖曳调整框四周的手柄，调整出一个指着地球具有透视感光斑，按 Enter 键确认。

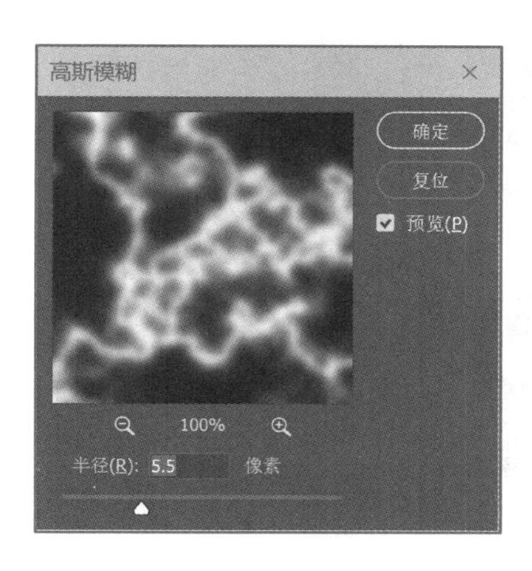

图 8-3-24 “高斯模糊”对话框

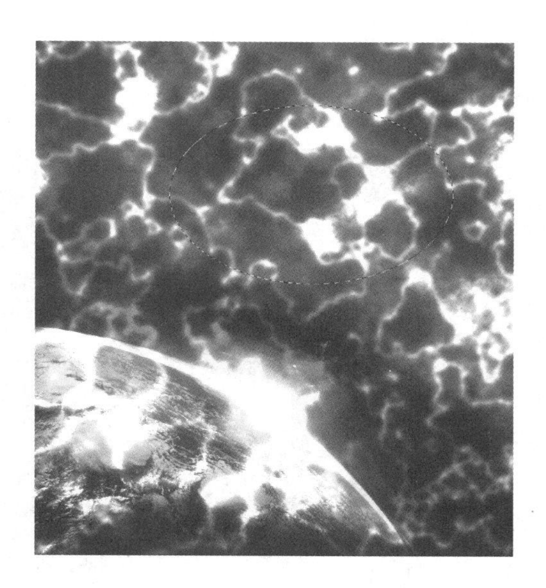

图 8-3-25 创建一个椭圆选区

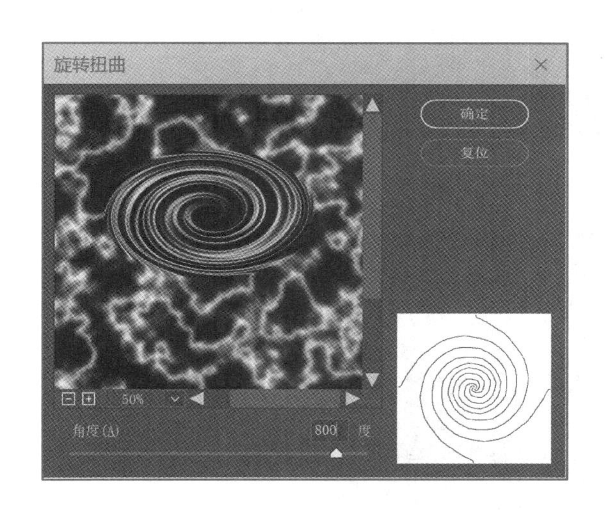

图 8-3-26 “旋转扭曲”对话框

图 8-3-27 为旋转创造一个透视指着地球光斑处

（26）单击“图层”面板下方的“添加图层蒙版”图标，在“图层 4”图层的右侧添加图层蒙版并选中蒙版的缩览图。在工具箱中选择“画笔工具”，在选项栏的“画笔预设”拾取器中选择常规画笔集中“柔边圆”，设置“画笔大小”为 300 像素左右。在图像中拖曳，将光斑周围的图像遮盖和背景融合，如图 8-3-28 所示。

（27）在“图层”面板下方单击“创建新图层”图标，在“图层 4”图层上新建“图层 5”图层。

（28）选择“编辑”→“填充”命令，打开“填充”对话框，设置填充内容“黑色”（图 8-3-29）。

（29）选择“滤镜”→“渲染”→“镜头光晕”命令。在“镜头光晕”对话框中设置

“亮度”为 110%，“镜头类型”选择“105 毫米聚焦”（图 8-3-30）。更改“图层 5”图层混合模式为“颜色减淡”。

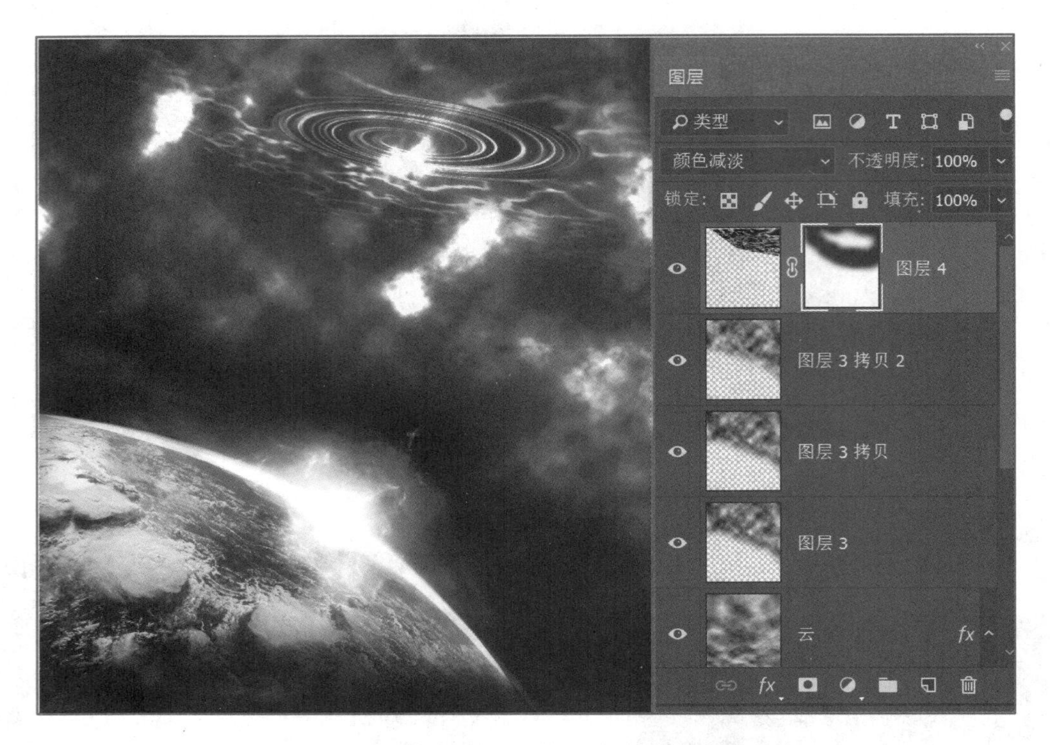

图 8-3-28 将光斑周围的图像遮盖和背景融合

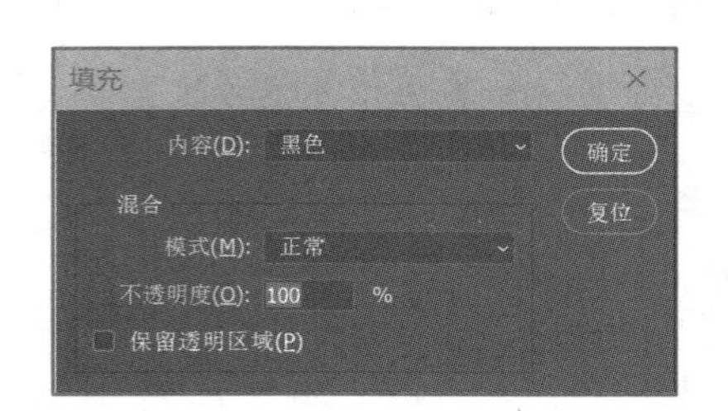

图 8-3-29 “填充”对话框

图 8-3-30 “镜头光晕”对话框

（30）在“图层”面板下单击“创建新图层”图标，在“图层 5”图层上新建“图层 6”图层。选择“编辑”→“填充”命令，打开“填充”对话框，设置填充内容“黑色”（图 8-3-29），并将图层混合模式为“柔光”。

（31）设置工具箱前景色为蓝色（R:90，G:112，B:142）。再选择“画笔工具”，使用一个比较大的尺寸的“柔边圆”画笔。在图像的中心和接近光源区域上绘制，如图 8-3-31 所示。

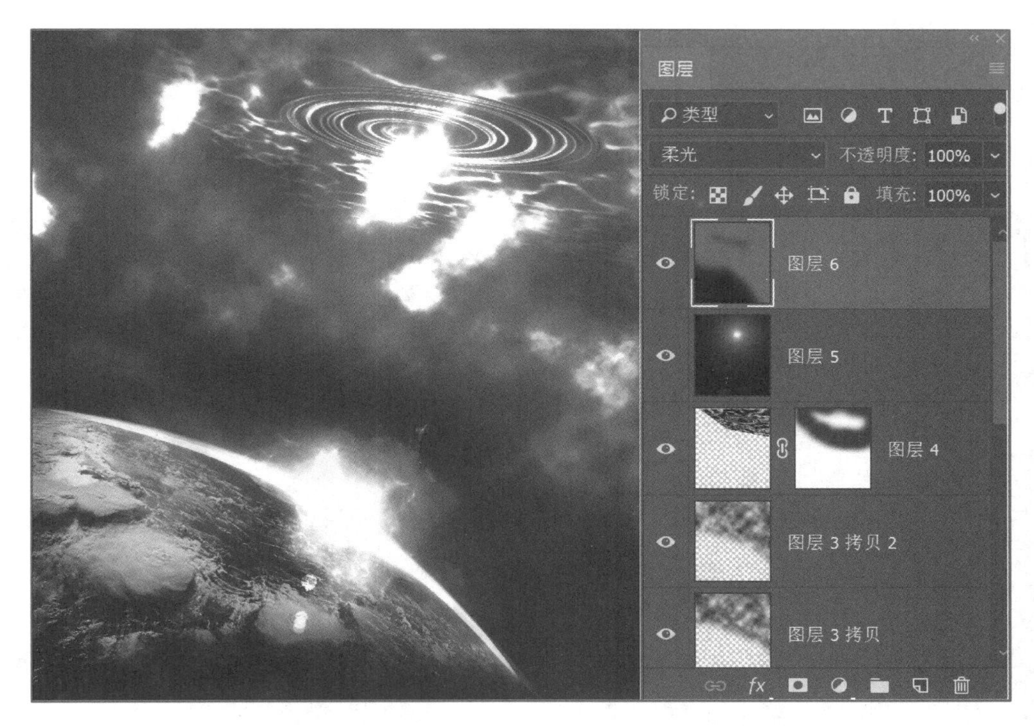

图 8-3-31 在图像的中心和接近光源区域上绘制

（32）在“图层”面板上选择“图层 3 拷贝 2”图层。再选择“图层”→“新建”→“图层”命令，在“新建图层”对话框中命名为“光束”（图 8-3-32）。

（33）选择工具箱中的“钢笔工具”，在图像天空漩涡中间至地球爆炸光中心的距离拉出一个路径，如图 8-3-33 所示。

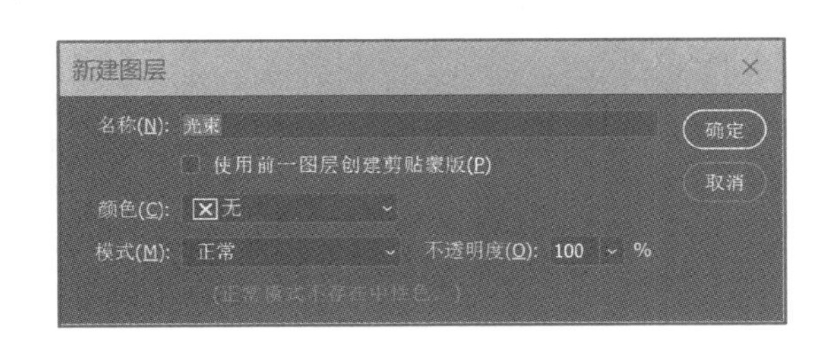

图 8-3-32 设置“新建图层”对话框

图 8-3-33 绘制一条路径

（34）设置前景色为白色（R:255，G:255，B:255）。选择工具箱中的“画笔工具”，在工具选项栏上单击“切换画笔设置面板”图标，在“画笔设置”面板上设置画笔笔尖形态“柔角 30”，“大小”为 80 像素，如图 8-3-34 所示，再选择“画笔设置”面板左侧的“形状动态”，设置大小的动态控制为“渐隐”，其值为 100，如图 8-3-35 所示。

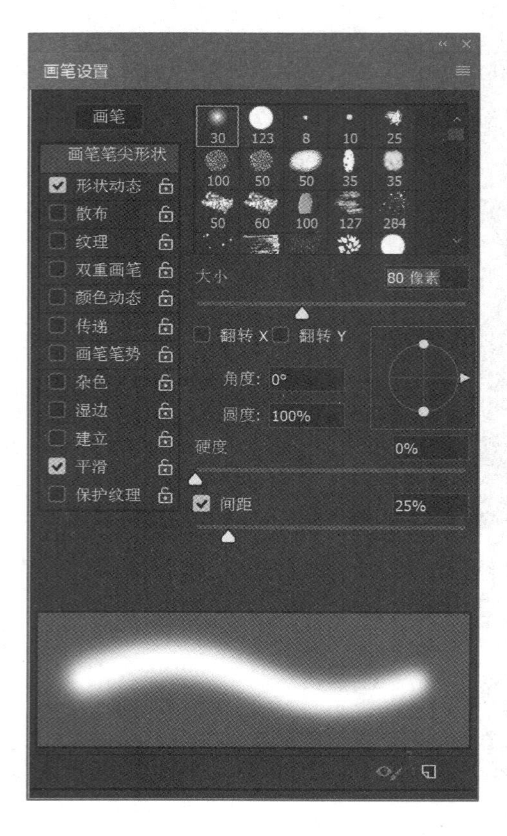

图 8-3-34 设置画笔笔尖形态

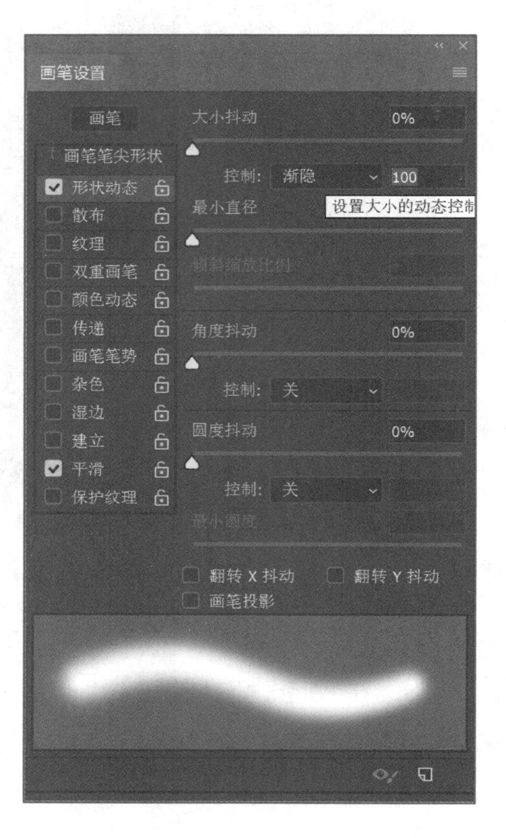

图 8-3-35 设置画笔“形状动态”

（35）选择“窗口”→“路径”命令，打开“路径”面板，选择刚才绘制的路径，单击“路径”面板下方的“用画笔描边路径”图标◎（确定在“图层”面板上选择了“光束”图层）。这时在图像上出现一条从天空漩涡中发射到地球爆炸点的直线，如图 8-3-36 所示。如果线条效果不强烈可以再重复一次。

（36）下面我们将创建两种恒星：非常小的和一些大的星星。选择“图层”→“新建”→“图层”命令，在“新建图层”对话框中命名为“小星星”（图 8-3-37）。

（37）选择“编辑”→“填充”命令，打开“填充”对话框，设置填充内容为“黑色”。选择“滤镜”→“像素化”→“铜版雕刻”命令。在“铜版雕刻”对话框中设置类型为精细点（图 8-3-38）。

（38）选择“滤镜”→“模糊”→“高斯模糊”命令。在“高斯模糊”对话框中设置“半径”为 1 个像素（图 8-3-39）。

（39）选择“图像”→“调整”→“色阶”命令。在“色阶”对话框中输入色阶值为 125、1.00、211，如图 8-3-40 所示。

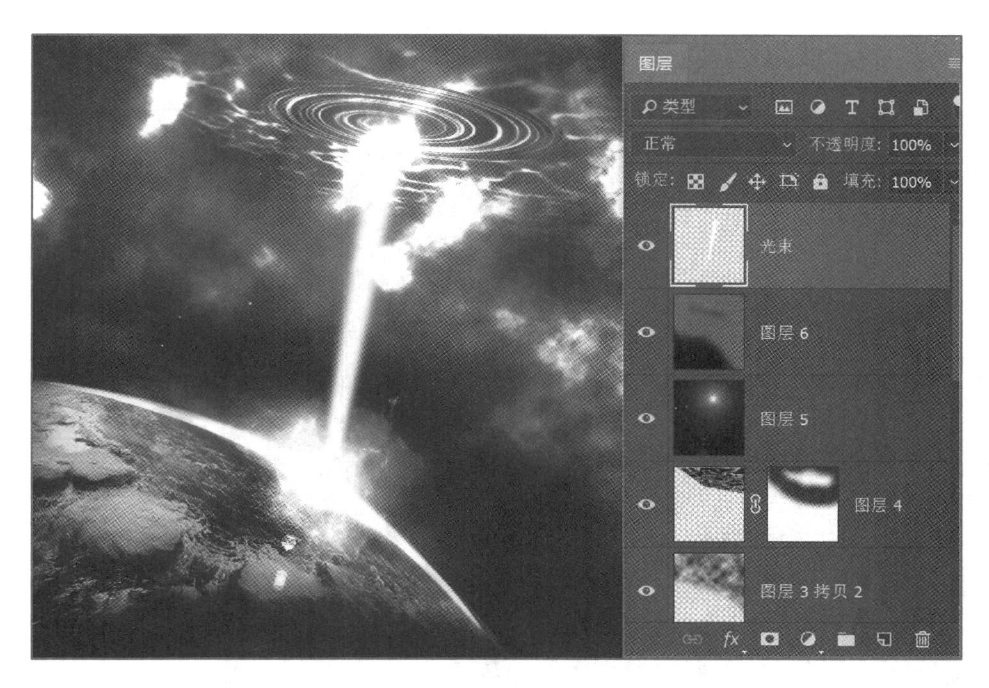

图 8-3-36 绘制光束

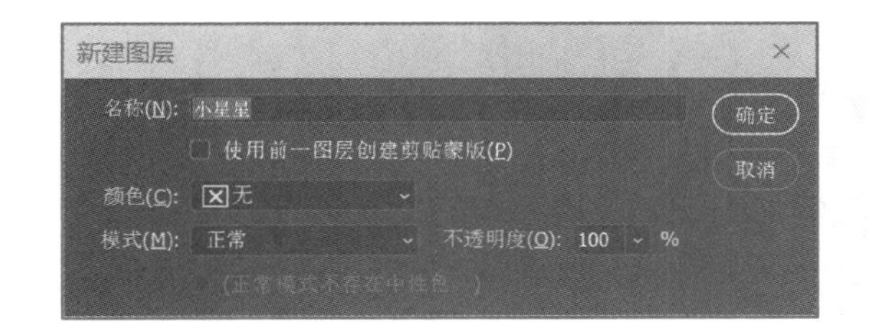

图 8-3-37 新建“小星星”图层

图 8-3-38 “铜版雕刻”滤镜对话框

图 8-3-39 “高斯模糊”滤镜对话框

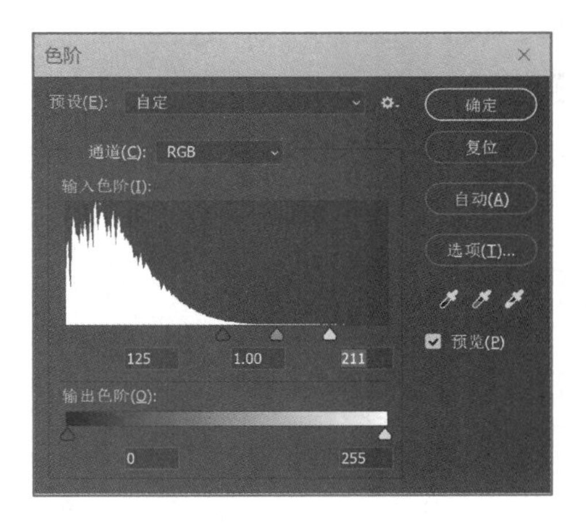

图 8-3-40 “色阶”对话框

（40）在“图层”面板中将“小星星”图层的图层模式改为“变亮”（图 8-3-41）。

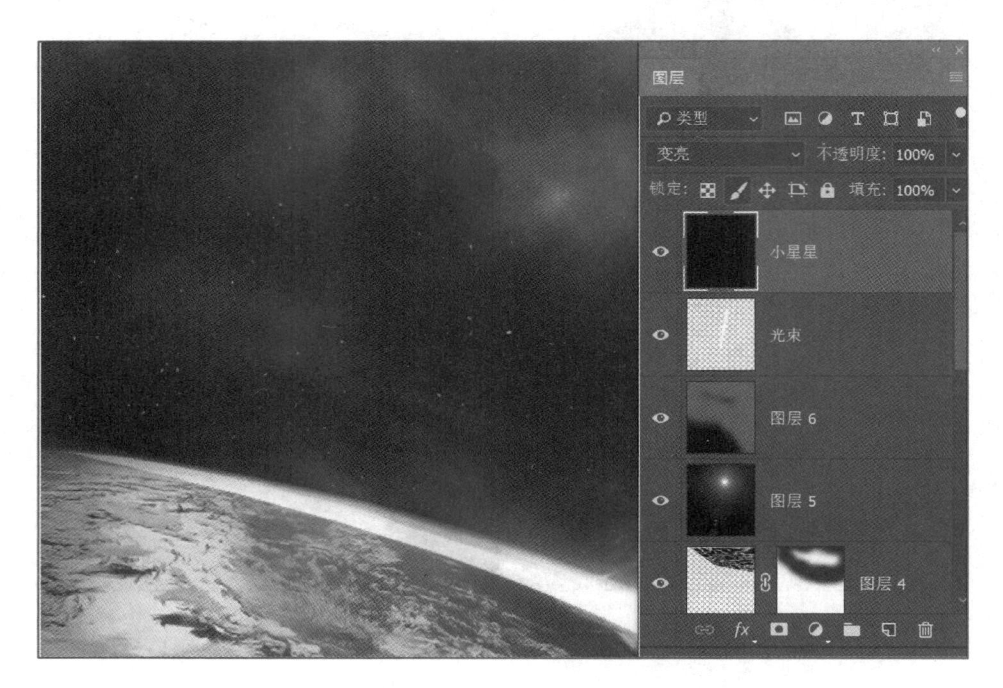

图 8-3-41　将“小星星”图层的图层模式改为“变亮”

（41）选择“图层”→“新建”→“图层”命令，在“新建图层”对话框中命名为“大星星”，模式为“颜色减淡”，如图 8-3-42 所示。

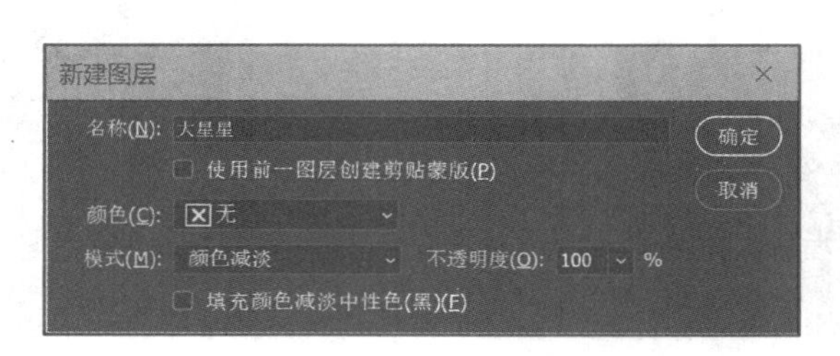

图 8-3-42　新建“大星星”图层

（42）设置工具箱中前景色为白色（R:255，G:255，B:255）。选择工具箱中的“画笔工具”，在工具选项栏上单击“切换画笔设置面板”图标，在“画笔设置”面板上设置画笔笔尖形态为“柔角 30”，“大小”为 30 像素，“间距”为 1000%，如图 8-3-43 所示；再选择“画笔设置”面板左侧的“形状动态”，设置“大小抖动”为 60%（图 8-3-44）；再选择“画笔设置”面板左侧的“散布”，选择“两轴”复选框，设置散布值为 990%，“数量”为 2，“数量抖动”为 70%，如图 8-3-45 所示。

（43）在图像上绘制出大星星，如图 8-3-46 所示。

（44）打开单元 8 素材“月球 .jpg”文件，用“移动工具”将月球图像拖曳至地球文件中（默认名为“图层 7”图层），并改变图层混合模式为“颜色减淡”，“不透明度”为 70%（图 8-3-47）。按 Ctrl+T 键，调整月球大小。

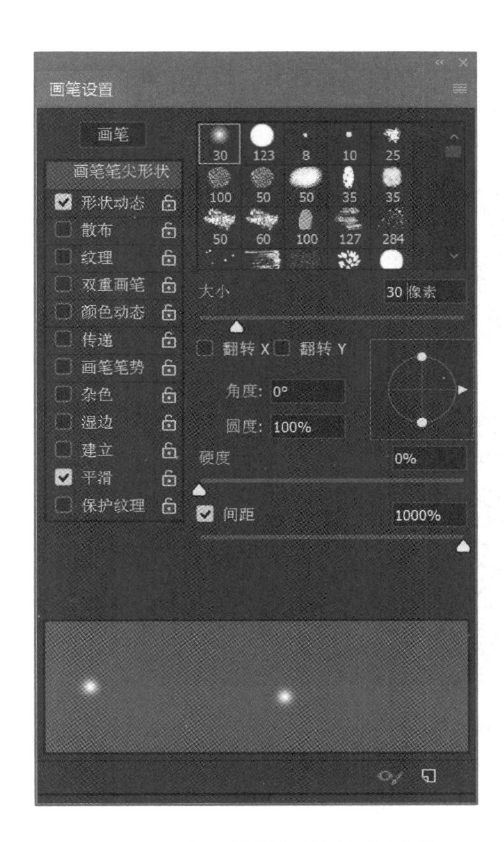

图 8-3-43 设置画笔笔尖形状

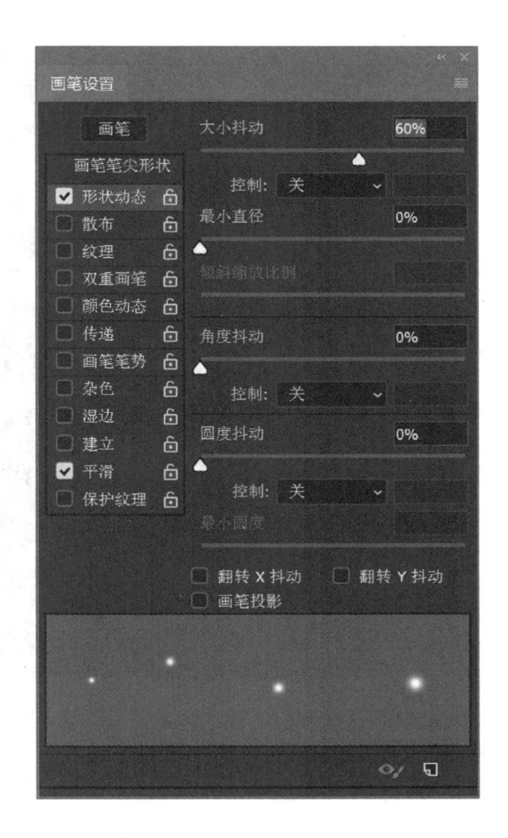

图 8-3-44 设置“形状动态”

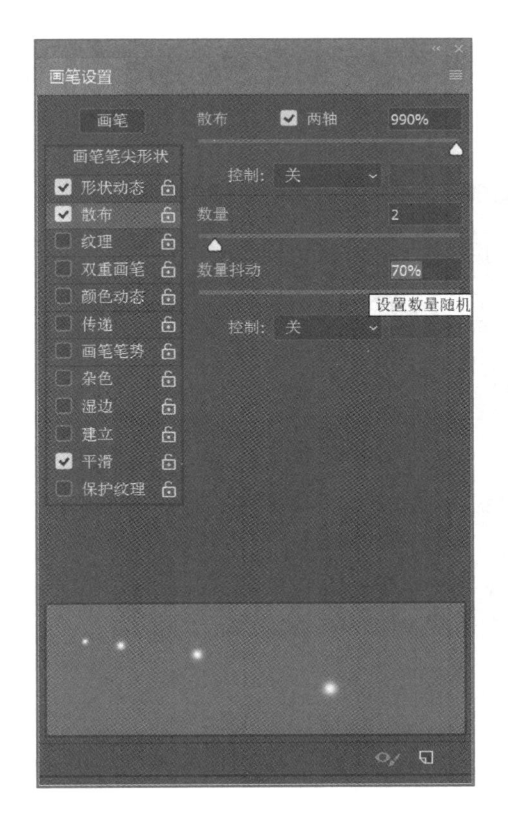

图 8-3-45 设置“散布”

图 8-3-46 绘制大星星

图 8-3-47 设置“图层 7”图层的混合模式

（45）选择“调整”→“图像”→“色相/饱和度”命令，在“色相/饱和度”对话框中选项“着色”复选框，“色相”为 244，“饱和度”为 25，“明度”为-3，如图 8-3-48 所示，降低月亮的色调和饱和度。

（46）最后根据画面需要用“橡皮擦工具”修饰图像或者给图层添加蒙版，效果如图 8-3-49 所示。

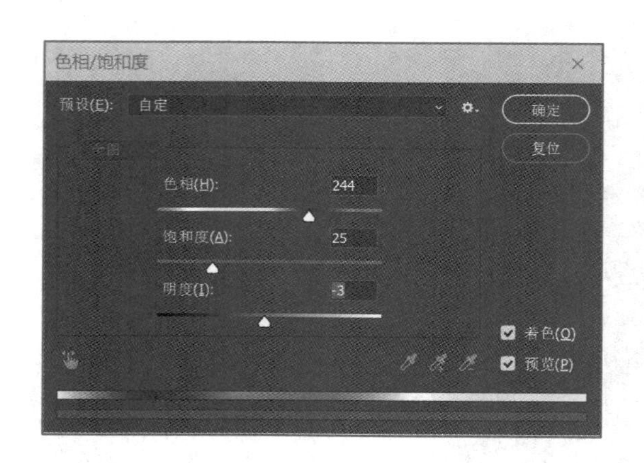

图 8-3-48 设置“色相/饱和度”对话框

图 8-3-49 最后效果图

【任务拓展】

效果滤镜主要产生在绘画、摄影等领域内使用传统方式所实现的各种画室技巧，包括艺术效果滤镜组、画笔描边滤镜组、素描滤镜组和纹理滤镜组。

1. 艺术效果滤镜组

艺术效果滤镜组模仿传统艺术的绘画效果，比如水彩滤镜、干画笔滤镜和壁画滤镜。可以通过滤镜库来应用所有艺术效果滤镜，使用后的效果如图 8-3-50 所示。

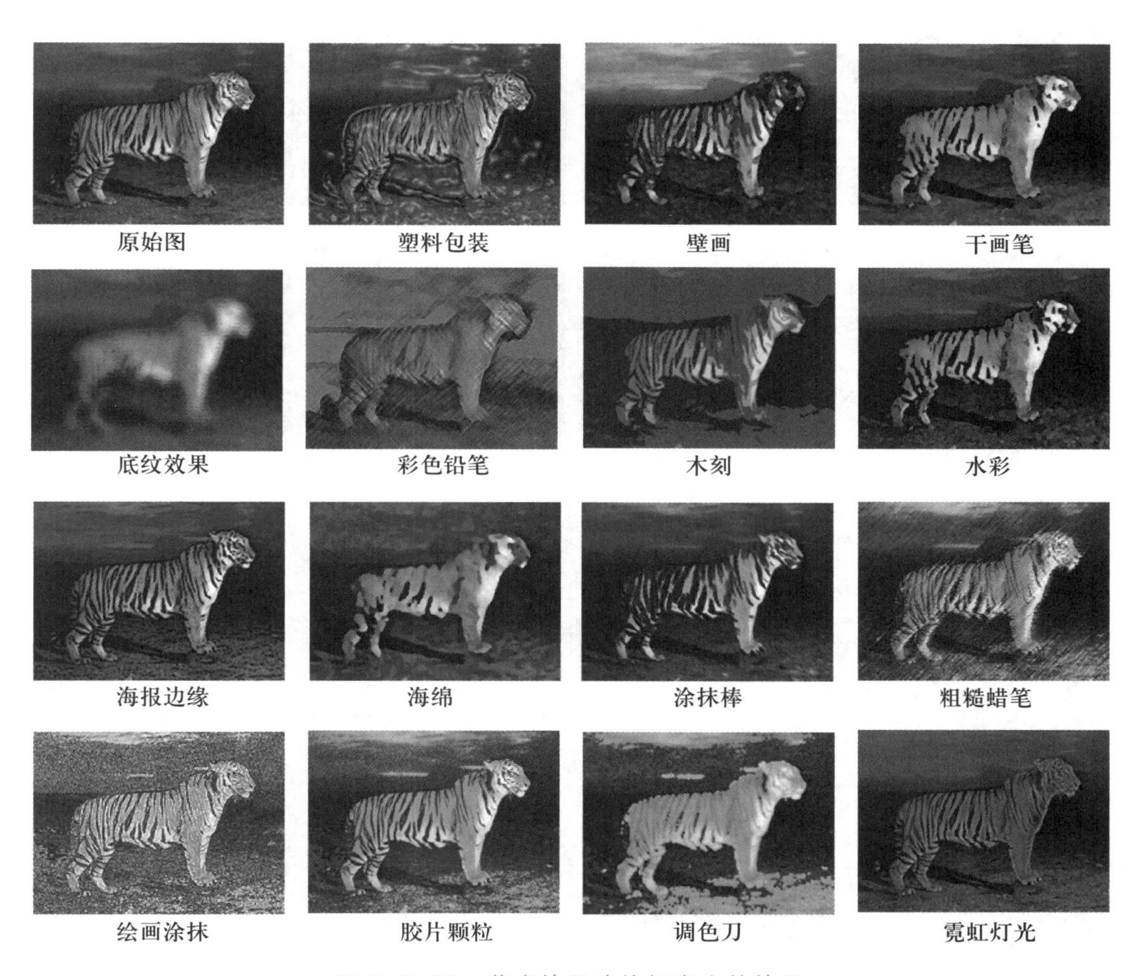

图 8-3-50　艺术效果滤镜组产生的效果

2. 画笔描边滤镜组

画笔描边滤镜组使用不同的画笔和油墨描边效果创造出绘画效果的外观，这些滤镜添加颗粒、绘画、杂色、边缘细节或纹理。此滤镜也可通过滤镜库来应用所有画笔描边滤镜，使用后效果如图 8-3-51 所示。

3. 素描滤镜组

素描滤镜组使用前景色和背景色替换图像，并在图像上添加纹理，通常用于获得 3D 效果的场合。这些滤镜还适用于创建美术或手绘外观，可以通过滤镜库来应用所有素描滤镜，使用后的效果如图 8-3-52 所示。

原始图

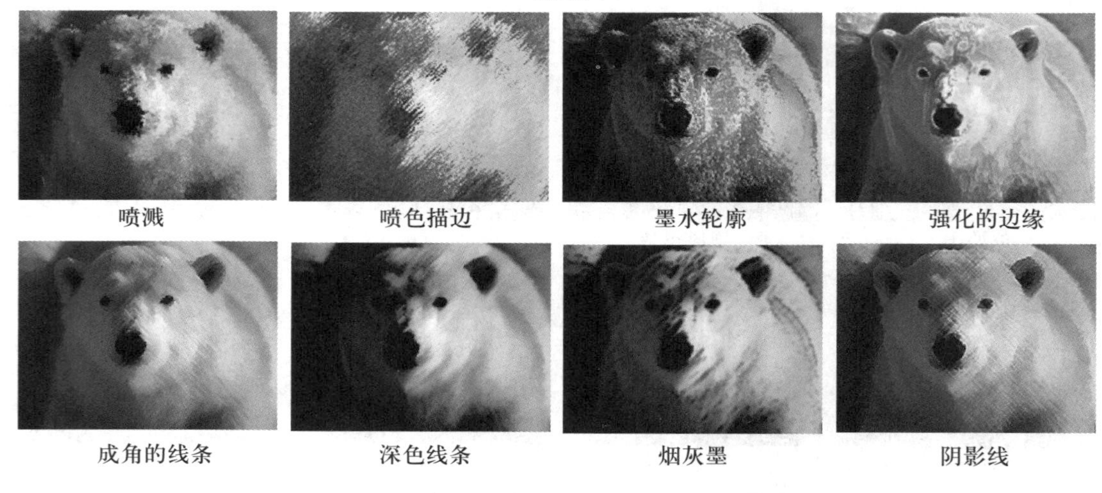

图 8-3-51 画笔描边滤镜组产生的效果

图 8-3-52 素描滤镜组产生的效果

4. 纹理滤镜组

使用纹理滤镜组可以模拟具有深度感或物质感的外观，这些纹理包括龟裂缝、颗粒、马赛克拼贴、拼缀图、染色玻璃和纹理化，使用后的效果如图 8-3-53 所示。

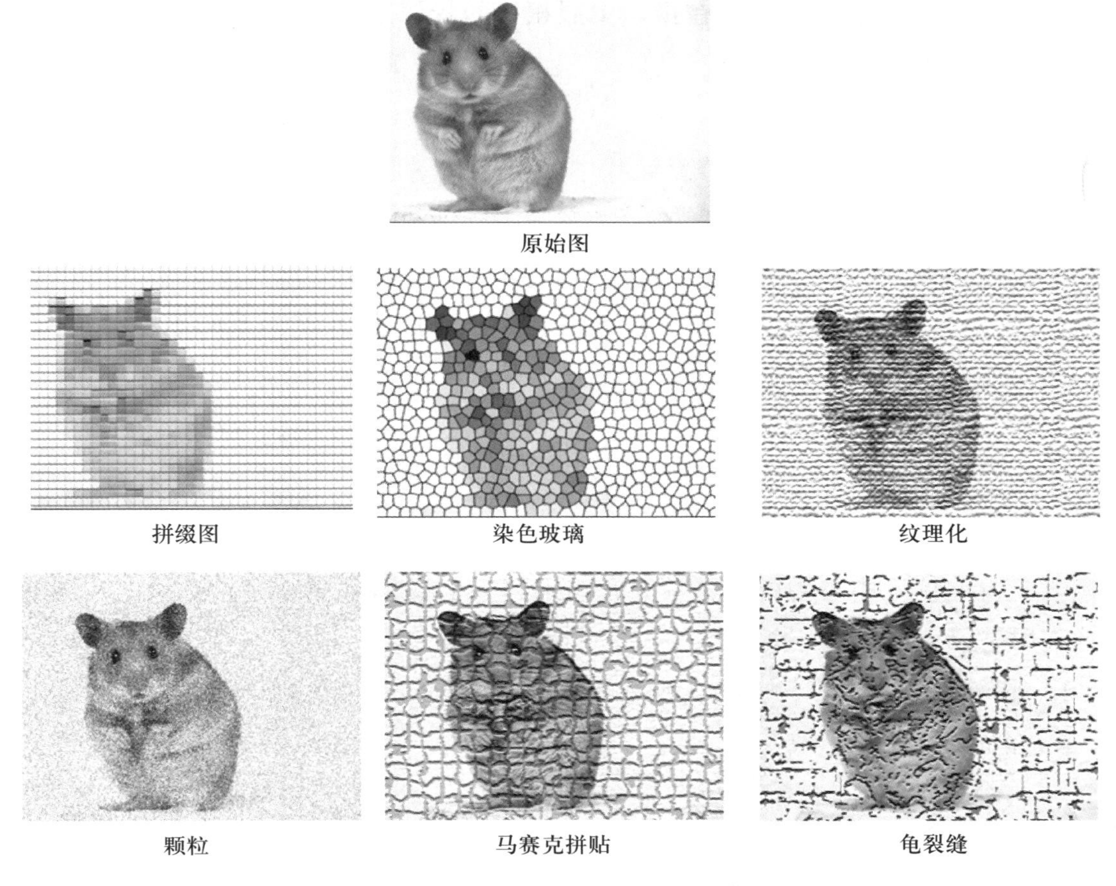

图 8-3-53 纹理滤镜组产生的效果

思考练习

一、选择题

1. Photoshop 中大多数常用的效果滤镜被组织在________。

   A. 图案生产器　　　　B. “液化”对话框

   C. “抽出”对话框　　　　D. 滤镜库

2. 对一个滤镜使用效果后，如果想把滤镜的效果对图像的影响略微减弱，可使用________命令。

   A. “后退一步”　　　　B. “渐隐滤镜”

C. “上次滤镜操作” D. “清除”

3. 常用于制作表现物体速度效果的是________滤镜。

A. 特殊模糊 B. 形状模糊

C. 动感模糊 D. 镜头模糊

4. ________滤镜可以模仿在摄影中照相机的景深效果。

A. 形状模糊 B. 镜头模糊

C. 特殊模糊 D. 形状模糊

5. ________滤镜主要用于修复照片中的污点和划痕。

A. 减少杂色 B. 蒙尘与划痕

C. 添加杂色 D. 中间值

6. ________滤镜可以模仿聚光灯或泛光灯照射在 RGB 图像上的光照效果。

A. 光照效果 B. 镜头光晕

C. 分层云彩 D. 纹理化

二、思考题

1. 选择本单元中不同的滤镜效果，应用到一个 RGB 图像上，并体会各种效果的使用技巧。
2. 如何在光照效果中使用纹理通道？
3. 如何使用液化滤镜？
4. 云层效果是如何制作的？

操作练习

图 8-4-1 单元 8 练习题效果图

练习目标：利用滤镜库中的风格化滤镜，制作素描淡彩效果的图片，效果图如图 8-4-1 所示。

素材准备：单元 8/操作练习-小猪 .jpg

效果文件：单元 8/操作练习 .jpg

单元评价

序号	评价内容		自评
1	基础知识	了解滤镜的使用规则与技巧	
2		熟悉常用滤镜的功能与用法	
3	操作能力	了解滤镜库的使用方法	
4		掌握“液化”滤镜的使用方法	
5		掌握“消失点”滤镜的使用方法	

说明：评价分为4个等级，可以使用“优”“良”“中”“差”或“A”“B”“C”“D”等级呈现评价结果。